国家出版基金项目
NATIONAL PUBLICATION FOUNDATION

大飞机出版工程

总主编 顾诵芬

民用飞机总体设计

（第2版）

Civil Aircraft Design

（Second Edition）

陈迎春 宋文滨 刘 洪 编著

上海交通大学出版社
SHANGHAI JIAO TONG UNIVERSITY PRESS

内容提要

　　大型飞机是高度复杂的大系统,涉及众多学科与技术的综合运用。现代民用飞机设计朝着全球分布、协同设计与制造的方向发展,飞机的安全性、经济性、环保性和舒适性需满足更高的要求。本书以介绍现代民用飞机设计的理念、思路、技术和方法为重点,内容不仅涵盖总体气动、材料结构、航电、动力装置、飞控系统等传统学科,而且包括构型管理、适航、需求管理等与民用飞机密切相关的学科。

　　本书面向航空航天工程飞行器设计专业,适合相关专业高年级本科生和研究生学习使用,也可供工程设计人员阅读参考。

图书在版编目(CIP)数据

民用飞机总体设计/陈迎春,宋文滨,刘洪编著
.—2版.—上海:上海交通大学出版社,2022.2
大飞机出版工程
ISBN 978-7-313-26110-6

Ⅰ.①民… Ⅱ.①陈…②宋…③刘… Ⅲ.①民用飞
机—总体设计—高等学校—教材　Ⅳ.①V271.1

中国版本图书馆 CIP 数据核字(2022)第 013537 号

民用飞机总体设计(第 2 版)
MINYONG FEIJI ZONGTI SHEJI(DI-ER BAN)

编　著　者：陈迎春　宋文滨　刘　洪	
出版发行：上海交通大学出版社	地　　址：上海市番禺路 951 号
邮政编码：200030	电　　话：021-64071208
印　　制：上海万卷印刷股份有限公司	经　　销：全国新华书店
开　　本：710mm×1000mm　1/16	印　　张：24.75
字　　数：494 千字	
版　　次：2010 年 5 月第 1 版　2022 年 2 月第 2 版	印　　次：2022 年 2 月第 6 次印刷
书　　号：ISBN 978-7-313-26110-6	
定　　价：98.00 元	

大飞机出版工程

丛书编委会

总主编

顾诵芬（中国航空工业集团公司科技委副主任、中国科学院和中国工程院院士）

副总主编

金壮龙（中国商用飞机有限责任公司董事长）

马德秀（上海交通大学党委书记、教授）

编　委（按姓氏笔画排序）

王礼恒（中国航天科技集团公司科技委主任、中国工程院院士）

王宗光（上海交通大学原党委书记、教授）

刘　洪（上海交通大学航空航天学院教授）

许金泉（上海交通大学船舶海洋与建筑工程学院工程力学系主任、教授）

杨育中（中国航空工业集团公司原副总经理、研究员）

吴光辉（中国商用飞机有限责任公司副总经理、总设计师、研究员）

汪　海（上海交通大学航空航天学院副院长、研究员）

沈元康（中国民用航空局原副局长、研究员）

陈　刚（上海交通大学副校长、教授）

陈迎春（中国商用飞机有限责任公司常务副总设计师、研究员）

林忠钦（上海交通大学常务副校长、中国工程院院士）

金兴明（上海市经济与信息化委副主任、研究员）

金德琨（中国航空工业集团公司科技委委员、研究员）

崔德刚（中国航空工业集团公司科技委委员、研究员）

敬忠良（上海交通大学航空航天学院常务副院长、教授）

傅　山（上海交通大学航空航天学院研究员）

总　序

　　国务院在 2007 年 2 月底批准了大型飞机研制重大科技专项正式立项,得到全国上下各方面的关注。"大型飞机"工程项目作为创新型国家的标志工程重新燃起我们国家和人民共同承载着"航空报国梦"的巨大热情。对于所有从事航空事业的工作者,这是历史赋予的使命和挑战。

　　1903 年 12 月 17 日,美国莱特兄弟制作的世界第一架有动力、可操纵、重于空气的载人飞行器试飞成功,标志着人类飞行的梦想变成了现实。飞机作为 20 世纪最重大的科技成果之一,是人类科技创新能力与工业化生产形式相结合的产物,也是现代科学技术的集大成者。军事和民生对飞机的需求促进了飞机迅速而不间断的发展,应用和体现了当代科学技术的最新成果;而航空领域的持续探索和不断创新,为诸多学科的发展和相关技术的突破提供了强劲动力。航空工业已经成为知识密集、技术密集、高附加值、低消耗的产业。

　　从大型飞机工程项目开始论证到确定为《国家中长期科学和技术发展规划纲要》的十六个重大专项之一,直至立项通过,不仅使全国上下重视起我国自主航空事业,而且使我们的人民、政府理解了我国航空事业半个世纪发展的艰辛和成绩。大型飞机重大专项正式立项和启动使我们的民用航空进入新纪元。经过 50 多年的风雨历程,当今中国的航空工业已经步入了科学、理性的发展轨道。大型客机项目其产业链长、辐射面宽、对国家综合实力带动性强,在国民经济发展和科学技术进步中发挥着重要作用,我国的航空工业迎来了新的发展机遇。

　　大型飞机的研制承载着中国几代航空人的梦想,在 2016 年造出与波音 B737 和空客 A320 改进型一样先进的"国产大飞机"已经成为每个航空人心中奋斗的目标。然而,大型飞机覆盖了机械、电子、材料、冶金、仪器仪表、化工等几乎所有工业门类,集成了数学、空气动力学、材料学、人机工程学、自动控制学等多种学科,是一个复杂的科技创新系统。为了迎接新形势下理论、技术和工程等方面的严峻挑战,迫切需要引入、借鉴国外的优秀出版物和数据资料,总结、巩固我们的经验和成果,编著一套以"大飞机"为主题的丛书,借以推动服务"大型飞机"作为推动服务整个航空科学的切入点,同时对于促进我国航空事业的发展和加快航空紧缺人才的培养,具有十分重要的现实意义和深远的历史意义。

2008 年 5 月,中国商用飞机有限公司成立之初,上海交通大学出版社就开始酝酿"大飞机出版工程",这是一项非常适合"大飞机"研制工作时宜的事业。新中国第一位飞机设计宗师——徐舜寿同志在领导我们研制中国第一架喷气式歼击教练机——歼教 1 时,亲自撰写了《飞机性能捷算法》,及时编译了第一部《英汉航空工程名词字典》,翻译出版了《飞机构造学》、《飞机强度学》,从理论上保证了我们飞机研制工作。我本人作为航空事业发展 50 年的见证人,欣然接受了上海交通大学出版社的邀请担任该丛书的主编,希望为我国的"大型飞机"研制发展出一份力。出版社同时也邀请了王礼恒院士、金德琨研究员、吴光辉总设计师、陈迎春副总设计师等航空领域专家撰写专著、精选书目,承担翻译、审校等工作,以确保这套"大飞机"丛书具有高品质和重大的社会价值,为我国的大飞机研制以及学科发展提供参考和智力支持。

编著这套丛书,一是总结整理 50 多年来航空科学技术的重要成果及宝贵经验;二是优化航空专业技术教材体系,为飞机设计技术人员培养提供一套系统、全面的教科书,满足人才培养对教材的迫切需求;三是为大飞机研制提供有力的技术保障;四是将许多专家、教授、学者广博的学识见解和丰富的实践经验总结继承下来,旨在从系统性、完整性和实用性角度出发,把丰富的实践经验进一步理论化、科学化,形成具有我国特色的"大飞机"理论与实践相结合的知识体系。

"大飞机"丛书主要涵盖了总体气动、航空发动机、结构强度、航电、制造等专业方向,知识领域覆盖我国国产大飞机的关键技术。图书类别分为译著、专著、教材、工具书等几个模块;其内容既包括领域内专家们最先进的理论方法和技术成果,也包括来自飞机设计第一线的理论和实践成果。如:2009 年出版的荷兰原福克飞机公司总师撰写的 *Aerodynamic Design of Transport Aircraft*(《运输类飞机的空气动力设计》),由美国堪萨斯大学 2008 年出版的 *Aircraft Propulsion*(《飞机推进》)等国外最新科技的结晶;国内《民用飞机总体设计》等总体阐述之作和《涡量动力学》、《民用飞机气动设计》等专业细分的著作;也有《民机设计 1 000 问》、《英汉航空双向词典》等工具类图书。

　　该套图书得到国家出版基金资助,体现了国家对"大型飞机项目"以及"大飞机出版工程"这套丛书的高度重视。这套丛书承担着记载与弘扬科技成就、积累和传播科技知识的使命,凝结了国内外航空领域专业人士的智慧和成果,具有较强的系统性、完整性、实用性和技术前瞻性,既可作为实际工作指导用书,亦可作为相关专业人员的学习参考用书。期望这套丛书能够有益于航空领域里人才的培养,有益于航空工业的发展,有益于大飞机的成功研制。同时,希望能为大飞机工程吸引更多的读者来关心航空、支持航空和热爱航空,并投身于中国航空事业做出一点贡献。

2009 年 12 月 15 日

《民用飞机总体设计（第2版）》
编委会

第 2 版前言

《民用飞机总体设计》一书于 2008 年 C919 大型客机开始型号研制的当年筹划编写，于 2010 年由上海交通大学出版社正式出版，至今已有十余年时间，获得了业内的广泛认可。这十年间我国大飞机事业取得了显著的成就，研发团队对大飞机研制也有了更加深刻的认识，积累了更丰富的经验，参与本书编写的很多作者也同大飞机事业一起成长。为了知识的传承和延续，本书的新、老编写者花费近一年时间对图书进行了修订，完成了第 2 版的编写。

参与第 2 版编写的作者分工如下：李浩敏补充了需求管理一章；郭传亮为风洞试验一节补充了型号风洞试验的相关内容；王鹏对发动机章节的内容进行了修订，并补充了一些新的数据；马超对第 3 和第 4 章进行了修订。现任 CR929 宽体客机总设计师的陈迎春，以及上海交通大学的宋文滨和刘洪对其他章节以及全书进行了进一步的审校。

与第 1 版相比，根据型号设计实践和技术发展，第 2 版补充了一些新的内容，主要涉及系统工程和需求管理两大领域，更加强调商用飞机研制过程的系统性、经济性、环保性和项目的可持续发展问题。第 2 版也对第 1 版中的一些错误和不妥之处进行了修订。上海交通大学航空航天学院中俄联合研究院 2018 级的邵新雨和张美娜同学对书中的一些图片进行了补充和修订，并协助进行了许多编辑工作。

本书可服务于民用航空专业的课程建设和人才培养，也可以为大飞机研发和研制团队工程师提供参考。

希望读者能够继续对本书的不足之处批评指正。

第 1 版前言

"研制和发展大型飞机,是《国家中长期科学和技术发展规划纲要(2006—2020 年)》确定的重大科技专项,是建设创新型国家,提高我国自主创新能力和增强国家核心竞争力的重大战略举措。"我国发展大型客机,面临相对有利的国内和国际环境:从国内来讲,我国国民经济持续以较高的速度发展,对航空旅行的需求将快速增长;在国际方面,据分析世界主要飞机制造商在近期内不会推出与我国大型客机类似的下一代机型,但同时也意味着更大的挑战,我国研制的大型客机在综合性能方面需要明显优于现有的竞争机型,接近其可能的下一代机型,才能在激烈的民用飞机市场竞争中占据一席之地。

大型飞机是高度复杂的大系统,涉及众多学科与技术的综合。同时,现代民用飞机(简称"民机")设计更朝着全球分布式、协同设计与制造的方向发展。不但总体气动、材料结构、航电、动力装置、飞控系统等传统学科在与其他学科,特别是计算机学科的交叉融合方面得到进一步的发展,一些新的与民机设计相关的学科也越来越受到重视,包括构型管理、适航、人机功效等。

现代民机设计对飞机的安全性、经济性、环保性和舒适性提出了更高的要求。世界主要飞机制造商都遵循同样的适航标准进行设计,在某些方面甚至提出了更高的要求,随着技术的进步,对安全性的追求将朝着以乘客为中心的,包含设计方法、准则、运营以及维修等全方位的安全体系发展。民机的经济性对项目成败的影响至关重要,通常认为,一个新推向市场的民机,需要在经济性上至少改善15%,才有可能在市场上获得成功。航空业对环境的影响越来越受到重视,飞机的环保特性是一个备受关注的焦点,主要涉及排放和噪声,对环保性的追求已经成为推动技术进步的重要因素。

本书以介绍现代民机设计的理念、思路、技术和方法为重点,力争既体现学科发展的继承性,又强调创新性。本书是在参考国内外广泛使用的资料和听取国内航空界老专家意见的基础上,根据作者多年的实际工作经验编写完成的。希望本书的出版,能在目前我国航空产业发展的黄金时期,为人才培养、学科建设作出一些贡献。参加本书编写的人员还包括:张淼(第5章,除增升装置),李栋成(第11、12章),李亚林(增升装置)和俞金海(第7、14章)。参加本书审稿的专家包括黎先平、王子方和张锡金。在本书编写过程中,包括上海交通大学"民机设计特班"学生在内的一些研究生也参与了资料整理、录入等工作,在此一并表示感谢。由于作者水平有限,时间仓促,其中错误及不妥之处恳请读者批评指正。

符 号 表

$(W/S)_0$　起飞构型的翼载

$-\dfrac{\mathrm{d}C_m}{\mathrm{d}C_L}$　飞机的俯仰力矩系数对升力系数的导数

$[T\cos(\alpha+\varphi)-D]V$　稳态的爬升率

α　相对机身轴线的迎角

α_0　翼型的零升迎角

α_F　机身有效迎角

α_s　失速迎角

$\alpha_{0,\,\mathrm{com}}/\alpha_{0,\,\mathrm{incom}}$　压缩性修正量

$\bar{l}_j=l_i/c$　进气口至飞行器质心的相对距离

$\bar{l}_T=l_T/c$　桨盘至飞行器质心的相对距离

$\bar{S}_j=S_i/S$　进气口相对面积

ΔCG_n　净梯度比总梯度小的差量

ΔT_{TO}　平均剩余推力

$\Delta\varphi$　操纵时所增加的平尾偏度

η　有限长圆柱体与无限长圆柱体的横流阻力之比

λ　机翼的梢根比

η_0　发动机的总效率

η_f　发动机的风扇效率

η_p　发动机的推进效率

η_t　发动机的机械传输效率

η_{tb} 发动机的涡轮效率

η_{th} 发动机的热效率

$\dfrac{\Delta C_{m0}}{\tau}$ 单位扭转角产生的零升力矩系数增量

$\dfrac{\mathrm{d}F_e}{\mathrm{d}x_e}$ 纵向杆位移梯度

Λ_e 升降舵前缘后掠角

$\Lambda_{1/2}$ 机翼 1/2 弦线处后掠角

$\Lambda_{1/4}$ 机翼 1/4 弦线处后掠角

Λ_{ah} 副翼铰链轴后掠角

Λ_{LE} 机翼前缘后掠角

μ_{ult} 飞机设计载荷系数

$\overline{b}_a$ 副翼相对展长

$\overline{c}_a$ 副翼相对弦长

$\overline{x}_{ac,\,H}$ 平尾的气动中心相对位置

$\overline{x}_{ac}$ 气动中心(焦点)的相对位置

$\overline{x}_{cg}$ 飞机的重心(相对)位置,飞机的力矩参考点

$\overline{x}_{ref}$ 力矩参考点的相对位置

$\overline{y}_f$ 翼型各弦向站位的中弧线(相对)纵坐标

$\rho_{s.l.}$ 海平面标准大气密度

$\dfrac{\partial C_m}{\partial C_L}$ 静稳定裕度

σ 机场所在海拔高度与海平面的空气密度比

σ^2 随机过程的方差

τ 后缘角

τ_W 机翼的扭转角

ε 平尾处的下洗

A 机翼的展弦比

a 座椅宽度

a/g 滑跑段的平均减速度与重力加速度的比值

b 机翼展长

b_{flap} 襟翼的展长

B 发动机的涵道比

B_{ie} 内侧两个发动机的间距

B_{oe} 外侧两个发动机的间距

c 弦长

$\bar{c}$ 机翼的平均相对厚度

c_A 机翼平均气动弦长

c_G 机翼平均几何弦长

C_D 飞机的阻力系数

C_L 飞机的升力系数

C_{D0F} 机身的零升阻力

C_{D0W} 机翼的零升阻力

C_{D0} 零升阻力系数

C_{De} 无限长圆柱体的横流阻力

C_{DiF} 机身的升致阻力

C_{DiW} 机翼的升致阻力

C_{DwF} 机身的波阻

C_{DwW} 机翼的波阻

C_{fW} 机翼的湍流摩擦系数

C_{Lmax} 飞机的最大升力系数

$C_{L\alpha}$ 翼型的升力线斜率

$C_{L\alpha,W}$ 机翼的升力线斜率

$C_{L\alpha,H}$ 平尾的升力线斜率

$C_{L\alpha,WF}$ 翼身组合体的升力线斜率

C_{LW} 机翼升力系数

C_m 俯仰力矩系数

$C_{m0,r}$ 根部翼剖面的零升俯仰力矩系数

$C_{m0,\,t}$　梢部翼剖面的零升俯仰力矩系数

$C_{m\delta_e}$　升降舵效率导数

C_{mq}　俯仰阻尼导数

$C_{NT} = N_T/qS_T$　螺旋桨法向力系数

d_F　机身直径

d_b　机身底部直径

δ_{flap}　襟翼在着陆状态下的偏转角

e　反映诱导阻力大小的奥斯瓦尔德效率因子

f_1　上座率

f_1　场长系数

h_1　进场安全高度

J_y　飞机的转绕横轴的惯矩

K　副翼展向位置修正因子

$K_2 - K_1$　表观质量因子

k_H　基于统计数据的平尾的面密度

k_q　平尾处的速度阻滞系数

k_V　基于统计数据的垂尾的面密度

K_{flap}　修正系数

K_{WF}　翼身干扰因子

l　机身的总长度

L'　最大厚度位置参数

l_F　机身长度

l_H　平尾1/4平均气动弦长点到机翼1/4平均气动弦长点的距离

L_1　着陆场长

l_V　垂尾与机翼的1/4平均气动弦长点之距离

m　发动机喷流质量

$\dot{m}$　发动机空气流量

M_e　结构重量占飞机起飞重量的比例

M_{final}　任务结束时的重量占起飞重量的比例

M_{plc} 有效载荷和乘务人员重量在起飞重量中的比例

N_a 单排座椅数

N_p 座椅总数

O_d 地面坐标系原点

P 座椅行距

q 动压

R_t 为考虑到惯性载荷对翼根弯矩影响的修正系数

R 飞机航程

r_G 有风情况下的比航程

R_r 参考航程

R_{LS} 升力面修正因子

S_F 机身最大横截面积(参考面积)

S_g 机身表面总面积

S_H 全平尾面积

S_T 桨盘面积

S_V 垂尾外露面积

S_{flap} 襟翼的面积

S 机翼的参考面积

S_{wet} 机身的浸润面积

S_{wf} 有襟翼部分机翼的投影面积

T 发动机推力

t 翼型厚度

t/c 机翼平均几何弦长处的翼型最大相对厚度

T_c 发动机的巡航推力

V_0 飞机飞行速度

V_1 起飞决断速度

V_2 安全起飞速度

V_d 飞机的最大俯冲速度

V_E 当量空速

V_H 平尾的尾容量

V_j 发动机喷流速度

V_R 抬前轮速度

V_s 飞机的失速速度

V_V 垂尾的尾容量

V_{app} 飞机的进场速度

V_C 校正空速

$V_{D,E}$ 当量俯冲速度

V_{EF} 临界发动机失效速度

V_{LOF} 离地速度

V_{MCA} 空中最小操纵速度

V_{MCG} 地面最小操纵速度

V_{mu} 最小离地速度

W_0 任务开始时的飞机重量

W_1 初始巡航重量

W_2 巡航结束重量

W_b 飞机机身重量

W_{oe} 飞机的运营空机重量

W_e 结构重量

W_{fuel} 燃油重量

W_{mto} 飞机最大起飞重量

W_n 发动机短舱的重量

W_w 机翼组件的重量

W_{12} 任务结束时的飞机重量

W_{cr} 空乘人员重量

W_{eng} 单个发动机及短舱的重量

$W_{fuel,res}$ 备用燃油重量

$W_{fuel,used}$ 任务燃油重量

W_{fe} 固定设备的重量

W_{lmax}　最大着陆重量

W_{op}　运营设备的重量

W_{pl}　乘客及货物重量

W_{prop}　推进系统的重量

W_{sc}　操纵面的重量

W_{tail}　尾翼组件的重量

W_{tf}　死油重量

W_{uc}　起落架组件的重量

W_{zf}　零油重量

X_{F}　飞机气动焦点位置

X_{T}　飞机重心位置

x_{ref}　机身力矩参考点的坐标

z_{m}　翼型中弧线的垂直坐标

目　　录

1　绪　论

　　人类依靠动力飞行的梦想由来已久,但真正发展到普通民众可以广泛使用的程度还是在喷气飞机发展起来以后。早期的飞机主要用于战场任务,尤其是在两次世界大战期间,对速度和高度的追求推动了航空技术的飞速发展,其中包括喷气发动机的发展。1937年,英国的弗兰克·惠特尔(Frank Whittle)和德国的汉斯·冯·奥哈因(Hans von Ohain)几乎同时研制出了涡轮喷气发动机,使用该发动机的喷气飞机在1941年5月15日成功首飞,标志着喷气飞行时代的到来。

　　第二次世界大战结束以后,一方面,各国战争期间建立起来的研发和生产能力急需开拓新的发展领域;另一方面,和平的环境也促使许多国家的飞机制造商开始探索民用航空的发展,从最初的邮政运输和货运发展到客运。其中,美国与西欧继承了相当规模的研发力量和技术积累,形成了航空技术进一步快速发展的基础。而苏联从德国得到的硬件设施,大大增强了其航空工业的实力。随后的长期冷战又为大量增加航空航天研究的投入提供了背景。一方面,各主要飞机制造商需要将战时建立的巨大研发和生产能力进行转移;另一方面,又面临着民用航空市场的巨大潜力,所以各主要飞机制造商纷纷将注意力转移到民用飞机(简称“民机”)的研发上来。20世纪五六十年代,DeHavilland、Convair、波音、麦克唐纳-道格拉斯、洛克希德·马丁、英国宇航等飞机制造公司相继成立。

　　1952年5月3日,“彗星一号(Comet 1)”投入伦敦与约翰内斯堡之间的商业客运服务,标志着世界上第一条采用喷气飞机的客运航线正式开通。喷气飞机开始逐渐代替速度慢的以螺旋桨为动力的飞机,成为60多年来民用航空市场的主流机型。当“彗星号”由于结构疲劳问题进行重新设计时,波音的B707和道格拉斯的DC-8纷纷进入市场,占据了大部分喷气飞机的市场份额。波音公司在B707成功的基础上,陆续研发了具有独特外形的B747,以及单通道B737/B757系列,中大型宽体客机B767/B777系列等。

　　1970年,欧洲为了应对美国在民用航空市场的垄断地位,由德国一些主要航空企业成立空中客车公司,后来法国、英国和西班牙陆续加入。空客成为欧洲四国组成的航空企业联合体,并在21世纪初,成功发展成为世界上领先的航空巨头之一。

空客在成立之初把重点放在了双发、双通道宽体客机 A300 的研发上,这在当时是一个市场空白。后续产品经过不断发展,推出了 A320 系列单通道客机以及 A330/A340 系列,产品覆盖的范围不断扩大,奠定了空客成功的基础。2005 年,空客推出了世界上最大的双层客机 A380,并于 2007 年投入商业运营,于 2021 年停产。

航空市场的激烈竞争和高风险导致早期为数众多的民机制造商或被兼并,或退出市场,形成了今天在大型客机市场上两强竞争的局面。民用航空市场的巨大诱惑导致许多国家和公司投入大量的财力和人力进行研发,力图占据一席之地,然而失败的例子也比比皆是。空客公司之所以能够成功,除了其成立初期各参与国所具有的雄厚的工业基础和长期的国家支持外,其对市场的准确把握起了非常关键的作用。当时,波音公司正集中于 B747 机型的研发,空客首选机型双通道 A300 占据了尚待开发的市场,避开了与波音公司当时的机型的直接竞争,从而奠定了其取得市场成功的良好基础。空客将成熟的技术与准确的市场把握相结合,一度成为以销售飞机数目和营业额计算都为首的世界第一大飞机制造商。

一方面,航空市场受到多种因素的综合影响,包括世界经济的整体走向、油价的波动以及突发事件等,同时航空公司的采购决策还容易受到政治因素的影响。这些因素决定了航空市场具有很大的不确定性,尤其是任何一种机型的研发一般需要 10 年左右的时间,因此民机制造商对未来市场的把握能力在很大程度上决定了项目的成败。另一方面,航空工业的发展受到技术发展的推动,在安全性、经济性、舒适性等方面的要求越来越高,因此民机制造商需要综合考虑技术的先进性、成熟度、实现成本、市场预期和潜在的竞争机型,以便降低推出新机型的风险。

波音公司和空中客车公司通常会定期或不定期推出市场预期报告,预测未来民用航空市场的总体走向以及对客机和货机的需求。2020 年双方的报告对 2020—2039 年的市场发布了大致相同的预测,由于亚洲和中东地区航空市场的高速稳定发展,对客机和货机的需求将持续增长。双方对中国市场的发展都非常乐观。随着我国经济维持相对高速的稳定发展,对航空运输的需求也将持续增长。这一宏观经济背景为我国发展自身的民用航空工业提供了良好的条件;同时,不断增强的综合国力和科技发展水平,以及参与国际分工合作所积累的经验也奠定了坚实的基础;再加上国家发展航空工业的战略决策,可以说,目前是我国航空工业发展所面临的最好时机。但同时也面临着巨大的挑战,开放的国内民航市场使得竞争非常激烈,人才短缺成为航空工业发展的制约因素,同时,在许多技术领域还存在较大的技术差距。

飞机研发过程的复杂性导致其研发成本高、风险高,但成功的机型也将带来很高的经济回报以及相关联的社会收益,包括高技术领域的就业、相关产业的发展,以及相关技术在国防上的潜在收益。虽然飞机设计经历了一百多年的发展,但其设计过程仍基本相同。飞机设计总体上可以分为概念设计、初步设计和详细设计三个阶段。飞机总体设计是一个循环迭代、由粗到细的过程,在概念设计阶段,往往需要对各种潜在的整体布局进行综合评估以确定总体布局形式,然后从一个基本的布局出发,通过不断细化,逐步确定相关设计参数,为后续设计的展开提供基本数据。

　　民用航空技术不断发展和进步主要体现在如下几个方面:发动机技术、气动总体、飞控技术和航空材料与结构设计等技术不断提高。图 1.1 给出了一些典型发动机的油耗水平的历史发展趋势。在气动总体方面,计算流体力学的发展使得计算在飞机设计过程中作用越来越大,与优化方法、多学科一体化设计技术相结合成为改善性能、降低成本、提高安全性和舒适性的不可或缺的手段。从 A320 开始逐渐引入的电传飞控技术大大改善了飞机的操稳特性,提高了舒适性,降低了结构重量。新材料的不断采用使结构重量降低,可靠性提高,维护成本也降低了。复合材料在新一代民机中应用的比例已经超过 50%,可以预计这一趋势仍会继续。

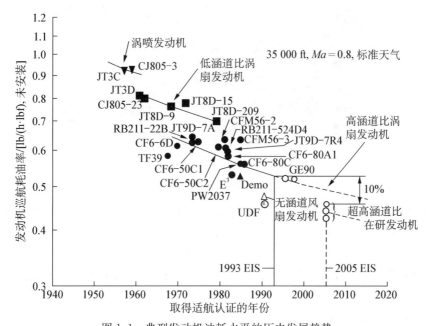

图 1.1　典型发动机油耗水平的历史发展趋势

注:1 lb＝0.453 592 kg, 1 lbf＝4.448 22 N, 1 ft＝0.304 8 m

　　同时,随着国际分工的不断发展和经济全球化的逐渐深入,民机发展模式也正在经历着深刻的变化。在 20 世纪 90 年代前,存在着波音、麦道、空客、洛克希德·马丁、BAE 系统公司等多家飞机制造商,却逐渐发展到今天 150 座以上客机波音和空客两强争霸的局面。一方面,主承包商减少为波音和空客两家;另一方面,风险共享的二级和三级承包商的数目却在增加,波音和空客作为全球主承包商的角色得到加强。全球分包的形式在波音 B787 项目中的应用得到了非常具体的体现。承包商从单纯的制造分包发展成为负责子系统的设计研发与制造的全面角色,而主承包商则转变为系统集成商,图 1.2 给出了 A380 的主要承包商及其地理分布。这一模式的出现导致了专业技术和知识产权的扩散,承包商对项目的影响增强。这种模式的优势在于经济上的风险降低,但同时承包商的问题也可能会为项目整体带来消极的负面影响。但总的来说,这让人们开始认真思考全球分包所带来的供应链管理与控制问题对项目整体的潜在挑战,全球化这一趋势还应该会继续发展,原因在于随着飞机项目复杂性的增加和商业风险的增大,在风险共享基础上的全球分包总体上有利于降低风险。

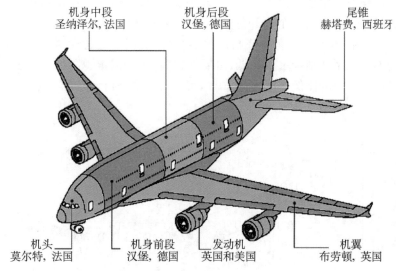

图 1.2　A380 的主要承包商及其地理分布

欧盟在 2001 年发表的航空 2020 前瞻报告中,提出了更安全、更高效和更环保的要求。相较于 2000 年的基准,2020 年实现降低 $50\%CO_2$ 和 NO_x 排放、降低 50% 噪声的目标,这一目标在 2011 年的报告中进一步更新为到 2050 年相较于同样基准降低 $75\%CO_2$ 排放、降低 $90\%NO_x$ 排放、降低 65% 噪声,想要实现这一目标需要在多项技术领域获得阶跃式的发展。本书旨在为读者打下必要的基础,并对各项技术的发展方向提出作者的见解。

本书共包括 19 章,涉及民机总体设计的各个环节,包括总体布局、气动设计、客舱布局、动力装置、适航、经济性以及构型管理等。在本书的结尾,对多种多样的其他类型飞行器也进行了初步介绍。

2 飞机设计过程

2.1 简介

　　飞机这样一个复杂的工程系统的设计过程是一个不断迭代的过程,需要对所面临的数目众多的需求、目标进行综合权衡,以便做出在给定约束条件下的最优设计方案。设计过程通常以设计需求的制订作为起点,需求的来源可以是对航空市场的分析、新技术的推动、客户的要求等。一个型号的设计或者是对前有型号的改进设计,或者是一个全新的设计,通常都是在明确的需求推动下启动的,具有明确的目标市场或客户,并受到一系列条件的约束,其中重要的约束条件包括时间、成本和飞机的性能。

　　在需求分析和适航规范的基础上,结合对现有技术水平及其发展的预测,可以产生概念方案,然后通过对方案的各种特性的分析,不断改进、细化和完善,最终获得一个满足需求的、具有可实现性的初步方案,为后续的更详细的设计奠定基础。在这一过程中各种计算工具和人工智能工具的使用得到不断加强,大大改进了飞机设计的速度、准确度和可信度。

　　概括起来,飞机设计过程一般可以分为三个阶段:概念设计、初步设计和详细设计。飞机总体设计的主要设计任务包含几个方面的内容:①确定飞机的需求;②确定飞机的指标;③主要性能参数,如升阻比、翼载和推重比等的选取;④飞机布局和几何参数的确定;⑤结构和系统方案;⑥重量和性能计算。自从 1916 年 Barnwell 在 Bristol 的设计工作中采用这些内容以来,便成为飞机设计中通用的设计过程。尽管在许多方面取得了巨大的进步,划分飞机设计技术的三个主要阶段在过去几十年飞机设计的实践中基本没有大的变化。

　　在概念设计阶段,需要回答关于飞机总体布局、动力装置选型、主要参数确定、重量估算、性能评估等主要方面的内容,目的是确定能够满足设计要求的飞机方案的主要特征和参数,为后续初步设计和详细设计奠定基础。在这一阶段,一般需要对各项可能的技术进行评估和考虑范围广泛的各种不同方案,以期不漏掉可能的选择。概念设计阶段将对方案能否满足需求提出的要求进行评估,这一阶段也不排除对设计条件进行补充和完善。

概念设计阶段使用的工具主要是基于经验公式构建的分析和综合软件工具,在相关历史数据的基础上,对主要参数的影响进行评估。不同方案间对比的主要指标包括如下几个方面:飞机的可靠性和安全性,舒适性,以及飞机的经济性等。随着环境保护意识的不断增强,飞机的环保性也越来越成为一项重要的指标。在 NASA 于 1998 年发布的关于航空发展的三个支柱的报告中,将更加安全、更加环保、更加经济和更加舒适作为 2020 年左右推出的民用飞机评价的主要指标。概念设计花费时间一般是 6~9 个月,所花费的经费在整个飞机项目经费中的比例相对很小,但对整个飞机项目的成败起着至关重要的作用,原因在于有关飞机的所有重要的参数基本上都是在这个阶段确定的。概念设计阶段的主要结果包括飞机的重量估算结果、布局形式(含三面图)、主要几何参数、动力装置选择、飞机的性能评估、经济性报告。这些内容通常以技术经济性报告的形式出现,作为初步设计阶段设计迭代的起点。

初步设计大约花费一到两年的时间,将使用 CAD 系统建立更加详尽的几何模型,并通过多种高可信度的分析工具对飞机的气动特性、结构特性进行进一步的分析,对飞机的重量和性能进行更准确的评估。起落架、控制系统、客舱、航电、飞控、环控子系统的设计工作也同时展开,各供应商也将进一步推动所承包分系统的设计工作。除了对设计细节的进一步分析和评估,有关的试验工作也在初步设计阶段展开,包括机翼等的风洞试验、结构试验,以及发动机和控制系统的试验。如果方案所需要的发动机和控制系统是新研制的系统,则初步设计阶段所需要进行的飞机和发动机及控制系统研制之间的协调工作将更加复杂。初步设计阶段涉及的数据、模型数目多,模型复杂,目前更多地使用产品数据管理系统(PDM)等有关的信息管理系统来实现,结合对飞机全机构型管理的应用,来记录和追踪飞机设计方案的不断演变。初步设计阶段起着承前启后的作用,其设计结果的可信度大大高于方案阶段产生的数据的可信度,相关的性能数据不仅将作为项目决策的依据,还将在与航空公司的合同谈判中作为对性能的承诺使用。

在完成初步设计以后,将进入详细设计阶段。这一阶段将对初步设计的结果进一步细化,完成包括标准件在内的所有零件的设计,准备零件图、部件图和装配图,以及制造模具的图纸;并进行详细的重量校核;完成详尽的结构分析和飞机性能的计算。同时,还将完成包括风洞试验、系统试验和强度试验在内的各种试验,将试验数据与分析数据进行对比,最终确定飞机全机的各种特性。伴随飞机详细设计工作的另外一项内容是工艺设计,对制造工艺的考虑应该贯穿飞机设计的全过程,以尽量减少因工艺原因而产生的对设计的修改。CAD 和 CAM 工具的使用可以在建造物理原型机之前尽可能多地发现设计中存在的不一致,以避免后期的设计修改带来的巨大成本压力。

在完成了飞机的详细设计以后,也就意味着原型机的制造过程开始了,甚至一些部件的制造在详细设计的后期已经展开。通常需要制造几架原型机,以用于全机静力试验、地面试验以及飞行试验等不同的目的。

飞机研制全过程可以用图 2.1 来表示,其中涵盖了从市场分析、可行性研究、方案设计到地面与飞行试验的所有环节。

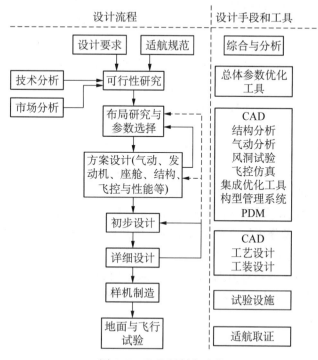

图 2.1 飞机研制全过程

飞机设计过程涉及众多学科之间的相互综合,随着计算机技术的发展,一体化设计的理念得到不断贯彻和实现,运用各种建模、仿真及数据库技术,将相关学科和系统的建模与分析综合成一个完整的虚拟复杂系统,在建立物理的原型系统前,尽可能全面地研究系统的各种特性,以及众多设计参数对结果的影响,并应用优化决策技术,寻求在给定约束条件下的更优解。一体化的设计对设计方法、设计周期和设计质量都带来了积极的影响。

2.2 航空市场分析

自从 1952 年"彗星一号"喷气飞机投入商业运营以来,喷气旅行已经成为大众化的重要交通工具,加强了各国间人员和货物的往来,对世界经济发展起到了重要的推动作用。反过来,经济的发展又进一步提升了对航空旅行的需求。历史数据表明,商务旅行和货物运输与贸易活动之间存在着直接的关联,度假旅行受到人们的可支配收入的制约。一个国家国民航空旅行的次数与国家的国民生产总值(gross national products,GNP)之间有着密切的关系。按照国际货币基金组织(International Monetary Fund,IMF)的数据,旅行次数的增加与经济增长率之间的变化趋势也基本吻合,甚至航空旅行增长的速度略高于经济增长的速度。

人们对航空旅行的需求同时还受到其他因素的影响,如票价的高低、航班时刻的方便性、旅行的舒适度,以及其他可用旅行方式的选择。

对航空旅行及货运需求的预测对航空公司合理安排运力,决策是否购买飞机以及购买什么样的飞机,政府部门规划机场等基础设施建设有重要的意义,最终对飞机制造商作出新飞机的研发决策起着关键的作用。对市场分析的不同结论往往导致不同的设计理念,进而决定向市场推出什么样的飞机,一个典型的例子就是空客A380和波音B787两种机型设计背后的完全不同的设计理念。A380是为了满足"中心到中心(hub-to-hub)"旅行方式对中心机场运力带来的压力而设计的,而B787更多考虑旅客对"点到点"旅行方式的需求。

市场分析需要完成的工作包括目标航线结构的分析和设计发展的趋势分析。市场分析的目的是对未来航空市场进行预测,指导有关各方作出合理的决策。对飞机制造商而言,就是要设计出能够充分适应市场需求,具有足够灵活性的机型,以增加营利的机会。市场分析的主要手段是在历史数据的基础上,运用各种方法进行分析,以掌握其中的规律。

航空旅行总的发展趋势由图2.2给出,从中可以看出,航空运输发展基本保持稳定的增长,在突发事件及周期性经济下滑的冲击下表现出相对稳健的特点,受到的影响是暂时且有限度的。

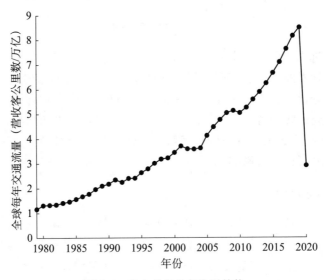

图 2.2　航空旅行总的发展趋势

全球范围内,在投入商业运营的所有飞机中,各种类型的机型所占的比例从数量上和市场价值上都是不同的,按照空客2020年的预测报告,到2039年的20年时间内的飞机交付数量和价值分别如图2.3所示。其中占中短途国内及地区旅行主要机型的单通道飞机的平均座位数的发展趋势可由图 2.4 所示。

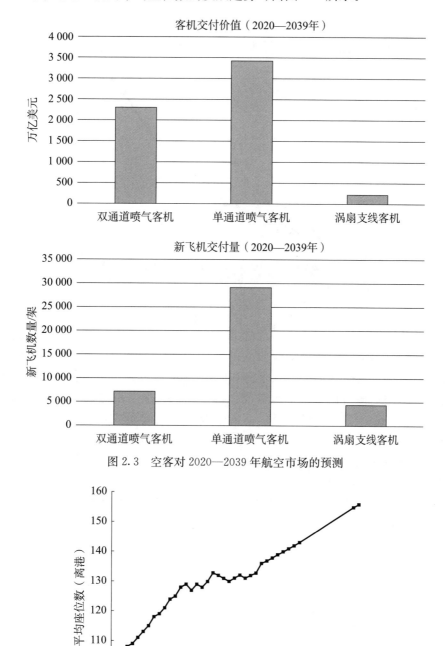

图 2.3　空客对 2020—2039 年航空市场的预测

图 2.4　单通道飞机平均座位数的发展趋势

　　我国自改革开放以来,民用航空飞速发展,客运量和货运量逐年增加,如图 2.5 所示。

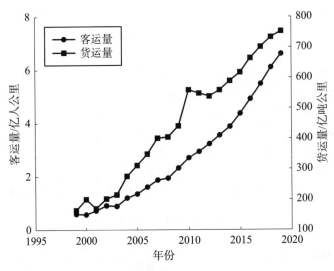

图 2.5　我国民用航空的发展趋势

　　目前我国经济发展正处于一个过渡阶段,典型特征是人均收入水平仍然较低,具有很大的发展潜力,伴随着收入的增加,对航空旅行的需求也将不断增加。其显著特点是三大航空港(北京、上海和广州)之间以及其他城市往来这三大航空港之间的航空运输占据了航空运输的大部分。三大航空港之间的运输量需要使用类似 B767 或 A330 类型的飞机,而省会及二线城市和三大航空港之间的运输量基本可以使用 A320 和 B737 类型的飞机来满足。省会及二线城市之间的航空需求一般可以使用 A320/B737 或更小的支线客机来满足。这些因素决定了今后 20 年间我国航空市场需求最大的飞机类型就是单通道、150 座级的客机,空客和波音的市场预测报告也得出了同样的结论。这为我国发展大型民航客机提供了一个历史性的战略机遇。

2.3　设计要求

　　在对航空市场发展前景和预期需求进行充分分析的基础上,结合对技术成熟度的分析,提出新飞机的设计要求和需要遵循的适航标准,作为飞机设计的基本要求。

　　民用飞机的一般要求涵盖几个方面的内容:飞机投入商业运营的时间节点;所遵循的适航规范;主要的技术指标,特别是经济性指标;客户在构型选择上所具有的灵活性等。其中为了突出与竞争机型对比存在的优势,将特别强调在应用先进技术后所带来的性能改善,例如油耗量的降低、载客数或货运能力以及航程的增加等。目前的发展趋势是环保性能得到越来越广泛的重视,成为竞争的一个焦点,可以预期,适航规范中对环保的规定也必将变得更加严格。

具体来说，飞机的设计要求主要体现在以下几个方面。

1）航线适应能力

需要说明飞机在各种不同地理条件和气候条件下的适应能力和能够覆盖的目标市场机场的数目；此外，还需要规定在各种恶劣气候条件下飞行对维修成本的影响。对于双发飞机，还包括对双发飞机延程飞行的适航要求的满足情况，对机场跑道设施的要求，以及客舱压力高度和起降时的噪声水平等内容。

2）客货舱的设计

在设计初期形成设计要求的阶段，对客舱的考虑而形成的要求相对较多，原因可能是适航要求需要得到满足，因此成为设计要求的一部分；而且，客舱是最早开始考虑并形成一些方案设想的部分，以与竞争机型进行明显区分，体现飞机设计的特点和市场吸引力。

较为详细的要求包括客舱内乘客座位的布置方式、几何尺寸，座椅的指标，客舱娱乐系统；还包括对乘客允许携带行李的大小、重量的要求；盥洗室的布置；厨房的布置等。

对货舱的设计要求主要体现在货运能力方面，包括重量和种类的规定，以及使用的地面设备的需求等。

3）动力装置

对动力装置的要求主要集中在对发动机推力、可用推力级别、油耗率、噪声和排放等方面。尽管动力装置的布局设计是后续布局研究中的工作，但是对发动机类型的选择也大致限定了可用的几种有限的飞机构型。因此，可能也会包含一些更加具体的，对动力装置的指标要求。

4）主要性能指标

飞机的主要性能指标包含飞机的最大巡航速度、最大使用速度以及远程巡航速度；飞机的起飞和着陆场长要求；飞机的最大使用高度、初始巡航高度能力；飞机的温度包线；侧风条件下的起飞着陆能力；对跑道的要求；飞机的商载航程图等。

5）经济性指标

民机的经济性指标主要体现在直接使用成本上，通常以每座单位航程的使用成本来表示。作为一般性的规律，完全重新设计的机型需要在经济性上最少提高15％才能够具备与现有机型竞争的能力。

6）材料与结构

需要说明设计的飞机使用各种材料的情况、结构设计准则等方面的要求。随着复合材料使用的增加，飞机上不同材料的比例与早期的飞机相比已经发生了很大的变化。结构的设计准则对不同结构件的设计需要遵循的原则有明确的规定。目前，飞机结构设计一般采用损伤容限设计，在设计要求中对结构的设计寿命有具体的规定。

7）可靠性与维修性

飞机的可靠性与维修性对设计，特别是结构与系统设计有重要影响，也是决定飞机直接使用成本的主要项目之一。在设计要求中，对不同类型的维修间隔将作出规定，最终目标是提高飞机的签派可靠度和利用率。

8）地面服务

在地面服务方面尽可能减少航空公司对新设备的需求，提高对现有设备的通用性是有效降低飞机使用成本的手段，所以货舱门设计、客舱服务、加油和其他的服务与检查应尽可能与广泛使用的同类飞机保持一致。

此外，设计要求中还对飞机制造商需要承担的责任、客户服务水平，以及担保等与商业条款有关的内容做了初步的要求，作为向潜在客户的一种承诺，以增加飞机对航空公司等客户的吸引力。

2.4 设计过程

飞机设计需要满足市场对性能的要求，同时，作为民用飞机，在投入商业运营之前，还必须经过严格的适航认证考核，取得适航证。这些适航条例中的规定和要求是航空史发展积累的宝贵经验，对不同类型的飞机的适航规范是不同的，FAR/JAR/CCAR‐25是适用于大型民用客机的规范。对设计规范的满足性检验需要贯穿设计的全过程，是飞机设计工作的重要环节。可以说，适航规范与设计要求一起，构成了民机设计项目的起点和输入数据。

飞机完整的设计过程如图2.1所示，其中方案设计阶段是整个过程的关键。方案设计的过程就是一个分析、综合、优化与决策的过程，在这个阶段，需要将相关的参数、分析软件、需求按照一定的流程进行关联，对可能的技术方案进行分析。分析的流程对设计团队的组织、项目的质量和进度控制非常重要。一般来说，不同设计公司都有自己特定的设计流程，通常按照项目管理的方法，采用里程碑的节点控制。在设计流程的控制下，对数据和信息进行不断迭代。

在飞机方案设计过程中，多个学科的众多技术因素需要进行综合考虑，需要用到多种设计工具。将所有相关的设计工具按照其相互之间的数据关系整合为一个整体，就可以完成对方案的系统级优化研究。得益于计算机技术和数值仿真技术的不断进步，这样的一体化设计系统越来越受到重视。在这样的一体化设计系统中，可以比较方便地完成参数的灵敏度分析以及设计优化。

图2.6给出了一个民用飞机设计的一般流程，图中的各项设计任务之间，有些需要按照一定的次序来完成，有些可以相对独立地进行，然后再进行综合，本书的各章将对其中的内容进行具体阐述。在阅读的过程中，经常回顾和参考图2.6对理解设计过程的全貌会有较大的帮助。

如上文所述，飞机设计目标的提出往往来源于市场的需求，在飞机制造商确定了未来市场的走向后，就可以提出在新飞机的设计中需要达成的目标，这些目标尽

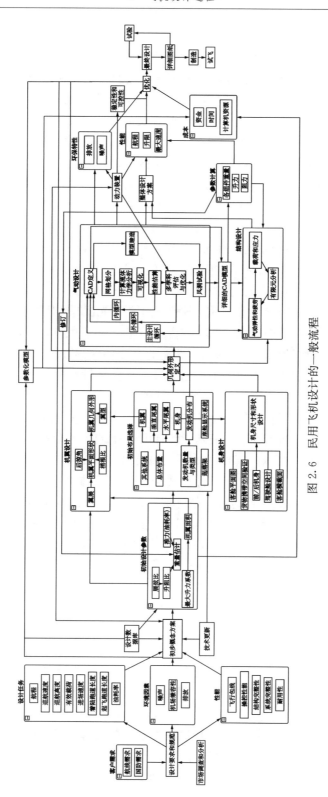

图 2.6 民用飞机设计的一般流程

管不是绝对不变的,但却基本上确定了努力的方向。由于民机市场的特点,飞机的价格并不完全是由制造商来确定的,所以为了使飞机项目达到盈亏平衡,需要将飞机的研制成本尽可能地降低。构成飞机研制起点的另外的输入就是适航条例。对民机而言,适航条例规定了所研制的飞机进入商业运营所必须达到的要求,因此需要在设计的全过程中考虑,以避免项目后期昂贵的设计更改。

一般来说,在明确了飞机的基本需求后,首先需要研究的是飞机将采用的布局形式,在这个阶段,通常会对多种可能的布局进行分析和对比研究,以确定能够满足设计需求,同时又具有良好的可实现性、经济性等。针对一些特定的设计需求,也经常会提出一些新的非常规的布局方案,但这些方案最终是否采用往往还取决于对其带来的其他方面影响的综合评估。此外,航空技术本身的进步,往往也会影响对布局的选择,例如电传飞控系统的逐渐引入就可以采用放宽飞机静稳定度的布局。在民机布局方案的选择中,另一个重要的因素就是航空公司和旅客的接受程度,现实生活中,人们往往对新出现的、非常规的布局具有一定的排斥心理,这也是在方案选择中需要考虑的一个因素。第3章对各种不同的布局形式及其特点进行了讨论,为了给读者一个更加全面的认识,其中的内容并不仅仅限于民机。

升力、阻力和重量特性是影响飞机性能的重要特性,通过气动设计达到良好的升阻特性是第5章的主要内容。准确估算气动特性是设计中的关键环节。一般采用的方法是在已有类似机型的气动数据的基础上,根据经验公式来完成。这些方法虽然可以快速地完成对主要气动特性的估算,但是其精度受到很大的限制。影响其精度的主要原因在于现有方法一般基于已有机型的数据,不能够准确描述新技术可能带来的改善,无法对影响气动性能的具体细节参数进行研究,所以得到的结果一般用于第一轮方案设计,详细的设计需要依赖计算流体力学(computational fluid dynamics,CFD)和风洞试验的数据来完成。在气动设计中,机翼的设计是关键环节,对整个飞机的性能起着至关重要的作用,在设计的初始阶段就需要开始机翼的设计工作。在目前的设计实践中,CFD发挥着越来越重要的作用,构建以CFD为主体的方案快速设计系统,并且与风洞试验相结合成为进一步缩短设计迭代周期,提高设计可信度的关键。

民机的驾驶舱和客舱设计是民机设计中的重要内容,从一定程度上说,民机的客舱设计遵循从内向外的原则,首先参考设计任务书对乘客数的要求来确定机身的主要几何参数。在初始设计阶段,并不需要详细的客舱布局来完成方案的总体设计,可以参考现有机型,并根据任务书中对客舱设计的特定要求,进行一定的增量修正来得到对主要参数的估计,包括机身直径和机身长度,以及内部的基本布局方案。

驾驶舱的设计主要应该考虑满足飞行员对飞机操纵的要求、人机工效的要求以及系列化发展的要求。驾驶舱的布局以及内部设备安排对机头的外形设计会产生一定的影响,需要在气动设计中进行考虑。

在设计要求中对飞机巡航高度、速度的要求基本上确定了可以选用的动力装置的类型,例如在螺旋桨发动机和涡轮风扇发动机之间作出选择,发动机的选择同时应该作为总体布局的一个组成部分进行考虑。动力系统的具体设计参数的确定在第 8 章中详细地给出。

在设计要求和适航条例中通常对飞机的性能有比较明确的规定,在飞机设计要求中体现的性能要求一般综合了客户的需求、技术的发展现状、经济性的约束等因素。

设计过程中的一项重要工作就是将设计任务书中的性能要求转化为对设计变量的选取。性能估算的主要依据是飞行力学的知识,根据特定的飞行状态进行一定的简化得到。

在方案设计阶段,飞机性能要求主要涉及几个方面的内容,其中主要包括对起飞和着陆场长的要求;起飞第二阶段以及进场、着陆等飞行状态下单发停车时的爬升梯度是否满足适航要求;初始巡航高度;轮挡油耗与航段距离的关系曲线;最佳巡航速度和高度等。在第 11 章中将对这些内容进行详细讨论。

经济性分析是一项在方案设计中非常重要的内容,项目最终的成败在很大程度上与经济性有关,主要包括采购和使用两个方面。飞机的销售价格是由市场力量决定的,一般来说会低于制造商给出的目录价格,特别是当推出新的型号时,航空公司一般可以得到相当低的折扣,这就要求尽可能降低飞机的研发和制造成本,对成本的考虑会对方案的选择产生影响,制造商经常需要在技术创新和成本控制之间作出选择。

对于民机而言,飞机的使用成本必须小于飞机所能够带来的收入,使得飞机的使用成本成为民机经济性主要关心的内容。对军用飞机而言,由于飞机的使用并不直接带来收入,所以经济性的主要考核指标往往采用全生命周期成本的概念,也就是要考察从项目开始到飞机退役的整个生命周期中的经费开支。在第 13 章中对民机的使用经济性进行了详细论述。

2.5 综合与优化

在建立了系统各参数间的关系以后,就可以研究参数变化对特定目标的影响,这些目标包括飞机的重量、性能和成本。参数化研究的目的是分析给定的设计要求如何影响设计方案,以最终获得最优的方案选择。参数化分析一般是分阶段完成的,参数化分析的起点可以是单一参数对单一目标的影响,尽管这种研究忽略了参数间的相互作用对目标特性的影响,但有助于在设计的初期阶段了解如何改变参数以获得所期望的目标。

参数化分析是与性能分析密切相关的,数值优化技术尽管可以在寻求全局最优解的过程中发挥重要的作用,却不能替代设计师对不同方案的、更多依靠经验和直觉的设计思路。在设计的初始阶段对不同方案的把握,特别是对新颖布局优缺点的判断,往往更依赖设计师的经验。

飞机设计中对综合性能的追求使得采用一体化设计方法变得越来越必要。民用飞机,甚至包括军用飞机都朝着低油耗、低排放、低噪声、高经济性和高可靠性的方向发展,在 2020 年左右推向市场的民机必将在环保、成本、舒适、安全等方面面临更大的挑战。这些环节将是今后飞机研制时所需要解决的关键问题。同时,也是不同机型间相互竞争的主要指标,甚至有可能成为适航标准的一部分。突破这些挑战既需要在单项技术(例如发动机技术和材料技术)上有所突破,也需要在总体集成和先进气动布局上有较大的突破。各系统、各学科的高度集成建模是提高设计准确度,缩短设计周期的关键技术之一,欧美从 20 世纪 60 年代就开始进行飞机设计,尤其是方案设计的集成系统,发展到目前,已经经历了三代不同类型的系统。总的趋势就是将各种精度不断提高的基于物理仿真的程序、实验数据进行集成,构建虚拟飞机模型,快速地对不同方案进行高可信度的综合仿真和优化。为了提高下一代飞机的环保性,欧美各国从 21 世纪初就开始对各项增强环保性的技术进行研究,目前进一步加强了研究的力度,例如欧盟的 Silent Aircraft 和 Clean-Sky 项目。国内几所航空院校也相继开展了多学科优化的工作。

在民机研制过程中,从概念设计、初步设计到详细设计和制造,需要将各专业、各子系统有机地进行集成,形成一个多学科的复杂系统。民机研制所面临的主要挑战是在设计初期尽可能强化对成熟的仿真分析模型的使用,并与基于知识的专家系统、优化工具、虚拟现实技术、高性能计算设施相结合,从而提高迭代效率,不断缩短设计周期,提高设计方案的可信度。一体化设计方法与工具的研究本身需要集成多个学科的成果,为进一步提高常规布局飞机的综合性能以及研究先进气动布局奠定基础。

2.6　民用飞机系统工程

20 世纪初,人类首次实现飞机的民用;20 世纪 50 年代引入商用的喷气飞机,民用飞机的设计经历了一个由相对简单到高度复杂的发展过程。早期的民用飞机系统相对独立、功能交联较少、复杂性相对较低。20 世纪 80 年代研制的 B757、A330、A340 飞机功能复杂性和相互交联急剧增加,尤其到研制 B777、B787、A380、A350 飞机时电子信息技术已迅猛发展。随着对飞机安全性、经济性、环保性、舒适性要求的进一步提高,现代民用飞机已经成为名副其实的典型复杂产品系统,飞机研制的系统综合集成度高、研制周期长、管理复杂等特点已成为民用飞机项目取得全面成功的重要挑战。

美国的第二代战机 F - 111、F - 4 在交付空军使用时只解决了 57% 的问题。B787 延迟了 40 个月交付,研发成本超出预算 110 亿美元。A350 延迟了 18 个月交付,研发成本也超出预算 40 亿美元。谢尔顿研究美国空军项目后发现,项目中有 40%~60% 的错误是由于需求所造成的,而设计所造成的错误所占比例仅为 30%。飞机论证和方案设计阶段(需求定义阶段)的费用仅占总工作或研制费用的 20%~30%,但飞机技术可行性或者项目全生命周期的成本占比高达 70%~80%,如图 2.7 所示。因此,在项目伊始正确、完整地定义高质量需求并以需求驱动设计研发工作,是项目减少设计迭代、降低成本、控制风险的关键。在此背景下,系统工程应运而生。

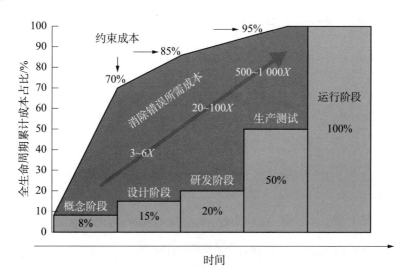

图 2.7 项目约束成本随时间变化关系

系统工程在全世界范围内有多种诠释与内涵,总体来说系统工程首先是一种跨学科的方法;系统工程包含技术和技术管理过程,因此系统工程是一种产品的集成(技术)和过程的集成(技术管理);系统工程强调综合权衡、全局最优;系统工程的目的是实现用户的需求。B777 飞机是首个采用电传飞控技术的现代民用飞机,波音公司为解决项目面对系统集成度和专业交叉性的巨大困难,首次采用系统工程方法组织项目人员、定义流程、开展基于需求的确认与验证工作。B777 的系统工程被理解为定义飞机顶层需求、综合系统架构、分配需求、确认需求、定义系统、验证系统级设计、交付飞机的全过程。20 世纪末,空客以 A380 飞机项目为契机全面实施系统工程方法,在项目中开展功能定义与分析、确认与验证、需求管理、构型管理等系统工程过程,逐步建立起一系列与系统工程相关的公司级政策、方法、流程性文件。

民用飞机产品不仅要满足客户的需求以实现运营盈利,满足乘客乘坐的舒适感需求,还要满足局方制定的适航规章以确保飞机的安全性,因此民用飞机系统工程有其特定的内涵。CCAR - 25.1309 对于飞机及系统功能以及安全性提出了具体的适航要求;FAA 和 EASA 分别发布 AC 25.1309 - 1B 和 AMC 25.1309,建议采用研制保证和系统安全性结构化分析相结合的方法表明对 25.1309 条款的符合性,认可 SAE ARP 4754A 和 SAE ARP 4761 定义的指导方法。2010 年,国际自动机工程师学会(Society of Automotive Engineers,SAE)在 SAE ARP 4754 高度集成或复杂飞机系统适航考虑的基础上更新发布 SAE ARP 4754A《民用飞机与系统研制指南》,以需求和功能为驱动的民用飞机及系统研制过程如图 2.8 所示。

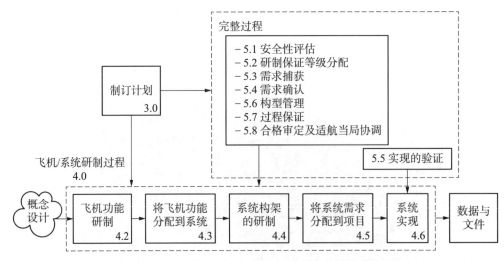

图 2.8　SAE ARP 4754A 的飞机及系统研制过程模型

SAE ARP 4754A 是系统工程在民用航空领域的具体实践指南,采用过程保证的思想确保飞机及系统开发过程和证据可追溯,确保飞行安全。SAE ARP 4754A 中定义了飞机项目中需要规划研制过程、安全性过程、需求管理过程、确认(validation)过程、实施验证(implementation verification)过程、构型管理过程、过程保证过程以及适航审定过程八大过程;策划在飞机及产品全生命周期范围内如何开展上述八大过程的工作;通过实施过程保证在飞机项目全生命周期内控制各项工作符合相应过程的规划和相关流程要求文件,并记录相关的证据和结论,以便在飞机或系统产品适航取证过程中向局方提供具有足够置信度的证据支撑。

进入 21 世纪,中国航空界以新研飞机项目为切入点,逐步开展系统工程相关工作的应用落地,尤其是中国商飞以 C919 项目为牵引实施系统工程,更是在 CR929 项目中全面实施系统工程,以便提升主制造商的整体能力,确保飞机项目取得研制、适航、运行以及商业成功。中国商飞系统工程(COMAC systems engineering, CSE)是以满足客户需求为目的,围绕产品全生命周期,通过产品集成与过程集成,实现全局最优的一种跨专业、跨部门、跨企业的技术和管理方法。中国商飞系统工程分为产品全生命周期技术过程集、产品全生命周期管理过程集、项目群使能过程集,其中技术过程集包含从项目初期的市场分析到飞机报废回收共计 14 个民用飞机设计的技术过程;管理过程集包括过程保证、需求管理、构型管理、取证管理等共计 9 个管理过程;使能过程集包括项目群管理、项目计划进度管理等 8 个使能过程,如图 2.9 所示。三大类过程集有机结合、互相补充,缺一不可,为研制中国大飞机实施系统工程提供了指南。功能与需求是系统工程的两大基石。通过对飞机利益攸关方需要的捕获,确定飞机的外部期望与边界,定义飞机功能;通过飞机架构设计将功能与需求逐级分析、分解、分配、追溯和有效管理,将客户需要传递到每一个系统和设备,实现飞机自上而下的设计综合与自下而上的集成验证。

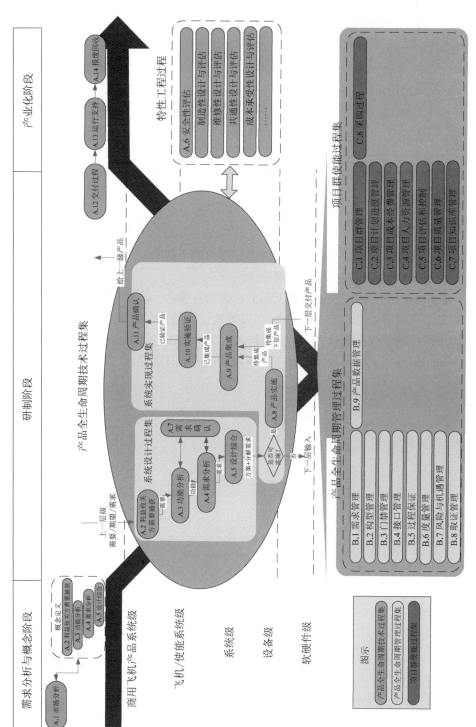

图 2.9 中国商飞系统工程过程集

在实践应用中,系统工程理论与方法不断发展创新,尤其"系统"的概念进一步拓展以及信息化技术迅猛发展对系统工程将来的发展具有直接的促进作用。当系统的概念从单一的产品拓展到产品系统乃至众多"系统"组成的体系(system of systems)之后,又发展出美国国防部架构框架(DODAF)等复杂系统工程方法。信息化技术发展使得系统工程过程中的技术过程和技术管理过程的具体执行手段产生了重大的变革,采用数据库管理需求和产品数据可以实现相关数据之间的条目化追溯,在系统工程中引入模型的方法形成基于模型的系统工程(model based systems engineering,MBSE),解决了传统基于文档的系统工程中数据难以追溯、技术内容表达存在歧义等问题。系统工程技术的引入,将很大程度上改变现有民用飞机的设计研发模式。

思考题

1. 民用航空运输市场的发展对飞机设计要求的主要影响体现在哪些方面?
2. 民用航空市场发展的主要特点是什么?
3. 民用航空技术的一些新进展及其潜在影响有哪些?
4. 总结飞机设计过程的主要特点,以及改善设计效率和质量的有效方法。
5. 飞机研制过程一般分为几个主要阶段? 每个阶段的主要特点是什么?
6. 在飞机研制中应用系统工程方法的规范化过程有哪些?

3　总体布局分析

本章介绍在方案设计阶段对多种不同飞行器布局的分析,包括常规布局和非常规布局,侧重于从多个角度对各种不同布局的主要特点进行分析。学习本章的目的在于掌握影响飞机总体布局选择的关键因素,从历史的、技术的和社会的角度理解飞机总体布局的选择。

飞机的总体布局(包括气动布局)是飞机总体设计的重要内容,对飞机的整体飞行性能和运营成本起着重要的决定作用。由于飞行任务的不同,可供选择的飞机总体布局呈现多种形式,每种布局形式都各有优劣,在总体布局的选择和设计过程中,需要综合考虑气动、结构、动力装置、飞控、载荷以及可靠性和维修性等多个方面的因素,进行权衡和优化,以便选定满足设计要求的最优布局方案。

飞机布局的设计不是唯一的,在同样的设计要求下可以采用不同的布局。在布局选择中,既需要参考历史上类似的机型,又需要充分考虑新技术的发展,发挥设计人员的创造性。同时,布局的选择还受到飞机设计公司的传统与风格,设计师以及用户的倾向性等因素的影响。

和军机相比,由于民机布局形式的种类相对较少,因此本章对于布局的讨论并不限于民机,这样有助于读者了解各种不同布局形式间的区别,在设计过程中能够充分考虑其优劣。

3.1　总体布局

飞机的总体布局涉及各个主要部件的外形、内部结构形式以及部件之间的相对位置等内容,其中主要部件包括机翼、发动机、进气道、尾翼、起落架和机身等。布局设计还涉及飞机驾驶舱及机上主要系统的选择和布置,对民用飞机而言,还需要考虑客舱和货舱内部的布局。

具体而言,总体布局应该包括下面的主要内容:发动机的种类、数目和安装形式,机翼与机身的相对安装位置,操纵面的形式和安装,起落架的种类、形式和位置,结构的布局形式和设计与工艺分离面的选择,驾驶舱、客舱和货舱的布局,以及飞机电子、燃油等系统的布置等。

在布局选择和设计阶段,通常会考虑两种或两种以上的布局形式分别进行独立评估。为了更有效地完成布局方案评估,往往需要对每种布局形式进行比较深入的研究,通过一组确定的指标对方案进行对比。对于国防项目而言,这样的过程还往往需要正式的项目招投标程序。对民机项目而言,同样需要在方案设计阶段对不同方案进行对比研究,这一过程一般都限于公司的方案设计部门来完成,同时,限于经济压力,最后得到的方案一般倾向于采用相对保守的布局形式。

历史上对多种多样的飞机布局进行了研究,可以说,每一种飞机布局的采用都与当时航空技术的发展水平密切相关,广泛采用的常规布局具有如下几个特征:

(1) 圆形或多段圆弧截面机身和悬臂形式的单翼布局。

(2) 独立的水平和垂直尾翼。

(3) 可收放的起落架形式。

(4) 翼吊或尾吊式发动机。

飞机总体布局中需要考虑的问题包括机翼与机身的相对安装位置、发动机的安装位置、起落架布局和尾翼布局等。

3.1.1　机翼与机身垂直方向的相对安装位置

按照机翼与机身垂直方向的相对安装位置,可以分为上单翼、中单翼和下单翼三种布局,如图 3.1 所示。影响机翼在机身垂直方向位置的主要因素包括结构承载、气动干扰以及是否便于维护等。

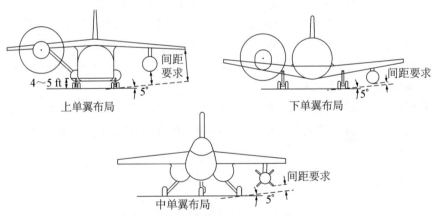

图 3.1　机翼与机身垂直方向的相对安装位置

注:1 ft=0.304 8 m。

上单翼布局是运输机常采用的布局形式,其中机身可以更接近地面,便于有效载荷的装载。如果机翼不从机身穿过,则机身与机翼连接处的机身结构不需要针对性地加强,由此可以带来结构设计上的优势,但需要对起落架在机身的安装处进行结构加强。如果采用翼吊发动机,则由于发动机的安装位置较高,起飞着陆时发动机不容易吸入异物。上单翼可以使用较大面积的增升装置,进而缩短飞机起飞、着陆所需的跑道长度,特别适合在条件比较差的机场使用。采用上单翼布局的飞机多为军用运输机,如美国的 C-130 飞机。与此相对比,下单翼布局可以更方便地布置起落架,中央翼盒也可以方便地从机身下半部穿过而不影响客舱的布局,对于采用翼吊发动机布局的飞机,发动机的位置较低也便于进行维修。所以大部分民用客机都采用下单翼布局。与上单翼布局和下单翼布局相比,中单翼布局具有最小的机身机翼气动干扰,但不利于结构的布置。

3.1.2 发动机位置

发动机的布置受发动机和飞机的种类影响,在选择发动机布局时,一个重要的方面是发动机与飞机机体相对独立,这对于更换不同厂商的发动机或进行发动机升级具有很大的优势。对采用螺旋桨发动机的飞机,一般将发动机布置在机头或采用翼吊式。这种布局的优点是显而易见的,可以保证螺旋桨有足够的空间。对喷气飞机,可以将发动机嵌入机身,如大部分战斗机的布局形式;或者是嵌在机翼和机身的连接处,如最早投入商业运营的英国"彗星一号"飞机,如图 3.2 所示。还存在将发动机置于机翼上方的布局形式,如图 3.3 所示的 Siddeley HS748。在这种布局中需要协调发动机的维修通路和结构的完整性要求。目前的民用飞机已基本不采用这种布局。

图 3.2　发动机嵌在机翼和机身的连接处（"彗星一号"）　　图 3.3　发动机置于机翼上方(Siddeley HS748)

翼吊发动机布局是民机中采用最多的布局形式,如图 3.4 所示。这种布局的优点是发动机与机身相对独立,可以容易地实现发动机更换,便于发动机的检查与维护等。对于采用下单翼布局的飞机,一个主要的问题是如何确保有足够的离地空间,这个问题对于不断增加的发动机涵道比是一个挑战,一般需要发动机厂商与飞机制造商在设计中进行密切协调,并采用

图 3.4　翼吊发动机布局形式(A380)

计算流体力学方法进行精细分析。

图 3.5　尾吊发动机布局形式（MD-82）

与翼吊形式相对比，还可以将发动机通过吊挂布置在机身后部两侧，如图 3.5 所示。这种尾吊布局的优势在于推力轴线与飞机轴线接近，减小了单发失效时的横向力矩。但是，这种布局导致飞机的重心后移，进而影响飞机重心的可变范围，因此这种布局一般用于较小的商务机或支线客机。此外，故障时风扇或涡轮叶片飞出也可能带来严重的后果。发动机噪声对客舱的影响也是一个需要考虑的问题。

采用两个以上发动机的飞机多见于长航程或洲际飞行的飞机，如波音的 B747、空客的 A340 以及麦道的 MD-11 飞机。民用客机目前的发展趋势是采用双发，以降低对环境的影响，改善飞机的燃油经济性。

尽管发动机一般由专业的发动机承包商设计制造，但为了进一步提高飞机的性能和降低成本，发动机与飞机机体的集成一体化设计成为一个发展趋势。两者的集成是总体设计中以及后续气动设计中的一项重要内容，在后面有关发动机的章节中还将详细描述。

3.1.3　进气道位置

进气道的位置显然与发动机的型号和位置密切相关，对采用涡扇发动机的飞机而言，进气道的主要问题是发动机短舱的设计及其与飞机机体的相互影响。在短舱设计中需要考虑的问题包括总压恢复能力、气流的均衡性、气动阻力以及风扇噪声的降低方法等。亚声速飞机进气道较短，一般是涡扇直径的 50% 左右；超声速飞机则需要一个较长的变几何扩张段，辅以锥形中心体轴向位置的调整来实现气流的控制。

对于发动机置于机身内部的大多数战斗机来说，进气道的位置选择比较多，比较常用的方式包括机头进气、机身两侧进气、机身腹部进气、机身背部进气等。机头进气的缺点是进气道较长，占据过多机身内部空间。机身两侧进气可以克服进气道过长的缺点，但需要认真考虑进气道转弯及合并而引起的潜在流场畸变对发动机的负面影响。对于两侧进气，与下单翼和上单翼布局相对应，可以将进气道安排在机翼的上方或下方，后者的布局形式在大迎角状态下具有一定的优势。腹部进气多用于对机动性能要求高的歼击机。机身背部进气方式在大迎角时容易受到机身气流分离带来的负面影响，其主要优点是便于安排对地观测设备，因而受到无人机设计师的青睐。

3.1.4　起落架形式

早期的低速飞机和大部分的轻型飞机一般采用的是固定式后三点式起落架，

现代飞机设计一般采用可收放式前三点式起落架。前三点式起落架包括前起落架和主起落架两个部分,前起落架承载 6%～14% 的飞机重量,而两个主起落架各自承载大约 45% 的飞机重量。为了增加飞机对跑道的适应能力,一般会对起落架轮子作用在跑道上的压强有一定的限制,当飞机重量增加时,可以采用增加轮子的方式实现这一目标。常用的方法包括采用增加主起落架的轮轴数目,或者增加主起落架的数目。对起落架的详细分析在第 9 章中给出。

　　起落架的布局形式可以有多种变化,如图 3.6～图 3.8 所示。

图 3.6　典型低速飞机固定式后三点式　　　　图 3.7　采用单轮的主起落架
　　　　　起落架(aiglet)　　　　　　　　　　　　　　布局形式(TSR2SW)

图 3.8　大型运输机常见的小车式起落架(An‐225)

3.1.5　尾翼布局

　　尾翼布局可以采用多种形式,除了上文提到的常规布局以外,常见的布局还包括 T 形、V 形、十字形和 H 形等布局形式。民机设计中常用的布局形式是常规布局和 T 形尾。尾翼布局需要考虑的主要因素是能够满足飞机的稳定性和操控性要求,具体体现在能够提供足够的相对飞机重心的平衡和操纵力矩。大型民机需要具有在各种飞行状态下的稳定性,并满足对操纵性的要求,包括应对侧风、紧急状态下的可控性等。对操纵性的考虑还应该包含乘坐舒适性方面的内容。电传飞控系统的广泛采用使得可以适当放宽对飞机静稳定度的要求,以寻求在重量、结构等方面的好处。

3.1.6　系列化概念

由于飞机研发的费用高、周期长,因此飞机制造商需要充分利用投入的研发资源,在民机的研发中,往往通过系列化的方式来提高资源的利用率和应对市场变化的能力。

常规布局中也存在多种多样的变化形式,其中不同方案的优缺点往往是方案设计研究中进行分析的重点,分析的方法不仅限于定性分析,而且需要可信度更高的分析工具和实验手段来完成。除了常规布局以外,还存在许多其他类型的布局方案,统称为非常规布局,下文将对几种常见的非常规布局进行阐述。

3.2　非常规布局

气动布局是总体布局中的重要内容,主要关心各主要部件的几何外形及相对布置对飞机气动特性的影响。在气动布局的设计、分析和评估中,风洞试验起着重要的作用。随着 CFD 的发展,其扮演着越来越重要的角色,成为气动设计中必不可少的手段。对多种不同布局及其主要特征参数对气动特性影响的分析,对于理解、分析和指导试验与 CFD 计算的结果是很重要的,对设计决策的作用不容忽视。下文主要介绍常规布局中主要设计参数对气动特性的定性影响和几种非常规布局的气动特点。

3.2.1　鸭式布局

如果将水平尾翼置于机翼的前方,就构成了鸭式布局。这种布局主要在机动性要求高的歼击机上使用。在鸭式布局中,前翼提供纵向稳定性和操纵性所需的力矩;同时,由于前翼的气动力方向与升力方向相同,因此能够对升力做出部分贡献。充分利用前翼和主翼间的干扰,尤其是在大迎角时,前翼和主翼产生的脱体涡相互作用,可以导致比较高的涡升力,大大提高飞机的机动性。其主要的缺点在于提供大迎角时足够的低头力矩比较困难,一般通过响应速度快的电传飞控系统或矢量推力技术来弥补。图 3.9 给出了一种采用升力面鸭式布局的飞机。

图 3.9　鸭式布局飞机(Rutan)

3.2.2　V形尾布局

　　V形尾布局是区别于常规使用垂尾和平尾的一种布局形式,其V形尾兼起方向舵和升降舵的作用,主要优点为操纵面数目的减少使重量降低。但其操作系统复杂,需要较大的面积达到同样的效果,在一定程度上抵消了其减重的优点。目前主要在一些军机和无人机上采用,如图3.10所示。

图3.10　V形尾布局形式(F-22 Raptor)

3.2.3　无尾布局

　　无尾布局是既没有水平尾翼,也没有前翼的布局方案,飞机的纵向控制由安装在机翼后缘的升降舵来实现。采用无尾布局的主要理由除稳定性和操纵性以外,是对隐身性能的要求。无尾布局中,由于升降舵的力臂小,所以纵向控制特性比较差。采用无尾布局的飞机较少,例如B-2隐形轰炸机。

　　无尾布局形式与三角翼结合起来用于战斗机,如幻影2000,可以相对增加力臂的大小。设计中,一般会将重心变化限制在一个较小的范围内。如果采用常规圆形机身,则一般会保留垂尾以获得横向稳定性和控制性。另一个选择就是采用飞翼布局,也就是下一小节讨论的内容。

　　NASA正持续开展针对X-36原型机的研制工作,其中采用了前翼与矢量推进技术,以及实现静不稳定条件下飞机可控性的必不可少的电传飞控系统。

3.2.4　翼身融合布局

　　翼身融合布局(blended wing body,BWB),或者称为"飞翼布局"(flying wing),如图3.11所示。飞翼布局并不是一个新的布局,早在1923年,道格拉斯飞机制造公司的一名工程师就对飞翼布局产生了兴趣,但由于进展缓慢和资金缺乏,研究没有进行下去。20世纪90年代以来,飞翼布局越来越受到航空界的重视,获得了较长时间的研究。其原因主要在于其具有很好的空气动力特性、燃油特性、潜在的低噪声,以及显著增加的有效载荷承运能力。这些优良的特性使得这种飞机布局具有众多潜在的用途,如可以用于货运、空中加油、预警和指挥、空中医院和旅客运输等。大幅度提升承运的旅客数目可以在很大程度上改善飞机的使用经济性,缓解中心机场的航班数目压力。实现这种布局同时也面临着很多挑战,其中显著的一条就是如何能够满足适航条例中对紧急状态下逃生的规定,也就是90秒规则,其他方面的困难包括动力装置的布局,以及增压客舱带来的结构设计中的问题等。随着复合材料学科的发展,结构设计的约束逐渐不再是一个限制的条件。

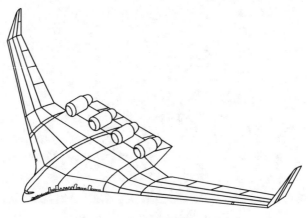

图 3.11　典型的飞翼布局形式

飞翼布局的主要优势体现为优良的气动特性,由于没有明显的机翼和机身分界线,因此两者间的气流干扰基本上可以消除。从气动的角度出发,消除水平尾翼可以减小诱导阻力,翼根厚度的增加除了可以增加承载有效载荷的空间,还可以在结构重量增加不多的情况下提高翼展,进而提高升阻比。弦长的增加可以增加雷诺数,减小静稳定性边界,增加飞翼布局的纵向稳定性。

在翼载类似的条件下,与常规布局升阻比在17~20左右相比,飞翼布局的升阻比可以接近30。对于飞翼布局来说,其中一个重点就是研究实现稳定性和操纵性的有效方法,主要内容就是各种舵面在操稳特性控制中的作用,以实现安全起降和航迹控制。这是将这种布局推向实用阶段的重要步骤。

在飞翼布局中,中段机翼是主要的承载空间,其平面形状、前缘后掠角对飞机大迎角状态下的力矩特性有很大的影响。增大中段机翼的相对展长,能够带来更多的有效空间、减小结构重量,但是会增加波阻,增加边缘乘客的过载,同时会延长逃生路线,使得紧急状态下的逃生变得更加困难。外侧机翼的参数选择与常规布局飞机机翼参数的选择有共通的地方,主要考虑气动和结构两个方面。例如增加展弦比可以改进飞机的升阻比特性,增加相对厚度有助于结构减重;但是由于机翼中间段占据了与常规布局相比更多的展长,而绝对展长又受到机场跑道横向空间的限制,因此一般可以采用翼尖小翼的方式改进气动特性。

操纵面的布置是另一个需要考虑的主要问题。由于弦长相对增加,因此可以有更大的空间布置操纵面,包括增升装置。对垂尾的设计存在几个选择,第一种是常规垂尾设计,第二种是无垂尾设计,第三种是将垂尾布置在翼尖处,兼起翼尖小翼的作用。三种布局各有优缺点:无垂尾布局提高了对控制系统设计的要求,而翼尖小翼兼作垂尾会降低颤振速度。

目前,主要的试验工作在 NASA 展开,波音 Phantom Works 利用 X-48B 缩比模型进行一系列的风洞和飞行试验。对飞翼布局需要从结构、气动、飞控和动力装置等几个角度来分析其与常规布局的优缺点,并通过地面试验和飞行试验进行进一步的验证。

3.2.5　一些新的发展

随着航空旅行对环境的负面影响不断得到人们的认同,未来对飞机,特别是民机的环保特性的要求势必会进一步提高,这导致飞机制造商在设计新的飞机时,要特别关注飞机的环保特性,其中主要是噪声和排放。影响这两个特性的重要因素之一就是发动机,所以各大发动机制造商都在研究各种可以改善发动机环保特性的技术,包括推出如开式转子发动机(open rotor)和齿轮涡扇(geared turbofan, GTF)发动机构型。发动机构型的改变也推动了对非常规飞机布局的重新认识。有关噪声与排放的问题在后续的章节中会继续讨论。

在飞机设计中,对未来新机型的研制具有关键性影响的其他技术还包括自然层流和混合层流技术、可变形机翼技术、边界层流动控制技术、无窗机身、智慧客舱等。高速网络技术的发展也会进一步促进基于数据的建模技术在航空领域应用的扩大和深入。

思考题

1. 常规飞机布局和非常规飞机布局的主要特点和差异有哪些?
2. 在决定飞机布局设计时需要考虑的主要因素有哪些?
3. 发动机安装位置对飞机总体方案的影响主要体现在哪些方面?
4. 常规尾翼布局、T 形尾布局和 V 形尾翼的主要差异是什么?
5. 给出几种不同的非常规飞机布局形式,并分析其各自的优缺点,例如联翼布局、翼身融合布局、支撑翼布局。

4 总体参数确定

任何一种飞机的设计都是针对明确的设计目标,需要完成特定的飞行任务。对民机而言,最主要的设计目标就是能够经济地将一定数量的乘客和货物,在一定时间内,从一个地方运到另一个地方。在这一过程中,飞机的飞行一般需要遵循特定的规则和航线,这一过程通常划分为一系列的阶段。各个阶段的组合就构成了飞机的飞行任务剖面。本章首先从飞行任务剖面出发,进而完成飞机第一轮的初步重量等参数的估算,为后续的设计提供迭代的起点。

本章的主要内容包括民机的典型飞行剖面介绍、飞机重量的估算、推重比和翼载的估算。

4.1 飞行任务剖面

飞机的飞行任务剖面随飞机种类的不同而有所区别,对于民机而言,巡航段特性是关注的重点。民机的设计不仅需要满足设计指标,还需要满足适航规章的要求。民机典型的飞行任务剖面如图 4.1 所示。

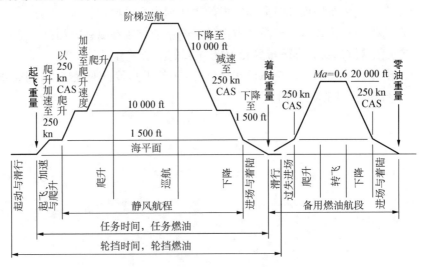

图 4.1　民机典型的飞行任务剖面图

注:1 ft=0.304 8 m。

飞行任务剖面通常分为两个部分，正常任务段和转飞段。每一段可以进一步细分为几个部分，如表 4.1 所示，是否在时间、航程和燃油消耗的计算中计及各段也同时在表中给出。在任务时间的计算中，起动与滑行、进场与着陆的时间根据飞机的类别不同而有所不同，同时还受到机场条件、进场规则等因素的影响，在最初的设计阶段，一般采用一组基于统计的基准值，以方便对比不同方案。这些数值同时在表 4.1 中给出。其他任务段的时间、航程与燃油的计算需要根据飞机的性能参数通过计算得出，具体内容将在后续章节给出。

表 4.1　民机飞行任务剖面各任务段

编号	任务剖面	航程	时间	任务燃油	备用燃油	燃油总量
1	起动与滑行		9 min[12 min][①]	x		x
2	起飞、加速与爬升		x	x		x
3	爬升	x	x	x		x
4	巡航[②]	x	x	x		x
5	下降	x	x	x		x
6	进场与着陆		6 min[6 min]	x		x
7	滑行		5 min[6 min]		x	
8	过失进场				x	x
9	爬升				x	x
10	转飞[③]				x	x
11	下降				x	x
12	进场与着陆				x	x

① 括号外对应国内及地区航班，括号内对应国际航班。
② 对国内航班附加一小时巡航，国际航班使用 10% 的巡航时间，同时在第 11 与第 12 航段间加入 30 min 15 000 ft 的待机时间。
③ 200 n mile(海里)转飞航程。

在不同的设计阶段计算飞机重量的方法也不同，在完成了飞机结构的详细设计，具备了飞机的详细 CAD 模型以后，计算飞机的重量和重心位置就变得简单了。而在概念设计和初步设计阶段，由于方案细节仍有待确定，因此对重量的估算需要采用工程方法来进行。主要包括两种方法，一种是根据飞机的飞行剖面和有效载荷确定，另一种是根据设计方案的主要几何参数，通过经验公式的方法进行估算。

本章主要包括的内容有重量的组成、Breguet 方程、发动机燃油效率(SFC)、起飞重量估算、运营空机重量估算、燃油重量估算等，常用的飞机重量指标如表 4.2 所示。

表 4.2　飞机不同重量指标的定义和相互关系

常用缩写	重量指标	定　义
MTOW	最大起飞重量	飞机可以正常起飞的最大重量
OEW	运营空机重量	飞机可以运营的空机重量,不含燃油、有效载荷
MTW	最大滑行重量	适航认可的在跑道上停留时的最大重量,与起落架承载能力和(或)机翼弯曲载荷有关
MBRW	最大刹车释放重量	开始起飞滑跑的最大重量
MLW	最大着陆重量	可以着陆的最大重量
MZFW	最大零油重量	最大滑行重量减去可用燃油重量
MEW	制造空机重量	飞机"干重",包括结构、发动机、客舱、系统及其他相关设备的重量

4.2　飞机重量估算

　　根据飞机的设计要求进行飞机重量的估算是初始方案设计工作中的重要内容。首先需要估算飞机的最大起飞重量,飞机的最大起飞重量包括飞机的结构重量、燃油重量、空乘人员的重量、乘客和货物的重量等。

$$W_{mto} = W_{oe} + W_{fuel} + W_{pl} \tag{4.1}$$

式中,W_{mto} 为飞机最大起飞重量;W_{oe} 为飞机的运营空机重量,其中包括空乘人员重量 W_{cr};W_{fuel} 为燃油重量;$W_{pl} = W_{pas} + W_{cargo}$,包括乘客重量和货物重量两个部分。

　　乘客重量取决于方案设计中的载客数,每位乘客及其行李的重量一般以 105 kg 的标准来估算,所以乘客的重量为

$$W_{pas} = N \times k \tag{4.2}$$

式中,k 为 105 kg;N 为乘客的数目。

　　空乘人员的数目与乘客的数目有关,在适航规章中,对每位空乘人员可以服务的乘客的最大数目有规定,一般航空公司会在满足适航的条件下,综合考虑成本和载客率,安排不同数目的空乘人员提供服务。每位空乘人员服务的平均乘客数如表 4.3 所示。空乘人员(包括飞行员)的参考重量一般取 105 kg,对货舱容积的考虑通常是给定一个期望的载货量,加入有效载荷的计算中,具体取值与目标航线和设计要求有关。

表 4.3　每位空乘人员服务的平均乘客数

航班类型	头等舱和商务舱/人	混合舱布局/人	全经济舱/人
国际航班	16	21	31
国内航班	20	29	36

飞机携带的燃油重量可以分成三个部分,最主要的部分是任务燃油,也就是完成特定的任务航程需要的燃油;第二部分是备用燃油,在遇到天气不满足着陆条件而需要转飞等情况下使用。在油箱中还包括无法使用的燃油,通常称为死油。在进行这样的细分以后可以得到

$$W_{mto} = W_e + W_{tf} + W_{cr} + W_{pl} + W_{fuel,\,used} + W_{fuel,\,res} \tag{4.3}$$

式中,W_e 为结构重量;W_{tf} 为死油重量;W_{cr} 为空乘人员重量;W_{pl} 为乘客及货物重量;$W_{fuel,\,used}$ 和 $W_{fuel,\,res}$ 分别为任务燃油重量和备用燃油重量,两者之和为燃油重量。结构重量、死油重量和空乘人员重量相加构成运营空机重量,以 W_{oe} 来表示。

式(4.3)可以通过变换得到

$$W_e = (1 - M_{tf} - M_{fuel})W_{mto} - W_{plc} \tag{4.4}$$

式中,$M_{tf} = W_{tf}/W_{mto}$ 和 $M_{fuel} = W_{fuel}/W_{mto}$ 反映了死油和燃油所占最大起飞重量的比例;$W_{plc} = W_{pl} + W_{cr}$。由此看出,飞机的空机重量与起飞重量之间的关系可以用图 4.2 所示的线性关系 $W_e = aW_{mto} + b$ 来表示,其中斜率 $a = (1 - M_{tf} - M_{fuel})$,反映了飞机总重中结构重量的比例,截距 $b = -W_{plc}$,反映了飞机的有效载荷,通常在飞机设计任务书中给定。针对相同任务书完成的不同方案间的差别主要体现为斜率的变化,斜率越小,表明结构设计的效率越高。

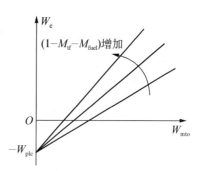

图 4.2 飞机结构重量与起飞重量间的关系

我们所关心的是飞机的最大起飞重量 W_{mto},通过对式(4.4)的变换可以得到

$$W_{mto} = \frac{W_{plc}}{1 - M_e - M_{tf} - M_{fuel}} \tag{4.5}$$

式中,$M_e = W_e/W_{mto}$,代表结构重量占飞机起飞重量的比例。在已知燃油、有效载荷与结构重量所占的比例后,就可以得到飞机的起飞重量。飞机结构重量占起飞重量的比例与飞机的种类有关,也与飞机所采用的主要材料有关,对同一类别、大小相当、采用同代的技术进行设计的飞机,这一比值大致相当,因此可以通过对已有相似机型的分析得到一个近似值,在方案设计阶段使用。常用机型的运营空机重量比 M_{oe} 与航程的变化趋势可以由图 4.3 看出。一般来说,技术的进步会带来结构效率的提高,例如复合材料的广泛使用会降低 25%~30% 结构重量。

估算飞机重量还需要知道燃油所占比例,死油比例 M_{tf} 一般根据经验取一个较小的值,包括备用燃油在内的燃油比例一般可以通过对飞行剖面各阶段所耗燃油的比例进行累计得到。飞机完成飞行任务所消耗的燃油重量占起飞重量的比例 W_{fuel}/W_{mto} 为

$$M_{\text{fuel}} = 1 - M_{\text{final}} \tag{4.6}$$

式中, $M_{\text{final}} = W_{\text{final}}/W_{\text{mto}}$, 是任务结束时的重量占起飞重量的比例, 可以按式 (4.7)计算:

$$M_{\text{final}} = W_{12}/W_0 = \prod_{i=1}^{12} W_i/W_{i-1} \tag{4.7}$$

式中, W_{12} 和 W_0 分别为任务结束时和开始时的飞机重量。

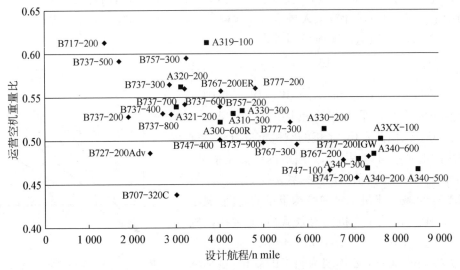

图 4.3　飞机运营空机重量比与设计航程的关系

从前面的分析得知, 燃油包含任务燃油和备用燃油, 参见表 4.1 可知, 任务燃油对应的航段包括 1～6 航段, 备用燃油对应的航段包括 7～12 航段, 需要注意的是着陆后滑行段所耗燃油记入备用燃油。备用燃油所占的比例为

$$M_{\text{fuel, res}} = \frac{W_{\text{fuel, res}}}{W_{\text{mto}}} = \prod_{i=1}^{6} M_i \left(1 - \prod_{i=7}^{12} M_i\right) \tag{4.8}$$

每一个任务段的重量比为任务段结束与起始时飞机的重量比, 对应各个任务段的重量比的典型值在表 4.4 中给出。除了任务巡航和转飞巡航段的燃油比例需要按照飞机的性能来计算得出外, 其他任务段的燃油比例通常可以采用一些典型值进行计算。

表 4.4　民机飞行任务剖面各任务段重量比的典型值

编号	任务剖面	重量比(W_i/W_{i-1})
1	起动与滑行	0.98
2	起飞、加速与爬升	0.995
3	爬升	0.98

（续表）

编号	任务剖面	重量比(W_i/W_{i-1})
4	巡航	$e^{[-R(\mathrm{SFC})/V(L/D)]}$
5	下降	0.99
6	进场与着陆	0.992
7	滑行	0.99
8	过失进场	0.99
9	爬升	0.98
10	转飞	$e^{[-200(\mathrm{SFC})/V(L/D)]}$
11	下降	0.99
12	进场与着陆	0.992

在初步设计阶段，可以采用如下的简化方法来计算任务燃油，该方法使用等效静风航程的概念，如果使用海里为单位，则其定义为

$$R_{\mathrm{esa}} = 568 + 1.063 \times R_{\mathrm{d}} \tag{4.9}$$

式中，R_{esa} 为等效静风航程；R_{d} 为设计航程。

根据发动机燃油消耗率的定义，可以得出燃油重量占起飞重量的比例：

$$
\begin{aligned}
M_{\mathrm{fuel}} &= \mathrm{SFC} \times T \times \frac{t}{W} \\
&= \frac{\mathrm{SFC} \times g \times t}{\dfrac{L}{D}} \\
&= \frac{\mathrm{SFC} \times g}{\dfrac{L}{D}} \times \left(\frac{R_{\mathrm{esa}}}{V}\right)
\end{aligned}
\tag{4.10}
$$

如果忽略死油所占比例，则总燃油在起飞重量中的比例可以由式（4.11）近似计算得出：

$$M_{\mathrm{fuel}} \approx 1 - M_{\mathrm{plc}} - M_{\mathrm{e}} \tag{4.11}$$

式中，M_{plc} 和 M_{e} 分别为有效载荷和乘务人员重量及飞机结构重量在起飞重量中的比例。

常用干线客机的燃油所占比例如图 4.4 所示，从图中可以看出燃油比例随着航程的增加而增加，二者间的关系可以用如下的拟合方程式来表示：

$$M_{\mathrm{fuel}} = 0.004\,8\sqrt{R} \tag{4.12}$$

式中，R 为飞机航程，单位为 n mile。

对长航程的飞机，这一比例接近飞机起飞重量的 50%。这一规律可以用来检查初步估算的结果是否合理。

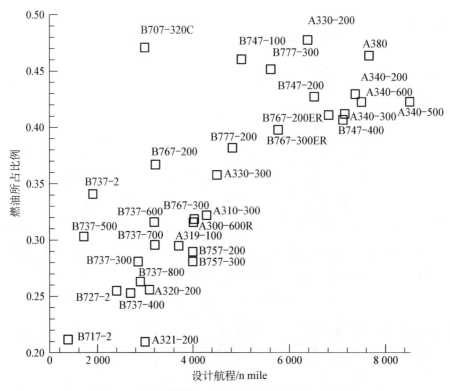

图 4.4　常用干线客机的燃油所占比例与航程的关系

4.3　推重比和翼载

推重比和翼载是飞机最重要的两个参数,决定着飞机的总体性能,包括起飞滑跑距离、爬升率以及战斗机的机动性等。顾名思义,推重比就是发动机推力与飞机重量的比值,而翼载的定义是飞机重量与机翼参考面积的比值。飞机的推重比并不是一个常数,随着飞行高度、速度以及油门的大小而变化。通常提到推重比,是指在海平面、静止状态、标准大气天气和最大油门条件下的值,这也是用来确定发动机性能和选择发动机的依据。

推重比和翼载这两个参数并不是孤立的,而且,飞机推重比随着飞机飞行状态的变化而不断变化。由于飞机的翼载主要受到着陆时的失速特性约束,而失速特性与发动机的尺寸没有关系,因此,可以首先根据失速特性来估算飞机的翼载作为起点,然后再根据对起飞距离或单发失效性能的要求来确定推重比。

4.3.1　推重比

由于同种类型飞机的推重比数据变化较小,因而可以根据相似机型的数据来首先估算推重比。几种类型的喷气飞机的推重比如表 4.5 所示。新一代歼击机的推重比接近于 1,大大提升了其机动性能。推重比的计算与飞机的最大飞行速度直接相关,在进一步的设计过程中,将使用最大飞行速度下的气动阻力的估算结果及其他条件来估算飞机的推重比。在方案设计阶段可以使用 Raymer 导出的式(4.13)进行估算:

$$T/W = aMa_{\max}^{C} \tag{4.13}$$

式中的系数可以参见表 4.6。

表 4.5　喷气飞机的典型推重比(T/W)

喷气飞机类型	安装推重比 T/W
教练机	0.4
歼击机	1~1.25
其他战斗机	0.6
军用运输机/轰炸机	0.25
民用喷气客机/运输机	0.25~0.4

表 4.6　喷气飞机的典型推重比(T/W)与 $Ma_{\max}$ 的经验插值系数

喷气飞机类型	a	C
教练机	0.488	0.728
歼击机	0.648	0.594
其他战斗机	0.514	0.141
军用运输机/轰炸机	0.244	0.341
民用喷气客机/运输机	0.267	0.363

推重比的另一种估算方法是根据飞机等速平飞状态推力与阻力的平衡来完成,这种方法适用于强调巡航效率的飞机,如民用运输机。飞机在等速平飞时,如果推力方向与飞行方向一致,则升力等于重力,发动机推力等于阻力,由此可以得到:

$$\left(\frac{T}{W}\right)_{\mathrm{c}} = 1 \Big/ \left(\frac{L}{D}\right)_{\mathrm{c}} \tag{4.14}$$

由此得到的推重比对应飞机的巡航状态,需要将其换算为海平面、静止状态、标准大气天气和最大油门条件下的值以进行发动机选型。

4.3.1.1　推重比换算

将巡航状态的推重比换算成起飞状态的推重比需要考虑两个因素:发动机的推力变化和飞机的重量变化。发动机在巡航高度的推力一般小于在海平面的推力,同时民用飞机巡航时的发动机一般处于油耗最优的状态。为实现油耗最优,发动机的推力一般只有最大、连续、非加力状态推力的 70%～100%,因此巡航状态的推重比小于用于发动机选择的起飞推重比。对亚声速、大涵道比的涡扇发动机而言,巡航推重比只有起飞推重比的 20%～25%;对小涵道比、具有加力燃烧室的涡扇或涡喷发动机而言,这一比例为 $40\%\sim70\%$。飞机巡航起点的重量与起飞重量的区别可以通过考虑起飞和爬升段燃油的消耗来进行,这两段通常的重量比为 0.970 和 0.985。这样,巡航状态的推重比可以通过式(4.15)换算为起飞状态的推重比:

$$\left(\frac{T}{W}\right)_{\mathrm{to}} = \left(\frac{T}{W}\right)_{\mathrm{c}} \left(\frac{W_{\mathrm{c}}}{W_{\mathrm{to}}}\right) \left(\frac{T_{\mathrm{to}}}{T_{\mathrm{c}}}\right) \tag{4.15}$$

4.3.1.2　最大升阻比的计算

飞机的最大升阻比反映飞机总体气动特性的优劣。在亚声速飞行时,飞机的升阻比与飞机的翼展和浸润面积直接相关。在巡航状态时,升力等于重力,飞机阻力的大小决定了升阻比的大小。飞机阻力的主要来源有两个:零升阻力和诱导阻力。在亚声速状态时,零升阻力的主要来源是摩擦阻力,因而与飞机的浸润面积直接相关。诱导阻力是伴随升力产生的,主要取决于机翼翼展的大小。机翼展弦比定义为机翼展长的平方与机翼面积的比值,通常被用来衡量机翼气动效率。但由于零升阻力不仅与机翼的面积有关,而且与全机的浸润面积有关,因此展弦比不能可靠地估算飞机全机的升阻比。在展弦比的计算中,用全机的浸润面积替代机翼的参考面积,如式(4.16)中所示,得到浸润展弦比,就可以用其更好地衡量全机的气动效率。

$$\frac{b^2}{S_{\mathrm{wet}}} = \frac{b^2}{S} \cdot \frac{S}{S_{\mathrm{wet}}} \tag{4.16}$$

飞机浸润面积和机翼面积的比值(简称"浸润面积比")取决于飞机的全机布局设计,常见飞机布局的浸润面积比如图 4.5 所示。

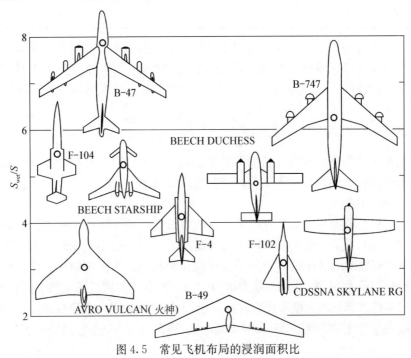

图 4.5　常见飞机布局的浸润面积比

阻力随飞行的高度和速度而变化,飞机应该选择升阻比最大的速度飞行,喷气飞机最佳的巡航速度是升阻比为最大升阻比86.6%时的速度,而螺旋桨飞机的最佳巡航速度等同于最大升阻比时的速度。

4.3.1.3 其他类型发动机

上面的讨论是针对喷气发动机而言的,对螺旋桨飞机,通常使用功重比,其定义为飞机的重量与发动机马力的比值(W/hp),大多数螺旋桨飞机的功重比在10~15之间。对于螺旋桨飞机而言,如果每单位马力产生的发动机输出推力定义为发动机的效率μ_p,则可以使用式(4.17)将功重比转化为等效的推重比,其中用到的马力重量比是功重比的倒数。

$$\frac{T}{W} = \frac{550\mu_p}{V}\frac{hp}{W} \tag{4.17}$$

同样的,马力与重量的比值可以通过对相似数据的插值得到,如式(4.18)所示。其中的系数在表4.7中给出。

$$\frac{hp}{W_0} = aV_{max}^C \tag{4.18}$$

表 4.7 螺旋桨飞机的典型功重比(hp/W_0)[W/g]与V_{max}[km/h]的经验插值系数

hp/W_0	a	C
动力滑翔飞机	0.071	0
自制-金属/木质	0.006	0.57
自制-复合材料	0.005	0.57
通用航空-单发	0.036	0.22
通用航空-双发	0.048	0.32
农用飞机	0.010	0.50
双发螺旋桨飞机	0.016	0.50
螺旋桨水上飞机	0.043	0.23

4.3.2 翼载估算

翼载定义为飞机的重量与机翼参考面积的比值。与推重比的定义类似,翼载的定义通常也是针对起飞状态。翼载与推重比是影响飞机性能的全局参数,在概念设计阶段需要综合考虑,其优化过程涉及气动、重量估算和发动机的数据。

翼载的选取对飞机的起飞重量有很大的影响,例如减少翼载会增大机翼的面积,进而增加阻力和结构重量,导致飞机起飞重量的增加。同时,翼载还影响到飞机失速速度、爬升率、起飞和着陆距离以及转弯特性等。翼载的变化还通过影响浸湿面积和翼展对阻力产生影响。现有主要喷气客机的翼载和推重比数据如图4.6所示。为对比起见,表 4.8 中给出了其他类型的飞机的典型翼载数据。

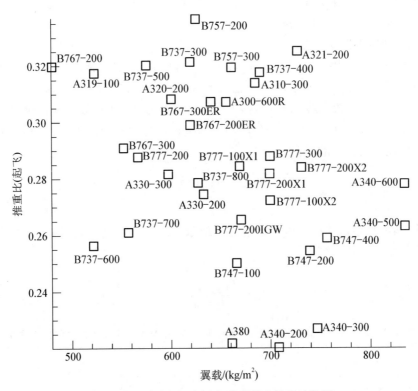

图 4.6 现有主要民用飞机的翼载和推重比数据

表 4.8 不同类型飞机的翼载数据对比

飞机名称	Fun 160	ASK21	Nieuport17	Ikarus C42	Cessna 152	Vans RV - 4	Spitflre V
翼载/(kg/m²)	6.3	33	38	38	51	67	120
类型	滑翔机	滑翔机	战斗机	轻型机	私人飞机	运动机	战斗机
年份	2007	1990	1916	1997	1978	1980	1940

飞机名称	DC - 3	B - 17	B36	Eurofighter	F - 104	A380	B747
翼载/(kg/m²)	123	190	272	311	514	663	740
类型	客机	轰炸机	轰炸机	战斗机	战斗机	客机	客机
年份	1936	1938	1949	1998	1958	2007	1970

与推重比的估算类似,有多种方法可以估算翼载。在多个估算结果中,设计师通常应选择其中较小的估值,以保证机翼能够满足多种飞行条件下的升力要求。同时,也应该考虑采取其他如采用高升力装置或增加推重比等措施,以避免选取过小的翼载数据,造成飞机的起飞重量过分增加。

翼载的估算通常在假定推重比已知的条件下进行,但也可以在推重比未知的条件下仅使用失速速度进行估算。

4.3.2.1　失速速度

飞机的失速特性是影响飞行安全的重要因素,未能保持足够的飞行速度往往是造成许多事故的首要原因。飞机设计规范通常会给定飞机的最大失速速度,例如在FAR-25中对失速速度的规定。此外,决定飞机着陆所需跑道长度的飞机进场速度也以失速速度来定义。对民用飞机,进场速度的最小值为失速速度的1.3倍;对军用飞机,该系数取1.2。进场速度通常会在设计要求中给定,由此可以推算出失速速度。

当飞机水平飞行,速度降低到失速速度时,飞机在最大升力系数状态。此时升力等于重力,如式(4.19)所示:

$$W = L = q_s S C_{L\max} = \frac{1}{2} \rho V_s^2 S C_{L\max} \tag{4.19}$$

式中,$q_s = \frac{1}{2} \rho V_s^2$;$S$ 为机翼的参考面积;ρ 为空气密度;V_s 为飞机的失速速度;$C_{L\max}$为飞机的最大升力系数。由此可以得到翼载的估算式:

$$\frac{W}{S} = \frac{1}{2} \rho V_s^2 C_{L\max} \tag{4.20}$$

式中,空气密度 ρ 通常取海平面的标准值 $1.23\,\mathrm{kg/m^3}$ 或者 $5\,000\,\mathrm{ft}(1\,524\,\mathrm{m})$ 高温天气的值 $0.974\,\mathrm{kg/m^3}$,后者对应的是美国丹佛夏天的典型条件。飞机的最大升力系数($C_{L\max}$)的取值范围较大,可以从 $1.2\sim1.5$ 到 5。前者对应"干净"机翼(无前后缘襟翼放下)的状态,后者对应带有很大的、并且浸没在螺旋桨或喷气发动机尾流中的襟翼的机翼布局状态。典型喷气运输机的着陆构型的最大升力系数取值为 $2.4\sim3.4$。现有主要民用飞机在起飞和着陆状态时的最大升力系数分别在图4.7和图4.8中给出,可供初步设计时参考。

飞机的最大升力系数取决于很多因素,包括翼型数据、机翼平面形状、前缘缝翼、后缘襟翼形状与展向长度、雷诺数大小,以及表面粗糙度和飞机其他部件的气动干扰等因素。详细的气动力工程估算方法将在第5章介绍。影响最大升力系数的因素还包括平尾的配平升力的方向以及螺旋桨或喷气发动机尾流对机翼和襟翼的影响。通常飞机起飞和着陆时襟翼的位置是不同的,着陆时,襟翼完全放下以提供最大的升力,而为减小起飞时襟翼带来的阻力,改善飞机的升阻比,襟翼通常处于最大角度一半左右的位置,所以起飞时的最大升力系数通常是着陆时的80%左右。

作为一个简单的估算准则,对展弦比大于5的机翼,在相同雷诺数和气动力展向分布接近椭圆的条件下,最大升力系数可以取翼型最大升力系数的90%。在使用部分展长襟翼的情况下,有襟翼部分机翼首先失速,因而可以使用以下近似公式进行估算。

$$C_{L\max} \approx 0.9 \left[(C_{L\max})_{\mathrm{fla}} \frac{S_{\mathrm{fla}}}{S} + (C_{L\max})_{\mathrm{unfla}} \frac{S_{\mathrm{unfla}}}{S} \right] \tag{4.21}$$

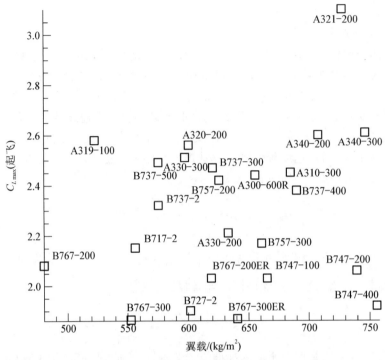

图 4.7　现有主要民用飞机的起飞最大升力系数

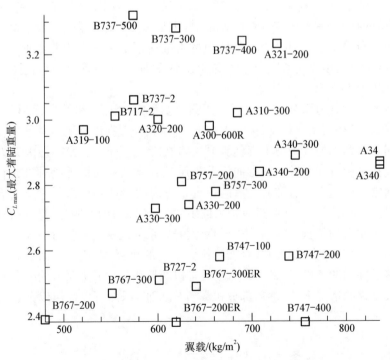

图 4.8　现有主要民用飞机的着陆最大升力系数

式中，$(C_{Lmax})_{fla}$ 为有襟翼部分机翼截面的最大升力系数；$(C_{Lmax})_{unfla}$ 为无襟翼部分机翼截面在有襟翼部分机翼失速迎角时的升力系数；S_{fla} 和 S_{unfla} 分别为机翼上有襟翼部分和无襟翼部分对应的机翼面积。更为准确的升力系数估算应使用风洞试验或者由计算流体力学的方法获得。

4.3.2.2　起飞距离

飞机起飞所需要的跑道长度与飞机的推重比和翼载存在密切的关系。在设计要求中通常给定对平衡场长的要求，对平衡场长及其他几种起飞场长的定义及区别在有关飞机性能的章节中详细叙述。给定飞机的起飞场长，可以利用如下的关系式估算飞机的翼载：

喷气飞机

$$\left(\frac{W}{S}\right) = (\text{TOP})\sigma C_{L,\,to}\left(\frac{T}{W}\right) \tag{4.22}$$

螺旋桨飞机

$$\left(\frac{W}{S}\right) = (\text{TOP})\sigma C_{L,\,to}\left(\frac{hp}{W}\right) \tag{4.23}$$

式中，TOP 为起飞参数，可查图 4.9 获得；σ 为机场所在海拔高度与海平面的空气密度比；$C_{L,\,to}$ 为起飞升力系数。从式(4.22)中可以看出，为降低对机场跑道长度的要求，降低翼载和提高推重比都是有效的手段。影响起飞场长的其他因素包括飞机的气动阻力和飞机在跑道上滑跑时的摩擦阻力，后者与跑道表面的状况、轮胎的布置和内部压力有关。

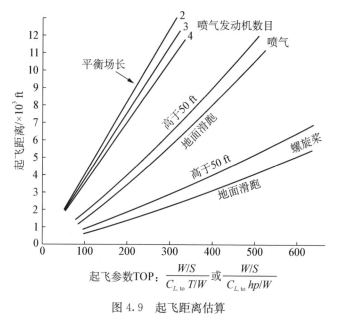

图 4.9　起飞距离估算

4.3.2.3 着陆距离

民用飞机正常着陆时,一般沿着与地面成一定倾角(通常为 3°)的斜线下降,飞机高度降低至 15 m 时的瞬时速度定义为飞机的进场速度 V_{app},从此刻到飞机完全停在跑道上所需的水平距离就是飞机的着陆距离,速度进一步降低到飞机接地时的速度。着陆距离包括起落架触地前的空中段和接地后到完全停止之间的地面段。按 FAR - 25 规定,飞机进场速度的最低值为失速速度的 1.3 倍,飞机的接地速度一般为失速速度的 1.2 倍。

飞机的着陆构型决定了飞机着陆状态下可用的最大升力系数,此时,失速速度就由飞机的翼载决定,进而可以确定飞机的进场速度和接地速度。飞机在地面滑跑的距离取决于飞机刹车能力的强弱。综合起来,翼载、着陆构型的最大升力系数,以及飞机的减速能力决定了飞机需要的着陆距离。

FAR 中规定的着陆场长通常是着陆距离的一个倍数,这个数称为场长系数。场长系数取决于飞机的种类和着陆条件,可以在飞机设计手册中查到。采用涡喷与涡扇发动机的飞机在干跑道条件下,场长系数为 1 和 0.6。

对于给定着陆场长,可以用式(4.24)估算出对翼载的要求:

$$\left(\frac{W}{S}\right)_L \leqslant \left(\frac{L_1}{f_1 h_1} - 10\right) \frac{h_1 \rho g C_{L\max}}{\left(\frac{1.52g}{\frac{a}{g}}\right) + 1.69} \tag{4.24}$$

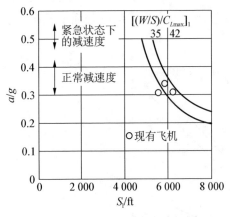

图 4.10 a/g 与着陆场长在不同 $[(W/S)/C_{L\max}]$ 下的关系

式中,L_1 为着陆场长;h_1 为进场安全高度;f_1 为场长系数;a/g 为滑跑段的平均减速度与重力加速度的比值,可以按照飞机设计手册选取。a/g 与着陆场长之间的关系式可以用图 4.10 表示。a/g 的取值范围一般为 0.3～0.6,超过 0.45 时乘客舒适性会变差。

将着陆场长换算为着陆距离后,也可通过下面的着陆距离经验公式,来估算所需翼载的最大值。

$$S_1 = 5\left(\frac{W}{S}\right)\left(\frac{1}{\sigma C_{L\max}}\right) + S_a \tag{4.25}$$

对民机而言,$S_a = 305\,m$。当进场速度作为设计要求给出时,可以根据失速速度来计算所需的飞机翼载。

作为一个近似,进场速度和着陆距离之间也可以用如下的关系式表示:

$$S_1 = 0.3V_{app}^2 \qquad (4.26)$$

式中,速度的单位取节(kn)。

在不增加机翼面积的情况下,降低着陆距离的措施包括通过改进高升力系统的设计,以改善飞机在着陆形态下的最大升力系数。

得到了飞机着陆状态下的翼载以后,还需要将其转化为起飞状态下的翼载,这可以通过关联起飞重量和着陆重量来获得。起飞重量与着陆重量的比值可以从前面重量估算的公式中得到,在估算中需要考虑最大着陆重量的情况,这样得到的翼载能够保证在其他着陆重量情况下,飞机需要的着陆速度不至于过大。飞机最大着陆重量与最大起飞重量间的关系可以参考式(4.27):

$$\phi = \frac{W_{lmax} - W_{zf}}{W_{mto} - W_{zf}} = 0.2 + 0.9e^{-R_d/R_r} \qquad (4.27)$$

式中,W_{lmax} 为最大着陆重量;W_{mto} 为最大起飞重量;W_{zf} 为零油重量;R_d 为设计航程;R_r 为参考航程(1 000 n mile)。

通过对上式求解,可以得到最大起飞重量和最大着陆重量之间的关系:

$$\frac{W_{lmax}}{W_{mto}} = 1 - (1 - \phi)M_{fuel} \qquad (4.28)$$

图 4.11 给出了现有民机最大着陆重量与最大起飞重量的经验关系。由以上关系式可以得到根据着陆距离估算出的翼载。

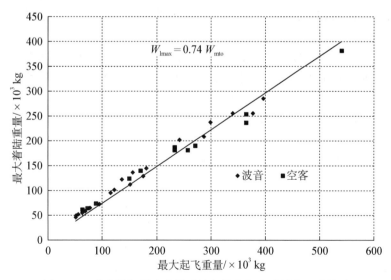

图 4.11　现有民机最大着陆重量与最大起飞重量的经验关系

4.3.2.4　巡航飞行

翼载也可以从巡航距离最大和时间最长两个方面来确定。为了实现航程最大化,翼载的选取原则是使得巡航飞行时的升阻比最大。对于使用螺旋桨发动机的飞机而言,当诱导阻力等于零升阻力时获得最好的升阻比特性,由此可以得到:

$$qSC_{D0} = qS \frac{C_L^2}{\pi Ae} \tag{4.29}$$

式中,A 为展弦比;C_{D0} 为零升阻力系数;e 为反映诱导阻力大小的奥斯瓦尔德效率因子,在第 5 章将对这两个参数进行更深入的讨论。将巡航状态下升力与重力平衡的关系式代入式(4.29)就可以得到对应最大航程所需的翼载:

$$\frac{W}{S} = q\sqrt{\frac{C_{D0}}{k}} = q\sqrt{\pi Ae C_{D0}} \tag{4.30}$$

对喷气飞机而言,当零升阻力等于诱导阻力的 3 倍时得到的航程最大,由此可以得到喷气飞机最大航程所对应的翼载:

$$\frac{W}{S} = q\sqrt{\frac{C_{D0}}{k}} = q\sqrt{\frac{\pi Ae C_{D0}}{3}} \tag{4.31}$$

4.3.2.5 影响翼载的其他飞行状态

除了上述估算翼载的途径外,在设计任务书中有时会给定其他方面的要求,尤其对于战斗机而言。所以还需要考察翼载是否满足这些状态的要求,包括如下几个方面:

(1) 机动过载,包括瞬间机动和持续机动飞行,前者主要受到结构承载能力或最大升力系数的限制,因此主要与翼载有关;持续机动飞行中,由于速度保持不变,所以推力等于阻力,升力等于飞机重量乘以过载,由此可以导出需要的翼载。这种状态主要应用于战斗机翼载的选取。

(2) 爬升与滑翔飞行,飞机的爬升率定义为飞机的垂直速度,通常为英尺每分钟。推重比和翼载的关系式可以由爬升率与推力、阻力和飞机重量的关系式得到。

(3) 乘坐舒适性,对乘坐舒适性的要求和飞机对阵风的响应特性有关,一般与巡航速度、巡航状态升力线斜率以及翼载有关,需要翼载满足一定的要求。

以上几种性能的要求一般出现在战斗机的设计要求中。对民机而言,主要考虑的因素是前面涉及的内容。为便于读者参考,表 4.9 中给出了不同类型飞机翼载数据的取值范围。主要民用客机的相关数据可以参考本书附录。

表 4.9 不同类型飞机翼载数据的取值范围

飞机类型	翼载取值范围 /(kg/m²)	飞机类型	翼载取值范围 /(kg/m²)
超轻型飞机	20~40	大型商务机	400
单发活塞式飞机	50~80	军用教练机	250~300

（续表）

2

飞机类型	翼载取值范围/(kg/m²)	飞机类型	翼载取值范围/(kg/m²)
通用航空单发螺旋桨飞机	100～180	涡桨运输机	300～400
通用航空双发螺旋桨飞机	100～120	海军攻击/截击机	350～400
小涡桨通勤飞机	150～200	陆军攻击/截击机	400～500
大涡桨通勤飞机	200～300	超声速长程轰炸机	500
小型商务机	220	亚声速长程轰炸机	500～600
中型商务机	300	长程运输机	620～700＋

4.4　翼载和推重比的使用

从以上几节可以看出，对翼载和推重比的估算存在多种方法，可以得到一系列对应不同状态的曲线。根据任务书中对不同指标的设计要求，得到推重比和翼载的边界值，形成两个参数的设计空间。如前所述，两个参数是互相关联的，例如，为获得较短的起飞场长，既可以采用大推重比和较大的翼载，也可以采用相对较小推力的发动机和较大面积的机翼。对两个参数的优选应该同时考虑结构重量的影响，通过设计迭代的方法得到合适的参数组合。

不同的估算方法实际上建立了翼载和推重比参数的典型设计空间，如图 4.12 所示。

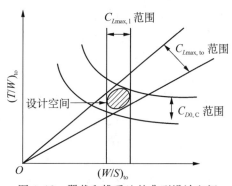

图 4.12　翼载和推重比的典型设计空间

思考题

1. 飞机总体设计指标主要包含哪些内容？
2. 简述基于任务剖面估算飞机重量的主要过程。
3. 简述推重比和翼载两个参数的定义、对飞机性能的影响和进行估算的主要方法。
4. 影响飞机最大升阻比的主要因素有哪些？
5. 影响飞机翼载的主要飞行状态参数有哪些？

5　气动设计

　　先进的气动设计是提高飞机飞行性能的关键环节,也是飞机安全性的重要保证。民用客机强调经济性和舒适性,更需要精心细致的气动设计。

　　气动设计几乎贯穿飞机概念设计到详细设计的各个阶段。然而,在设计初期,确定总体设计和气动设计指标对飞机项目的成败尤其重要。这个时期,主要完成飞机总体方案、气动布局选择和部件的气动设计,校核计算以及风洞试验等工作。在飞机的总体气动布局初步确定以后,需要完成各部件的气动优化设计,包括机翼、前机身、后机身、尾翼、发动机安装和操纵面的设计。

　　早期的气动设计通常依赖大量的风洞试验进行反复修形来完成,花费大、耗时长。随着计算流体力学(CFD)理论和方法的进步以及计算机运行速度的提高,CFD在气动设计中的应用越来越广泛,已经成为当前飞机设计的重要手段。

　　空气动力学在飞机设计中主要有两大任务:进行气动设计和提供气动数据。空气动力学工作运用两个手段:理论计算(包括工程估算和数值计算)和风洞试验。因此,本章分为 4 个部分,第一部分主要介绍飞机主要部件的气动设计,重点讨论各几何参数对气动特性的定性和定量影响,以及在设计过程中如何综合考虑多种相互矛盾的因素。第二部分主要介绍气动特性计算,包括升力的估算、阻力的估算以及俯仰力矩的估算等。第三部分介绍基于 CFD 的气动设计技术以及面临的挑战和未来的发展趋势等。第四部分介绍风洞试验,讨论型号设计单位的风洞试验内容及其数据处理和使用。

5.1　部件气动设计

　　本节讨论机翼、机身、尾翼和操纵面的设计,主要侧重点是分析几何设计参数对气动特性的影响。

　　机翼是为飞机贡献升力的主要部件,对飞机的整体气动特性起着重要作用。机翼的设计包括高速巡航特性的基本机翼设计和低速起落特性的增升装置设计。

5.1.1　基本机翼设计

　　本书介绍的基本机翼设计包括几方面的内容:翼型的选择与设计、机翼平面参数的确定、超临界机翼设计。

5.1.1.1　翼型的选择与设计

翼型为机翼的纵向截面外形,其气动特性对机翼和飞机的总体特性具有重要影响。

1) 翼型的几何参数定义

翼型的主要几何参数定义如图 5.1 所示。

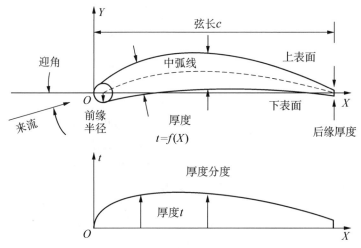

图 5.1　翼型的主要几何参数定义

翼型的主要参数包括弦长、前缘半径、厚度与最大厚度位置、弯度与最大弯度位置,这些参数都以相对于弦长的无量纲值表示。其中,弦长定义为从翼型最前点到最后点的距离。翼型数据通常以上下曲线的点坐标的形式给出。

2) 翼型的选择与修形

早期飞机设计使用的翼型通常采用一些典型翼型,如图 5.2 所示。根据飞行性能的要求,逐步修形,最后进行风洞试验验证。

在进行翼型选择时应考虑以下几个方面的因素:

(1) 高升力线斜率,使整个飞机的飞行姿态具有较高的升力系数。

(2) 尽可能小的阻力,有高的升阻比,以获得较好的巡航和爬升性能。

(3) 俯仰力矩小,不致带来较大的配平阻力。

(4) 良好的失速特性,更高的最大升力系数,而且失速时升力的变化缓慢。

(5) 较大的相对厚度,结构重量轻,燃油容积大。

5.1.1.2　机翼平面参数

机翼面积和平面几何形状是根据总体气动布局,综合考虑飞机的高、低速飞行特性确定的。三个主要平面参数包括展弦比、梢根比和后掠角。典型的梯形机翼平面形状及参数定义如图 5.3 所示。

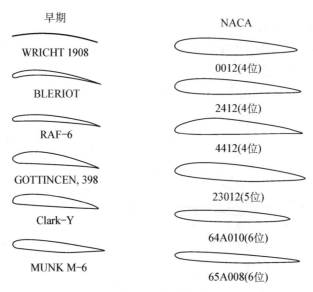

图 5.2　典型翼型

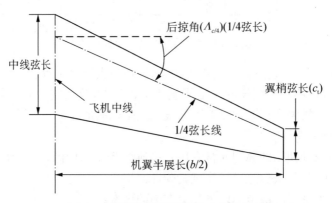

图 5.3　梯形机翼平面形状及参数定义

1) 机翼参考面积

　　机翼是飞机的主要升力部件,它包括布置在上面的辅助部件,例如边条、填角、翼刀、锯齿和翼梢小翼等。一个完整的机翼包括其穿越机身的部分,这部分通常由左右机翼的前缘和后缘的延长线所构成,包括穿越机身部分和辅助部件的机翼称为"毛机翼",包括穿越机身部分但不包括辅助部件的机翼称为"基本机翼",不包括穿越机身部分但包括辅助部件的机翼称为"外露机翼",不包括穿越机身部分也不包括辅助部件的机翼称为"外露基本机翼"。机翼参考面积 S 是基本机翼在飞机构造水平面上的投影面积,如图 5.4 所示。民机常用后缘带转折的机翼平面形状,通常可以折算成梯形机翼来考虑。机翼参考面积的定义方法不是唯一的,但是在设计过程中应该保持一致。

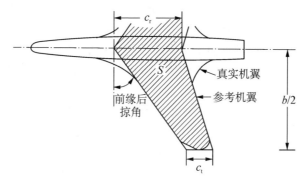

图 5.4　参考机翼与真实机翼对比

2) 平均气动弦长

在机翼平面形状的讨论中,经常会遇到平均气动弦长(mean aerodynamic chord,MAC)的概念。它是机翼和飞机的一个特征长度,是作为气动特性参数的一个无量纲的量,是确定机翼气动中心位置和计算纵向力矩系数时常用的基准弦长。机翼平均气动弦长如下:

$$c_A = \frac{2}{S} \int_0^{\frac{b}{2}} \left[c'(y) \right]^2 \mathrm{d}y \tag{5.1}$$

式中,$c'(y)$为当地弦长在基本机翼平面上的投影;y为当地弦的展向位置坐标。对于梯形平面形状的机翼,平均气动弦长可以通过几何作图法得到,如图 5.5 所示。

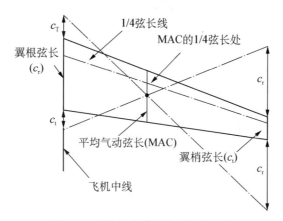

图 5.5　平均气动弦长的几何作图法

3) 展弦比

机翼的展弦比为其展长与平均几何弦长之比。

$$A = b/c_G = b^2/S$$

对于有限展长的机翼,空气动力学方面更趋向于大的展弦比,这可以有效地减小不可避免的升致阻力。然而,大展弦比意味着大的结构重量,这样就需要考虑翼型和其他机翼几何参数的协调问题。实际应用中,不同类别飞机的展弦比变化范围很大。由大后掠角超声速飞机的 1.5 到高性能滑翔机的 30。亚声速飞机展弦比设计的典型值一般在 5~10 之间。某些情况下可能会对飞机的翼展有限制,例如舰载飞机。跑道宽度、机场滑行道空间,特别是转弯处以及机库大门宽度对客机的宽度也会有所限制,其上限为 80 m。典型客机翼展取值范围如表 5.1 所示。

表 5.1　典型客机的翼展取值范围

类　型	翼展取值范围	
	/m	/ft
支线飞机	20~21.5	66~71
单通道飞机	28.5~34	94~112
中长程双通道飞机	50~61	164~200
超大型双通道飞机	77~80	253~262

展弦比对飞机升力系数的影响可由图 5.6 表示,提高展弦比有助于提高飞机的升力线斜率,使其流动体现出更多的二维特征。在展弦比有限的情况下,可以采用翼尖小翼的方法。此外,翼尖产生的涡减小了翼尖本地的迎角,使得小展弦比机翼具有更大的失速迎角。

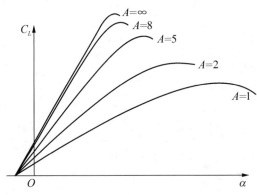

图 5.6　展弦比对飞机升力系数的影响

4) 梢根比

梢根比又称梯形比,是机翼翼梢弦长和翼根弦长的比值。

$$\lambda = c_t/c_r$$

选择梢根比首先要使气动载荷沿展向呈半椭圆形分布。通常梢根比在 0.1~0.6 的范围内会使气动载荷沿翼展接近半椭圆形分布。在大展弦比、无后掠角的构型中,可以考虑使用更大的梢根比。尽管小梢根比对于结构是有益的,但是,过小的梢根比可能导致气动载荷在翼尖处集中进而导致翼尖失速。此外,翼尖弦长的减小还受副翼弦长的限制。大部分低速机翼的梢根比为 0.4~0.5,为了构造简单,大部分后掠机翼的梢根比为 0.2~0.3。

5) 后掠角

机翼等百分比弦线在飞机构造水平面上的投影与垂直飞机对称面的平面之间的夹角定义为机翼的后掠角。通常以 1/4 弦线处的后掠角定义,还可以采用前缘后掠角或后缘后掠角。机翼的后掠角增大可以增大机翼的临界马赫数,同时减小激波阻力的峰值。对于给定的一个飞行状态和翼型,后掠角应该尽可能小,因为大的后掠角将增加结构重量,降低副翼效率。

机翼后掠角从低速飞机的 0°到三角翼飞机和可变后掠飞机的 60°及其以上。在高亚声速下,后掠效应($0° \leqslant \Lambda_{1/4} \leqslant 35°$)对提高飞机临界马赫数的效果可以用式(5.2)来表征:

$$(Ma)_{3D} = \frac{(Ma)_{2D}}{(\cos \Lambda_{1/4})^{0.5}} \tag{5.2}$$

对于近来广泛采用的超临界翼型,临界马赫数可由式(5.3)估算:

$$Ma = 0.9 - \frac{t}{c} \tag{5.3}$$

当后掠角大于 35°时,后掠效应的影响更为显著,式(5.2)应修正为

$$(Ma)_{3D} = \frac{(Ma)_{2D}}{(\cos \Lambda_{1/4})^{0.6}} \tag{5.4}$$

式(5.4)适用于后掠角在 35°~45°之间的情况。典型的机翼后掠角、相对厚度以及临界马赫数之间的关系可以参考图 5.7。

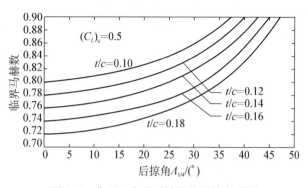

图 5.7 典型亚声速运输机的后掠角范围

对于超声速飞行的飞机,后掠角的确定应确保机翼前缘的垂直来流为亚声速,以使机翼的零升阻力增量最小,还要考虑机翼相对厚度和展弦比的协调,两者都不能太大。

表 5.2 给出了机翼主要参数的典型取值范围,可以作为设计初值选取的参考。

表 5.2　机翼主要参数的典型取值范围

参数	飞行马赫数范围			
	$Ma \leqslant 0.65$	$0.65 < Ma \leqslant 0.95$	$0.95 \leqslant Ma$ 亚声速前缘	超声速前缘
后掠角 $\Lambda_{1/4}$	0	$\arccos\left(\dfrac{0.95 - 0.1C_L - t/c}{Ma}\right)^2$	$\arccos(1/Ma) + 6°$	$\leqslant \arccos(1/Ma) + 6°$
展弦比 A	5～7(短程); 10～12(长程)	4～6(战斗机); 7～10(运输机)	1.5～3.0	2～4
梢根比 λ	0.5～0.6	0.2～0.3	0.1	0.2～0.4
翼根厚度	0.15～0.20	0.10～0.15	$\geqslant 0.06$	0.02～0.03
翼尖厚度	65%翼根值	65%翼根值	翼根值	翼根值

注:Ma 为飞行马赫数。

5.1.1.3　超临界机翼设计

随着计算机技术的发展,计算流体力学(CFD)在机翼设计和全机气动设计中发挥的作用越来越大,特别是高亚声速飞机的设计。目前,超临界翼型成为高亚声速飞机上常用的选择。

1) 临界马赫数与阻力发散马赫数

飞行器在飞行中,随着飞行速度的增大,部件(例如飞机的机翼)上某一点的速度达到声速,此时的飞行马赫数就是飞行器的临界马赫数。在超过临界马赫数飞行时,速度继续增加,产生明显的波阻。此时阻力迅速增加,这个马赫数称为"阻力发散马赫数",一般以阻力-马赫数曲线斜率的增量来衡量,也可以使用零升阻力系数增加 0.002 时的马赫数作为阻力发散马赫数。

2) 超临界机翼

超临界机翼是适用于超过其临界马赫数飞行的机翼。超临界机翼的使用是为了进一步提高飞机的飞行速度,这个机翼上应该有超声速区。但是,有超声速区就有激波,有激波就有波阻,有波阻飞机阻力就很快增大。因此,要使这个机翼的阻力发散马赫数尽可能高一些。这样,飞机飞行速度增大了,而阻力增加不太多,从而得到飞机巡航效率($Ma \times C_L/C_D$)的收益。

3) 超临界机翼气动特性的特点

在气动特性方面,超临界机翼有它不同于常规机翼的特点:

(1) 上表面前部平缓的压力分布:上表面前部压力分布比较平缓,不能有较大的逆压梯度,使这部分气流逐渐平稳加速,达到超声速。

(2) 超声速速度低、激波弱:在来流速度(Ma)一定的情况下,超声速的速度要低,这样激波比较弱。尽量接近等熵压缩,减少激波阻力。

(3) 防止或减小后缘分离:后缘的压力梯度不能过大,以防止后缘分离;或者减小后缘分离区域(在 97%弦长之后),以减少分离阻力。

（4）下表面的后加载不能过大。

为了在小迎角下得到足够大的升力,增大超临界机翼下表面后部的弯度,实现后加载。但是,必须控制后加载产生低头力矩,过大的后加载会引起过多的配平阻力。因此,应尽可能使前部上表面的压力分布平坦而且饱满,以增大升力。超临界机翼的这些设计特点是针对其高速巡航特性来说的。此外,还有一个与低速性能协调的问题,即超临界机翼的高速设计应尽可能给低速增升装置的设计必需的潜力。这主要包括两个方面的内容:

（1）气动方面:高速构型的最大升力系数比较大,但后加载不能过大,让增升装置有足够的增升潜力。

（2）结构方面:机翼后梁附近需要有足够的厚度,给增升装置设计留出足够的空间。

图 5.8 是一个典型的超临界翼型及其压力分布。

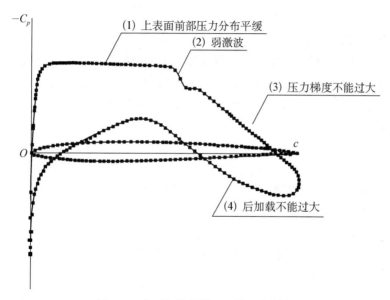

图 5.8 典型超临界翼型及其压力分布

4）超临界机翼的设计步骤

超临界机翼的设计是一个不断迭代、优化的过程,一般包含下述几个步骤:

（1）翼型设计:将机翼设计指标转化为翼型设计指标,设计 Ma 和升力系数,给出翼型的目标压力分布。根据上面超临界机翼的设计准则,设计一个典型翼型,以达到要求的目标压力分布。

（2）配置设计:将设计的翼型沿机翼展向配置 7～10 个剖面,翼根、翼尖适当修形。计算、分析各个剖面的压力分布。修改各个剖面的翼型,使其接近前面的目标压力分布。

（3）展向修形:第二步配置、修改得到的翼型,沿机翼展向不会很光顺,应进行几何外形的协调和修形,使得各个剖面的厚度、扭转角、等百分比线沿展向比较光顺。

(4) 再设计和再修形:经过第三步修改的翼型,目标压力分布变化了。然后再做第二步和第三步的再设计和再修形。如此循环,最后得到满足设计要求的机翼。

(5) 非设计点的协调:经过上述再设计、再修形,多次优化设计循环之后,最后得到的只是满足设计点要求的机翼,还需要对非设计点进行计算和分析。如果非设计点的性能太差,还要协调、修改设计点和非设计点,最后对设计点和非设计点的设计循环做折中处理。

经过上述步骤设计得到的机翼,只是设计组提供的一副高速机翼,还需要按照低速设计和总体布局设计的要求进行机型校核。因此,在增升装置的设计中,在总体气动布局的设计中,也有可能对此机翼提出一些修改要求。经过这一轮的修改,机翼的高速设计才算最终完成。超临界机翼没有早期机翼的典型翼型,而是根据各个剖面的目标压力分布设计。由此可见,机翼设计是不断计算分析、不断优化协调、多重迭代循环的繁复、细致的过程。

5.1.2　增升装置设计

增升装置用于改善飞机的低速特性,提高飞机的最大升力系数可以降低飞机对起飞和着陆跑道长度的要求。增升装置的设计对高亚声速飞机设计具有关键的影响:①对于某一速度着陆,最大升力系数增加 1%,可以增加 22 名乘客或者载重量增加 4 400 lbf;②起飞时,升阻比提高 1%,可以增加 14 名乘客或者载重量增加 2 800 lbf;③升力系数在线性变化范围内增加 0.1,可以减小 1°进场迎角,从而减小起落架的重量,使整机的空机重量减小 1 400 lbf。可以看出,增升装置气动性能方面微小的改进,会引起飞机空机重量减小和性能的提高,从而影响整个飞机的运营成本,这些方面都说明了增升装置设计的重要性。

5.1.2.1　增升装置的增升机理

增升装置主要通过以下 4 种方法来提高机翼的最大升力系数:

1) 增加机翼的弯度效应

增加机翼的弯度相当于增加环量,此时,名义面积不变,相当于增加零迎角升力系数,因而提高了一定迎角的升力系数。

2) 增加机翼的有效面积

大多数增升装置以增加机翼的基本弦长的方式运动。在与剖面形状没有改变时相同的名义面积下,其有效机翼的面积增加了,升力增加了。对于后退量大的襟翼,会产生较大的低头力矩,特别是在进场着陆时,这需要平尾或升降舵上偏来进行配平,有一定的升力损失。

3) 改善缝道的流动品质

通过改变翼段之间缝道的流动品质,改善翼面上的边界层状态,可以增强翼面边界层承受逆压梯度的能力,延迟分离,提高失速迎角,提高最大升力系数。

4) 增加外部流场的能量

增加机翼(或襟翼)表面气流的能量,可以更有效地控制边界层或增加机翼环量,从而更大限度地提高最大升力系数,这也就是所谓的"动力增升"。可以引出发动机出口部分气流,借助其喷射作用,来增加流场能量。

5.1.2.2 增升装置的类型与影响

1) 增升装置的类型

增升装置主要包括两种类型,机械增升与动力增升,机械增升又主要包括前缘与后缘两种,常用前后缘增升装置的类型如图 5.9 所示。

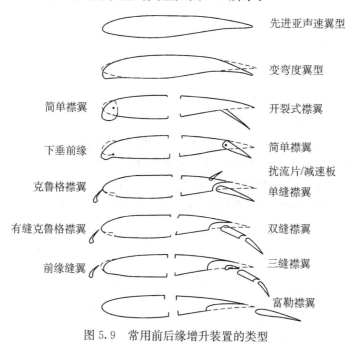

图 5.9 常用前后缘增升装置的类型

表5.3 和表5.4 中给出了前缘和后缘机械增升装置的主要类型及特点和应用情况。动力增升主要使用一些流动控制的增升措施,如吹气襟翼(展向/弦向吹气)、空腔吸气/喷气等。

表5.3 前缘增升装置的主要类型及特点和应用

类 型	特点和应用
下垂前缘(drooped nose)	美国超声速运输机方案
变弯度前缘(VC leading edge)	NASA 研究飞行器(AFTI)
固定缝翼(fixed slat)	较低巡航速度的 STOL
简单克鲁格襟翼(Krueger flap)	B707 内侧
折叠式克鲁格襟翼(folding bull-nose Krueger flap)	B727
变弯度克鲁格襟翼(VC Krueger flap)	B747,复杂,昂贵
两位置前缘缝翼(two-position slat)	F‑84,民机一般不用
三位置前缘缝翼(three-position slat)	最常用

表 5.4　后缘增升装置的主要类型及特点应用

类　　型	特点和应用
开裂式襟翼(split flap)	早期军机广泛使用
简单襟翼(plain flap)	偏转角≤20°以避免分离
单缝襟翼(single slotted flap)	偏转角为 30°～35°
单缝富勒襟翼(single‐slotted Fowler flap)	偏转角可达 40°，B747SP
固定子翼的双缝襟翼(fixed vane/main double slotted flap)	MD‐80/DC‐9
活动子翼的双缝襟翼(articulated vane/main double slotted flap)	DC‐10/MD‐12
主从双缝襟翼(main/aft double‐slotted flap)	
三缝襟翼(triple‐slotted flap)	B757，B737

2) 增升装置的影响

前后缘增升装置对升力特性的影响是不同的。前缘缝翼的偏转，通过改变机翼弯度，降低了主翼头部的吸力峰，减缓或消除大迎角时的气流分离，推迟了失速迎角 α_s，因而增加了 C_{Lmax}。后缘增升装置的偏转，增加了主翼的环量，使零升迎角 α_0 变得更负。这时，保持升力线斜率不变，而增加升力，如图 5.10 所示。

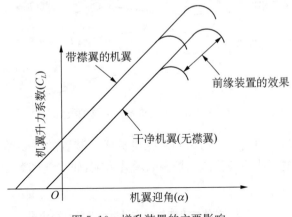

图 5.10　增升装置的主要影响

各种不同类型增升装置对升力系数的影响的典型值可以参考表 5.5。

表 5.5　常用增升装置对升力系数影响的典型值

类　　型	二维	三维
基本翼型(亚声速)	1.6	1.5
简单襟翼:20%弦长	0.8	0.55
简单襟翼:40%弦长	1.10	0.75
开裂式襟翼(无缝道)，$t/c = 0.15$，20%弦长	0.9	0.6

（续表）

类型	二维	三维
开裂式襟翼(无缝道)，$t/c=0.15$，40%弦长	1.4	0.95
单缝襟翼：20%弦长	1.2	0.8
单缝襟翼：40%弦长	1.8	1.2
双缝襟翼：40%弦长	2.5	1.65
三缝襟翼：40%弦长	2.9	1.9
富勒襟翼：20%弦长	1.2	0.8
富勒襟翼：40%弦长	1.8	1.2
克鲁格襟翼：20%弦长	0.8	0.65
前缘缝翼：15%弦长	0.5	0.4

5.1.2.3 设计目标和约束条件

增升装置设计的总目标为满足进场速度、场长和爬升梯度要求，满足飞行性能，并保证最高的可靠性。对于起飞来说，增升装置要在升力和升阻比两者之间进行折中，得到满足起飞场长和爬升率的要求；对于着陆来说，增升装置要有最大的升力系数。

增升装置设计受到巡航状态机翼的设计外形的制约，限制了增升装置设计参数（弦长、展长、厚度等）的变化范围。增升装置的弦长受到机翼前后梁位置，以及内部空间的限制（见图 5.11）。当增升装置的弦长确定后，接着进行优化设计以确定其各段的外形。

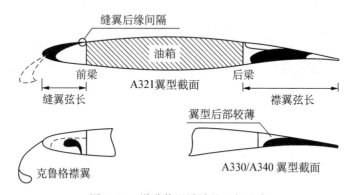

图 5.11 增升装置设计的几何约束

前缘缝翼和后缘襟翼的升力增量受到面积、偏角和后退量、缝道参数等因素影响。后缘襟翼面积一般为机翼面积的 10%～15%，其展向布置受到副翼、发动机安装的影响，一般不超过翼展的 60%。简单襟翼一般占弦长的 30%，偏转角度小于25°。单缝襟翼一般占弦长的 25%～35%，偏转角度在 30°～35°之间。双缝襟翼的偏转角度为 40°～50°。最大偏角一般在着陆时使用，在起飞构型的偏转角度一般为着陆构型的 60%。与后缘襟翼相比，前缘缝翼可以占据更多展长，甚至使用全展长缝翼,其偏角一般不会超过30°。民机上常用的增升装置组合为前缘缝翼和单缝或双缝后缘襟翼。目前的发展趋势是进一步简化,在增升效果、结构与机构简化、易维护等方面进行权衡,而不再过分单独强调高气动效率。

一般来说,应该采用满足性能要求的最简单设计,后缘增升装置是最常见的,前缘增升装置是否采用应根据设计要求确定。在方案设计阶段,下述规则可以作为一个简单的判断准则,用于判断单独使用后缘增升装置能否满足增升的要求:

$$\frac{\left(\dfrac{W}{S}\right)_0}{\cos\Lambda_{1/4}} \leqslant F_{LE} \tag{5.5}$$

式中,$(W/S)_0$为起飞构型的翼载(N/m²);F_{LE}一般取值为$5\,500\,\text{N/m}^2$。

5.1.2.4　多段翼型设计

1) 多段翼型的流场特性

在多段翼型流场中,黏性作用的影响占主导地位,图5.12显示了该流场的主要特性。

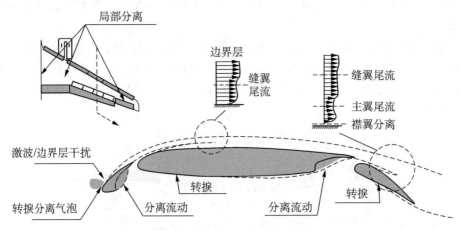

图5.12　多段翼型的流场特性

多段翼型的前缘上表面即使在马赫数不高时也可能出现局部的超声速流,存在跨声速区和激波/边界层干扰。当后缘襟翼偏转时,在主翼后缘处会形成分离气泡。各翼段各自的尾迹、边界层经常会发生混合,同时还存在众多分离流动和转捩,这些因素使得多段翼型的流场非常复杂,因而对该流动区域的空气动力学研究也很有挑战性。

2) 多段翼型的几何参数定义

多段翼型的几何参数主要包括偏角、缝道宽度(gap)和重叠量(overlap, O/L),如图5.13所示。无量纲的缝道宽度,对于前缘缝翼,是指前缘缝翼后缘到主翼外形之间的最短距离与当地机翼弦长之比;对于后缘襟翼,是指主翼后缘到后缘襟翼外形之间的最短距离与当地机翼弦长之比。无量纲的重叠量,是指前缘缝翼或后缘襟

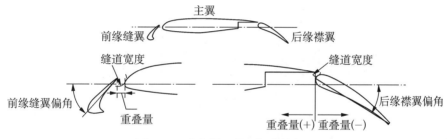

图 5.13 多段翼型的几何参数定义

翼偏转时前伸或后退的程度,重叠量一般都沿平行于基本翼弦线的方向测量,重叠为正。

3) 多段翼型的设计

(1) 三维指标与二维指标的转换。

增升装置的三维设计指标通常可以通过如下方法与二维指标进行转换,从而可以首先进行二维多段翼型的设计。

(a) 方法一　后缘襟翼

$$(\Delta C_{L\max})_{\text{flap}} = (\Delta c_{L\max})\left(\frac{S_{\text{wf}}}{S}\right) K_{\Lambda_{1/4}} \tag{5.6}$$

式中,$\Delta c_{L\max}$ 为翼型后缘襟翼引起的最大升力系数增量;$\dfrac{S_{\text{wf}}}{S}$ 为有襟翼部分机翼投影面积和机翼参考面积的比值;$\Lambda_{1/4}$ 为 1/4 弦线处后掠角,$K_{\Lambda_{1/4}}$ 为考虑后掠效应的修正系数,$K_{\Lambda_{1/4}} = (1 - 0.08\cos^2\Lambda_{1/4})\cos^{0.75}\Lambda_{1/4}$。

后缘襟翼的升力增加效应的另外一种转换方法为

$$(\Delta C_{L\max})_{\text{flap}} = (\Delta c_{L\max})\left(\frac{S_{\text{wf}}}{S}\right)\cos\Lambda \tag{5.7}$$

式中,Λ 为铰链轴的后掠角,在机翼的相似布局变化不大的情况下,可以采用尾缘(后缘襟翼)后掠角或前缘(缝翼)后掠角代替。

(b) 方法二　前缘缝翼

$$(\Delta C_{L\max})_{\text{slat}} = (\Delta c_{L\max})\left(\frac{S_{\text{ws}}}{S}\right)\cos^2\Lambda_{1/4} \tag{5.8}$$

式中,S_{ws} 为有缝翼部分机翼的投影面积。在方法一中,"有襟翼部分机翼的投影面积"的定义如图 5.14 所示。

(2) 多段翼型的几何设计。

前缘缝翼、后缘襟翼等部件的外形常用的建模方法包括解析法、半解析法以及 B 样条曲线等。其中解析法之一的椭圆方程法采用如式(5.9)所示的椭圆方程:

$$y^2 + ax^2 + bxy + cx = 0 \tag{5.9}$$

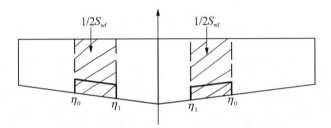

图 5.14 有襟翼部分机翼投影面积的定义

当将翼型头部定义为原点时,此方程自动满足头部斜率无穷大的条件。以后缘襟翼为例,可将襟翼外形分成如图 5.15 所示的几段来表示,在已知起点坐标和一部分点的斜率的情况下,通过对方程(5.9)求导,再利用已知条件便可以解出翼面上各点坐标。

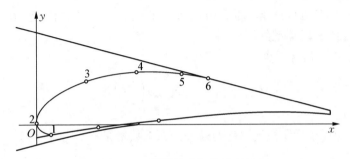

图 5.15 襟翼的几何外形定义

前缘缝翼的外形定义如图 5.16 所示,图中 X_1、X_2、X_3 为缝翼外形设计参数。其中,点 5、点 2 的位置可以用来定义前缘缝翼上、下后缘厚度及后缘角的要求,点 4 用于控制固定翼前部的形状,点 3 用于控制固定翼头部半径的大小。而过渡段 5~6、2~1 可采用与襟翼类似的处理方法。

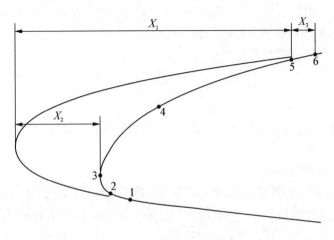

图 5.16 前缘缝翼的外形定义

多段翼型的气动特性，在很大程度上取决于缝道出口处的形状，这些参数对升力增量影响特别大，对零升迎角及型阻的影响则很小。对于前缘缝翼，影响增升效率的主要是偏角和缝道宽度，前伸量是次要的。同时，前缘增升装置的弦长、偏角过大，都会产生较大的抬头力矩，但是，其缝道参数对上仰的影响是比较敏感的。

5.1.2.5　增升装置的发展趋势

尽管对飞机增升装置的主要设计要求是获得良好的起飞着陆特性，飞机设计师仍开始越来越多地关注飞机环保特性，包括噪声和排放，增升装置是重要的噪声源之一。这些要求与经济性要求一起，推动增升装置技术的进一步发展。其中，外形适变技术（morphing）的主要应用是拓展机翼弦长和弯度。这种技术的应用会增加机翼的复杂程度，因此要在消除噪声、减少排放和提高燃料效率方面有很好的突破才有应用价值。该技术的应用可以分为三个层面：宏观层面改变机翼整体布局，中间层面包括改变翼型，微观层面包括涡流发生器。

此外，流动控制也开始在飞机的气动设计中发挥越来越大的作用。现在一个普遍认同的观点是传统多段式机翼增升系统已经得到充分发展，目前的改进空间相对不大，主要是在气动外形上进行一些小的优化。要在增升效果上取得大的进步，必须提出革新性的增升方法。一般地，流动控制可以分为三种类型：主动式、被动式和互动式。主动式需要外部能量输入来实现，可以认为经典的多段翼型增升系统也是一种主动式流动控制增升装置，它需要外部动力来在起飞着陆时打开，但书中提到的流动控制装置特指新出现的一系列流动控制方法和装置。被动式的不需要动力，但通常会带来阻力的增加，比如被动式涡流发生器。互动式的通常由传感器来进行智能控制。

边界层控制是流动控制的一种方式，从历史发展状况来看，主要有两种实现方法：吹吸气技术和涡流发生器。常用的涡流发生器有被动式和主动式两种，一般需要通过使用CFD来完成设计。

环量控制也是流动控制的一种方式，其原理是在翼型的吸力面上开一条长槽，再将高能射流从前缘出口喷出，同时后缘处的入口吸入同等质量的空气。这样，高能射流与翼型吸力面的主流动之间会形成一个湍流剪切层，这个剪切层将引起很强的湍流扩散和混合，从而加强主流动的能量，使得主流动能够在高迎角情况下避免发生分离。它能够应用于包括现代高速超薄翼型在内的任意翼型，而且能够与其他流动控制技术联合使用。该技术还能用于飞机巡航状态。该增升装置没有会移动的部件，这个特点使得具体实施会很简单，增升装置也会较轻。

增升装置的设计越来越被视为飞机综合气动设计中的有机部分，在考虑结构设计、机构设计和经济性等指标的基础上应进行多学科的权衡和优化来实现飞机的高速特性。

5.1.3　机身设计

民机机身设计主要考虑三个方面的因素:足够的客货舱空间,阻力尽可能小,结构设计的效率尽可能高。有关客货舱设计的内容将在第 7 章中详细介绍。本节主要关注机身外形设计对阻力的影响。

与气动特性相关的机身主要参数包括长细比,大的长细比有助于减少超声速波阻,但会增加浸润面积而导致摩擦阻力增加。机身头部和尾部外形的设计对阻力和流场品质的影响较大,具有较大影响的因素包括机头与座舱玻璃的布局和外形、机尾上翘角的取值等。一般需要采用 CAD 和 CFD 结合的方法进行精细设计。

对于跨声速和超声速飞行的飞机,为了有效降低波阻,飞机所有部件的截面面积之和沿轴向的分布应该符合一个当量轴对称旋转体的截面积分布。另外,通过翼身大尺度整流,从而实现机身与翼身高度融合也是降低阻力的有效手段。

5.1.3.1　机身主体设计

无论是民机还是军机,机身都是主要的装载部件。对民机而言,机身需要容纳机组人员、乘客、商载货物以及飞机的设备等。机身的另一个作用是把飞机各结构部件连成整体,主要部件包括机翼、尾翼、起落架、发动机等。所以,机身除了承受它自身的载荷外,还承受与之连接的部件传递到机身上的载荷。

机身的最大横截面及其面积是根据具体的装载要求确定的。从结构角度出发,圆截面机身是有利的;从装载角度出发,圆截面的空间利用率不是最好,一般采用椭圆或多段圆弧的截面形状;从飞机的静稳定性出发,机身横截面为横椭圆和立椭圆分别对航向稳定性和俯仰稳定性有利。

机身的几何参数主要有长度 l_F、直径 d_F、最大横截面积 S_F,如图 5.17 所示。长细比是经常使用的参数:机身长细比 $\lambda_F = l_F/d_F$,头部长细比 $\lambda_{FN} = l_N/d_F$,尾部长细比 $\lambda_{FR} = l_R/d_F$。对于截面不是圆形的机身,采用的特征尺寸是最大宽度和最大高度,还常用机身的最大面积决定的等效直径作为重要参数。

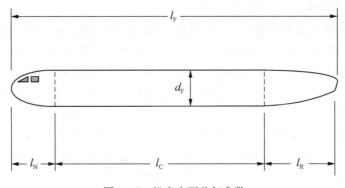

图 5.17　机身主要几何参数

机身对于升力的贡献很小,但产生的零升阻力却很大。对民机,它占飞机零升阻力的 $30\%\sim40\%$;对战斗机,常占 $50\%\sim60\%$。对气动特性的讨论一般分为亚声速和超声速。对于亚声速飞机,理论上当长细比小于 4 时阻力最小,但装载空间的要求、重心位置的选择,以及操稳特性对操纵面力臂的要求使得长细比一般高于 6。加长的机身设计长细比不会超过 14。对于超声速飞机,主要考虑的因素是面积率,截面积沿轴向的分布和长细比是影响波阻的主要因素。超声速飞机的长细比可能高达 20。

5.1.3.2　前机身设计

机身头部的外形设计主要取决于使用要求,同时应该力求气动阻力最小。理想的轴对称外形的压力分布如图 5.18 所示。传统的机头外形一般采用抛物线,目前更多采用样条曲面。对于超声速飞机,为减少波阻,多采用西亚思-哈克(Sears-Haack,S-H)曲线。驾驶舱外形设计中对功能的考虑将在第 7 章中讨论。本节主要侧重于气动方面的讨论。

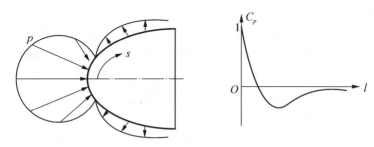

图 5.18　理想的轴对称外形的压力分布

客机机身的头部形状的曲率半径不宜过大,并且随着飞机速度的提高而变小,亦即采用较尖的外形。如果采用抛物曲线,则一般将对称轴向下偏一个角度,以利于满足对飞行员视界的要求。为安排驾驶舱风挡玻璃,可能需要对局部修形,尤其是风挡后部的机头外形,以减少气动阻力。较早的设计基本采用平板玻璃的方案,需要在气动阻力、抗飞鸟撞击和驾驶舱内部视线反射等方面做出妥协。一般来说,单块玻璃的面积不超过 $0.5\,\text{m}^2$。近来研制的客机的风挡玻璃开始采用单曲面或双曲面外形,以获得更好的气动特性。

前机身的长度是指从机头到机身最大直径处的长度,一般不会超过机身总长度的三分之一。在决定机身几何参数时,一般需要考虑内部空间、起落架布置等因素。亚声速飞机的前机身长度一般是机身截面等效直径的 1~2 倍,超声速飞机前机身长度一般为机身截面等效直径的 4 倍。

5.1.3.3　后机身设计

一般来说,后机身应该从机身最大截面处平滑过渡到截面面积接近于零。后机身设计中一个主要的参数是上翘角,在起飞着陆阶段,上翘角可以使飞机处于大迎角时机身尾部不致擦地,其他方面的考虑包括机身尾部货舱门的大小和尾翼的布局等。

1）尾部收缩角

影响尾段阻力最重要的因素是尾部收缩角（又称船体角）β_F，如图 5.19 所示。该角一般在 12°～15°之间，过大容易引起气流分离，导致跨声速抖振和阻力的增加。

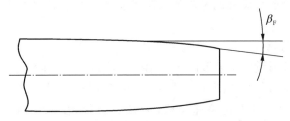

图 5.19　机身尾部收缩角

2）上翘角

对客机而言，影响上翘角选择的主要因素是飞机起飞和着陆性能的要求。对很多货机和军用运输机来说，为方便装卸货物，往往在机身尾部设计很大的舱门，并带有可以下降到地面的货桥，以完成货物和技术装备的自动装卸。原来的解决方法是使机身平的底部急剧地向上倾斜，以便在开口长度最小的情况下保证货物所要求的开口尺寸，并且利用尾舱门的大部分作为装卸货桥，这种做法的缺点是机身阻力会增大约 15%。大多数近代飞机，如伊尔-76，C-141A 和 C-5A，为了减小气动阻力，加长了机身尾部并使其弯曲。结果它的下表面以最小角度向上倾斜，减小了阻力，但所需开口的长度有所增加，如图 5.20 所示。对于亚声速飞机，后机身的长度一般为机身等直段有效直径的 2.5～3.5 倍；对于超声速飞机，有可能超过 6 倍。

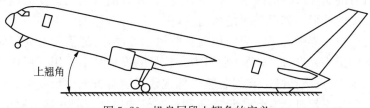

图 5.20　机身尾段上翘角的定义

5.1.3.4　翼身整流设计

机身与机翼的连接处需要通过详细的外形设计来达到降低阻力的效果。主要的设计手段是采用 CFD 进行接近三维的外形流场分析，在初步设计阶段需要确保不违反一些基本的原则。例如，机翼在对称面的投影应该不超出机身，以避免整流设计导致浸润面积增加过多；对于客机常常采用的下单翼设计方案，机翼的安装角应该保证后缘不超出机身；在保证起落架收放空间的条件下尽可能小地整流修形等。

5.1.4　尾翼和操纵面设计

尾翼和操纵面的气动设计需要达到的目标是使飞机具有良好的稳定性和操

控性。

5.1.4.1　尾翼设计

尾翼的主要功能是满足飞机的稳定性要求。尾翼布局是由飞机总体气动布局确定的,常见的尾翼布局形式如图 5.21 所示。

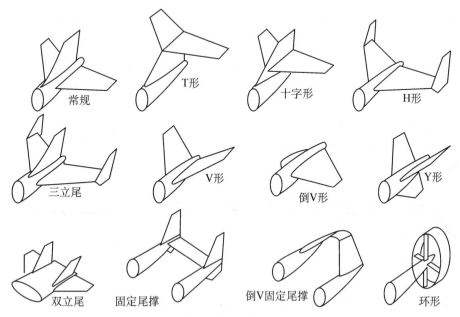

常规　　T形　　十字形　　H形

三立尾　　V形　　倒V形　　Y形

双立尾　　固定尾撑　　倒V固定尾撑　　环形

图 5.21　常见的尾翼布局形式

对于水平尾翼,可以采用如下形式:

(1) 安装在机身上,通常在机身的尾部。

(2) 固定尾撑,如双尾撑设计。

(3) 安装在垂直尾翼上,如十字形或 T 形翼。

(4) V 形翼。

对于垂直尾翼,主要有如下形式:

(1) 安装在机身上。

(2) 固定尾撑,如双尾撑设计。

(3) 单垂尾或多垂尾。

(4) V 形翼。

1) 水平尾翼设计

水平尾翼(简称"平尾")的作用是满足飞机的纵向稳定性要求。全机的俯仰力矩计算如下:

$$\overline{x}_{ac} - \overline{x}_{cg} = -\frac{\mathrm{d}C_m}{\mathrm{d}C_L} \tag{5.10}$$

式中，$\bar{x}_{ac}$ 为气动中心(焦点)的相对位置；$\bar{x}_{cg}$ 为飞机的重心(相对)位置；$-\dfrac{\mathrm{d}C_m}{\mathrm{d}C_L}$ 为飞机的俯仰力矩系数对升力系数的导数。如果 $\bar{x}_{cg}$ 是飞机的重心后限，则后重心在焦点之前的(相对)距离 $(\bar{x}_{ac} - \bar{x}_{cg})$ 就是飞机的纵向稳定性裕度 $-\dfrac{\mathrm{d}C_m}{\mathrm{d}C_L}$。而全机的俯仰力矩主要是水平尾翼的贡献，所以，对全机纵向过载静稳定度(焦点位置)的主要贡献是水平尾翼。

对于具有控制增稳或电传操纵系统的人工稳定性飞机，其重心后边界已不由中性点决定，其稳定性裕度可以留得很小，甚至可以稍有不稳定，此即为放宽静稳定性。采用放宽静稳定性设计后，具有较小的平尾面积，重量和配平阻力有所降低，但提高了民机的经济性，增大了飞机机动性。

水平尾翼的设计旨在提高它的效率，决定效率的因素是尾容量、平尾位置和气动特性。

(1) 尾容量。

水平尾翼的尾容量定义为全平尾面积和尾臂的乘积与机翼参考面积和平均气动弦长的乘积之比。

$$V_H = \frac{l_H S_H}{c_A S} \tag{5.11}$$

式中，l_H 为平尾 1/4 平均气动弦长点到机翼 1/4 平均气动弦长点的距离；c_A 为机翼平均气动弦长；S_H 和 S 分别为全平尾面积和机翼的参考面积。图 5.22 的阴影线给出的是全平尾面积，应注意与外露面积的区别。

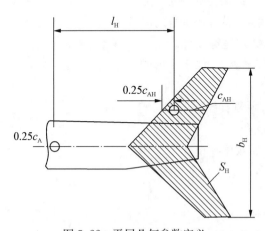

图 5.22　平尾几何参数定义

为了降低飞机重量和减少阻力，尾翼力臂应该尽可能大。尾翼力臂可以用机身长度的百分数来做初步的估算：对于发动机装在机翼上的飞机，尾翼力臂为机身长度的 50%～55%；对于发动机安装在后部的飞机，尾翼力臂为机身长度的 45%～50%。

（2）平尾位置。

平尾的位置,特别是相对于机身和垂尾的高低位置对平尾效率有很大影响。原则上要避开翼身组合体的强洗流区,减小平尾处下洗和速度阻滞的影响。

对亚声速飞机可以把平尾抬高,甚至放在垂尾顶部。在具有小展弦比机翼和机身尾段足够长的飞机(如超声速飞机)上,通常将平尾布置在机身尾部低于机翼翼弦延长线的位置。

（3）气动特性。

平尾的尾容量和所在位置是由总体气动布局确定的,单独平尾的气动设计是优化部件的设计参数,提高平尾气动效率,具体地说是提高平尾升力线斜率,降低阻力。

平尾的几何参数与机翼是一样的。翼型的几何参数包括前缘半径、相对厚度、相对弯度;平面形状的几何参数包括面积、平均气动弦长、展弦比、梢根比、后掠角。与机翼不同之处在于:

a. 相对厚度,平尾的相对厚度通常比机翼的小,以保证平尾具有更高的临界马赫数。对于高速飞机,平尾比机翼大约薄 10%,后掠角尾翼平均相对厚度一般为 5%～6%。超声速飞机如果用平直尾翼则要用小展弦比（$A=1\sim2$）及特别小的相对厚度（$t/c=3\%\sim4\%$）。对于三角形尾翼,平均相对厚度为 4%～5%。亚声速飞机的机翼平均相对厚度为 9%～12%。但是,机翼平均相对厚度通常与平尾后掠角组合在一起选择。对高亚声速飞机要保证平尾的临界马赫数高于机翼的临界马赫数,通常要求 $\Delta Ma=0.05$,并在设计俯冲 Ma 时,尾翼上不产生强的激波。

b. 相对弯度,一般采用对称翼型。有些低头力矩很大的飞机也采用反弯度翼型。

c. 展弦比,一般平尾展弦比要小于机翼。增加展弦比可提高平尾的升力线斜率,并可降低巡航配平阻力,特别是高平尾布局。但过大的展弦比会降低平尾失速迎角,增加平尾重量,通常由于结构重量的原因,不希望选择大展弦比。对高亚声速民用飞机,平尾展弦比为 3～5。

d. 梢根比,梢根比对平尾气动效率影响很小。一般从结构重量方面考虑,选择小的梢根比可降低结构重量。但过小的梢根比会不利于平尾失速特性,对于低平尾布局,过小的梢根比会使平尾受到很大的机身屏蔽。一般取中等的梢根比较为合适,为 1/2～1/3。

e. 后掠角,对于亚声速飞机,尾翼后掠角应大于机翼后掠角,以免压缩性影响过早出现。在高亚声速民机的初步设计阶段,可根据设计俯冲马赫数（Ma_D）,使用图 5.23 选择平尾平均相对厚度与后掠角的组合,它以大量的经验统计数据为基础。

2）垂直尾翼设计

垂直尾翼(简称"垂尾")的作用是满足飞机的航向稳定性要求。

$$C_n^\beta = \frac{\mathrm{d}C_n}{\mathrm{d}\beta} \tag{5.12}$$

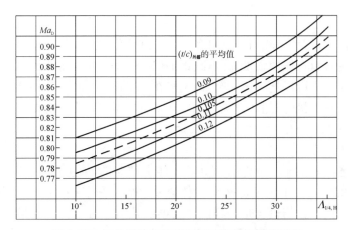

图 5.23　初步设计阶段的平尾后掠角与相对厚度

全机的偏航力矩 C_n 主要由垂直尾翼贡献。所以,对全机航向静稳定度的主要贡献来自垂直尾翼。

垂直尾翼经过设计可提高其效率,决定效率的因素是尾容量、所在位置和气动特性。

(1) 尾容量。

垂直尾翼尾容量定义如下:垂尾面积和尾臂的乘积与机翼参考面积和平均气动弦长的乘积之比。

$$V_V = \frac{S_V l_V}{S c_A} \tag{5.13}$$

式中,S_V 为垂尾外露面积;l_V 为垂尾与机翼的 1/4 平均气动弦长点之距离。

图 5.24 的阴影线给出的是垂尾面积。喷气式常规布局运输机平尾的尾容量约为 1.0,垂尾的尾容量约为 0.1。采用电传操纵系统的现代民机的尾容量粗略估计可减少 10%。具体计算中需要注意不同设计数据中垂尾尾容量定义采用的垂尾面积定义可能存在差异。

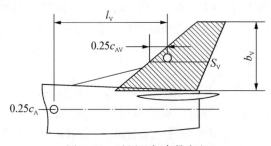

图 5.24　垂尾几何参数定义

(2) 所在位置。

垂尾和平尾的相对位置对垂尾效率有很大影响,机身和平尾对垂尾都是端板效应。平尾位置越靠近垂尾顶端,越能增强平尾对垂尾的端板效应。

（3）气动特性。

单独垂尾的气动设计也可以提高垂尾升力线斜率,降低阻力。

a. 相对厚度,垂尾的相对厚度约为 12%。在初步设计阶段,可根据设计俯冲马赫数 Ma_D,与后掠角一起,用图 5.25 来估计。

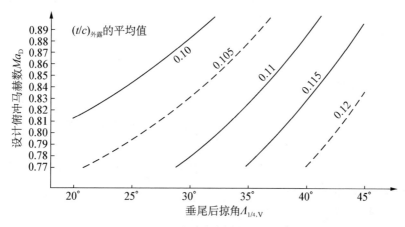

图 5.25　初步设计阶段的垂尾相对厚度与后掠角

b. 后掠角,亚声速飞机尾翼后掠角应大于机翼后掠角,以免压缩性影响过早出现。对于平尾布置在垂尾顶部的 T 形尾翼布局,增大垂尾后掠角可以同时增大垂尾与平尾的尾力臂。

c. 展弦比,垂尾的展弦比不能完全由几何尺寸估计气动特性,受到位置的影响,使用有效展弦比。

机身直径越小,平尾的端板效应越大,垂尾的有效展弦比越大(见图 5.26)。平尾位置越靠近垂尾顶端,越能增强平尾对垂尾的端板效应,有效展弦比也越大(见图 5.27)。

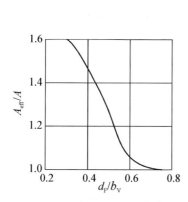

图 5.26　有效展弦比与机身直径的关系

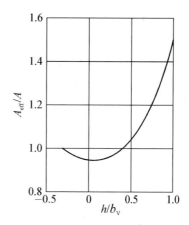

图 5.27　有效展弦比与平尾位置的关系

两种常见民机垂尾的平面参数(展弦比、梢根比和后掠角)的典型数据如表 5.6 所示。

表 5.6   民用飞机垂尾的平面参数的典型数据

飞机类型	上反角/(°)	安装角/(°)	展弦比	后掠角/(°)	梢根比
涡桨支线飞机	90	0	0.8~1.7	0~45	0.32~1
涡扇干线飞机	90	0	0.7~2.0	33~53	0.26~0.73

5.1.4.2   操纵面设计

操纵面可保证飞机三个轴的平衡与可操纵性满足飞机平衡和机动性要求。操纵面布局是由飞机总体气动布局确定的,一般分为纵向、航向和横向三个方面,常见的操纵面是升降舵、方向舵和副翼。

操纵面的气动设计根据设计要求和飞行条件,选择操纵面的形式,确定几何参数、舵面偏角和铰链轴位置。

1) 纵向操纵面

纵向操纵面包括升降舵、全动平尾和鸭翼。

(1) 设计要求。

纵向操纵面的设计需要考虑两个方面的要求:

a. 起飞和着陆的操纵,飞机在地面起飞滑跑阶段,对应起飞构型和最前重心位置,要求操纵面能产生足够的抬头力矩,使飞机在给定的滑跑速度下抬起前轮,达到起飞迎角。在着陆时,应满足着陆配平和复飞拉起的要求,并留有一定的操纵余量。

b. 飞机的过载与机动能力应达到飞行包线内的过载要求,特别是超声速机动能力,所以纵向操纵面决定飞机的重心前限。

(2) 气动设计。

中小型飞机的纵向操纵一般采用升降舵。通过升降舵偏角的改变,使飞机在不同迎角下达到纵向力矩的平衡,同时也可实现在纵向对称面内的机动飞行。大中型客机一般采用升降舵可调安装角的平尾,以满足更大的纵向配平力矩要求。对于后掠平尾,平尾转轴有直轴和斜轴两种形式。斜轴平尾的效率比直轴平尾低,所以,中等后掠角梯形平尾尽量采用直轴形式。

升降舵效率(有后掠的斜平尾)的计算方法为

$$C_{m\delta_e} = -k_q C_{L\alpha, H} V_H \sqrt{\frac{S_e}{S_H}} \cos\Lambda_e \qquad (5.14)$$

式中,k_q 为平尾处的速度阻滞系数;$C_{L\alpha, H}$ 为平尾的升力线斜率;V_H 为平尾的尾容量;S_e 为升降舵面积;S_H 为全平尾面积;Λ_e 为升降舵前缘后掠角。可以看到,升降舵效率与升降舵(相对于平尾的)面积有直接关系。在初步设计时,升降舵面积可以参照图 5.28 来选取。

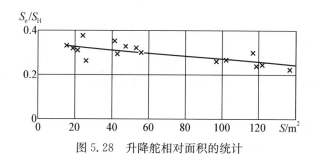

图 5.28 升降舵相对面积的统计

2）航向操纵面

航向操纵面就是飞机的方向舵。

（1）设计要求。

方向舵的设计要求主要包括四个方面：

a. 侧风着陆，要求在侧风着陆条件下飞机保持航向的能力。

b. 临界发动机停车时要有平衡因非对称推力产生的偏航力矩的能力，特别是在起飞滑跑过程中，临界发动机突然停车，应有可能仅使用方向舵操纵来保持直线轨迹、继续起飞或中断起飞。

c. 协调机动，在飞机做绕速度轴滚转运动时，方向舵必须具有平衡偏航力矩的能力。

d. 失速和尾旋改出，要求飞机在失速或进入尾旋时应具有从失速或尾旋中改出的航向操纵能力。

（2）气动设计。

一般飞机的航向操纵采用方向舵。有些特殊布局的飞机有双垂尾或多垂尾，操纵面仍是多个方向舵。超声速飞机的舵面效率随马赫数增加急剧下降，也有采用全动垂尾的，但比较少见。

方向舵效率与升降舵效率类似，都与方向舵（相对于垂尾的）面积有直接关系。在初步设计时，方向舵面积可以参照图 5.29 来选取。

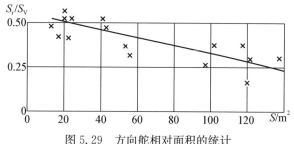

图 5.29 方向舵相对面积的统计

对于高亚声速飞机，方向舵相对面积 S_r/S_V 一般在 0.35～0.4 之间。对超声速飞机，S_r/S_V 一般在 0.2～0.3 之间。方向舵的相对弦长 c_r/c_V 一般在 0.25～0.5 之间。方向舵相对展长一般在 0.85～0.90 之间，方向舵最大偏角为

$\pm 20°\sim\pm 25°$。

3)横向操纵面

横向操纵面主要使用副翼,也可通过左右扰流片的不对称偏转来实现横向操纵。扰流片一般作为副翼的补充使用。有的飞机也用差动平尾,但比较少见。

横向操纵面的设计要求包括三个方面:

a. 起飞和着陆的滚转能力。飞机起飞和着陆时,为了保证有效操纵和飞行安全,飞机应有一定的滚转机动能力。

b. 非对称飞行状态的横向操纵。非对称飞行状态主要有双发飞机的单发停车及侧风着陆,战斗机还有不对称外挂物,操纵面必须平衡由此产生的滚转力矩。

c. 失速和尾旋改出。要求飞机在失速或进入尾旋时,应具有从失速或尾旋中改出的横向操纵能力。

正常布局飞机的副翼布置在机翼外侧靠近翼尖的部位。由于气动弹性的影响,副翼偏转后,机翼的扭转变形使效率降低。随着飞行速度(速压)的增大,副翼效率急剧下降,严重情况下会引起"副翼反效"。因此,有些大型民用客机上布置了内侧副翼,主要用于巡航飞行时的横向操纵。内侧副翼臂长较短,效率比外侧副翼小很多,但在大速压下使用是足够的。

亚声速和超声速飞机的副翼效率分别由式(5.15)和式(5.16)计算:

$$C_{l\delta a}=K\bar{b}_a\sqrt{\bar{c}_a}\cos^2\Lambda_{ah} \tag{5.15}$$

$$C_{l\delta a}=K\bar{b}_a\bar{c}_a\cos^2\Lambda_{ah} \tag{5.16}$$

式中,K 为副翼展向位置修正因子;$\bar{b}_a$ 为副翼相对展长;$\bar{c}_a$ 为副翼相对弦长;Λ_{ah} 为副翼铰链轴后掠角。

飞机从亚声速飞行过渡到超声速,偏转舵面的机翼绕流特性发生了很大的变化。亚声速下副翼效率与其相对弦长的平方根成正比,而超声速下副翼效率与相对弦长成正比。

a. 副翼(相对机翼)的面积 $\bar{S}_a=S_a/S$,为 $0.05\sim 0.07$。图 5.30 给出了 $\bar{S}_a$ 随机翼面积的变化趋势。

b. 副翼相对展长 $\bar{b}_a=b_a/b$,为 $0.3\sim 0.4$。

c. 副翼相对弦长 $\bar{c}_a=c_a/c$,为 $0.2\sim 0.5$。

d. 副翼展向位置为 $0.5b\sim 0.9b$。

副翼铰链轴后掠角对效率的影响也很明显,随着 Λ_{ah} 的增大,舵面上升力增量减小,效率下降,如图 5.31 所示。

副翼的偏角受到翼面上气流分离的限制,不同平面形状的机翼偏角是不一样的。平直机翼的副翼偏角 δ_a 在 $20°\sim 22°$ 时就失效了;而后掠机翼的 δ_a 在 $30°$ 时仍有线性效率。一般的偏角范围如下:上偏 $20°\sim 25°$,下偏 $15°\sim 20°$。由于机翼剖面的不对称性以及飞行迎角,左右副翼上下偏转同样的角度,左右机翼的升力

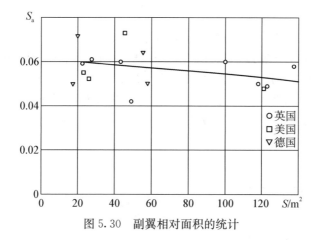

图 5.30 副翼相对面积的统计

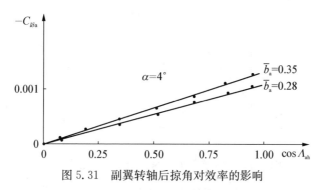

图 5.31 副翼转轴后掠角对效率的影响

增量是不同的。上偏的一侧升力增量小,下偏的一侧升力增量大。因此,不少飞机使用差动副翼。

5.2 气动特性计算

飞机的气动特性计算的基本内容包括升力,阻力,俯仰力矩,横、航向静稳定导数,动导数,操纵面效率,铰链力矩,动力影响和地面效应。从飞机的布局形式来说,有常规气动布局和多种特殊气动布局。从飞机的构型来说,有巡航、起飞、爬升和着陆不同的构型。从飞行速度来说,有亚声速、跨声速和超声速不同的速度范围。如果包含上面所有内容、形式、构型和状态,全面阐述气动特性计算,利用最简单的结构框架也需要 60 万字。因此,本节必须大大简化和压缩,只介绍纵向气动特性:升力、阻力和俯仰力矩的计算方法,针对大型运输机的常规气动布局,巡航飞行的"干净"构型,高亚声速飞行范围。这对于了解气动特性计算的基本方法,对于飞机气动布局方案的初步设计已足够了。

5.2.1 升力特性

机翼产生的升力可以表示为

$$L = C_L qS \tag{5.17}$$

式中，C_L 为飞机的升力系数；S 为机翼的参考面积；$q = 1/2\rho V^2$，为动压。

在给定速度和空气密度的条件下，翼型或机翼的升力和阻力随迎角 α 变化而改变，其中升力系数随迎角变化的规律如图 5.32 所示。在迎角小于某一个特定值时，升力随迎角的增大而增加。当迎角持续增大时，翼型上表面开始发生气流分离，升力曲线偏离线性关系。当升力系数随迎角增大开始下降时，达到最大升力系数，此时对应的迎角为失速迎角。

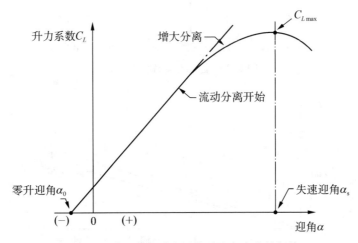

图 5.32　典型翼型升力系数随迎角变化的规律

从图 5.32 中可以看出，升力系数为零时迎角并不为 0°，而是为负。该曲线反映的是有弯度翼型的升力线特征，翼型弯度越大，对应零升力系数的迎角负值越大，对称翼型的零升迎角是 0°。

翼型和机翼的升力曲线的直线段可以表示为

$$C_L = m\alpha + b \tag{5.18}$$

若

$$C_L = 0, \ \alpha = \alpha_0$$

则

$$0 = m\alpha_0 + b$$

或

$$b = -m\alpha_0$$

因此将 b 代入后得到：

$$C_L = m(\alpha - \alpha_0),$$

$$C_L = a(\alpha - \alpha_0) \tag{5.19}$$

需要注意升力线斜率可以使用每弧度度量,通常用字母 m 表示,也可以使用每度度量,此时一般使用字母 a 表示。

5.2.1.1 翼型的升力

在低于临界马赫数时,翼型的零升迎角 α_0 主要与翼型的弯度有关,可用下述经验公式计算。

1) 零升迎角

翼型零升迎角(α_0)计算如下:

$$\alpha_0 = \sum A \overline{y}_f \tag{5.20}$$

式中,$\overline{y}_f$ 为翼型各弦向站位的中弧线(相对)纵坐标;A 为零升迎角计算系数(见表5.7)。

表 5.7　翼型零升迎角计算系数 A

$100\overline{x}$	0	2.5	5.0	10	20	30	40
A	2.90	4.22	3.12	4.82	5.88	5.76	6.26
$100\overline{x}$	50	60	70	80	90	95	100
A	7.34	9.38	13.44	23.50	43.44	119.70	-329.80

在高亚声速飞行时,需要考虑与来流马赫数(Ma_∞)和翼型相对厚度(t/c)有关的压缩性影响,并进行修正。

$$\alpha_{0,\,com} = \alpha_0 \left(\frac{\alpha_{0,\,com}}{\alpha_{0,\,incom}} \right) \tag{5.21}$$

式中,$\alpha_{0,\,com}/\alpha_{0,\,incom}$ 为压缩性修正量,可查图 5.33 获得。

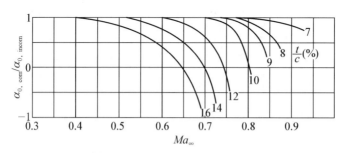

图 5.33　零升迎角的压缩性修正

2) 升力线斜率

在临界马赫数以下,不可压理论给出的翼型升力线斜率可以由式(5.22)进行估算:

$$C_{L\alpha} = 6.28 + 4.7\left(\frac{t}{c}\right)(1 + 0.003\,75\tau) \tag{5.22}$$

式中,C_{La} 的单位为 1/rad;后缘角 τ 的单位为(°)。达到临界马赫数时,升力线斜率按普朗特-葛劳渥压缩性修正因子来修正:

$$C_{La,\,com} = \frac{C_{La}}{\beta} \tag{5.23}$$

式中,$\beta = \sqrt{1 - Ma^2}$。

3) 失速迎角

翼型的失速迎角与其失速特性有关。亚临界流中,翼型的厚度、最大厚度位置、弯度、最大弯度位置、马赫数 Ma、雷诺数 Re、自由流湍流度和翼型表面粗糙度对失速特性都有影响。因此,很难确定翼型的最大升力系数和对应的迎角,应该尽可能利用实际翼型的试验数据。在初步设计阶段,可以参考一些典型翼型的数据(见表 5.8)。超临界机翼翼型的失速迎角比较小,从 CFD 计算得到的结果(见图 5.34)来看,只有 6°～7°。

表 5.8 典型翼型失速迎角

典型翼型	失速迎角/(°)
NACA 0012	16
NACA 2412	16.8
NACA 23012	18
NACA 631 - 012	14
NACA 641 - 012	14.5

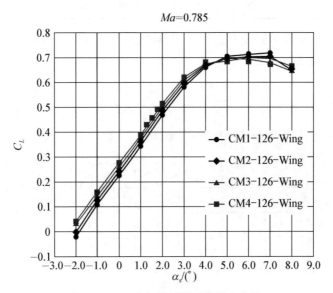

图 5.34 几个超临界翼型的升力曲线

至此,计算机翼升力系数的条件已经具备。

5.2.1.2 机翼的升力

1) 零升迎角

机翼零升迎角($\alpha_{0,w}$)计算如下:

$$\alpha_{0,\text{W}} = \left[\alpha_0 + \left(\frac{\Delta\alpha_0}{\tau_\text{W}}\right)\tau_\text{W}\right]\left(\frac{\alpha_{0,\text{ com}}}{\alpha_{0,\text{ incom}}}\right) \tag{5.24}$$

式中，α_0 为翼型的零升迎角；τ_W 为机翼的扭转角。

对于无扭转的机翼，不计压缩性影响，翼型的零升迎角就是机翼的零升迎角。

2）升力线斜率

对于常规的梯形机翼的升力线斜率有

$$C_{L\alpha,\text{W}} = \frac{2\pi A}{2 + \sqrt{\dfrac{A^2}{K^2}(\beta^2 + \tan^2\Lambda_{1/2}) + 4}} \tag{5.25}$$

式中，A 为机翼的展弦比；$\Lambda_{1/2}$ 为机翼 1/2 弦线处后掠角；$K = C_{L\alpha}/2\pi$；$C_{L\alpha}$ 为翼型的升力线斜率。

3）最大升力系数

大展弦比后掠机翼的最大升力系数为

$$C_{L\max} = (1.5 + \Delta_{\text{LE}} + \Delta_{\text{TE}})\cos\Lambda_{1/4} \tag{5.26}$$

式中，Δ_{LE} 和 Δ_{TE} 分别为前缘与后缘增升装置带来的升力系数增量；$\Lambda_{1/4}$ 为机翼 1/4 弦线处后掠角。

4）失速迎角

对于亚声速、大展弦比的机翼，失速特性主要取决于翼型的气动特性，三维影响是次要的。所以，机翼失速迎角 $\alpha_{\text{s,W}}$ 可用翼型失速迎角 α_s 来代替。

5.2.1.3 全机的升力

初步估算只考虑全机的升力线斜率，先将机翼的升力线斜率换算到翼身组合体的升力线斜率，再将翼身组合体的升力线斜率换算到全机。零升迎角、最大升力系数和失速迎角都将机翼的参数用于全机。

1）翼身组合体的升力线斜率

$$C_{L\alpha,\text{WF}} = K_{\text{WF}}C_{L\alpha,\text{W}} \tag{5.27}$$

$$K_{\text{WF}} = 1 + 0.025\left(\frac{d_\text{F}}{b}\right) - 0.25\left(\frac{d_\text{F}}{b}\right)^2 \tag{5.28}$$

式中，$C_{L\alpha,\text{W}}$ 为机翼的升力线斜率；K_{WF} 为翼身干扰因子；d_F 为机身当量直径；b 为机翼展长。

2）全机的升力线斜率

$$C_{L\alpha} = C_{L\alpha,\text{WF}} + C_{L\alpha,\text{H}}k_\text{q}\left(\frac{S_\text{H}}{S}\right)\left(1 - \frac{\text{d}\varepsilon}{\text{d}\alpha}\right) \tag{5.29}$$

式中，$C_{L\alpha,\text{WF}}$ 为翼身组合体的升力线斜率；$C_{L\alpha,\text{H}}$ 为平尾的升力线斜率；S_H 为全平尾面积；k_q 为平尾处的速度阻滞系数；ε 为平尾处的下洗。其中，$C_{L\alpha,\text{H}}$ 计算方法同

机翼；k_q 和 ε 的计算比较烦琐，这里不做介绍，需要的话可以参考《飞机设计手册（第6 册）》。经过以上的估算，可以得到如图 5.32 所示的飞机升力曲线。

5.2.2 阻力特性

从空气动力学理论来讲，阻力归纳起来有：①摩擦阻力，黏性气流与物体表面摩擦而产生的阻力；②压差阻力，物面压力所引起的阻力，其中，因气流黏性作用引起物面压力分布变化所形成的阻力称为"黏性压差阻力"；③诱导阻力，机翼尾涡诱生的阻力；④激波阻力，超声速气流中由激波引起的阻力。实际上，它是由激波前后的压差引起的，也应该属于压差阻力。

从空气动力学工程概念来讲，阻力归纳起来有：①零升阻力，升力为零时所对应的阻力，主要是摩擦阻力，还有一部分黏性压差阻力；②升致阻力，由升力产生的阻力，主要是诱导阻力，还有一小部分不同于物体零升姿态的黏性压差阻力；③激波阻力，有人把它归到零升阻力中，但是，物体升力不同时姿态是不同的，波阻也就不同，所以，单独列出为妥。

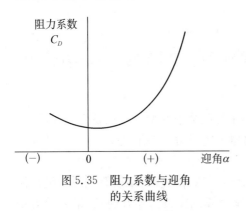

图 5.35　阻力系数与迎角的关系曲线

作用在飞机上的阻力可以表示为

$$D = C_D q S \tag{5.30}$$

式中，C_D 为飞机的阻力系数。阻力系数与迎角的关系可以用图 5.35 中的曲线表示。其与升力系数-迎角的曲线有很大的差别。阻力系数在一定迎角条件下达到最小值，超过或小于该迎角时，阻力系数开始增加。

如前所述，C_L 和 C_D 之间的关系可以使用抛物线来近似。

$$C_D = A + B C_L^2 \tag{5.31}$$

式中，常数 A 和 B 通常由风洞试验得到。常数 A 主要与翼型、马赫数和雷诺数有关，而常数 B 主要与机翼的展弦比有关。

5.2.2.1 机翼的阻力

亚（跨）声速运输机的机翼阻力为

$$C_{DW} = C_{D0W} + C_{DiW} + C_{DwW} \tag{5.32}$$

式中，C_{D0W} 为机翼的零升阻力；C_{DiW} 为机翼的升致阻力；C_{DwW} 为机翼的波阻。

1）机翼的零升阻力

$$C_{D0W} = \frac{K_{WF} R_{LS} C_{fW} \left[1 + L'\left(\dfrac{t}{c}\right) + 100\left(\dfrac{t}{c}\right)^4 \right] S_{wetW}}{S_W} \tag{5.33}$$

式中，K_{WF} 为翼身干扰因子，对单独机翼 $R_{WF} = 1.0$；R_{LS} 为升力面修正因子，查图

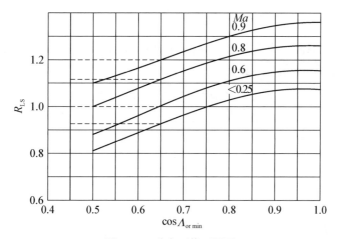

图 5.36　升力面修正因子

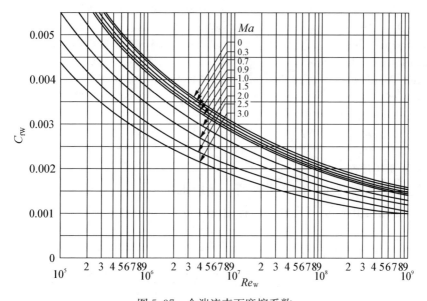

图 5.37　全湍流表面摩擦系数

5.36 可得;C_{fW} 为机翼的湍流摩擦系数,查图 5.37 可得;L' 为最大厚度位置参数,$x_{t/c, \max} \geqslant 0.30$ 时 $L' = 1.2$,$x_{t/c, \max} < 0.30$ 时 $L' = 2.0$;t/c 为机翼平均几何弦长处的翼型最大相对厚度;S_{wetW} 为机翼的浸润面积。

　　2)机翼的升致阻力

　　亚声速梯形机翼的升致阻力,初步估计如下(不考虑机翼的扭转影响):

$$C_{DiW} = \frac{C_{LW}^2}{\pi Ae} \tag{5.34}$$

式中,C_{LW} 为机翼升力系数;e 为奥斯瓦尔德效率因子。

　　奥斯瓦尔德效率因子在初步设计阶段采用经验公式进行估算。对后掠机翼,有

$$e = 4.61(1 - 0.045A^{0.68})(\cos\Lambda_{LE})^{0.15} - 3.1 \qquad (5.35)$$

式中,A 为展弦比;Λ_{LE} 为机翼前缘后掠角,表 5.9 给出了一些典型飞机的奥斯瓦尔德因子,范围在 0.6~0.85 之间。

表 5.9　几种典型飞机的奥斯瓦尔德因子

飞机型号	C_{D0}	A	e	$(L/D)_{max}$
Boeing247D	0.021 2	6.550	0.75	13.5
Douglas DC - 3	0.024 9	9.140	0.75	14.7
Piper J - 3 "Club"	0.037 3	5.810	0.75	9.6
Beechcraft D17S	0.034 8	6.840	0.76	10.8
Cessna "Cardinal" RG	0.022 3	7.66	0.63	13
Antonov An - 12	0.032 2	11.85	0.64	15.3
Ilyushin 11 - 18	0.024 0	10.00	0.80	16.3
Yakovlev Yak - 40	0.024 0	9.000	0.82	15.5
Martin B - 26F	0.031 4	7.66	0.75	12
McDonnell F - 4 "Phantom"	0.021 7	2.820	0.70	8.8
Lockheed - Martin F - 22 "Raptor"	0.015 0	2.370	0.82	10.1
Sukkoi Su - 27	0.018 5	3.480	0.71	11.6
Mikoyan - Gurevich MIG - 29	0.022 5	3.430	0.85	10.1
Mikoyan - Gurevich MIG - AT	0.023 8	5.350	0.61	12.6

3)机翼的波阻

对于后掠机翼,波阻的计算步骤可以概括如下:

(1)首先使用图 5.38 得到无后掠当量直机翼的波阻 C_{DwW}。

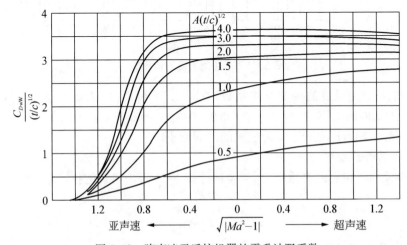

图 5.38　跨声速无后掠机翼的零升波阻系数

作出 C_{DwW} - Ma 关系曲线,从中查出阻力发散马赫数 Ma_{dd}(阻力增量为 0.002 时对应的 Ma),最大波阻 $C_{DwWpeak}$ 和最大波阻对应的 Ma_{peak}。

(2)进行后掠角的修正:

$$
\begin{aligned}
Ma_{dd, \Lambda_{1/4}} &= \frac{Ma_{dd}}{(\cos \Lambda_{1/4})^{0.5}} C_{DwWpeak \, \Lambda_{1/4}} \\
&= C_{DwWpeak}(\cos \Lambda_{1/4})^{2.5} Ma_{peak, \, \Lambda_{1/4}} \\
&= \frac{Ma_{peak}}{(\cos \Lambda_{1/4})^{0.5}}
\end{aligned}
\tag{5.36}
$$

(3)绘制后掠机翼的 C_{DwW} - Ma 关系曲线,如图 5.39 所示。

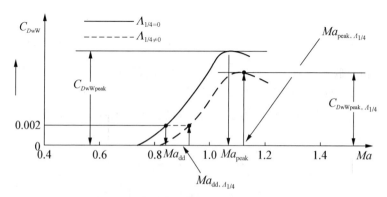

图 5.39　跨声速后掠机翼的零升波阻系数

从图中查出相应后掠机翼的波阻系数 C_{DwW}。

5.2.2.2　机身的阻力

亚(跨)声速运输机的机身阻力为

$$
C_{DF} = C_{D0F} + C_{DiF} + C_{DwF}
\tag{5.37}
$$

式中,C_{D0F} 为机身的零升阻力;C_{DiF} 为机身的升致阻力;C_{DwF} 为机身的波阻。因为机身基本上不产生升力,所以诱导阻力很小,一般可以忽略不计。高亚声速运输机的机身设计是不能有激波的,所以也不计波阻。这样机身只计算零升阻力:

$$
C_{D0F} = K_{WF}C_{fF}[1 + 60/(l_F/d_F)^3 + 0.0025(l_F/d_F)]S_{wetF}/S_W + C_{DbF}
\tag{5.38}
$$

式中,K_{WF} 为翼身干扰因子,对于单独机身为 1.0;C_{fF} 为机身的湍流摩擦系数,查图 5.37 可得;l_F 为机身长度;d_F 为机身最大直径,对于非圆截面机身是当量直径;S_{wetF} 为机翼的浸润面积;C_{DbF} 为机身底部阻力。从上式可以看到机身零升阻力包括摩擦阻力、黏性压差阻力和底部阻力。

1)摩擦阻力

机身表面的摩擦阻力是零升阻力的主要成分,与它的边界层状态和表面粗糙度有关。

$$C_{DfF} = \frac{K_{WF}C_{fF}S_{wetF}}{S_W} \tag{5.39}$$

2) 黏性压差阻力

机身的黏性压差阻力取决于它的长细比。

$$C_{DpF} = K_{WF}C_{fF}[60/(l_F/d_F)^3 + 0.0025(l_F/d_F)]S_{wetF}/S_W \tag{5.40}$$

对于 $l_F/d_F < 4$ 的粗机身，阻力会明显增高，并可能超过摩擦阻力。

3) 底部阻力

对于后机身缺乏过渡的机身（见图 5.19），气流在底部分离产生阻力。所以，底部阻力与底部面积有关：

$$C_{DbF} = 0.029(d_b/d_F)^3/[(C_{DfF} + C_{DpF})(S/S_F)^{0.5}](S_F/S) \tag{5.41}$$

式中，d_b 为机身底部直径。当 $d_b/d_F < 0.2$ 时，底部阻力很小；当 $d_b/d_F > 0.5$ 时，底部阻力剧增，而且超过摩擦阻力和压差阻力。

对于常规布局的飞机，机身的零升阻力系数（基于机身最大横截面积）大致的量级如表 5.10 所示。

表 5.10　典型飞机机身的零升阻力系数

机身类型	零升阻力系数	机身类型	零升阻力系数
无突出物的流线型机身	0.05	常规轰炸机的机身	0.08~0.12
大型运输机的机身	0.07~0.10	头部发动机的非流线型机身	0.09~0.15

5.2.2.3　全机阻力特性

1) 全机阻力

亚（跨）声速运输机的全机阻力包括机身、机翼、尾翼和发动机短舱阻力。

$$C_D = C_{DF} + C_{DW} + C_{DH} + C_{DV} + C_{Dn} \tag{5.42}$$

式中，发动机短舱阻力 C_{Dn} 的计算方法与机身阻力的计算方法一样，尾翼的阻力（$C_{DH} + C_{DV}$）的计算方法与机翼阻力的计算方法基本一样。但是，一般设计尾翼时不允许出现激波，所以不需要计算波阻。由于纵向特性，垂直尾翼 C_{DV} 不计升致阻力。

2) 全机极曲线

将全机的升力系数和阻力系数对迎角的曲线结合起来，就可以得到在性能计算中常用的关系曲线，称为"极曲线"，如图 5.40 所示。通过原点与该曲线任意点的连线，它的斜率对应升力与阻力的比例关系（C_L/C_D），就是升阻比。通过原点的直线与该曲线相切的点对应的是最大升阻比。可以看出，飞机在某一迎角（升力)时得到最大升阻比,在此迎角附近是飞机最有效的使用区间。

5.2.3　俯仰力矩计算

在前面"尾翼和操纵面设计"一节已经讲到,飞机的俯仰力矩是分析飞机纵向平衡与操纵性非常重要的特性。俯仰力矩系数计算如下:

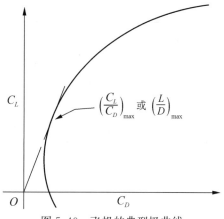

图 5.40　飞机的典型极曲线

$$C_m = \frac{M}{\frac{1}{2}\rho V^2 Sl} \qquad (5.43)$$

式中,S 为机翼参考面积(S_W);l 为参考长度,一般取机翼的平均气动弦长 c_A;M 为俯仰力矩,是绕垂直于飞机对称面的横轴的力矩,抬头为正。力矩参考点如下:翼型取前缘点,机翼取根弦的前缘点,机身取顶点,全机取机翼平均弦的前缘点;根据需要可以换算任何重心位置。

5.2.3.1　翼型的俯仰力矩

翼型的俯仰力矩系数为

$$C_m = \frac{M}{\frac{1}{2}\rho V^2 c^2} \qquad (5.44)$$

与机翼、全机的表达式不同的是,翼型的参考面积 $S = c$,是单位长度的俯仰力矩系数。

1) 翼型的零升俯仰力矩

典型翼型的低速零升俯仰力矩系数 C_{m0} 为

$$C_{m0} = \sum K \frac{z_m}{c} \qquad (5.45)$$

式中,z_m 为翼型中弧线的垂直坐标;c 为弦长;K 查表 5.11 可得。在亚临界速度范围内,压缩性对 C_{m0} 的影响可用下式估算:

$$C_{m0,M} = \left(\frac{1}{\beta} + 5.9 Ma^2 \frac{t}{c}\right) C_{m0} \qquad (5.46)$$

式中,$\beta = \sqrt{1 - Ma^2}$;t 为翼型的厚度。对于超临界翼型或其他特殊翼型,C_{m0} 应查专用资料或通过数值计算和风洞试验确定。

表 5.11　翼型零升力矩估算系数 K

$\frac{x}{c} \times 100$	0	2.5	5.0	10	20	30	40
K	0.238	0.312	0.208	0.248	0.148	0.018	-0.090

$\frac{x}{c} \times 100$	50	60	70	80	90	100
K	-0.202	-0.340	-0.546	-0.954	-1.572	-6.052

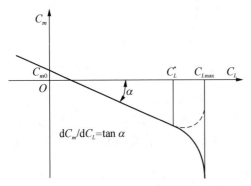

图 5.41　典型翼型的俯仰力矩曲线

2) 俯仰力矩曲线斜率

典型翼型的俯仰力矩系数随升力系数的变化曲线如图 5.41 所示,构成这个曲线的主要参数是零升俯仰力矩系数和俯仰力矩曲线斜率。俯仰力矩曲线斜率为

$$\frac{\mathrm{d}C_m}{\mathrm{d}C_L} = \overline{x}_{\mathrm{ref}} - \overline{x}_{\mathrm{ac}} \qquad (5.47)$$

式中,$\overline{x}_{\mathrm{ref}}$ 为力矩参考点的相对位置,是已知(自取)的;$\overline{x}_{\mathrm{ac}}$ 为气动中心(焦点)的相对位置,翼型低速时约位于 1/4 弦长处,超声速时趋近于 1/2 弦长处。在亚临界速度范围内,翼型的气动中心主要随翼型的相对厚度 t/c 和后缘角 τ 而变化。对于普通翼型,$\overline{x}_{\mathrm{ac}}$ 可按图 5.42 来估算。在超过临界马赫数以后的跨声速区,翼型气动中心随马赫数显著地变化,一般需通过风洞试验或跨声速数值计算程序预测。

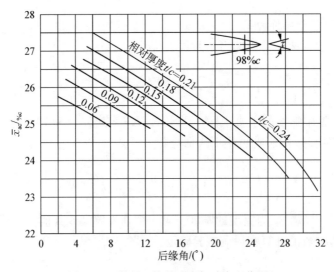

图 5.42　翼型亚临界速度气动中心位置

5.2.3.2 机翼的俯仰力矩

1) 机翼的零升俯仰力矩系数

机翼的零升俯仰力矩系数 C_{m0} 一方面受翼型的影响,另一方面受机翼的扭转和平面形状的影响。对大展弦比机翼,通过展向积分,原则上可求得整个机翼的 C_{m0}。当展弦比大于 2.5,后掠角小于 45°线性扭转时,可用式(5.48)估算:

$$C_{m0} = \frac{A\cos^2 \Lambda_{1/4}}{A + 2\cos \Lambda_{1/4}}\left(\frac{C_{m0,\,r} + C_{m0,\,t}}{2}\right) + \left(\frac{\Delta C_{m0}}{\tau}\right)\tau \tag{5.48}$$

式中,$C_{m0,\,r}$ 和 $C_{m0,\,t}$ 分别为根部翼剖面和梢部翼剖面的零升俯仰力矩系数;$\dfrac{\Delta C_{m0}}{\tau}$ 为单位扭转角产生的零升力矩系数增量,可由图 5.43 查得。其中,τ 为扭转角;A 为展弦比;$\Lambda_{1/4}$ 为机翼 1/4 弦线处后掠角。

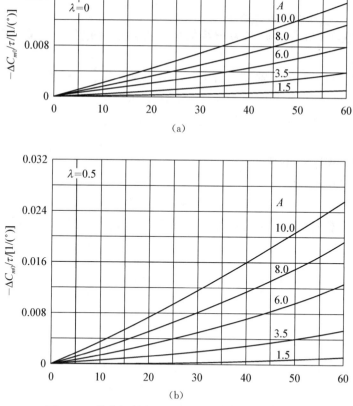

图 5.43 单位扭转角引起的零升俯仰力矩系数增量

在亚临界速度范围内,可利用下式进行压缩性影响修正:

$$C_{m0,\,M} = C_{m0,\,M=0}\left(\frac{C_{m0,\,M}}{C_{m0,\,M=0}}\right) \tag{5.49}$$

式中, $\dfrac{C_{m0,M}}{C_{m0,M=0}}$ 由图 5.44 求得。

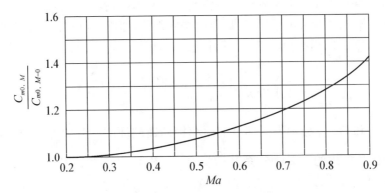

图 5.44　马赫数对机翼零升俯仰力矩系数的影响

2) 机翼的俯仰力矩曲线斜率

与翼型类似,机翼的俯仰力矩系数随升力系数变化的曲线斜率如式(5.47)所示。

注意这里与翼型的区别:C_L 为机翼的升力系数,c_A 为机翼平均气动弦长。有了机翼的零升俯仰力矩和俯仰力矩曲线斜率,就可以得到机翼在线性范围内不同升力系数对应的俯仰力矩系数。非线性范围内的俯仰力矩系数目前只能利用风洞试验来获得。

5.2.3.3　翼身组合体的俯仰力矩

1) 机身的俯仰力矩

实用的机身一般均接近于细长旋成体,工程估算方法大多来源于细长旋成体理论。亚声速下机身的俯仰力矩系数由机身前部位流贡献和后部黏性横流贡献两部分组成。

$$C_{mF} = \frac{2(K_2 - K_1)\alpha_F}{57.3 S_F l_F}\int_0^{x_0}(x_{\mathrm{ref}} - x)\frac{\mathrm{d}A_f}{\mathrm{d}x}\mathrm{d}x + \frac{2\eta C_{De}\,||\,\alpha_F\,||\,\alpha_F}{57.3^2 S_F l_F}\int_{x_0}^{l_F}r(x_{\mathrm{ref}} - x)\mathrm{d}x$$

$$(5.50)$$

式中,$K_2 - K_1$ 为表观质量因子,可查图 5.45(a)得到;S_F 为机身最大横截面积(参考面积);A_f 为机身任意站位的横截面积;α_F 为机身有效迎角,$\alpha_F = \alpha - \alpha_{0F}$($\alpha$ 是相对机身轴线的迎角,α_{0F} 是机身零升迎角);x_0 为机身上位流终止点的坐标,可查图 5.45(b)得到;x_{ref} 为机身力矩参考点的坐标;r 为任意站位的半径;C_{De} 为无限长圆柱体的横流阻力,可查图 5.45(c)得到;η 为有限长圆柱体与无限长圆柱体的横流阻力之比,可查图 5.45(d)得到。

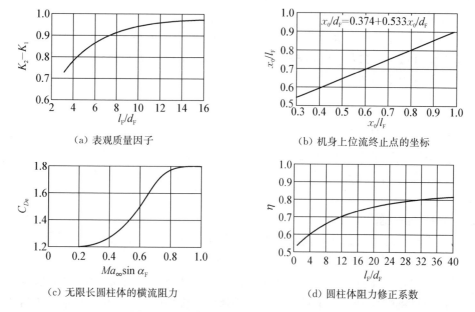

（a）表观质量因子　　　　　　　（b）机身上位流终止点的坐标

（c）无限长圆柱体的横流阻力　　（d）圆柱体阻力修正系数

图 5.45　机身的俯仰力矩系数的几项修正

当机身具有弯度时（如头部下垂和机尾上翘），机身的零升迎角 α_{0F} 和零升力矩系数 C_{m0F} 不为零。为求 α_{0F} 和 C_{m0F}，将机身分成 n 段，其中 x_0 站位前为 m 段，当 $\alpha=0$ 时每段中点的当地局部迎角、x 坐标和横截面积等参数如图 5.46 所示，将积分化为求和形式进行计算。

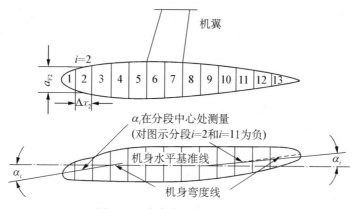

图 5.46　有弯度机身的局部迎角

2）翼身组合体的俯仰力矩

翼身组合体的俯仰力矩包括机翼和机身各自的贡献及其相互干扰的影响。按传统分析有单独外露机翼的贡献、受机身干扰在外露机翼上产生的升力增量、单独机身的贡献、机翼的升力传导到机身上产生的升力增量和机身受机翼洗流场干扰产生的贡献。

　　这些相互干扰量的计算十分繁复。如果需要计及,请参考《飞机设计手册》。最初步的估计,勉强可以将机翼、机身两个单独部件的俯仰力矩系数之和作为翼身组合体的俯仰力矩系数。

$$C_{mWF} = C_{mW} + C_{mF} \qquad (5.51)$$

　　必须注意的是,单独计算机身俯仰力矩系数时,特征面积是机身最大横截面积 S_F,特征长度是机身长度 l_F。合并为翼身组合体的俯仰力矩系数,都需要换算到机翼的参考面积 S 和平均气动弦长,还有机身与机翼力矩参考点和坐标原点的统一。

5.2.3.4　全机的俯仰力矩

　　全机俯仰力矩系数计算仍取与翼身组合体计算相同的坐标系及参考量。

　　1) 尾翼俯仰力矩

　　对正常布局飞机一般只考虑平尾对俯仰力矩的贡献。平尾俯仰力矩系数的计算方法与机翼的计算方法相同。平尾一般采用对称翼型,故其本身的零升迎角和零升俯仰力矩系数常为零。

　　平尾的俯仰力矩系数为

$$C_{mH} = C_{LH}(\overline{x}_{cg} - \overline{x}_{ac, H}) \qquad (5.52)$$

式中,C_{LH} 为平尾升力系数,通常指外露平尾,需要考虑翼身引起的速度阻滞与下洗的影响;$\overline{x}_{cg}$ 为飞机的重心(相对)位置;$\overline{x}_{ac, H}$ 为平尾的气动中心相对位置。

　　2) 全机的俯仰力矩曲线

　　全机俯仰力矩系数是翼身组合体俯仰力矩系数与平尾俯仰力矩系数在相同迎角下的值之和:

$$C_m = C_{mWF} + C_{mH} \qquad (5.53)$$

全机俯仰力矩系数取对应迎角下的全机升力系数值,便可作出全机俯仰力矩系数对全机升力系数的曲线。

5.3　基于计算流体力学的气动优化设计

5.3.1　气动分析

　　飞机气动设计使用的工具经历了显著的变化,从早期的大量依赖经验公式和风洞试验发展到目前计算流体力学(CFD)工具的使用占比超过 70%。CFD 的分析工具也经历了从面元法、全速势方程求解、欧拉方程到雷诺数平均 N-S 方程(RANS)模型的发展。这些不同的 CFD 代码在计算精度、所需计算资源和输入信息方面各不相同,在设计的不同阶段发挥作用。例如,面元法与边界层耦合的方法仍用于翼型分析和增升装置分析。下面按照计算精度、结果可信度以及处理复杂外形的能力从低到高的顺序,简述在气动设计中常用的 CFD 技术。

（1）经验公式：在大量风洞试验和飞行试验的基础上总结得到的经验公式在概念设计阶段仍然发挥着重要的作用,可以快速地对不同方案的气动特性进行评估和优选。

（2）面元法：基于 Laplace 方程的面元法,与边界层技术结合,可以对初始的分离现象进行预测,仍然用于翼型的反设计工作。三维面元法可以对包含翼身组合体在内的复杂几何外形的流场特征进行预示,在初步设计阶段仍然可以发挥作用。

（3）欧拉方程：基于欧拉方程的解算器,已经更多地代替面元法得到应用,结合边界层理论,应用于高亚声速翼型、机翼以及翼身组合体的气动设计,欧拉方程能够对波阻给出比前述方法更加准确的预示。

（4）雷诺数平均 N‑S 方程：使用雷诺数平均 N‑S 方程可以对大部分流场现象进行计算,能够处理复杂几何外形的流场分析,但需要的计算资源较多,并且计算时间比较长,在初步设计阶段的应用受限。但对于诸如翼身整流、增升装置导轨整流,以及发动机短舱干扰的计算等三维精细气动设计是重要的工具。

综合运用多种不同精度的 CFD 模型,可以有效提高气动优化设计的效率和结果的可信度。在工程应用中,对 CFD 代码的选择首先根据需要描述的物理现象和 CFD 模型的分析能力,在对物理现象或其趋势能够基本捕捉的前提下,将速度快、精度稍差的 CFD 程序与全局优化算法相结合,可以用于初步设计阶段气动外形的"海选",得到的结果可以使用精度高,但比较耗时的 CFD 程序进行进一步优选。

5.3.2　气动优化

气动优化问题的求解可以通过以下几个步骤来完成：

（1）几何建模。采用参数化的方法,通过 CAD 系统建立基于特征的几何模型,是优化设计首先需要完成的步骤,也是决定设计空间大小,影响优化过程效率和稳健性的重要因素。通过改变设计参数,可以研究不同几何参数对性能的影响。

（2）网格划分。为了对给定的几何外形进行流场分析或者结构分析,一般需要首先完成流场的离散化处理。获取合适的网格对分析结果的精度和分析效率都有较大的影响,在几何外形不断变化的优化过程中,能够自动、可靠地完成网格划分是构建优化体系的重要内容。

（3）流场分析。通常可以采用多种不同的流场模型对流场进行分析。多种流场分析方法存在精度、效率、可信度等方面的差异,一般需要将各种模型进行有机组合,才能在计算资源和时间有限的条件下完成优化工作。

（4）提取目标函数。在完成流场分析程序后,一般需要对得到的流场结果进行后处理,以便提取所需的性能指标,作为整个优化问题的目标函数使用。

（5）高性能计算。采用高性能计算资源是解决 CFD 优化问题的重要手段,无论是基于 MPI 的并行计算,还是基于网络的云计算,都为在使用 CFD 进行优化时使用高精度的流场分析程序提供了必要的条件。

(6) 优化算法。选择合适的优化算法是能否快速获得优化设计方案的重要因素。在解决实际问题的过程中,需要将多种优化算法相结合,以获得有效的优化策略;同时,使用代理模型也是加快优化进程的重要手段。

(7) 数据整合。在优化的过程中,会积累大量的数据,运用数据拟合及数据挖掘技术等人工智能方法对这些数据加以更高效利用也是优化中需要采用的手段。

气动优化往往不仅限于气动问题,通常还会涉及重量、结构、推进和飞控等其他学科。在构建单一学科优化问题的基础上,需要将多个学科进行耦合,得到多学科的综合优化问题。多学科优化问题中多个相互矛盾的目标函数的存在需要借助多目标优化的方法求解。

5.3.3 参数化建模

完成外形的优化设计需要将几何建模、网格划分和流场分析进行耦合,并与数值优化方法结合。根据流场特点存在多种不同的流场建模方法,从计算量相对较少的势方程法、基于无黏流模型的欧拉方程法,到考虑有黏流的 N‑S 方程的模型。尽管使用网格坐标可以覆盖相当广的设计空间,但在实际优化问题的定义中,网格点的坐标值通常限定在较小的范围内,以避免产生外形的过大波动导致网格质量下降,因此限定了最终得到的优化结果只是局部最优。在复杂构形的流场分析中,由于网格点过多而需要一种减少设计变量的方法。由于几何外形的设计一般使用CAD 系统完成,因此使用 CAD 几何参数作为设计变量便成为一个自然的选择。CAD 几何参数的选择一般反映设计的几何特征,这种方法可以相对容易地评估几何特征对气动特性的影响。然而,需要将 CAD 模型转换到网格划分和流场计算软件中,而且这一过程需要实现完全的自动化以便与优化程序进行耦合,其中的难点是网格的自动划分,尤其是在几何外形的拓扑结构发生变化的情况下。

对几何参数化方法的选择需要考虑多个方面的因素,好的参数化方法应具有以下几个特点:①代表的几何外形具有连续性;②建模效率高,其数值算法稳定;③需要的几何变量相对较少;④设计参数具有明确的物理意义;⑤容易在 CAD 系统中实现;⑥存在良好边界,易于在优化中使用;⑦容易计算灵敏度信息。同时具有以上所有特点并不是一件容易的事,工程实践中,往往根据设计任务的特点进行适当平衡,以达到最好的效果。比如在初步设计阶段,对效率的要求往往高于对精度的要求,需要几何变量少的参数化方法;而在详细设计阶段,所选用的参数化方法要满足对外形设计的高精度要求。此外,从优化的角度出发,设计变量间的耦合度越小,优化的效率越高,尤其是在变量较多的情况下。

5.3.4 优化设计流程

基于 CFD 的气动优化设计流程一般分为三个步骤:①外形的参数化建模;②自动生成网格;③流场分析与结果的后处理,如图 5.47 所示。几何参数化的建模过程一般是在 CAD 系统中实现的,通过改变相关参数可以得到不同拓扑或者形状的几

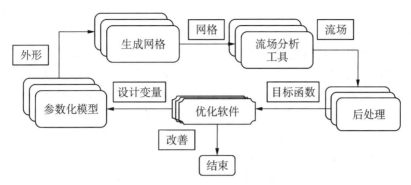

图 5.47　基于 CFD 的气动优化设计一般流程

何定义,几何数据从 CAD 系统到网格系统的传递可以采用两种不同的形式来实现。"松耦合"方式通过第三方的数据交换标准(IGES 或 STEP 等)实现,"紧耦合"方式通过特定的 CFD 程序提供的 CAD 数据接口实现,如 FLUENT 公司提供的 FLUENT for CATIA V5。前者的适用范围较广,不仅可以相对容易地实现解算器的替换,而且具有一般性和可扩展性,将多学科的解算器进行耦合,可以扩展成为多学科的优化系统;但是,有时会随参数改变而产生外形拓扑结构的变化,不利于网格自动化的实现。后者在保持几何数据的一致性和完整性方面一般优于前者,但仅适用于特定的解算器和外形变化相对简单的情况。

不同流场的模型的适用范围和计算精度不同,通常来说,计算量随着计算精度的提高而增加。计算量大成为广泛应用数值优化方法进行外形优化,尤其是复杂外形优化的一个主要困难。解决这个困难的主要途径之一是采用高性能计算和分布式并行计算技术,世界航空工业主要设计公司通常都是高性能计算的较早用户;另一个途径是提高 CFD 分析和优化过程的效率。传统的气动优化一般采用基于梯度的优化方法,如 BFGS 法等,目标函数相对于几何变量的梯度信息一般采用有限差分法获得。这进一步增加了计算量,尤其对于包含大量几何变量的复杂构形。为降低对计算量的需求,Jameson 等将控制理论与流场分析相结合,通过建立和求解伴随方程的方法使得梯度计算所需的计算量等同于一次流场分析的计算量,这样两次流场分析就可以得到目标函数及其梯度,而且计算量并不随着变量数目的增加而增加。然而使用此方法得到的梯度是针对网格坐标的,并没有直接映射到常用的几何参数,因而无法直接地反映气动特性随几何参数变化而变化的特点。还可以使用代理模型,尤其是将多种不同精度的 CFD 代码与各种代理模型综合,通过构建灵活的优化策略来提高计算效率,服务于总体方案设计目标对气动指标的要求。

5.4　风洞试验

在飞行器的气动特性研究中,假设相对于飞行器的来流是均匀的。利用相对运动原理,人们实现了用地面设施进行飞行器的气动研究,这就是当前世界各国普遍采用的风洞。风洞试验作为飞行器设计中重要的空气动力研究手段之一,在设计的各个阶段乃至之后的改进、改型阶段都是不可或缺的。飞机设计部门使用的绝大部分原始气动数据都来自风洞试验,至少在相当长的时期还要如此。

为了获得飞行器在真实飞行中的气动特性,必须根据由物理定律确定的相似参数,如马赫数(Ma)、雷诺数(Re)、斯特劳哈尔数(Sr)等,使用缩比模型,进行风洞试验。但是,由于风洞设备尺寸的限制,做到完全相似是很困难或者是根本不可能的。所以,我们根据具体关心的气动特性,做部分模拟。

风洞试验的内容很多,参考资料也很多。这里不介绍风洞试验技术,这是风洞试验单位的工作。本书主要介绍:①风洞试验的概况;②飞机型号设计部门如何做风洞试验;③风洞试验得到的数据如何用于设计。

5.4.1 风洞试验的分类

风洞试验按照速度范围可分为高速风洞试验和低速风洞试验;按照试验任务可分为测力试验、测压试验和流态显示试验;按照技术难度可分为常规风洞试验和特种风洞试验。

5.4.1.1 常规风洞试验

常规风洞试验是需要获得全机或者部件的基本气动特性数据的测力、测压试验。一般常规试验包括地面效应试验,但不包括动力影响试验。它的试验设备和试验方法比较常规,所以相对比较简单,容易实施。

1) 测力试验

测力试验包括以下几项:

(1) 高速测力和低速测力试验。

a. 高速测力试验主要研究飞机的高速巡航特性。

b. 低速测力试验主要研究飞机的低速起落特性。一般要做偏增升装置、带地板的试验。

(2) 二维模型、三维半模和全机模型试验。

a. 二维模型试验主要是研究二维翼型或多段翼型的特性,一般做高速翼型或者多段翼型的设计验证试验。

b. 三维半模试验主要是研究飞机的纵向气动特性,一般做高速机翼或者增升装置的设计验证试验。

c. 全机模型试验可以研究飞机的纵、横、航向气动特性,包括高、低速,操纵面效率试验。

2) 测压试验

测压试验包括高速测压和低速测压试验以及二维模型、三维半模和全机模型试验。试验的目的不同,试验内容也有区别。

(1) 试验目的。

a. 主要是为气动载荷计算提供各个部件的压力分布形态和数据。

b. 为二维翼型、多段翼型、高速机翼和增升装置的设计进行试验验证。

（2）试验内容。

a. 一般不做带地板的试验。

b. 很少或者少量地做高、低速，操纵面效率试验。

5.4.1.2　特种风洞试验

特种风洞试验是需要对飞机设计中的一些特性气动问题进行研究探索、验证确定的试验。它的试验设备和试验方法（包括相似参数的模拟、模型设计、制造）比较复杂，所以，实施相对比较困难，甚至数据处理和修正都存在不少难点。特种风洞试验的项目很多，主要包括以下几项：

1）铰链力矩试验

试验目的：测定操纵面（升降舵、方向舵和副翼）的铰链力矩。为操纵面设计提供依据，并确定操纵面的舵机功率，以合理地选用或设计舵机。技术关键：试验 Re 和舵面缝隙的相似性，还需要研制高精度的专用微型天平。

2）动导数试验

试验目的：测定飞机的动导数。为进行飞行品质的动态特性计算分析和控制系统、导引系统的设计提供依据。工程设计常用的动导数主要有 13 个，包括 4 个纵向动导数 C_{Lq}、C_{mq}、$C_{L\dot{a}}$、$C_{m\dot{a}}$；9 个横、航向动导数 C_{yp}、C_{lp}、C_{np}、C_{yr}、C_{lr}、C_{nr}、$C_{y\dot{\beta}}$、$C_{l\dot{\beta}}$、$C_{n\dot{\beta}}$。技术关键：x、y、z 三个旋转角速度 p、q、r 的模拟；还需要研制大刚度、大信号、低干扰的专用天平。

3）动力影响试验

研究发动机进气和喷流对飞机流场的干扰，并测出动力装置对全机气动特性的影响。

动力影响包括喷气动力影响和螺旋桨动力影响。喷气动力影响又包括进气影响，排气影响和进、排气组合影响的试验。表 5.12 列出了各种试验对发动机进、排气的不同影响。其中，发动机短舱前、后加整流锥模拟进、排气的流动（见表 5.12 的1）是二三十年前普遍采用的方法，因为过于粗糙，所以现在都用流量系数不变的通气短舱模型试验代替。

表 5.12　喷气发动机模拟试验方法比较

序号	模拟方式	模拟能力				
		进气道几何形状	排气口几何形状	进气道入口流动	排气流动	进气和排气的相互干扰
1	堵锥模型	不能	不能	不能	不能	不能
2	通气短舱模型	能	不能	能	不能	部分能

（续表）

序号	模拟方式	模拟能力				
		进气道几何形状	排气口几何形状	进气道入口流动	排气流动	进气和排气的相互干扰
3	喷流模型	不能	能	不能	能	不能
4	动力模拟引射器模型	能	能	部分能	能	部分能
5	TPS 模型	能	能	基本能	能	基本能

（1）通气试验。

采用可变流量系数的通气短舱模型试验（见表 5.12 的 2）确定进气影响。试验目的：模拟发动机进气道进气的流动状态，测出进气对飞机气动特性的影响。技术关键：流量控制和阻力测量。一般的通气模型没有流量控制，不能真实模拟对应的发动机工作，也就不能真实模拟进气影响。流量控制需要调节进口流量的设备，需要做预备性试验标定。通气短舱内部的阻力必须从全机阻力中扣除。但是，内阻的测量是比较困难的，需要由排管装置测出总、静压换算得到。目前主要以计算与试验结合的方法解决。

（2）喷流试验。

采用可变落压比的喷流模型试验（见表 5.12 的 3）确定排气影响。试验目的：模拟发动机尾喷流的流动状态，测出排气对飞机气动特性的影响。技术关键：落压比控制和模型、天平的设计。一般使用气源的冷气接到模型中，形成喷流。控制出口落压比的装置，也需要做预备性试验标定。短舱模型前、后体分离，设计专用天平和支撑系统，只测量喷流模型后体的气动力。

（3）进、排气组合试验。

从表 5.12 中的比较可见，使用前面两种方法模拟发动机的进、排气影响都有缺陷，于是发展了进、排气组合试验。进、排气组合的关键是动力模拟器，有"动力模拟引射器"（见表 5.12 的 4）和"涡轮动力模拟器（turbine powered simulator，TPS）"（见表 5.12 的 5）两种。目前前者使用不是很普遍，只介绍后者，即 TPS 试验。试验目的：模拟发动机进、排气的综合影响，进行机翼/挂架/短舱的最佳化研究、增升装置/短舱的干扰研究、反推力和动力增升的研究。技术关键：涡轮动力模拟器实际上是一台缩比的小发动机，需要专门研制，还需要一套校准装置、润滑冷却系统和稳定的高精度天平。

（4）螺旋桨动力模拟试验。

以螺旋桨为动力装置的飞机需要进行螺旋桨动力模拟试验。试验目的：研究螺旋桨动力对飞机气动特性的影响，包括螺旋桨直接力的影响和滑流影响、全部发动机工作和一侧发动机停车的影响。技术关键:模拟飞机力矩和动力双匹配条件,大功率小体积的电动机。

4)进气道试验

该项试验与通气短舱模型试验有相同之处,也采用可变流量系数的方法。试验目的:模拟发动机进气道进气的流动状态,测出进气道的总压损失和流动品质对发动机工作的影响。技术关键:流量控制和压力测量。流量控制需要调节进口流量的设备,需要做预备性试验标定。压力测量需要由排管装置测出各个剖面、各个位置的压力分布,换算得到各种流动品质数据,以判断是否满足发动机要求的指标。

5)抖振特性试验

飞机抖振会严重影响飞机的舒适性,甚至会危及安全。为此,在新型号设计中,要进行试验研究,改善抖振特性。试验目的:测量飞机的抖振特性,确定抖振边界(包括初始、中等、深度抖振)和失速速度。技术关键:试验风洞环境。应具备高雷诺数、低湍流度、低噪声特性,以确保试验结果的准确性。

6)颤振特性试验

飞机颤振是飞机结构在相对运动气流中所受气动力、惯性力、弹性力以及与飞机系统有关的其他力共同作用下可能出现的一种自激振动。为研究飞机气动外形和结构参数对颤振特性的影响,需进行颤振风洞试验研究。试验目的:验证理论计算方法,校核飞机各种构型下的颤振特性,选择结构方案。测量模型的颤振临界速度和频率,并判断颤振形态。技术关键:模型弹性相似。

7)结冰试验

飞机在飞行中结冰会改变原有的设计外形,对气动特性将产生很大影响,危及飞行安全,因此需要进行结冰试验。试验目的:研究临界结冰的环境条件及冰层的形状、性质,研究结冰对飞行性能的影响,检验防、除冰措施的效果。技术关键:结冰的冰形。在冰风洞中试验环境参数(如温度、湿度等)应相似。有了冰层的形状,测出结冰对飞机气动特性的影响,就是常规测力试验了。

上文介绍了型号设计中主要的特种风洞试验项目,还有不少项目,例如多体干扰与分离试验、大迎角非定常试验、风洞尾旋试验、弹射救生装置试验、降落伞试验、航空声学试验、风洞虚拟飞行试验等,请参考《风洞特种试验技术》一书。

5.4.2 风洞试验的规划

一个型号风洞试验的规划和安排,关乎型号研制成本和周期。合理、科学的风洞试验规划对于型号研制必不可少,它能够降低型号研制经费、缩短型号研制周期,对型号研制具有非常重要的实际意义。

一个商用飞机型号一般要进行上百项、逾万小时的风洞试验。风洞试验规划不是对试验项目的简单归总,而是站在整个型号研制的高度,紧扣需求、总体规划、提纲挈领,在飞机不同研发阶段合理安排对应的风洞试验项目,有机地建立风洞试验之间的联系,以更好地推动型号研发的迭代演进。具体来说,风洞试验规划对于型号研制的意义具体表现为以下几点：

（1）做好风洞试验规划可以更好地保障试验项目的完整性。风洞试验规划是一项全局技术，紧扣型号研制的气动数据需求进行系统梳理，可以较好地保证每个研制阶段试验项目的完整性。而临时安排的风洞试验项目则只关注当下遇到的问题，难以从全局考虑。

（2）做好风洞试验规划可以缩短周期和节省经费。通过对风洞试验的全局规划，可以减少不必要的风洞试验；也可以考虑风洞模型对不同风洞的兼容性，即一个模型可以设计成在多个风洞中使用，这就大大减少了模型设计加工的时间，缩短了试验周期，并节省了可观的模型加工费用。

（3）风洞试验规划可以建立不同风洞试验之间的有机联系，能够较好地反映型号气动方案和气动特性的变迁和演化，有助于更好地进行设计验证，并建立可靠的气动数据体系。

风洞试验规划的主要内容包括风洞试验总量的规划、主力风洞的选择、试验进度的规划和经费的规划等方面，同时还需要考虑风洞试验链条的设计以及先进风洞试验技术的应用等。

5.4.2.1 风洞试验总量的规划

风洞试验总量的规划是一项综合了工程经验和技术理解的工作。一个商用飞机型号要做多少风洞试验，才能够满足型号发展的需要？从航空工业发展的近百年历史来看，风洞试验的需求量（以吹风小时数为度量）总体上呈现增加的趋势，具体如图 5.48 所示。引发这种趋势的主要原因是研发飞机的技术难度越来越高，所设定的设计目标越来越高，设计的精细程度也越来越高。

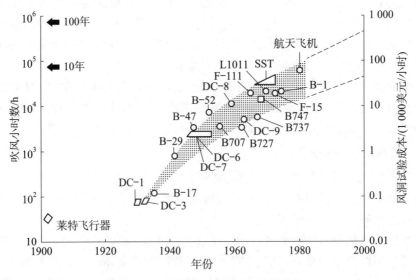

图 5.48　风洞试验总量需求发展趋势

目前大型商用飞机的风洞试验小时数会根据飞机研制的特点和风洞试验的总量而有所不同,一般在 10 000 小时以上。总体来讲可以分为两种情况,一种是研发全新的商用飞机型号,这种情况下研发团队缺乏既有的工程经验,往往也缺少足够的技术积累,因此需要安排足够丰富的风洞试验来解决气动设计中的问题,获得足够丰富的气动数据输入,风洞试验就需要做得多一些;另外一种情况是在原有相似或相近机型的基础上研制新的商用飞机,这种情况下由于有了比较充分的工程数据积累,因此飞机气动工作的难度相对就会降低,风洞试验的工作量也可以明显减少。

影响风洞试验总量的因素包含以下几个方面。一是计算流体力学(CFD)工具的快速发展在方案设计阶段大量地减少了风洞试验量。通过经过验证的 CFD 工具可以比较准确地获取一些附着气流工况的气动数据。比较典型的是巡航构型设计的工作大部分由 CFD 工具承担,所以巡航机翼的选型试验数量出现了急剧下降。以波音公司为例,在开发 B747 项目时,用于风洞气动选型的机翼数量多达近百副;而在研发 B787 时,选型的机翼数量降低到个位数。二是高雷诺数风洞试验的使用能够减少一部分风洞试验量。高雷诺数风洞试验由于模拟相似性的大幅提高,其数据的准度和质量相较于低雷诺数风洞试验也有大幅提高。其结果是使设计迭代的循环数量减少,设计收敛的速度加快,大大地减少了低雷诺数风洞的试验量。这种使用风洞的方法类似于"重视质量甚于重视数量"。目前,高雷诺数风洞试验在大型商用飞机研制过程中的使用量逐渐增大,未来很可能成为大型商用飞机的主要试验方式。三是气动设计工作的精细化会增加风洞试验工作量。当前商用飞机市场竞争激烈,飞机的竞争表现在安全性和经济性等各个层面,要研制出具备竞争力的飞机产品,需要对飞机进行精细化设计。在气动数据方面,如实现更安全的控制律的设计需要更为精准的气动数据;飞行载荷计算除了考虑飞机常规状态,还需要考虑飞机各种失效或故障状态,这些因素都会大大增加对气动数据的需求,也需要进行更多的风洞试验。

综上所述,在规划大型商用飞机的风洞试验总量时,除了参考同类机型的风洞试验工作量,还应该考虑工程经验积累的差别,并结合影响风洞试验工作量的几个因素,根据型号研制的实际情况来决定。

5.4.2.2 主力风洞的选择

主力风洞是一个型号研制中承担最重要试验或最大量试验的主要风洞。相比于其他风洞,主力风洞给出的结论和产生的数据权威性更高、完整度更好,是构建飞机气动数据库的基石。选择合适的主力风洞,是风洞试验规划的一项重要工作内容。

国内外高低速风洞有很多,怎么选好主力风洞不是一件容易的事情。实际上主力风洞可以不止一个,比如在方案设计阶段可以选择一个,在详细设计阶段和校核阶段可以选择另一个。这时候就需要处理好不同风洞数据之间的关系,要安排一定量的相关性研究风洞试验,找到各个风洞之间的相关关系,才能保证型号研制气动数据的准确性和连贯性。

主力风洞选择需要考虑以下几方面的因素。首先要考虑的是风洞的技术能力,主要指标包括风洞的尺寸、试验风速、试验雷诺数、流场控制精度、数据测量精度、数据修正完整性等。一般来说,主力风洞要求在上述方面或大部分方面具备比一般风洞更高的能力。其次,还需要考虑风洞试验的经济性。不同的风洞因为其运行方式不同而导致其建造成本差异巨大,能源消耗也参差不齐,最终都会反映在试验费用上。由于风洞试验数量大,占整个型号研制成本的比例高,因此在选择主力风洞时,必须要考虑经济因素。最后,要考虑风洞的可用性。全球的风洞虽然很多,但并不是任何风洞都能为我所用,一些风洞尽管性能很好,经济性也可以承受,但是由于技术封锁和协调不便,其可用性差,也不宜成为主力风洞的备选。

5.4.2.3　试验进度的规划

风洞试验进度的规划主要是回答在什么阶段做何类试验的问题。要做好风洞试验的进度规划,必须清楚了解飞机研制各个阶段要完成的主要气动工作。

在商用飞机的研制中,主要气动工作包括气动外形的设计验证、气动数据库的建立和气动特性试飞的检验。其中气动外形的设计验证一般要求在飞机的初步设计阶段结束时就要完成,飞机的外形要基本冻结,所以主要的高、低速选型风洞试验在初步设计阶段结束时就要完成,以支持飞机气动外形的冻结,并为结构设计、系统设计留下足够的设计时间。这一阶段需要完成的试验包括机头优化设计选型风洞试验、尾段优化设计选型风洞试验、巡航机翼的选型验证风洞试验、增升装置的优化选型风洞试验。气动数据库的建立实际上贯穿整个型号的研制过程,但主要的工作在初步设计阶段和详细设计阶段就要完成。其中提供给飞行载荷用的数据在初步设计阶段结束时要有主要结果,以支持飞机结构的设计,实现对飞机重量的控制。在详细设计阶段应该建立完整的气动数据集,除了支持飞机的特性评估之外,还必须为飞行控制律的设计开发和用于适航的静力载荷气动输入提供足够准确和完整的数据。必须提到的一点是详细设计阶段的气动数据与初步设计阶段后期的气动数据应该保持相当的一致性,否则会影响飞机结构设计的收敛速度。在试飞阶段,气动工作主要支持飞机的飞行试验,为安全试飞、快速完成商用飞机的适航取证提供助力。因此这一阶段需要开展必要的风洞试验,对试飞过程中出现的问题进行试验分析,查找问题,为制订合理的试飞方案提供支撑,加快试飞取证进度。

5.4.2.4　风洞试验经费的规划

风洞试验经费本身属于商务范畴,不是一个具体的技术问题。但是考虑到风洞试验作为一种昂贵的地面试验,试验经费在整个型号研制经费中占据了不可忽略的比重,因此在试验规划中不可避免地要涉及风洞试验经费的规划。一般来讲,风洞试验的费用占整个型号研制费用的 3%~5%。细分到每个阶段,试验经费与试验项目的个数以及项目的规模紧密相关。一般而言,风洞试验的高峰期一般在初步设计阶段和详细设计阶段,因此这两个阶段产生的风洞试验费用也是最多的。在项目的开始阶段和收尾阶段,风洞试验的占比会比较少,产生的风洞试验费用也比较低。

风洞试验的费用包括试验吹风费用和模型加工费用。一般来说在同一期风洞试验中,吹风费用应该超过模型加工费用。

5.4.3　风洞试验的一般程序

5.4.3.1　确定风洞试验任务书

风洞试验任务书的主要内容如下。试验目的:首先需要明确是方案设计、部件设计的验证试验还是提供气动特性的试验。目的明确了,技术要求也就清楚了。技术要求:确定试验内容,试验条件(模型构型、姿态、舵面偏角、试验速度或速压),试验次数,测量参数,测试精度,试验结果的提供形式等。设备选用:根据试验要求选择经过国家鉴定的,其流场品质、测试精度满足要求的风洞。对于测力试验,根据试验要求选择测试精度满足要求的天平。国内各个生产性风洞备有一系列天平可供选用。对于有特殊要求的试验,可以设计专用天平。

5.4.3.2　设计加工试验模型

模型设计都有规范,如《低速风洞飞机模型设计准则》(GJB 180A—2006)、《高速风洞模型设计准则》(GJB 569A—2012)。模型设计的主要考虑:确定模型比例、满足几何相似、模型的总体结构、总体和部件的基准、强度和刚度计算、加工工艺简单而方便。模型加工的主要问题:满足设计图纸的加工精度要求,关键是控制模型加工过程中的变形。

5.4.3.3　参加实施风洞试验

型号设计单位参加风洞试验需要做许多工作。试验前的检查:检查试验大纲与试验任务书的一致性;检查试验运转计划与试验大纲的一致性;检查模型的试装,向试验单位移交模型。试验中的跟踪:跟踪试验设备的运转是否正常;模型的构型和姿态是否正确;试验结果的趋势和量级是否合理、可靠;协助解决现场出现的各种技术问题;详细地做好现场跟试记录(包括上面的四方面)。试验后的处理:与试验单位讨论试验中出现的问题的处理意见;与试验单位总结此项试验的概况,评估试验结果的有效性;与试验单位讨论提交试验报告的有关事项。

5.4.3.4　编写试验分析报告

风洞试验单位提供正式的试验报告。设计单位编写自己的试验分析报告:①风洞试验任务书中的主要内容;②试验概况、试验中的问题;③试验结果的可靠性分析;④提出下一步工作的建议。

5.4.4　试验数据的修正与使用

风洞试验得到的数据必须进行修正才可用于型号设计。修正需要一套修正方法,也就是修正体系。

5.4.4.1　试验数据的修正体系

1) 数据库与数据集

(1) 气动特性数据库。气动特性数据库存放所有的气动特性数据。对于一个在研型号,包括工程估算数据、数值计算数据和风洞试验数据,不同设计阶段、不同工作时期的气动特性数据,不同总体气动布局、不同飞机构型、全机和不同部件组合的气动特性数据,原准机(或参考机)的统计、分析数据。总之,所有的气动特性数据都存放在这个气动特性数据库中,它是气动特性数据的总仓库,也是一个杂货库。

(2) 气动特性数据集。气动特性数据集是提供性能、操稳、载荷、飞控等各个有关专业设计和计算使用的唯一的、权威的一套气动特性数据。在不同设计阶段,不同工作时期,有不同内容、不同深度、不同广度、不同准确程度的气动特性数据。在不同设计阶段,这一套套气动特性数据集也存放在一个数据库里。为了与上述总库区别,叫作"气动特性数据集"。

2) 气动特性数据体系

从气动特性数据库中,提取一部分有效的原始数据,进行修正和处理。编制数据集的这一整套原则、思路、方法和手段(软件)就叫作"气动特性数据体系"。图5.49示出了数据库、数据集、数据体系的关系。

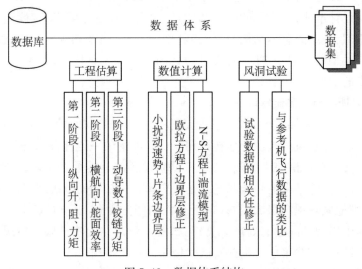

图 5.49　数据体系结构

3) 试验数据修正体系

图5.49介绍的数据体系有三类来源:工程估算数据、数值计算数据和风洞试验数据。其中把风洞试验数据修正、编制成数据集的这一整套原则、思路、方法和手段(软件)称为"试验数据的修正体系"。风洞试验数据的修正可以有两种途径:其一,设计部门应根据飞机气动布局和风洞试验项目的具体情况拟订修正体系,建立修正方法,开展各个影响因素的计算与试验研究,获得修正量级。其二,对于有原准机

（或能找到参考机）的型号设计，设计部门可以根据原准机（或参考机）的已有数据，进行与原准机（或参考机）的对比试验，以其增量进行数据修正。

5.4.4.2 试验数据的修正内容

1）洞壁干扰

风洞试验中，由于洞壁的存在，相对于自由流流场有一个附加速度。由此产生升力约束干扰和模型阻塞干扰。一般风洞试验单位进行流场轴向静压梯度的修正和阻塞度的修正。在进行跨声速试验时，还会出现洞壁波反射的干扰，此项干扰尚无可靠的修正方法。

2）支架干扰

风洞试验中，模型支架的存在导致实体堵塞效应。腹支撑的支架引起其后流场的畸变；尾支撑的支架产生逆压梯度。两种支架都可以通过风洞试验或数值计算获得修正量，一般由风洞试验单位进行修正。

3）模型局部失真

对于后体收缩的模型，天平支杆插入模型后体，需要模型尾段局部放大。有的动力模拟器体积过大（如螺旋桨的电动机），模型发动机短舱包不住，需要放大。将放大的与真实的模型进行对比试验，得到其修正量。

4）进、排气效应

对于喷气动力装置飞机，进气道的进气流和尾喷管的喷流对气动特性都有不同程度的影响。采用堵锥模型模拟进气的无动力风洞试验，与真实飞行中的进气道进气流的速度、方向和边界层隔离情况有较大差异，应进行变流量系数的通气模型试验获得修正量。采用尾部整流锥模型模拟尾喷管喷流的无动力风洞试验，与真实飞行中的尾喷管喷流速度、方向和外流混合边界的情况有较大差异。进、排气效应对于飞机后体、平尾、垂尾处的流态，乃至升降舵、方向舵的效率都有影响。应进行变落压比的喷流模型试验获得其修正量，也可采用动力模拟引射器或涡轮动力模拟器（TPS）进行进、排气组合试验，获得总的修正量。

5）螺旋桨滑流

螺旋桨动力装置飞机采用无动力模型风洞试验，没有模拟螺旋桨的直接力和螺旋桨滑流对气动特性的影响，应通过螺旋桨动力模拟试验，对这部分影响进行修正。

6）雷诺数效应

由于风洞尺寸的限制，试验雷诺数要比飞行雷诺数小得多。因此，试验的气流黏性及其边界层状态（转捩位置、分离区域、激波干扰）与飞行情况存在很大差异。由此引起了与此相关的气动特性的较大差别。例如，对于零升阻力、最大升力、前缘吸力等，需采用工程估算或数值计算求得修正量，最好进行变雷诺数风洞试验来修正。

7）静气动弹性影响

风洞试验模型基本上是刚性的，因此，得到的试验数据是刚体模型的结果。而在实际飞行中，飞机在气动载荷作用下产生弹性变形，使飞机部件相对于来流的姿态发生变化,从而改变飞机的气动特性,应予以修正。一般采用数值计算方法计算弹性,也可以用弹性模型的风洞试验求得修正量。

8) 重心位置转换

风洞试验按模型参考中心取矩,实际飞行中,飞机的力矩参考点在重心上,而重心位置是不断变化的。因此,与重心有关的力矩特性都需进行换算,一般采用坐标转换方法来修正。

9) 杂项阻力

受试验风洞的尺寸限制(通常使用缩比模型),无法模拟实际飞机上的小突出物,这部分阻力需要通过工程估算或经验统计数据予以修正。

5.4.4.3 阻力项的修正举例

试验数据修正的内容很多,很烦琐。这里以阻力系数的修正为例,了解修正内容和修正方法的概况。

1) 阻力的修正项目

根据上面的修正内容,组成下面的阻力修正框图(见图 5.50)。图中,"转捩不模拟"的修正即对于自由转捩的试验,需要进行边界层层流与湍流比例不同的修正;对于固定转捩的试验,需要进行转捩带附加阻力的修正。只修正阻力,而且一般不做,所以没有列在上面的修正内容中。"动力影响"的修正即对于喷气动力装置飞机,需要进行进气和喷流影响的修正;对于螺旋桨动力装置飞机,需要进行滑流影响的修正。

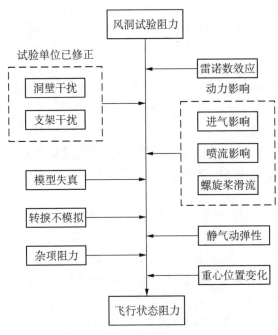

图 5.50 阻力修正框图

2) Re 的修正步骤(零升阻力系数)

$$C_{D0} = C_{D0,\,tes} + \Delta C_{D,\,wal} + \Delta C_{D,\,sup} + \Delta C_{D,\,dis} + \Delta C_{D,\,int} + \tag{5.54}$$
$$\Delta C_{D,\,jet} + \Delta C_{D,\,Re} + \Delta C_{D,\,add} + \Delta C_{D,\,tra}$$

"$\Delta C_{D,\,Re}$"是雷诺数效应的阻力修正。全机的零升阻力由机翼、机身、平尾、垂尾、发动机短舱与挂架、座舱与风挡、起落架,带动力还有螺旋桨等部件产生。零升阻力中,主要组成是摩擦阻力,还包括一部分黏性压差阻力。各部件以各自的特征长度计算 Re,查出对应各部件的摩擦系数 C_f,计算各部件的浸润面积和各部件的零升阻力系数,全机的零升阻力为各部件零升阻力之和。画出全机的零升阻力系数随雷诺数的变化曲线(见图 5.51),查出飞机从风洞试验到巡航飞行零升阻力系数的修正量为 $\Delta C_{D0,\,Re}$。

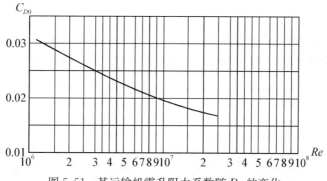

图 5.51 某运输机零升阻力系数随 Re 的变化

5.4.4.4 原准(参考)机的类比

试验数据修正的第二种途径是类比原准机(或参考机),这种方法的思路如下:原准机试验数据与飞行使用数据的差别包括上面说到的所有影响因素。于是,可以进行与原准机(或参考机)的对比试验,以其增量进行数据修正。

1) 类比法的必备条件

原准机(或参考机)类比的方法比较简单、实用,而且可靠。但是,必须具备两个条件:要有与气动布局相类似的原准机;要有比较全面的原准机气动试验数据和飞行试验数据。因此,这种方法对于型号的改装设计是非常合适的。

2) 使用数据的形成框图

现以一型改装设计的飞机(X03)为例,说明使用数据的形成(见图 5.52)。X03飞机的原型机是 Y08 飞机,Y08 有一套气动数据集。将 X03 飞机与 Y08 飞机的同期测力试验数据对比,列出其差量,加到 Y08 的气动数据集的数据上,以此作为 X03飞机经过相关性修正的无动力气动特性使用数据。将 X03 飞机在螺旋桨动力模拟试验中,对应拉力系数与零拉力的差量,加到 Y08 无动力气动特性使用数据上,以此作为 X03 的动力影响修正,形成 X03 飞机的气动数据集。

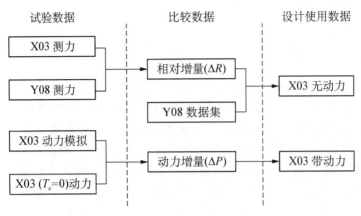

图 5.52　使用数据的形成框图

3）修正前后的曲线对比

如果风洞试验数据修正的两种途径都是正确的，则结果都是一样的。下面以 X03 飞机为例，给出修正前、后的纵向特性曲线（见图 5.53），可以看到，修正前、后的曲线差别甚大。

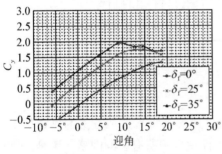

（a）不同襟翼偏角的升力曲线（试验值）

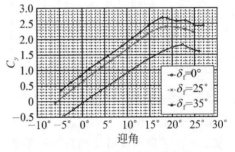

（b）修正后的升力曲线（使用值）

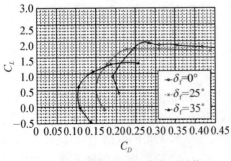

（c）不同襟翼偏角的升阻曲线（试验值）

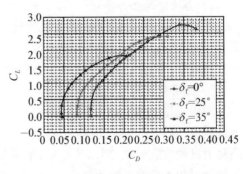

（d）修正后的升阻曲线（使用值）

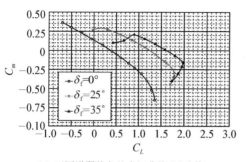

（e）不同襟翼偏角的力矩曲线（试验值）

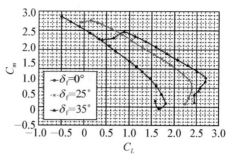

（f）修正后的力矩曲线（使用值）

图 5.53　X03 飞机修正前、后的纵向特性曲线

思考题

1. 运输类飞机机翼定义的典型参数有哪些？说明飞机巡航速度对后掠角的影响。

2. 影响翼型选择和优化设计的主要因素有哪些？

3. 超临界机翼的几何外形和压力分布各有哪些典型特征？

4. 简述平均气动弦长的定义和确定方法。

5. 简述增升装置的主要功能和类型。

6. 简述飞机总阻力的主要组成、产生机理和主要影响因素。

7. 风洞试验数据的主要修正内容有哪些？

8. 飞机诱导阻力产生的机理和减小诱导阻力的主要措施有哪些？

9. 列出一些减小飞机阻力的技术措施，并简述主要原理。

10. 简述飞机巡航效率的定义以及提高飞机巡航效率的主要手段。

6 载荷、材料与结构强度

飞机的结构设计需要满足多项互相矛盾的目标,要求重量轻、承载能力好、制造和维护成本低。这些要求对材料选择、载荷分析、结构分析与设计提出了很高的要求。

在飞机的概念设计和初步设计阶段,飞机结构形式的选择是一项重要工作,结构形式的选择主要受到飞机整体布局,特别是气动布局的影响,同时需要考虑飞行剖面的特点。在飞机完成飞行任务的各个阶段,承受载荷的特点是不同的,并且具有一定的随机性。飞机的重量应该尽可能轻,因此在选取材料的时候,在满足强度要求的前提下,应选取重量轻的材料。

在进行结构布局设计、材料选取、强度分析时,需要首先确定飞机结构承受的载荷,并通过对载荷传递路线的分析,将载荷分解到具体的结构元件。结构载荷的传递路线应该是连续的,不出现间断。在不同飞行状态下,飞机各部件承受的载荷是不同的,而且不同部位一般不会同时承受最大载荷。

飞机的结构布局设计的主要任务是在满足载荷、内部空间、制造以及维护等各项要求的前提下,设计出重量轻、成本低的结构形式,也就是说获得效率最高的结构设计。

在航空技术发展的不同阶段,结构强度设计所遵循的规范是不同的。航空结构设计准则和原理的演变反映了设计师对飞机所承受载荷的认识上的深入,也反映了结构分析和设计方法的演变。CAD建模和有限元分析已经成为布局设计和载荷分析的主要手段,这些方法的进步也促进了结构设计工作效率的提高,这种变化还依赖于在材料、制造工艺和维护等方面的技术进步。

6.1 飞机载荷

在航空结构强度分析和结构设计中,经常会遇到一些名词,在此首先对常用的几个名词给予解释。

(1)使用载荷(limit load):也称为限制载荷,顾名思义,就是结构在使用中可能遇到的最大载荷。

(2)设计载荷(ultimate load):也称为极限载荷,在结构设计中采用的载荷通常高于使用中可能遇到的最大载荷,结构不发生破坏所承受的最大载荷称为设计载荷,通常根据这一载荷选择材料。

(3) 安全系数(safety factor):设计载荷与使用载荷的比值,设计载荷可以由使用载荷乘以安全系数得到,安全系数越高,结构设计所需要满足的载荷就越大,一般就意味着结构重量越大,在民机适航规范中,安全系数取值为1.5。

(4) 过载系数(load factor):飞机承受的除重力外的所有外力之和与重力之比,称为该方向上的过载。

(5) 剩余强度(residual strength)η:结构材料的许用应力与工作应力之比,通常设计要求 η 等于或大于1。

在飞机完成飞行任务的整个过程中,作用在飞机上的载荷是多种多样的,主要可以分为两大类,惯性载荷和气动载荷。某一飞机部件的惯性载荷为该部件的质量与飞行过载 n 的乘积,必要时还要做扰动运动修正。气动载荷通常有两种形式来表达,可以用压力分布形式表示,也可以用集中力的形式表示。前者如翼面的上下表面的压力随弦向和展向的分布,或机身表面压力沿周向和长度方向的分布;后者如操纵面的气动载荷。此外,还可以用集中力和压心的弦向、展向位置来表示。结构强度设计通常按照设计载荷来进行,同时还按飞机种类进行区别。对于战斗机而言,飞机过载的选取还需要考虑飞行员能够承受的最大过载,一般 $n < 9$。民用飞机在正常飞行状态下的过载都比较小,最大过载一般取 $-1.0 \sim 2.5$。图6.1和图6.2分别给出了飞机水平拉起和水平转弯两种状态下的过载。飞机的过载通常以 V-n 图的形式给出,图6.3给出了典型的 V-n 曲线。飞机的过载可以由式(6.1)来估算:

$$n_{\max} = \frac{C_{L\max}q}{(W/S)} = \frac{C_{L\max}\rho_{s.l}}{2(W/S)}V_E^2 \tag{6.1}$$

式中,$C_{L\max}$ 为可用最大升力系数,应受气动失速、抖振和平尾操纵能力三个方面的限制,取其中最小值使用。$q = 1/2\rho_{s.l}V_E^2$ 为动压,其中 $\rho_{s.l}$ 代表海平面标准大气密度,V_E 为当量空速。图6.3中的飞机使用载荷系数可以按照适航条款 CCAR - 25.337 的规定,由式(6.2)计算得出:

$$n_{\lim} = 2.1 + \frac{10\,890}{W_{to} + 4\,540} \tag{6.2}$$

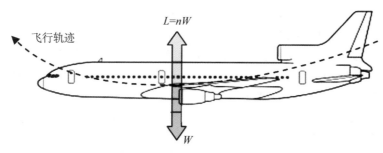

图 6.1 飞机水平拉起状态下的过载

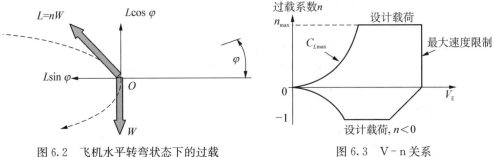

图 6.2　飞机水平转弯状态下的过载　　　　　图 6.3　V-n 关系

式中,重量的单位为 kg。该式用于最大起飞重量介于 $1870\sim22\,680\,\mathrm{kg}$ 之间的飞机,对于起飞重量超过 $22\,680\,\mathrm{kg}$ 或小于 $1870\,\mathrm{kg}$ 的飞机,设计载荷系数分别为 2.5 和 3.8。

飞机在完成飞行任务时所承受的载荷可以分为外部载荷与内部载荷,其中内部载荷包括客舱和货舱的装载产生的载荷,以及客舱增压载荷等;外部载荷包括气动载荷和惯性载荷。对载荷的预示影响着飞机结构分析和结构设计的全过程,对飞机安全性和性能的提升以及改善乘客舒适性具有重要的作用。受早期预示工具精度的限制,为确保安全性,结构设计往往偏保守。

飞机承受的载荷在不同飞行阶段的表现形式不同,大致包含以下几种:

(1) 机动载荷:飞机改变运动姿态时导致的过载,这是衡量战斗机的机动性的重要指标;对民机而言,适航规范中有明确的规定,各飞机制造商一般也会制定内部的准则。

(2) 突风载荷:突风载荷,特别是大气湍流造成的连续突风载荷是影响客机舒适性的主要因素之一。

(3) 地面载荷:包括着陆撞接与地面机动载荷等。

(4) 其他载荷:包括发动机载荷、鸟撞载荷、客舱内外压差载荷等。

各种载荷的特点不同,在结构设计中考虑的方法也不同。随着大量数据的积累,设计人员对飞机载荷环境的了解越来越清晰,采用的预示方法的精度不断提高。通过计算流体力学和有限元方法来完成载荷的计算已经成为飞机结构设计中不可或缺的手段。辅以地面试验和飞行试验数据的验证,计算模型的精度和可信度可以满足快速概念设计的需求。同时,能够完成的载荷计算状态大大增加,从早期的几百种状态到目前可以完成数千种状态的校核计算。

载荷计算的类型也从确定性载荷发展到对载荷随机性的考虑,以便更好地使用概率的方法处理最严重的载荷状态,以获得可靠的安全水平,特别是针对新型复合材料的使用。但这种方法的广泛应用还有待于开展更多的验证工作,特别是提出适用于非确定载荷分析的适航规范的问题。

6.2　结构布局设计

飞机的结构布局设计是概念设计和初步设计阶段的重要环节,主要涉及两个方面的内容。

（1）总体结构布局：综合考虑有效载荷，发动机，以及气动布局等因素以获得效率最高的布局设计。结构效率主要通过结构重量系数来衡量，结构重量系数表示飞机结构重量占飞机正常起飞重量的百分比。总体布局需要解决飞机主要部件的结构形式和传力路线问题。

（2）主要部件结构布局设计：包括机翼、机身、尾翼等主要结构部件的布局形式，传力结构以及工艺分离面的确定和主要接合面形式的选择。

典型民航客机的布局形式如图 6.4 所示，图中给出了主要的结构件以及其布局形式。典型的飞机结构部件形式主要包括机翼和机身。在进行结构布局设计时，应遵循传力路线短、力求综合最优、口盖布局要尽量避开主传力路线等原则。

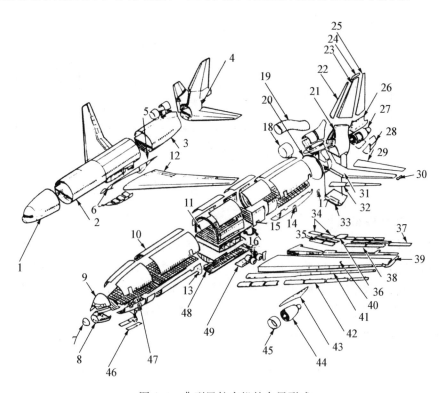

图 6.4　典型民航客机的布局形式

1—前机身；2—中机身；3—后机身；4—尾段；5，6—整流罩；7—雷达天线罩；8，9—乘员舱组件；10—机身壁板；11—断面；12—机翼；13，14—客舱门；15—中货舱门；16—机翼中央翼盒；17—紧急舱门；18—发动机进气口；19—S形进气道；20—气密框；21—机身尾段；22—垂直安定面前缘；23—垂直安定面翼盒；24—垂直安定面翼尖；25—方向舵；26—中发动机（2号）支持结构；27—2号发动机；28—2号发动机整流罩；29—升降舵；30—水平安定面翼尖；31—水平安定面翼盒；32—水平安定面前缘；33—辅助动力装置（APU）舱门；34—扰流板；35—双缝内襟翼；36—内副翼；37—外副翼；38—双缝外襟翼；39—机翼翼尖；40—机翼结构；41—机翼前缘；42—前缘缝翼；43—1号发动机挂架；44—1号发动机；45—1号发动机短舱；46—前起落架舱门；47—客舱舱门；48—机身龙骨梁组件；49—主起落架舱门一般来说,随着技术的进步,特别是新材料和有限元分析技术的发展,飞机的结构效率是不断提高的,图 6.5 中给出了世界上主要民机的运营空机重量与最大起飞重量的比值,可以大致反映结构设计效率的高低。

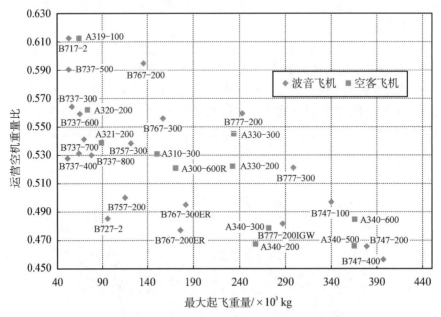

图 6.5　主要民机的结构设计效率对比

6.2.1　总体结构布局

确定总体结构方案的过程应该遵循的主要原则是在满足包括承载在内的各项设计要求的前提下,力求结构重量最轻。一般需要考虑如下内容:①主要部件的布局,包括机身、机翼、尾翼和起落架的布局;②气动布局方面考虑影响飞机总体结构布局设计的重要因素,其中最主要的是机身与机翼的布局方式。机翼和机身的布局一般有下面几种主要的形式,分别如图 6.6 所示。

(1) 中央翼盒穿过机身。

(2) 机翼通过加强框与机身连接。

(3) 翼梁穿过机身。

(4) 使用外撑杆方式。

采用下单翼的现代运输机主要采用第一种布局形式,这是从结构重量方面来讲最有利的一种布局形式,同时,中央翼盒还通常用于油箱结构的组成部分。对于中单翼的现代运输机,采用第一种布局形式较为有利。

在确定了主要部件的布局后,需要完成设计分离面的确定。设计分离面与工艺分离面不同,后者是为满足制造过程中一定的工艺流程设计的,在装配以后就不再分解;而设计分离面是在使用过程中可能经历多次拆装的,主要由飞机的使用和维

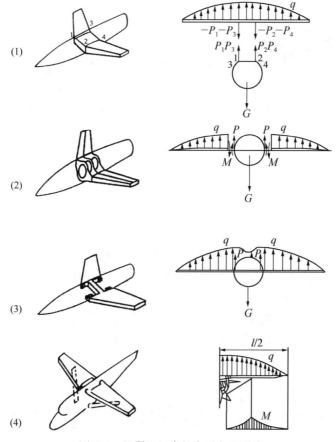

图 6.6　机翼和机身的布局主要形式

护要求决定。

6.2.2　机翼结构

　　机翼是飞机的主要升力部件,其外形设计主要由气动要求来决定,其结构布局需要满足气动力对结构的要求以及达到重量最小的原则,同时需要具有足够的空间以装载燃油、布置起落架舱和增升装置。机翼的结构设计是机翼多学科综合设计的重要环节,需要在气动设计阶段给予足够重视,这也是需要对典型的机翼结构布局以及传力路线进行充分了解的原因之一。

　　图 6.7 给出了典型机翼的主要组成部件,包括翼梁、副翼、后缘襟翼、前缘缝翼,以及发动机吊挂等。

　　机翼结构主要由结构骨架和蒙皮组成,作用在机翼上的载荷包括分布气动载荷、结构重量载荷,以及固定在机翼上的部件的集中载荷等。蒙皮既承受分布的气动载荷,又参与承载机翼的弯矩和扭矩。结构骨架将由蒙皮传递的载荷变为总体载荷。一般来说,根部翼面的布局主要取决于强度要求,中部翼面的布局主要取决于颤振要求,而翼梢部分的布局主要取决于静气弹的要求。

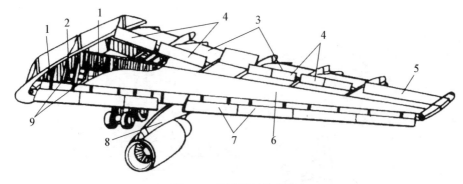

图 6.7　机翼的结构组成

1—翼梁；2—加筋条；3—后缘襟翼；4—扰流板；5—副翼；6—蒙皮；7—前缘缝翼；8—发动机吊挂；9—翼肋

按照承载方式和传力路线的区别,可以采用几种不同的翼面结构布局形式,包括加筋板盒结构、多墙结构、蜂窝夹层板盒结构、全高度夹层盒结构、横向加筋板结构和梁式结构等。机翼上、下翼面承受不同的载荷,所遵循的设计准则也不同,上翼面为受压面,按稳定性原则设计;下翼面为受拉面,按疲劳断裂准则设计。

图 6.8 给出了常用的机翼结构布局形式,目前加筋板盒结构的形式较为常见。

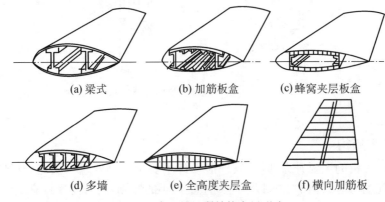

(a) 梁式　　　　　(b) 加筋板盒　　　　(c) 蜂窝夹层板盒

(d) 多墙　　　　　(e) 全高度夹层盒　　　(f) 横向加筋板

图 6.8　常用的机翼结构布局形式

载荷的展向分布对机翼结构的重量具有重要的影响,作用在机翼上的升力需要平衡机身等主要部件的重量。从静强度设计的角度出发,翼根弯矩越大,翼身连接越需要加强,导致结构重量增加。减少翼根弯矩可以带来显著的重量优势。

6.2.3　机身结构

飞机的机身结构主要由蒙皮和内部骨架构成,骨架的形式一般包括横向骨架和纵向骨架。纵向骨架和横向骨架相结合,用于承受纵向弯矩,而横向骨架用于承受蒙皮的局部载荷,并由加筋条提供支持。在开口的地方,如机舱门、起落架舱等需要布置加强框用于承受集中力载荷。此外,民航客机的机身还承受飞机上升下降时增减压产生的疲劳载荷的作用。几种典型的大型飞机机身的结构布局如图6.9所示，其中以加筋板布局与梁式布局相结合的形式较为有利。

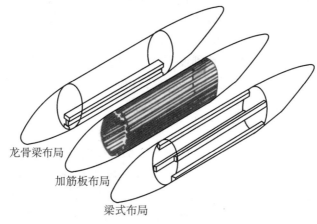

龙骨梁布局

加筋板布局

梁式布局

图6.9　大型飞机机身的典型布局形式

在客机机身的设计中，还需要考虑的一个问题是如何给予乘客最大的保护。在机头或机尾首先触地的事故中，机身会承受很大的冲击载荷和纵向弯矩，所以在机身结构及座椅的设计中，应该考虑刚度不能过大。

在本节的最后给出了一个典型的民机（Tu‐204）的结构布局形式，如图6.10所示。

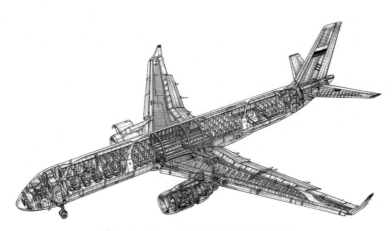

图6.10　Tu‐204飞机的结构布局形式

6.3　结构强度设计

飞机结构的设计包括两个方面的内容——强度设计和布局设计。前者首先确定飞机承受的载荷，通过完成设计载荷下飞机结构的强度分析，来决定合适的结构参数;后者决定结构的布局形式,使得飞机结构既能够满足强度要求,又能够满足功能需求,并获得重量最轻的设计方案。飞机的结构设计需要同时满足三个方面的要求:①最高的安全性;②重量轻,耐久性好;③制造和使用成本低。同时达到这三个目标是一个巨大的挑战,促进了设计方法和技术的不断演变。

结构布局设计决定载荷的传递路线,因此决定了载荷在飞机各结构部件之间的分布,从而也就决定了进行部件详细设计时的结构部件承受的载荷大小。

本节在前一节对结构布局形式讨论的基础上,介绍与结构强度设计相关的内容。

6.3.1　结构强度设计

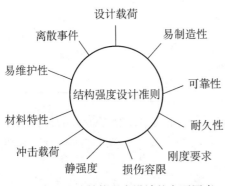

图 6.11　影响结构强度设计的主要因素

结构强度设计需要考虑的因素很多,如图 6.11 所示,图中列举了影响结构强度设计的主要因素,这些影响因素在技术发展的不同阶段所发挥的作用是不同的。这样就构成一系列强度设计思想,包括:

(1) 静强度设计。
(2) 疲劳寿命设计。
(3) 破损安全设计。
(4) 损伤容限设计。
(5) 耐久性/损伤容限设计。
(6) 可靠性/稳健性设计。

早期的设计理念是基于静强度和刚度设计,要求飞行器结构在设计载荷下的应力小于材料允许的最大值,其变形不会出现舵面操作反效的情况。在缺乏精确的分析方法之前,一般依赖于经验和结构试验的方法来确保结构强度满足要求。设计实践的发展也推动了适航规范的出现和不断完善,在结构设计方面,主要的适航条款是 CCAR - 25.307。早期的适航规范侧重于对静强度和刚度的要求。20 世纪 50 年代,"彗星"客机发生的一系列事故使得疲劳破坏的问题引起了设计师的关注,这些事故导致在结构设计中引入了疲劳寿命设计,以及破损安全设计的准则,图 6.12 给出了舷窗拐角裂纹导致疲劳破坏的示意图。

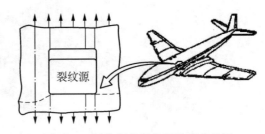

图 6.12　舷窗拐角裂纹导致疲劳破坏

6.3.1.1　静强度设计

静强度设计是在飞机结构强度设计中最早采用的设计准则,其内容就是在所要求的设计载荷作用下结构不发生破坏,并且在卸载后不发生结构的永久变形。

6.3.1.2　疲劳寿命设计

疲劳寿命指结构达到疲劳破坏时的交变应力循环次数或时间,一般以出现可以检测的裂纹的时间作为其结构疲劳寿命,可以检测包含目视检测和设备检测两个方面的含义。

6.3.1.3　破损安全设计

破损安全是指在发生显著的结构破坏以后,飞机仍然能够安全地飞回机场并成功着陆。造成破坏的原因可能包括疲劳裂纹、腐蚀、意外损伤、维修错误,以及发动机故障等。破损安全设计是自 B707 以来所有民机结构设计中采用的设计准则,这一准则要求飞机所有的主要承力件在发生主要结构破坏以后,仍然能够满足在使用载荷下安全工作,至少是在一定的时间内,确保飞机能够安全完成已经开始的飞行任务。

破损安全设计的成功应用包含两个方面的因素。第一是采用破损安全的设计形式,当某一个结构件发生破损而导致无法继续承载或承载能力下降时,这部分载荷需要得到适当处理,可以采用的技术途径包括改变载荷传递路线、止裂(crack arrest)设计、表面强化、降低应力水平等;第二是适时检测,包括肉眼检测和各种无损检测仪器的使用,确保可能造成严重后果的损伤被及时检测出来是破损安全设计准则成功贯彻的关键因素。

6.3.1.4　损伤容限设计

损伤容限设计是在破损安全设计实践基础上发展得到的,是进一步提高结构设计安全性的设计准则。损伤容限设计的准则是指存在于结构中的疲劳、意外损伤、腐蚀等因素在未被检测出来之前,不对结构的承载能力造成影响,可以使用的检测手段包括无损检测。图 6.13 给出了损伤容限设计的应用准则。不难得出,有效的检测是确保损伤容限设计得到成功应用的关键,这需要在飞机的使用中积累大量的数据,将裂纹的大小、可能的损伤形式、检测间隔,以及可能的后果、需要的修复手段等关联起来,这些数据对指导进一步的设计和制订检测计划具有重要的意义。

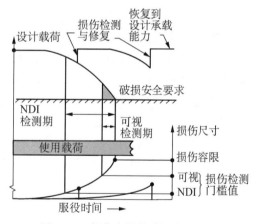

图 6.13　损伤容限设计的应用准则

随着机龄的老化,迫切需要发展对超期服役的飞机结构可靠性进行评估的方法,例如针对广布疲劳损伤(widespread fatigue damage,WFD)的技术方法。WFD是指可能大量、广泛存在的损伤,单独来看,都没有超过损伤容限设计所规定的风险,但其量大、分布广,有可能带来灾难性的后果。WFD 最可能发生在采用的机身结构中,这是由于其各部位具有类似的结构形式,处于类似的载荷环境。还没有一致的方法处理 WFD,可以通过试验的方法来发展预示 WFD 的方法,在结构可能出现 WFD 之前将飞机退役。

在发现裂纹后,考虑正常使用条件下,在可能的最大使用载荷的作用下,预测裂纹的发展速度。同时在下次裂纹检测时,验证所预测裂纹发展趋势的正确性。应用损伤容限设计方法,分析给出使用安全以及是否限制使用等分析意见,并制订相应的维修大纲,包括下一次的检测周期、检测方法,预估裂纹发展,最终确定疲劳寿命。应特别强调裂纹发展趋势预测的试验验证,包括地面强度疲劳试验以及试飞中测量数据的积累、统计和分析等综合性手段的应用。

综合起来,结构设计准则在适航规范中的演化可以反映在表 6.1 中。

表 6.1　FAR‐25.571 中对破损安全和损伤容限设计准则的修正

适航规范与发布日期	标　题	简要内容
25‐0 (1964.12.24)	飞行器结构的疲劳评估	破损安全强度
25‐45 (1978.12.1)	结构的损伤容限和疲劳评估	损伤容限评估
25‐96 (1998.4.30)	针对 WFD 的结构损伤容限和疲劳评估	针对 WFD 的损伤容限评估

6.3.2　航空材料

减重是推动航空材料发展的重要驱动力。航空材料的种类主要包括铝合金、钢合金、钛合金以及复合材料。从 A350 和 B787 飞机上各种材料的使用比例对比,可以看到复合材料的应用比例已经达到 50%。

铝合金与钛合金在飞机上的应用发展分别如图 6.14 和图 6.15 所示。图中给出了典型合金的牌号以及该型合金在飞机上的使用情况。对于铝合金的发展,值得一提的包括 20 世纪 70 年代后期发展的 2224、2324、7150 和 T77 三步退火过程,前三者在 B757 和 B767/747‐400 上的应用使得机翼结构效率提高了 6%,应用 T77 过程得到的 7150 和 2524 在机身结构上的应用提高了结构的损伤容限。钛合金由

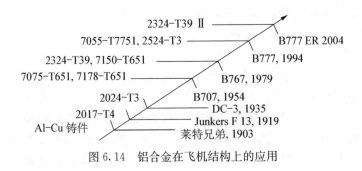

图 6.14　铝合金在飞机结构上的应用

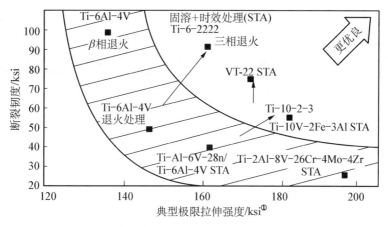

图 6.15　钛合金在飞机结构上的应用

于其高强度、耐高温特性、低密度，是非常有吸引力的航空材料，但其应用一直限于较小的范围，包括起落架主结构和襟翼滑轨等，主要原因是其成本高昂。

钢材料在飞机上的应用从 20 世纪 70 年代以来没有发生特别大的变化，主要包括 300 系列不锈钢以及低合金高强度钢（high-strength low alloy steel，HSLA）。具体的牌号包括 4330、4330M 以及 4340M 等，最常用的包括 15-5PH 和 4340M，其中 15-5PH 的应用从 20 世纪 80 年代 B757 开始显著增加。合金钢材料在飞机上主要用于起落架结构和增升装置的滑轨。图 6.16 给出了一些在飞机结构上应用的典型低合金高强度钢。

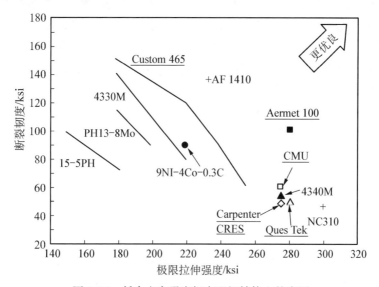

图 6.16　低合金高强度钢在飞机结构上的应用

---

① ksi：kilopounds per square inch，千磅/平方英寸。

　　飞机材料从最早的木制和帆布发展到全金属结构是飞机结构设计上的一次飞跃,从全金属结构发展到今天使用超过 50％复合材料的 B787 飞机又是结构设计上的飞跃式技术进步。图 6.17 给出了波音飞机上使用复合材料的历史发展。

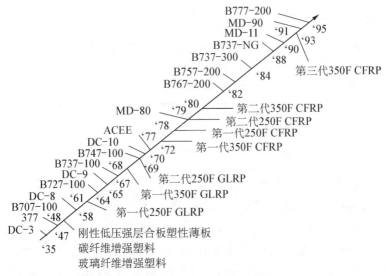

图 6.17　复合材料在波音飞机上的应用历史发展

　　复合材料在 B747 和 B787 上的应用比例如图 6.18 所示,在目前一些飞机上复合材料的使用比例超过 50％。使用复合材料具有重量轻、耐久性好、裂纹不宜扩展等优点。此外在客机上还可以使用更大尺寸的舷窗(如图 6.19 所示),增加维修的间隔,进而降低维护费用等。但复合材料在工艺、维修检测方法和制造成本等方面与金属材料相比,还有待提高。随着技术的进步,新型复合材料的应用比例会得到提高。

　　除了复合材料以外,其他类型的材料也具有很多优势,例如铝锂合金、先进铝合金以及金属和碳纤维复合材料等。这些材料,尤其铝锂合金在成本上比复合材料更有优势,因此具有一定的应用潜力。

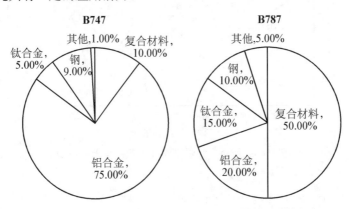

图 6.18　复合材料在 B747 和 B787 上的应用比例

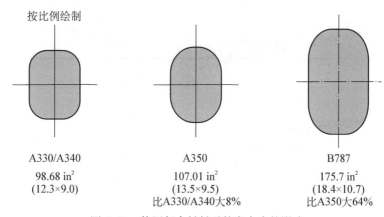

按比例绘制

A330/A340	A350	B787
98.68 in²	107.01 in²	175.7 in²
(12.3×9.0)	(13.5×9.5)	(18.4×10.7)
	比A330/A340大8%	比A350大64%

图 6.19 使用复合材料对舷窗大小的影响

注:1 in² = 6.45 cm²。

6.4 有限元分析

早期飞机的结构分析使用各种图表,通过将结构部件简化为梁、杆等元件来完成其在各种载荷作用下的应力和变形分析。这些方法已逐渐被有限元分析替代。有限元分析是 20 世纪 60 年代以来发展起来的数值计算方法,与计算机的发展密切相关。有限元分析首先将结构部件划分为众多离散单元,每个单元由有限的节点定义,通过每个节点之间位移的协调关系来求解整个结构在外载荷作用下的响应。在有限元分析中,可以选择多种不同类型的单元,不同类型的单元能够描述的力学问题不同,需要根据分析的具体目的来确定。图 6.20 给出了两种不同的飞机结构模型,包括早期的以梁为基本单元的模型和有限元模型。

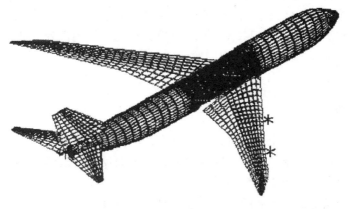

(a) 有限元模型

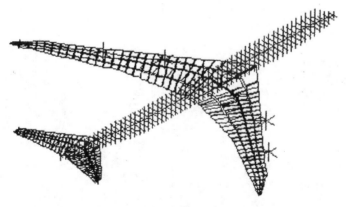

(b) 梁模型

图 6.20　结构分析模型的进展

　　波音公司在系列飞机的研制中对有限元分析的使用可以在表 6.2 中得到反映，这一演变过程基本反映了有限元工具在航空领域应用的发展过程。

表 6.2　有限元分析在波音飞机研制中的应用发展

时间	机型	有限元应用发展
1950 年代	B707	基本没有
1960 年代	B727，B737，B747	验证分析
1970 初期	B747SP	部件的有限元计算
1970 末期	B757，B767	大部分主要承力部件的有限元设计
1990 年代	B777，B737X	所有主要承力部件的有限元设计
2000 年代	B787	全机有限元分析

　　有限元分析可以用于求解静、动力学问题，也可以用于求解热传导、塑性力学以及断裂力学等问题。经历了几十年的发展，已经有许多成熟的有限元商业软件可供使用，例如 ANSYS 和 NASTRAN 等。一些研究机构和飞机制造商也有自主开发的有限元分析软件，一般用于特定问题的求解或采用一些特定的方法，这些软件对飞机研制发挥着重要作用。

6.5　气动弹性设计

　　气动弹性问题是指由于飞机结构刚度设计不合理而导致的气动力与结构变形相互耦合的作用。严重的气动弹性效应包括操纵面反效、机翼发散和颤振，其中操纵面反效和机翼发散属于静气动弹性问题。

　　副翼反效是操纵面反效的典型例子，当机翼结构刚度不够时，气动变形会导致副翼偏转时产生相反的效果。大展弦比后掠机翼的副翼反效问题比较严重，解决的方法包括增加机翼刚度、改变平面形状、采用内副翼或扰流片等。

机翼发散是指机翼扭转变形，由于压心、重心和刚心的相对位置的特定组合导致扭转不断放大，最终导致结构破坏的现象。在亚声速飞行时，焦点位置一般在机翼剖面弦长的 25%～28%处，刚心位置一般在弦长的 38%～40%，当俯仰角扰动导致的气动力矩大于弹性恢复力矩时，俯仰角会继续增大，导致扭转变形单调增加。在超声速飞行时由于焦点位置显著后移，因此一般不会出现这一现象。前掠机翼更容易发生机翼发散的问题，这也是前掠机翼被较少采用的重要原因。通过结构的刚度分布设计来改变刚心的位置是避免这一问题的途径之一，在复合材料机翼上，这一措施更容易实现。

在讨论副翼反效和机翼发散的问题时，只考虑了气动力和弹性力的问题，忽略了惯性力的作用。而颤振问题是在气动力、弹性力和惯性力耦合作用下的自激振动问题。颤振问题一般在大表速时发生，可分为两种类型，包括机翼的弯扭颤振和副翼的弯曲颤振。颤振的发生具有很强的突然性，对飞行安全有很大的威胁。解决的主要办法是提高结构的刚度以及改变结构的质量分布。主动控制技术的发展也使得颤振主动抑制成为可能。

气动弹性是需要在设计的初期就认真考虑的问题，特别是综合采用目前不断成熟的结构和气动分析。将气动弹性纳入结构布局设计的工作，对提高结构设计整体水平和设计效率具有重要意义，也是重要发展方向之一。

思考题

1. 飞机载荷的主要类型和特点有哪些？
2. 飞机 V-n 图中的主要约束有哪些？
3. 简述采用翼吊布局的运输类飞机发动机集中载荷对飞机机翼载荷的影响。
4. 简述 CCAR-25 中飞机设计主要的结构设计准则中损伤容限设计的概念。
5. 简述复合材料应用的发展对飞机设计在结构、重量、维护和成本等方面的影响。

7 驾驶舱、客舱与货舱

驾驶舱位于机身前部,驾驶舱的设计需要综合考虑气动阻力小的外形、足够的内部空间以安置雷达等飞行设备、满足适航规定的飞行员视界要求,以及前起落架的收起空间等。驾驶舱内部空间的布置主要考虑飞行员的操作要求,主要因素包括适航要求、人为因素、系统综合等。

客舱与货舱是民机的重要组成部分,客舱与货舱的设计通常是方案设计中首先需要考虑的内容。按照设计要求中对乘客数以及承载能力的要求,首先确定机身的主要几何尺寸,包括机身的长度与横截面的型式,以及前后机身的外形尺寸。同时,机身的布置还受到机翼与机身连接方式、客舱增压要求等因素的影响。

驾驶舱设计向着设计集成化、信息交互定制化、操纵智能化等以人为本的方向发展,高度自动化也为无人化操控提供了技术基础。客舱设计更加强调对客户定制化和灵活性需求的满足;货舱设计更加需要支持航空货运数字化和互联网发展带来的新需求。

7.1 驾驶舱

驾驶舱的主要功用在于保证飞行员能够获取足够的外部信息,并对飞机进行操纵,以实现飞机的安全飞行。运输机的驾驶舱位于飞机机身前部,包括风挡、前起落架、飞行仪表与控制等系统,构成飞行员的工作环境。

20世纪70年代以前,驾驶舱中的信息显示采用彼此独立的机械式仪表,每一个仪表基本上只能指示一种信息,飞行机组通过人工识别、判断信息间的关联性和飞机的工作状态来操纵飞机。早期的长程运输机驾驶舱都使用多人制机组,包括两名飞行员、一名工程师、一名领航员和一名无线电通信员,并且不同飞机的驾驶舱有较大差异。驾驶舱的设计多依赖于先前飞行员的飞行经验。喷气飞机投入商业运营以后,随着通信技术的进步,无线电通信员的作用变得无足轻重。在二战以后,自动化技术的提高,特别是20世纪70年代中微处理器的发展,使得航电与控制系统的性能、自动化程度和可靠性大大提高。喷气发动机可靠性的提高使得飞行工程师的作用下降了,而且,经验数据也表明,在飞行过程中进行故障检查反而容易增加事故发生的概率。在20世纪60年代之前的民机一般都采用三人制机组的驾驶舱设计,包括 B707、B727、B747 等。以 B707 飞机为例,驾驶舱的布局如图 7.1 所示。

图 7.1 B707 驾驶舱布局

到 20 世纪 60 年代末,领航员的角色逐渐被自动导航系统所代替。在波音发展第一代的 B737 飞机时,对驾驶舱设计进行了详细研究,研究的成果都倾向于使用两人制机组。同一时期的其他型号,包括 DC - 9 和 BAC - 111 都采用两人制机组。航空公司和飞行员工会的反对使得在 B737 早期运营中仍使用了三人制机组,后来逐渐转变为两人制机组。

可以说,包括各种航电设备在内的驾驶舱设计在技术发展的推动下不断演化,目前以 B737NG、A320、B747 等飞机为主要代表的驾驶舱反映了这种变化,如图 7.2 所示。技术上的进步主要体现在以飞行管理系统为核心的信息管理模式、数字

图 7.2 B747 驾驶舱布局

化、高度集成和更加人性化等方面。

在新一代的飞机设计中，飞机制造商在驾驶舱方面的改进仍在继续，以 A380、B787 和 A350 为主要代表的飞机，融入了更多的新技术，包括可以使用各种交互设备对数据显示进行选择、平视显示器的使用、全球定位系统（GPS）的广泛使用等。图 7.3 给出了 A380 的驾驶舱布局。

图 7.3　A380 驾驶舱布局

7.1.1　驾驶舱设计要求和原则

在初步设计阶段，需要考虑驾驶舱的外形、空间和布局是否能够满足总体方案的要求，为后续的航电系统等的设计提供输入。

驾驶舱设计需要保证飞行员在各种飞行状态下都具有良好的视界，视界和气动要求是影响驾驶舱外形设计的主要因素，对视界的要求如下：满足飞行员在飞机所有的状态下都能够安全操纵飞机。

驾驶舱的基本要求是从左右两侧都能够实现飞机的所有操纵，所以驾驶舱的风挡和外形是对称布置的。根据统计数据，尽管飞行员错误造成的空难约占总数的75%，飞行员仍是保证航空安全的所有环节中最重要的因素之一。因此，在设计过程中应该贯彻"以飞行员为中心"的设计理念。

人为因素在驾驶舱的设计中越来越受到国际航空界的重视。2007 年，EASA 在第三次修订其适航标准时正式增加 CS - 25.1302 条款。2013 年，FAA 在第 137 号修正案中正式增加 FAR - 25.1302 条款，并同时发布咨询通告 AC 25.1302 - 1。这些条款在设计中的落实需要贯彻"人在回路"的设计原则和设计实践，从信息交互需求和告警系统设计两个方面，将基于不同场景下的最重要的信息推送给飞行员，以利于飞行员做出最有利的决策。这一设计实践的具体实施可以通过建立驾驶舱评估准则，并采用静态评估和模拟器动态评估相结合的方法将飞行员的反馈融入设计决策。

7.1.2　驾驶舱布局设计

驾驶舱布局设计是飞机的总体技术要求,需要综合考虑的因素包括人体测量学、人机界面定义、"以飞行员为中心"的设计理念、系统集成与信息综合,以及试验与评估方法等。

人体测量学的数据为飞行员座椅、驾驶舱仪表与控制的布置提供了基础。驾驶舱的布局设计以眼位基准点(eye reference point)为基准,由此出发首先定义飞行员的视界,飞行员的视界由适航标准(FAR 或 CCAR-25.1523)规定。飞行员座椅的布置需要满足身高在 $1.66\sim1.86\,\mathrm{m}$ 之间的飞行员的要求。图 7.4 给出了两人制机组的驾驶舱布局,两人制机组已经替代了早期的多人制机组成为目前的规范。

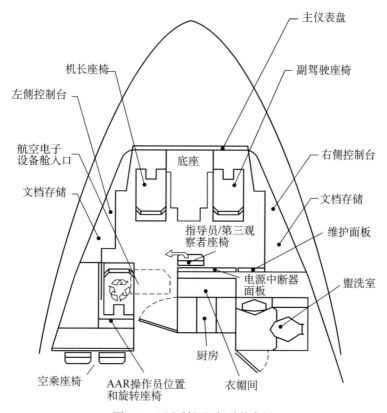

图 7.4　两人制机组驾驶舱布局

图 7.5 给出了左侧飞行员视界的定义,右侧的视界与左侧对称。

驾驶舱的视界要求如图 7.6 所示,在飞机滑行时,要求飞行员能够看到地面的距离应该为 $15\sim20\,\mathrm{m}$,并能够看到同侧机翼的翼尖;在爬升阶段,飞行员应该能够看到水平线以下 $10°$;在着陆阶段,要求飞行员有足够的下视界;在转弯飞行时,应该具有 $20°$ 的上视界和 $110°$ 的左右视界。视界要求决定了风挡的布置与形状,这一方面需要与气动设计结合起来。

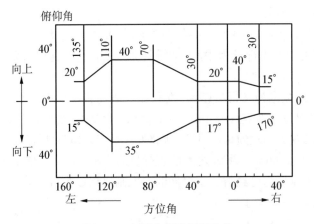

图 7.5 左侧飞行员视界定义

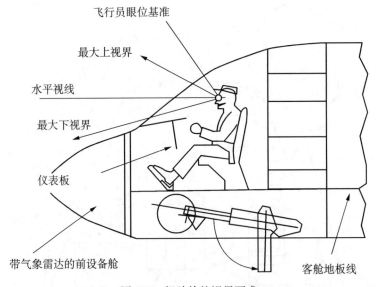

图 7.6 驾驶舱的视界要求

　　需要考虑的原则还包括不同机型驾驶舱的共性，特别是发展后续机型时，在融入新技术的时候，往往希望保持信息提供和操作方面的共性，以降低培训和维护成本。图 7.7 给出了在驾驶舱设计中需要协调的各项因素。

7.1.3 驾驶舱设计发展趋势

　　人类最初的跨洋商业飞行是在缺乏现代航电设备的情况下实现的。电子显示、计算机等航空电子设备所取得的巨大技术进步使得航空界可以进一步着重解决影响飞行安全的一些因素，包括复杂地形和气象条件下的飞行、进场与着陆和处理突发情况的能力。在过去的几十年中，主要的发展体现在数字化、综合化、人性化（更舒适、更多考虑人为因素）和个性化（表明制造商的特征）等几个方面。

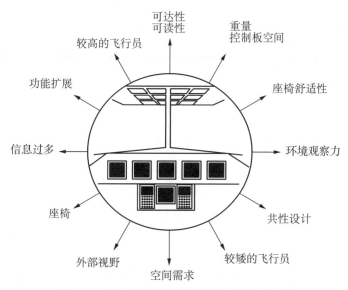

图 7.7　在驾驶舱设计中需要协调的各项因素

数字化提高了信息量和显示信息的形式，主要包括电子飞行包（electronic flight bag）、液晶显示屏（LED）、平视显示（head‑up display）等交互设备。图 7.8 给出了合成显示与平视显示的两个例子。

在飞行控制、通信、导航、系统监控等方面，都取得了非常明显的进步，在某种程度上改变了飞行员的角色、工作的方式和标准。在设计理念方面，逐步从"以功能为中心"转向"以人为中心"，充分结合对驾驶舱运行场景的分析，从布置与布局、人机交互、视景与环境等不同角度实现设计要素的高度综合。

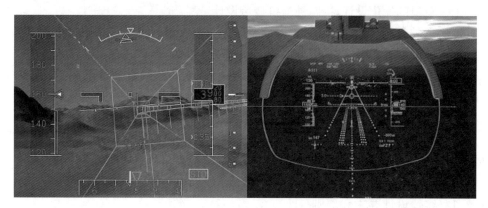

图 7.8　合成显示与平视显示

"以人为中心"的设计理念得到了进一步的强化和完善，同时考虑飞行控制系统、基于全球定位系统（GPS）的导航、5G 技术、先进 OLED 显示、人工智能等技术的深化应用,可以实现驾驶舱综合环境和人机交互方式的变革,向"自主飞行,人为监控"的方向发展,并通过机身外部多摄像头影像合成技术,实现驾驶舱外部场景的综合显示,降低对机头设计的视界要求。

这些技术的进步将进一步提高飞行的安全性,降低飞行员的工作载荷,提高现有机场和航线空域的利用率,减少对环境的影响。

7.2　客舱设计

客舱与货舱,构成民用飞机机身的主要舱段,客舱舒适性是影响对旅客的吸引力的主要因素之一。货舱载货量及灵活性也影响飞机对航空公司的吸引力。一般来说,客舱与货舱段构成了飞机的有效载荷承载段,是在设计初期决定机身参数时需要考虑的主要内容,机身的设计遵循从内向外的原则,根据对客舱与货舱布局的设计来决定机身的横截面形状与尺寸以及机身的长度(见图 5.17)。本节讨论客舱设计。

机身段的设计涉及的因素较多,主要原则列举如下:

(1) 座位数与航程。

(2) 气动阻力小。

(3) 良好的稳定性。

(4) 在客舱布局、座椅设计、空间布局和腹舱空间方面对航空公司和旅客具有吸引力。

(5) 在紧急状态下的安全性,如防火、客舱失压等,以及氧气系统、紧急出口位置等。

(6) 货物装载与卸载方便,舱门开关使用安全可靠。

(7) 结构设计满足飞行任务中各种状态下对强度和刚度的要求。

(8) 重量的优化设计,抗腐蚀与抗疲劳设计。

(9) 驾驶舱与客舱的分隔设计。

(10) 辅助设施如盥洗室、服务区等的设计应方便使用。

(11) 客舱内部微气候的设计应满足旅客对健康和乘坐舒适性的要求,包括噪声、温度、通风等。

(12) 应为 APU、液压、空调等系统提供足够的空间。

本章从客舱设计的基本原则和要求出发,从客舱座位布局、空间分配、横截面形状、适航要求等方面,介绍在民机总体设计阶段需要明确的设计内容和参数。此外,对前后机身的设计也进行了介绍。

7.2.1　客舱设计要求和原则

客舱的主要功能是完成旅客的运输,客舱设计应该满足适航规范、行业标准、人为因素等要求,为旅客提供舒适的旅行环境。旅客对舒适性的感觉不仅受到物理空间设计的影响,也受到心理因素的影响。在客舱环境设计中,应该考虑如下三个方面的因素：

 （1）空间布局。

 （2）物理环境（微气候）。

 （3）心理因素。

7.2.2　客舱布局设计

  影响客舱布局设计的因素包括航程、座位数、结构因素、气动因素、人机工程以及适航要求等。一般来说，长航程的飞机会留出相对较多的活动空间，选择较大的座位几何尺寸，需要的乘务人员也较多。座位数是决定采用单通道还是双通道布局的主要因素。

  客舱的横截面设计通常采用圆形截面，典型机身截面形状如图 7.9 所示。截面形状主要由承受压差载荷的结构因素决定，采用圆形截面的原因主要在于以下几个方面：

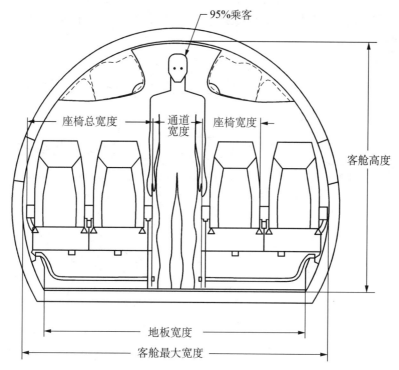

图 7.9　单通道客舱典型横截面形状

  （1）在相同周长的截面中，采用圆形得到的面积最大，所以相同的横截面积得到的机身外表面积最小，可以减少机身的摩擦阻力和结构重量。

  （2）圆形截面机身结构承载内外压差的能力最好，在 30 000 ft（约 9 144 m）高空的大气压力只有 0.2～0.3 个标准大气压，通常来说，客舱内部压力维持在 8 000 ft（约 2 438 m）处的标准大气压，内外压差可以达到 0.4～0.5 个标准大气压。

（3）圆形截面机身在发展加长型系列机型时比较方便。

圆形截面机身的主要问题是空间的利用率不好,在安排货舱和头顶行李舱时受到的空间限制比较多。作为一种改进设计,多段圆弧相连接形成的截面可以提高机身底部的利用空间,如图7.10所示。在设计客舱截面时,应考虑客舱布局的灵活性。一般来说,民航飞机客舱按舒适度和服务水平分为不同等级,包括头等舱、商务舱和经济舱。近年来,不少航空公司又推出了介于商务舱和经济舱之间的豪华经济舱,以提高利润空间。在不同航线上使用的飞机和在不同季节使用的飞机对不同类别舱位的需求不同,因此,布局的灵活性应该作为一个考虑的因素。其他类型的客舱截面布局如图7.11所示。客舱截面的座椅布置是客舱设计中首先要做出的设计决定。一般来说,200座以内的飞机都采用单通道的布局方案,每排座椅数可以由3变化到6。目前市场上主要民机的总座椅数与单排座椅数的关系在图7.12中给出。在客舱布置的设计中,需要关注较多的细节,通常基于一定的设计规则来进行布置,不同航空公司一般也会提出个性化的要求。在完成设计的过程中,需要借助CAD及PDM等工具,以及相关的数据库。下文将对相关的内容进行介绍,为概念设计阶段提供参考。

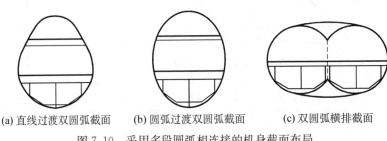

(a) 直线过渡双圆弧截面　　　(b) 圆弧过渡双圆弧截面　　　(c) 双圆弧横排截面

图7.10　采用多段圆弧相连接的机身截面布局

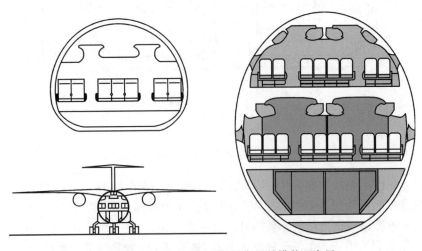

图7.11　双通道小飞机和双层客机的横截面布局

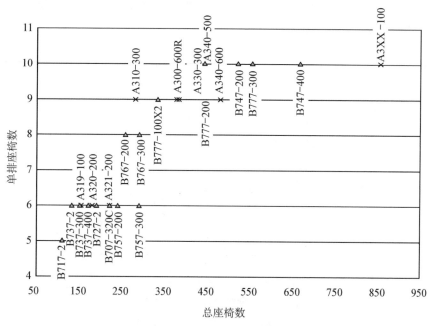

图 7.12 单排座椅数与总座椅数的关系

　　客舱座椅布置的主要参数范围如表 7.1 所示。机身截面的宽度由每横排的座椅数和通道数,以及机身蒙皮结构的厚度来确定,一般使用 CAD 系统完成,作为初步估算,可以采用式(7.1)得到机身截面的宽度 W_f(ft):

$$W_f = 2.49 + 1.32 a N_a \tag{7.1}$$

式中,N_a 为单排座椅数;a 为座椅宽度,其单位为 ft。

　　根据总座椅数和单排座椅数,可以确定机身客舱段的长度如下:

$$l_{fc} = 20 \left(\frac{P N_p}{16.8 N_a} \right)^{1.052} \tag{7.2}$$

式中,P 为座椅行距,其单位为 ft;N_p 为总座椅数;N_a 为单排座椅数。

表 7.1　客舱座椅布置的主要参数范围

座椅类型	座椅宽度/mm	通道宽度/mm	座椅纵向间距/mm
低成本航空	400~420	400~420	700~775
经济舱	475~525	475~525	775~850
商务舱	575~625	575~625	900~950
头等舱	625~700	625~700	950~1050+

　　考虑驾驶舱和尾段的全机身长度可以根据图 7.13 中的经验公式得到。式中,l

为全机身长度;D 为机身等直段等效直径。在安排座椅的时候,还需要考虑其垂直方向与机翼翼根上表面的相对位置(见图7.14)。

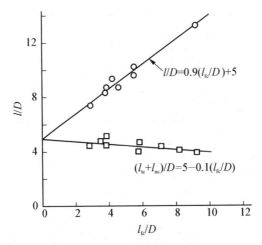

图 7.13　全机身长度的经验公式

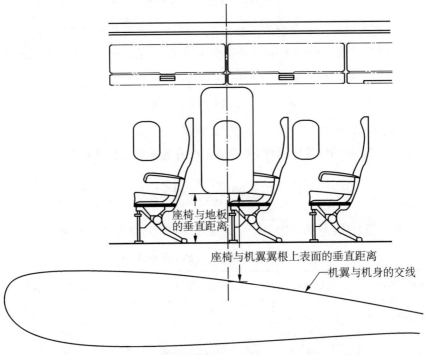

图 7.14　座椅垂直方向与地板和机翼翼根上表面的相对位置

　　每位旅客的行李空间额度的典型值如表 7.2 所示,对全经济舱布局,一般不对手提行李和托运行李的空间进行划分,而是给定一个综合值。

表 7.2　每位旅客的行李空间额度

	全经济舱布局	头等/商务舱	经济舱
手提行李额度/ft³	5.5	2	1.5
托运行李额度/ft³		5	4

厨房和洗手间的布置应与客座数和航程相协调。厨房的地板面积可以根据客座数,使用式(7.3)来确定:

$$S_k = (0.05 \sim 0.1)N \tag{7.3}$$

式中,N 为客座数;S_k 单位为 m^2。

对于多舱段布置,需要考虑如下原则:①不同舱段的食物应存储在不同的区域;②提供餐饮服务时,经济舱的餐车不需要穿越头等舱,头等舱的餐车也不需要穿越经济舱;③每个隔舱不应存放超过 3 辆餐车。

在盥洗室的布局中,需要考虑如下原则:①不同舱段应提供不同的盥洗室;②旅客使用盥洗室时应该不用穿越其他级别的舱段;③旅客就座时,视线不应看到盥洗室内部。

不同舱段需要安排的盥洗室的数目以及盥洗室的主要参数在表 7.3 和表 7.4 中给出。图 7.15 给出了双盥洗室布局的案例。

表 7.3　单个盥洗室服务的旅客数

	全经济舱布局	头等/商务舱	经济舱
客座数	≤75	≤20	≤75

表 7.4　盥洗室的主要参数

	盥洗室尺寸
最小容积/in³	1650
最小宽度/长度/in	29
最小间距/in	26

注:1 in＝2.54 cm

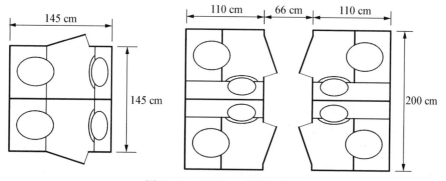

图 7.15　双盥洗室布局的案例

　　乘务员数目的确定依据两个原则,第一是满足适航规定的客舱旅客服务所需的最小数目,第二是与出口数目相匹配。对于经济舱,一般为50位旅客安排一位乘务员;而在商务舱和头等舱中,每位乘务员服务的旅客应不大于16位。在安排乘务员座椅位置时,应考虑尽量安排在紧急出口处,同时需要考虑乘务员座椅与乘客座椅间的最小距离不应过小。

　　在进行客舱舱门以及紧急出口布局设计的时候,需要考虑适航的要求,在FAR-25.807中规定飞机必须具备在90 s内,使用一半的出口将所有旅客疏散的能力。舱门和紧急出口一般对称布置,舱门一般布置在驾驶舱后部位置。有两种不同类型的紧急出口:与地板平齐的紧急出口和机翼上方的紧急出口。两种紧急出口的几何尺寸、可以服务的乘客数目,以及需要的乘务员数目都是不同的,具体参数分别在表7.5和表7.6中给出。

表 7.5　　运输类飞机紧急出口参数(A)

	A 型	B 型	C 型	Ⅰ 型	Ⅱ 型
服务旅客数	110	75	55	45	40
乘务员数	2	2	1	1	1
出口净高度/in	72	72	48	48	44
出口净宽度/in	42	32	30	24	20

注:1 in=2.54 m。

表 7.6　　运输类飞机紧急出口参数(B)

	Ⅱ 型	Ⅲ 型	Ⅳ 型
服务旅客数	40	35	9
乘务员数	1	0	0
出口净高度/in	44	36	36
出口净宽度/in	20	20	19
与客舱地板最大落差/in	10	20	29
与机翼翼根上表面最大落差/in	17	27	36

注:1 in=2.54 m。

　　此外,客舱窗口的设计也成为提高舒适性重点考虑的因素,客舱窗口设计的主要因素包括以下两个原则:

　　(1)采用最大面积以获得最大的自然光通过量。

　　(2)满足在多种座椅布局情况下尽可能多的乘客有最大的外部视角,以50%女性为标准,一般需要获得大于50°的视角。

　　可以采取两种不同的窗口布置形式。一种是按照机身结构隔断,在安排座椅的整个舱段,在每个隔断之间布置常规的矩形舷窗,这样可以避免对机身结构布置造成影响。另一种布置采用较大的椭圆形(oval)舷窗,尽管可以获得较大的舷窗,但会对机身结构的连续性造成影响。此外,应尽可能为每一个座椅位置安排一个窗口,但在实际设计中,这一点很难完全实现。图7.16给出了客舱窗口设计中涉及的主要几何位置尺寸。

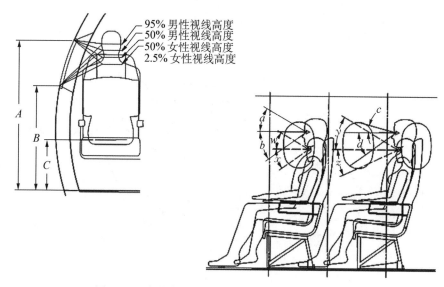

图7.16 客舱窗口设计中涉及的主要几何位置尺寸

可以参考类似机型的参数决定客舱窗口几何尺寸。表7.7给出了各种不同类别飞机的窗口几何尺寸。

表7.7 运输类飞机窗口几何尺寸

类型	客座数	最大起飞重量/lb	窗口尺寸 $H \times W$/in$\times$in
私人/微型	5～6	<10 000	—
超轻型	6～8	12 500	12.5×9
轻型	7～11	14 000～20 000	14×10
大型私人机	9～19	41 000～48 000	19×26
公务型	18～30	50 000	14×10
支线机	50～89	50 000～90 000	14.5×15.5
窄体客机	90～189	95 000～175 000	16×10
宽体客机	>200	>300 000	19×11

注:1 lb=0.45 kg;1 in=2.54 cm。

为了获得良好的客舱设计,提高对航空公司和旅客的吸引力,需要充分利用相关方法和工具,特别是PDM系统的发展,采用一体化的设计思路,综合考虑图7.17中的各项评价指标来完成。

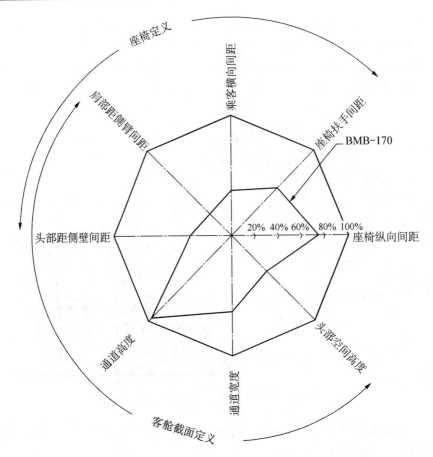

图 7.17　客舱舒适性的综合评价指标

具体的客舱设计过程应该包括如下步骤：

（1）给定客舱地板基线位置。

（2）进行座椅和通道的布置。

（3）参考标准人体尺寸确定相关间距，如头部和肩部等。

（4）确定壁板厚度。

（5）根据标准集装箱尺寸确定货舱大小。

（6）标出影响客舱尺寸的极限。

（7）绘出客舱内部边界线，尽可能采用圆形截面。

（8）考虑机身外壁厚度（参考值为 10 cm），给出机身外部尺寸。

（9）确定窗口位置。

（10）确定客舱平面布局，考虑不同类别舱位的区别，以及盥洗室、紧急出口位置等。

（11）确定机头和机尾尺寸。

（12）准备详细的参数化 CAD 模型，供后续迭代使用。

7.3 货舱与后机身

　　航空货运是航空公司运营收入的重要组成,所以提供方便、足够的货运空间也是机身设计中不能忽视的内容。大多数情况下,采用机身腹部作为货舱,也有少数在机身前后分别设置客舱与货舱,这种构型通常称为"Combi"布局,如图 7.18 所示。机身腹部的货舱设计一般分为前后两段,由机翼和机身的连接结构相隔。前后货舱需要独立的货舱门完成货物的装卸。航空货物一般采用标准集装箱或货架两种形式,在货舱以及货舱门布局设计中,需要考虑满足两种不同形式货物的要求,以达到载货量和装载速度的最优化。同时,还需要考虑共性设计的原则,以减少对所需机场地面服务设备种类的需求。

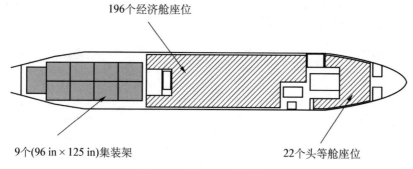

图 7.18 "Combi"机身布局

常用的集装箱类型如图 7.19 所示,其几何尺寸和容积如表 7.8 所示。

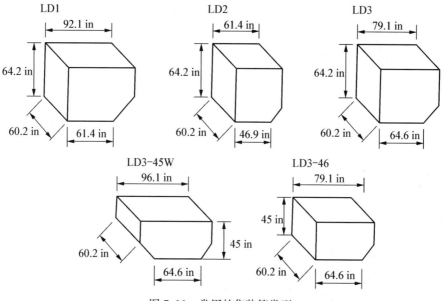

图 7.19 常用的集装箱类型

表 7.8　常用集装箱的几何尺寸和容积

类型	容　积	几　何　尺　寸
LD1	4.90 m³(173 ft³)	156/234 cm×153 cm×163 cm(61.4/92.1 in×60.2 in×64.2 in)
LD2	3.40 m³(120 ft³)	119/156 cm×153 cm×163 cm(46.9/61.4 in×60.2 in×64.2 in)
LD3	4.33 m³(153 ft³)	164/201 cm×153 cm×163 cm(64.6/79.1 in×60.2 in×64.2 in)
LD6	8.95 m³(316 ft³)	318/407 cm×153 cm×163 cm(125.2/160.2 in×60.2 in×64.2 in)
LD8	6.88 m³(243 ft³)	244/318 cm×153 cm×163 cm(96.1/125.2 in×60.2 in×64.2 in)
LD11	7.16 m³(253 ft³)	318 cm×153 cm×163 cm(125.2 in×60.2 in×64.2 in)

　　民机货运能力一般使用单个座位的货运容积作为衡量指标。这一指标取值范围为 8.6～15.6 ft³(0.24～0.44 m³)，主要类型民机的单位货运能力如图 7.20 所示。B747 可以容纳 30 个 LD3 和 1 000 ft³(28.3 m³)的货架货物，A380 可以容纳 38 个 LD3 和 650 ft³(18.4 m³)的货架货物。

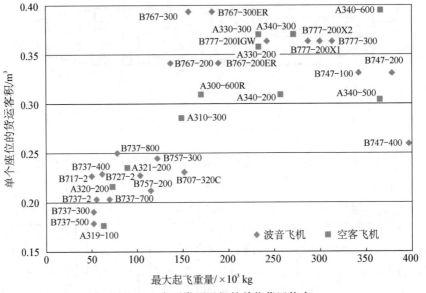

图 7.20　主要类型民机的单位货运能力

　　与机身设计相关的内容还包括后机身的外形设计，需要满足具有小的气动阻力和擦地角等设计要求。此外，对于采用尾吊发动机布局的飞机，后机身还需要同时满足结构方面对发动机支持的要求。

思考题

　　1. 机身设计的主要设计要求和约束条件有哪些?

　　2. 客舱设计的主要评价指标包括哪些?

　　3. 紧急出口设计的主要考虑因素有哪些?

8 动力装置

在总体设计阶段需要确定动力装置的主要参数和性能特性,这一阶段关心的主要发动机特性包括发动机的推力特性、结构重量、耗油率以及发动机的几何尺寸。通常希望发动机具有重量轻、可靠性高、维护性好和经济性优等特点。选择的发动机类型通常与飞机的最大和最小飞行速度密切相关。发动机的研发一般需要比飞机研发更长的时间和更大的投资,所以当现有的发动机能够满足飞机总体性能的要求时,经常会选用现有发动机类型。当没有合适的发动机供选用时,需要根据现有发动机的数据对发动机的性能和尺寸,通过迭代的方法进行缩放以得到参数合适的发动机。

发动机在飞机上的安装是动力装置设计的重要内容,涉及发动机制造商与飞机设计部门之间紧密的合作,既需要考虑发动机的存在对飞机气动、结构等方面的影响,又需要确保发动机的安装性能满足总体设计方案的要求,这就需要了解发动机安装涉及的问题和解决方法。

本章主要涉及的内容包括发动机产生推力的基本原理、发动机主要类型及应用,发动机的主要参数和对性能的影响以及发动机的安装和环保特性等。

8.1 发动机特性

8.1.1 基本原理与主要类型

8.1.1.1 基本原理

喷气发动机最初的原理性实验可以追溯到古希腊后期的一位哲学家海洛(Hero)。他制造的称为"汽转球"的机械装置仅是一个发明者的创造性展品,不能用来做有用功。直到1629年,意大利工程师吉瓦·布拉克(Giovanni Branca)提出了第一个汽轮机方案,用于机械驱动。1687年,艾萨克·牛顿(Isaac Newton)使用他提出的运动第三定律方程式对喷气推进的原理作出了解释:作用力和反作用力大小相等而方向相反,他建议由通过喷管的喷流的反作用力推动车辆。

1939年6月20日,第一次喷气推进式飞行在德国制造的亨克尔HE-176飞机上进行。动力装置是一台Heinkel-Hurt HE-S3燃气涡轮装置,最大速度约

150 n mile/h(1 n mile＝1.852 km)。1940 年在意大利,由科劳尼尔·伯纳迪(Colonel Bernardi)驾驶喷气飞机飞行,从米萨飞到罗马,距离 170 n mile。该飞机由卡姆贝尼(Campini)设计制造,由坎普罗尼(Caproni)飞机公司命名为"CC‐2",并装有一台艾小塔·弗萨西尼(Isotta-Fraschini)发动机。900 匹马力的液冷式活塞发动机驱动一台具有加力燃烧室装置的三级压气机和涵道风扇,最大速度是 205 n mile/h;加力燃烧装置工作时,速度可以增加到 230 n mile/h。

　　喷气发动机推力产生的主要原理是通过一定质量的流体的动量变化产生反作用力,如式(8.1)所示:

$$T = \frac{\mathrm{d}}{\mathrm{d}t}(mV_{\mathrm{j}}) \tag{8.1}$$

式中,T 为发动机推力(N);m 为喷流的质量(kg);V_{j} 为喷流速度(m/s)。

　　根据发动机类型的不同,除式(8.1)外还可能包含其他推力项。对航空发动机来讲,空气通过进气道进入,气流经过发动机压缩机和燃烧室,以高于进入发动机时的速度喷出,气流对发动机有向前的反作用力,形成推力,如图 8.1 所示。

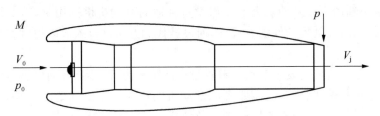

图 8.1　喷气发动机推力产生的简单原理

　　发动机产生的推力包含三个部分,空气流过发动机产生的动量变化带来的推力可以表示为

$$\dot{m}(V_{\mathrm{j}} - V_0) \tag{8.2}$$

式中,$\dot{m}$ 为空气流量;V_{j} 为喷流速度;V_0 为飞机飞行速度,即发动机的来流速度。

　　由喷口截面压力差带来的推力为

$$(p - p_0)A \tag{8.3}$$

式中,$p - p_0$ 为发动机喷口的压力差;A 为喷口截面积。

　　燃油流量带来的推力分量为

$$\dot{m}_{\mathrm{F}} \times V_{\mathrm{j}} \tag{8.4}$$

　　发动机产生的总推力为

$$T = \dot{m}(V_{\mathrm{j}} - V_0) + \dot{m}_{\mathrm{F}}V_{\mathrm{j}} + (p - p_0)A \tag{8.5}$$

相对于空气流量来说,燃油流量 $\dot{m}_F$ 很小,通常可以忽略不计。这样发动机的推力即为

$$T = \dot{m}(V_j - V_0) + (p - p_0)A \qquad (8.6)$$

当喷口压力等于来流远场空气压力时,式(8.6)中的第二项消失,此时,发动机的推力即为式(8.2)。

典型的喷气发动机通常包括控制系统、冷却系统、起动系统、润滑系统、燃油系统、附件部分,还经常包括喷水系统。有两种广泛使用的涡轮喷气发动机型式:离心式和轴流式,两者主要的区别在于压气机外形,也可以看到两种型式的组合。

8.1.1.2　主要类型

航空发动机从本质上可以分为两类,一类是活塞发动机,另一类是燃气涡轮发动机。前者一般限于在低速的通用飞行器上使用,后者是航空飞行器使用的主要发动机类型,大致可以分为涡轮螺旋桨、涡轮风扇和涡轮喷气等主要类型。为完整起见,同时给出几种常用的其他类型发动机。

1) 涡轮螺旋桨发动机

涡轮螺旋桨发动机实质上是设计成螺旋桨驱动的涡轮喷气发动机,如图 8.2 所示。螺旋桨通过减速齿轮装置与压气机和涡轮同轴。大部分推力通过螺旋桨获得,约有 5% 通过喷气作用力获得。涡轮螺旋桨发动机具有重量轻和迎风面积小的优点,和涡轮喷气发动机结构一样装配容易,在较低速度飞行时效率高。但是,目前螺旋桨的设计使这种类型发动机的使用速度限制在 450 kn 以下。

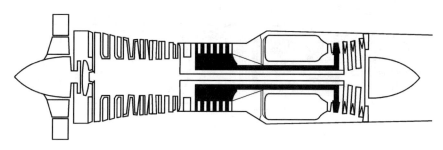

图 8.2　涡轮螺旋桨发动机

2) 涡轮风扇发动机

飞机燃气涡轮的涡轮风扇型式和涡轮螺旋桨一样,但它由以发动机驱动的管道封闭的风扇代替由齿轮连接的螺旋桨,如图 8.3 所示。涡轮风扇和涡轮螺旋桨之间的主要工作差别是通过涡轮风扇的气流不受飞机飞行速度的影响。这消除了高速飞行时工作效率的损失,而正是这一点限制了涡轮螺旋桨发动机的使用速度。此外,通过涡轮风扇发动机的总空气流量比通过涡轮螺旋桨发动机螺旋桨的流量少得多。在涡轮风扇发动机里,30%～60% 的推进力是由风扇产生的。

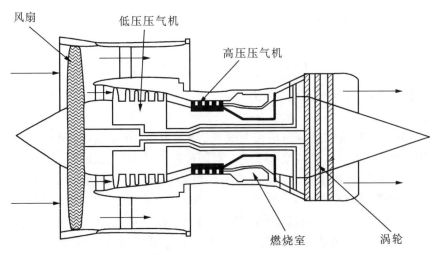

图 8.3　涡轮风扇发动机

3) 涡轮喷气发动机

涡轮喷气发动机与涡轮风扇发动机的主要区别在于前者没有外涵道,如图 8.4 所示。涡轮喷气发动机分为离心式与轴流式两种,轴流式具有横截面小、压缩比高的优点,当今的涡轮喷气发动机均为轴流式。与涡轮风扇发动机相比,涡轮喷气发动机燃油经济性要差一些,但是高速性能要优于涡轮风扇发动机,特别是高空高速性能,所以在战斗机上广泛使用。

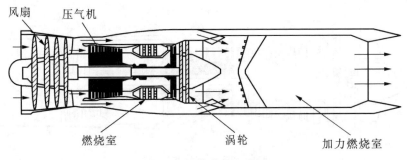

图 8.4　涡轮喷气发动机

4) 冲压喷气发动机

冲压喷气发动机在原理上也许是最简单的发动机,如图 8.5 所示。由于发动机和大气的相对运动,空气通过扩散器被压缩并进入燃烧室。燃料注入燃烧室并燃烧,热的燃烧产物在喷管外膨胀,产生超过自由流的出口速度,燃烧物产生的动量的增加决定了发动机产生的推力。由于燃烧室的压力必须比周围大气高,因此除非发动机和空气之间存在相对运动,否则发动机是不能产生推力的。当速度增加时,发动机内的压力也增加,并改善了燃料的经济性。冲压喷气发动机的使用潜力在跨声速和超声速范围内。这种发动机的主要优点是结构简单、无转动部件及调整飞行时的巨大潜在功率。它的缺点是需要其他推进形式使飞行器达到一定速度后才能有效工作。

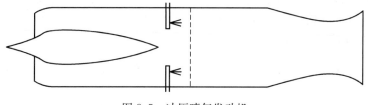

图 8.5　冲压喷气发动机

5）脉冲式空气喷气发动机

脉冲式空气喷气发动机是冲压喷气发动机的改型，如图 8.6 所示。在进气道插入一个带活门的圆盘，该活门根据进气压力和燃烧室反力的作用交替地打开和关闭。这种型式的发动机能够在静止状态下启动。然而，它的缺点是噪声特别大，且振动严重。燃料消耗量在低速飞行时较高；而在高速飞行时，冲压喷气发动机似乎更有应用前景。因此这种发动机基本局限于无人驾驶飞机使用。

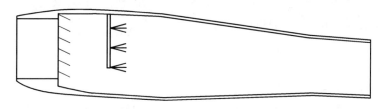

图 8.6　脉冲式空气喷气发动机

6）火箭发动机

火箭发动机是一种自给的发动机，它的工作不依赖于大气层中的空气，如图 8.7 所示。火箭中使用的燃料或是固体，或是液体。氧化剂随燃料一起输送。大多数火箭以一种恒定的速率燃烧燃料和氧化剂，产生一个恒定的影响；向低压膨胀有助于热能转变成机械能，推力随高度的增加而增加。火箭发动机在所有发动机中具有最大的潜力，因为它不依赖于燃烧所需要的大气层。火箭发动机几乎没有运动部件，维护问题小，但目前火箭发动机燃料消耗量很高。

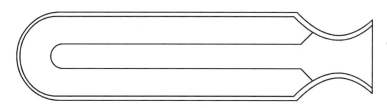

图 8.7　火箭发动机

在选择发动机时，应该考虑的因素包括飞机的飞行速度、发动机的燃油效率、发动机的重量和尺寸、发动机的成本，以及在维护性和环保方面的要求。当飞机飞行马赫数低于0.6时,涡轮螺旋桨发动机的推进效率较高,高马赫数时一般采用涡轮喷气或涡轮风扇发动机,尤其是涡轮风扇发动机,由于其较低的燃油消耗率,在高亚声速民用飞机上得到广泛应用。

8.1.2　发动机主要参数

对飞机设计者来说,关心的发动机主要参数包括推力、重量、尺寸和燃油消耗率,影响发动机特性的主要参数如下:

(1) 涵道比(bypass ratio, BPR),发动机外涵道与内涵道空气流量的比值。

(2) 总压比(overall pressure ratio, OPR),发动机进气道入口空气压力与压气机出口压力的比值。

(3) 涡轮入口温度(turbine entry temperature, TET),发动机涡轮入口的温度,当使用多级涡轮时,指第一级涡轮入口。

(4) 燃油消耗率(specific fuel consumption, SFC),单位时间产生单位推力所消耗的燃油。

为方便对比不同类型发动机,通常采用比推力的概念,其定义为发动机推力与空气流量的比值。由式(8.2)可以得到:

$$T/m = V_j - V_0 \tag{8.7}$$

8.1.3　发动机效率

热和功作为能量的两种形式,可以互相转换。热转变成功而没有损失是不可能的,产生的功与提供的热能表示了转换过程的效率。所有动力装置都是热机,把燃料的能量(热能)转变成机械能,并配合系统把机械能转变成有用推力。发动机的燃油效率与发动机的总效率直接相关。

动力装置的综合效率可以表示成转变为功的燃料的总热能的百分数。有时称为总效率(η_0),总效率是热效率、机械传输效率和推进效率的乘积:

$$\eta_0 = \eta_{th} \times \eta_t \times \eta_p \tag{8.8}$$

式中,η_{th} 为发动机燃气发生器的热效率;η_t 和 η_p 分别为机械系统的传输效率和喷流的推进效率。

8.1.3.1　热效率

发动机的热效率可以表示为

$$\eta_{th} = 1 - \left(\frac{1}{r}\right)^n = 1 - \frac{1}{r^n} \tag{8.9}$$

式中,r 为发动机的总压比;n 为气体常数的函数。从中可以看出,提高总压比,可以改善发动机的热效率,进而提高发动机的燃油效率。但是,涡轮材料与冷却技术限制了总压比的提高。

8.1.3.2 传输效率

发动机的传输效率可以表示为

$$\eta_t = \frac{1+B}{1+\dfrac{B}{\eta_f \eta_{tb}}} \tag{8.10}$$

式中，B 为发动机的涵道比；η_f 和 η_{tb} 分别为发动机的风扇和涡轮效率。从中可以看出，发动机的传输效率主要取决于风扇和涡轮效率的高低。

8.1.3.3 推进效率

在热效率和传输效率等于 1 的理想情况下，推进效率可以表示为

$$\eta_p = \frac{2}{1+\dfrac{V_j}{V_0}} \tag{8.11}$$

参考式(8.1)，可以得到：

$$\eta_p = \frac{2V_0}{\dfrac{T}{m} + 2V_0} \tag{8.12}$$

可以看出，发动机的推进效率与飞行速度和比推力有关。比推力越小，发动机的推进效率越高。但是，当总压比和涡轮入口温度相同时，为满足相同的推力需求，较低的比推力意味着更大直径的风扇，发动机的涵道比提高。尽管发动机的重量会增加，但涵道比增加带来的油耗率的提高还是有利的。单独对比涵道比不能进行发动机效率高低的对比，需要进行比推力的对比。表 8.1 中两种型号的发动机，涵道比不同，但推进效率相当。各种不同类型发动机的推进效率如图 8.8 所示。

表 8.1　不同涵道比发动机的对比

发动机类型	Tay 650	Trent 772
涵道比	3.06	4.89
压力比	16.20	36.84
推力/lb	15 100	71 100
空气流量/(lb/s)	418	1 978
比推力	36.12	35.94

注：1 lb=0.45 kg。

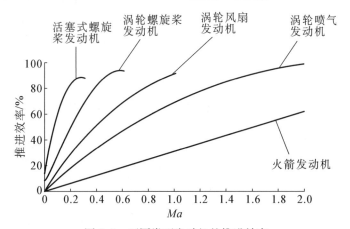

图 8.8　不同类型发动机的推进效率

8.1.4　发动机性能

在飞机的总体设计中,需要了解发动机特性随速度、高度和发动机工作状态变化的规律。当缺乏详细的发动机数据时,基于相近发动机数据的拟合曲线可以用来完成飞机最初的设计综合工作。本节从发动机推力和燃油消耗率两个方面给出涡轮风扇发动机的典型数据,作为初步设计的参考。

8.1.4.1　发动机推力特性

发动机的最大可用推力一般取决于飞行速度、飞行高度和发动机工作状态等几个方面:

(1) 飞行速度,发动机推力数据通常按照马赫数的取值分为三个速度范围:低亚声速($Ma < 0.4$),高亚声速(Ma 在 $0.4 \sim 0.9$ 之间)、跨声速及超声速($Ma > 0.9$)。

(2) 飞行高度,发动机推力一般与密度比(与海平面空气密度的比值)的一定次幂成正比。

(3) 发动机工作状态,主要考虑发动机是否采用喷水等措施,以及偏离设计点时对推力的影响。

一般采用与海平面发动机静态推力的比值来表示推力的变化规律。静态推力采用的是海平面静止状态及假设没有损失的条件下的值。在给定状态下,发动机的推力为

$$T = \tau T_0 \tag{8.13}$$

式中,T_0 为发动机的海平面额定静止推力(不使用喷水时);τ 为考虑速度、高度以及发动机工作状态的影响因子,该影响因子的计算可以参考式(8.14)和式(8.15):

当 $0 < Ma \leqslant 0.9$ 时,

$$\tau = [K_{1\tau} + K_{2\tau}B + (K_{3\tau} + K_{4\tau}B)Ma]\sigma^s \tag{8.14}$$

当 $Ma > 0.9$ 时,

$$\tau = [K_{1\tau} + K_{2\tau}B + (K_{3\tau} + K_{4\tau}B)(Ma - 0.9)]\sigma^s \tag{8.15}$$

式中,s 为反映飞行高度影响的系数;B 为涵道比;$K_{1\tau}$、$K_{2\tau}$、$K_{3\tau}$ 和 $K_{4\tau}$ 为系数,对于给定发动机,可以认为在一定的飞行速度和发动机使用条件下是常值。不同涵道比涡轮风扇发动机的推力系数如表 8.2 所示,需要指出的是,表中系数 s 适用范围一般在 11 km 以下;高于 11 km,以 11 km 的数值为基准,s 取 1。

表 8.2　不同涵道比涡轮风扇发动机的推力参数

涵道比	Ma 范围	使用条件	$K_{1\tau}$	$K_{2\tau}$	$K_{3\tau}$	$K_{4\tau}$	s
$\leqslant 1$	$0 \sim 0.4$	干	1.0	0	-0.2	0.07	0.8
		湿	1.32	0.062	-0.13	-0.27	0.8
	$0.4 \sim 0.9$	干	0.856	0.062	0.16	-0.23	0.8

（续表）

涵道比	Ma 范围	使用条件	K_{1r}	K_{2r}	K_{3r}	K_{4r}	s
		湿	1.17	−0.12	0.25	−0.17	0.8
	0.9~2.2	干	1.0	−0.145	0.5	−0.05	0.8
		湿	1.4	0.03	0.8	0.4	0.8
3~6	0~0.4	干	1.0	0	−0.6	−0.04	0.7
	0.4~0.9	干	0.88	−0.016	−0.3	0	0.7
8	0~0.4	干	1	0	−0.595	−0.03	0.7
	0.4~0.9	干	0.89	−0.014	−0.3	0.005	0.7

8.1.4.2 发动机耗油特性

对涡轮风扇发动机来说，与耗油特性 SFC 密切相关的参数是发动机的涵道比，飞行高度与发动机工作状态也有一定的影响。对民用飞机上使用的不带加力燃烧室的涡轮风扇发动机来说，可以使用式(8.16)来估算：

$$SFC = c(1 - 0.15B^{0.65})[1 + 0.28(1 + 0.063B^2)Ma]\sigma^{0.08} \tag{8.16}$$

式中，c 为修正系数；B 为发动机的涵道比；σ 为密度比。修正系数 c 的取值应该参考已知发动机的数据，通过计算得到。例如，对于一台涵道比为 5，在马赫数为 0.8 和高度为 11 km 时的燃油消耗率为 0.56 N/(N·h) 的发动机，可以根据式(8.16)估算得到 $c = 0.684$ N/(N·h)。当缺乏发动机数据时，可以采用下面的估算值。

（1）超声速飞机，$B \leqslant 1.0$，c 取 0.95 N/(N·h)［或 27 mg/(N·s)］。

（2）亚声速低涵道比涡轮风扇发动机，c 取 0.85 N/(N·h)［或 24 mg/(N·s)］。

（3）亚声速高涵道比涡轮风扇发动机，c 取 0.70 N/(N·h)［或 20 mg/(N·s)］。

8.1.5 影响推力的因素

如 8.1.1.1 节中介绍的，推力和质量流量与速度变化直接相关，喷气发动机工作时出现的各种各样的变化对质量流量和速度的综合影响会影响发动机的推力输出，本节讨论影响发动机推力的主要因素。

8.1.5.1 压力的影响

喷气发动机中压力的变化将引起发动机输出推力的变化，不管这些变化是由于低气压或高度引起的低进气压力，还是由于冲压引起的进气道压力增加。这些压力变化将引起发动机中空气密度的变化，进而引起空气流量和速度的变化。

由于空气流量是单位时间内流过的空气质量，并且在恒定转速下压气机的排气容积流量保持不变，因此空气密度的任何变化都将改变空气质量流量，进而改变推力。

8.1.5.2 空速的影响

理论上,随着飞机空速的增加,发动机的最大或额定推力输出会由于发动机进气冲压阻力的增加而减小。事实上,在实际飞行条件下,这只对了一半,因为在进气道系统中,冲压作用会使进气道的空气密度增加。如果暂时忽略冲压影响,则推力随空速的理论减小量可以从推力产生的基本原理来分析。

由式(8.2)可以看出,在喷流速度 V_j 没有明显变化的情况下,随着飞机飞行速度 V_0 的增加,$V_j - V_0$ 项减少,因此推力输出减小。图8.9中的虚线图解表示了随着飞行速度的增加,推力在理论上的减小量。

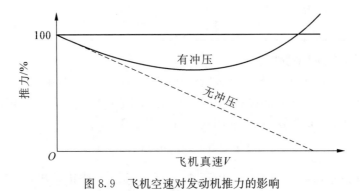

图8.9　飞机空速对发动机推力的影响

还应当注意推力输出趋于零的情况,这种情况出现在 $V_j = V_0$ 的那一点处。实际上由于飞机向前的运动,使得空气在压缩机前的截面上被压缩,这样便改变了性能。压力升高超过外界大气压力,称之为冲压。

图8.9中的实线代表更接近于实际飞行经历的情况,因为任何冲压作用都将引起压缩机进口压力增加到超过大气压力,由此而造成的压力升高将使空气流量和喷流速度 V_j 增加,这两者都将使推力增加。

应该注意到,有冲压时的可用推力输出随着飞行速度的增加先下降,但在较高的速度下又开始增加,这主要是由冲压压力的恢复随着飞机速度和高度而变化所引起的,如图8.10所示。

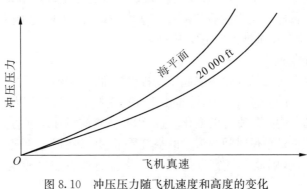

图8.10　冲压压力随飞机速度和高度的变化

注:1 ft=0.304 8 m。

　　在低速下,没有建立足够的冲压压力以完全补偿随飞行速度的增加,发动机失去推力的自然倾向,但是随飞行速度增加到中等范围,通常大约为 450 mile/h(取决于飞机进气道),冲压压力增加到已至完全补偿发动机的推力损失这一点,且净推力输出停止减小。在高速下,冲压压力足够大到补偿发动机失去推力的倾向,由此使得净推力增加,在现代飞机中,由于飞行速度的限制,恢复到 100% 的推力是不可能的。

8.1.5.3　温度的影响

　　燃气涡轮发动机已被证明对空气温度的变化非常敏感。在冷天或热天工作时,它的输出推力与其规定的额定值相比,变化可分别达到 ±20%。因此,所有发动机规定的额定推力性能都必须在规定的温度下确定,这样所有发动机都可以在相同的基础上进行性能评定,采用标准温度为 59.0℉。

　　当空气温度比标准温度低时,输出推力增加;相反,当空气温度比标准温度高时,推力减小。图 8.11 为典型的推力随进气温度的变化。

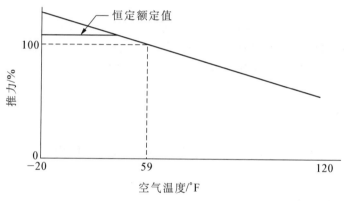

图 8.11　推力随进气温度的变化

　　按照前文对发动机原理的讨论,可以很好地解释推力随空气温度变化的原因。空气温度降低,空气密度会增加,这意味着每单位容积的空气会更重。因为在恒定转速下,发动机的容积流量保持为常数,单位容积质量的增加会造成更大的空气流量,因而产生更大的推力。当温度高于标准值时,变化相反。

　　对某些发动机,在相应的环境密度超过规定值的低温下,推力受到限制,这样的发动机称为"恒定额定值"发动机。这种推力限制是内部压力限制所必需的,以确保发动机薄壁结构的完整性。在固定的转速下,入口空气密度越高,压气机后的内部压力值也越高,许多发动机在 100% 起飞推力时为恒定额定值。

8.1.5.4　高度的影响

　　按等转速规律调节的喷气发动机,输出推力将随着高度的增加而减小,如图 8.12 所示。在这两种发动机中,大气压力的逐渐减小使空气流量减小,因而输出推力减小。但是,图 8.12 表明喷气发动机输出推力的减小不像活塞发动机那么快,原因在于喷气发动机对空气温度随高度增加而减小的反应比较有利,通过改善循环效率,推力的下降率趋于减缓。

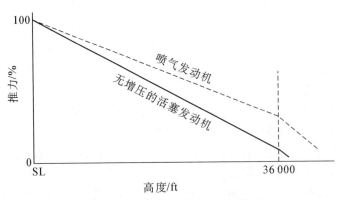

图 8.12   高度对发动机推力的影响

注:1 ft=0.304 8 m。

注意到图 8.12 中,在大约 36 000 ft 高度上,这两种形式发动机的下降率都有突然的变化。这是由于进入同温层引起的,在这一区域内随高度的进一步增加,大气温度保持为常数。从该高度开始,这两种发动机都体现不出温度逐渐下降本来会带来的有利作用。

在等转速下,随高度增加,温度的降低增加了压缩比,从而略微增加了喷气速度,但空气流量还是下降的。空气流量的影响比速度的影响大,结果是随高度的增加推力减小。对于多转子喷气发动机,推力的减小较少,因为气压的下降使低压转子转速升高。

8.1.5.5   转速的影响

至此,影响推力的这些因素仅仅涉及各种空气的可变物理特性及它们各自对推力输出的影响,转子转速是一个机械因素,但是它的变化产生的影响是所有对推力有影响的因素中最大的。

为完成空气质量所需要的加功量,热能输入是由燃油控制系统控制的。被加功的空气流量的变化是由发动机的转速控制的。由于推力变化是燃油流量和空气流量这两个变量的函数,因此控制燃油流量和转速成为燃油控制系统的任务。结果,为了增加推力,燃油控制系统必须在使发动机既不超湿又不超转的情况下按此比例增加燃油流量和转速。

空气质量流量和推力随转速的变化如图 8.13 所示。除压缩性的微

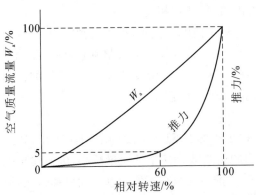

图 8.13   发动机转速对空气质量流量和推力的影响

小影响外,如同 C_L 随 α 的变化那样,空气质量流量随转速线性地变化,因为每个压气机叶片就是一个升力翼型。但是,推力受压力、温度、燃油流量以及转速的综合影响,因此推力随转速的变化是一个复杂的函数关系。

8.1.5.6 湿度的影响

湿度对喷气发动机和活塞发动机输出功率的影响是不同的。在活塞发动机中,湿度的增加使单位容积的空气质量减小。此外,在高温下增加湿度会使气体中的蒸汽压力增加。因为功率是靠测量进气支管的压力来调整的,同时汽化器按支管压力供油,所以油气比将增加,这是由于汽化器不会补偿因湿度引起的压力变化所需的燃油流量。对恒定转速下的燃烧来说,油气比偏高和可用空气流量减少会造成马力的下降。

湿度的增加也会造成喷气发动机内单位容积空气质量的减小,但它对推力减小的作用可以忽略不计(见图 8.14),因为喷气发动机在超过燃油完全燃烧所需的空气质量的情况下工作。为了给出适当的油气比,在燃烧室空气供应中任何空气质量的短缺都将由冷却空气中的空气质量所弥补,发动机将不会像在活塞发动机中那样由不适当的燃烧油气比造成热能损失而付出代价,因此,其输出功率不会减小很多。

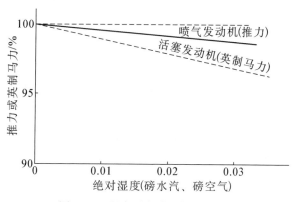

图 8.14 湿度对发动机推力的影响

8.1.5.7 喷水的影响

有时候也希望可以短时间内提高燃气涡轮发动机的输出功率,使其超过 100% 额定值,在多发动机飞机上普遍使用的一种增加推力的方法就是喷水。在涡轮发动机中喷水的原理不同于活塞发动机。对于后者,水和酒精被喷入汽缸来抑制在高的平均有效制动压力下工作时的爆振;而喷入涡轮发动机中的水用来增加质量流量或排气速度,因而增加了推力。

向涡轮发动机内喷水有三种常用方法。第一种方法是喷到压气机进口,第二种方法是喷到燃烧段正前方的扩散段中,而第三种方法是直接喷到燃烧室里的燃烧区。

喷入压气机入口的水在流过发动机时蒸发,从空气流中吸收热量,因为空气的密度较大,所以压气机抽吸更多的空气质量。由于对一给定的油门杆位置,为了保持给定的燃烧室温度,燃油调节器将维持合适的油气平衡,因此发动机内的工作温度和压力与发动机在较冷天气中运转时应有的值相似。

发动机燃烧段前喷水原理不同,水的蒸发从空气流中吸取了大量的热量并降低了温度,因此可以增加燃油流量来使涡轮入口温度提高到额定值,额外增加的热量通过增加喷气速度使推力增加。水的质量和额外的燃油量产生了附加的推力,但其量值与总推力输出相比是很小的。

直接喷入燃烧室中的水通常与一种可燃烧料混合在一起。一种典型的冷却剂由 40%的甲醇和 60%的水组成。这种流体的蒸发降低了温度,而甲醇的燃烧又使其温度增加,额外增加的燃料能量提高了转速和喷气速度并增加了推力输出。喷入燃料-水混合液可以使发动机所需的燃油控制系统比喷纯水工作时简单得多。图 8.15 表示了不同温度下喷水对推力的典型影响。

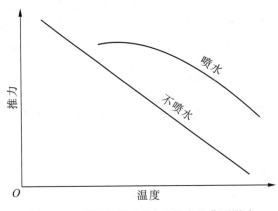

图 8.15   不同温度下喷水对推力的典型影响

8.2   发动机安装

发动机的安装形式是飞机总体布局中的重要内容。确定发动机安装形式需要考虑发动机的类型、其对气动力的影响和结构设计的要求等方面的因素。不同的飞机布局形式在第 3 章中给予了详细的讨论,典型的布局形式包括翼吊和尾吊两种,尽管两种布局形式都存在特定的因素需要考虑,但有一些因素是具有共性的。对于高涵道比涡轮风扇发动机,通常需要考虑的问题包括:

(1)发动机进气道风扇入口流场应满足飞行包线各种状态的发动机对进气道流场的要求。

(2)发动机短舱的气动阻力和干扰阻力小。

(3)反推力装置设计的考虑。

(4)有效的降噪措施,满足对发动机噪声水平的要求。

(5)防火保障等安全系统的考虑。

（6）发动机维护的要求。

发动机短舱与挂架的设计需要充分考虑上述因素，在初步设计阶段，往往参考类似机型的统计数据，完成短舱与挂架的设计。目前，计算流体力学在短舱、挂架设计以及与翼身组合体的一体化设计中发挥着重要作用。图 8.16 给出了翼吊发动机的典型安装位置。

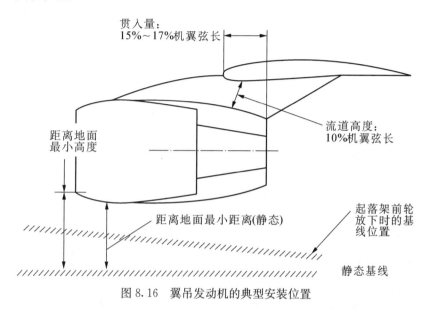

图 8.16　翼吊发动机的典型安装位置

8.3　防火保障系统

飞机上针对发动机的防火保障系统，除了燃油系统中的防火安全措施外，在发动机舱内还需要设有失火预警以及灭火系统。该系统包括失火预警设备和机载灭火设备。机载灭火设备包括带有薄膜型接头的气瓶，瓶内装有灭火剂，围绕发动机布置有若干管路。灭火剂在高压作用下，由通常布置在发动机前后部的气瓶流入喷嘴，再经过喷嘴装置上的若干小孔喷向发动机，达到灭火的目的。

8.4　发动机噪声与排放

现代飞机的噪声与排放已经作为非常严格的指标引入民用飞机和发动机的设计过程，成为飞机适航审定的重要内容。排放主要与发动机有关，而飞机的噪声包含飞机机体产生的噪声和发动机噪声两个部分。在起飞时，发动机处于最大推力状态，其噪声是飞机噪声的主要来源之一；在着陆时，飞机机体的噪声成为主要的噪声来源。

降低发动机噪声的技术研究已经取得了明显的进步，其中最主要的设计因素在于发动机涵道比的不断提高。不同涵道比发动机的噪声水平如图 8.17 所示。声场能量与喷气速度的 8 次方成正比，将外涵道的低速气流与尾喷口的高速气流混合，可以有效降低喷气的速度，进而降低喷口气流产生的噪声。这是高涵道比发动机噪声水平降低的主要原因。但是这样一来,风扇噪声的影响就变得突出了。图8.18给出了喷口噪声与风扇噪声的对比。

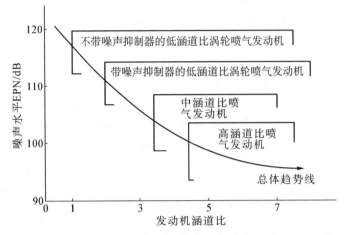

图8.17 不同涵道比发动机的噪声水平

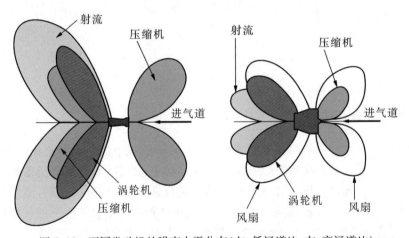

图8.18 不同发动机的噪声水平分布(左:低涵道比;右:高涵道比)

降低风扇噪声的主要方法是在进气道采用声衬(acoustic liner)的方法实现声场能量的不断衰减,也可以通过短舱外形的优化设计来降低噪声水平。

思考题

1. 简述航空发动机的主要类型和在不同巡航速度的飞机上的应用举例。
2. 简述涡扇发动机涵道比、总压比、涡轮前温度对发动机燃油效率的影响。
3. 简述发动机在民用飞机上的主要安装形式及主要考虑的约束条件。
4. 简述发动机对飞机环保性影响的主要体现。
5. 简述采用混电推进方案的几种可能的架构及其优缺点的分析。

9　主要系统

在飞机总体设计中,除了需要考虑气动、结构、动力、操稳以外,还需要对相关的系统做出选择,其中包括起落架系统、航电系统、操纵与控制系统、液压系统、燃油系统、电源系统、环控与救生系统以及客舱娱乐系统等。这些系统的选择对飞机提高安全性,改善可靠性和可维护性,增加舒适性等具有重要的作用。尽管许多分系统的设计和供货都由专业的承包商完成,系统的选择,包括主要技术指标的确定仍是飞机总体设计过程中的重要内容。

本章主要介绍以下几个主要的飞机系统,包括起落架、航电、操纵与控制、燃油、液压、电源、环控与救生以及客舱娱乐系统等内容。

9.1　起落架系统

本节内容主要包括起落架设计的基本要求、起落架的布局形式、起落架设计的主要参数、设计参数的选择原则、轮胎的选择以及减震形式和回收方式的选择。

起落架系统主要有前、主起落架系统和收放机构系统,包括起落架舱舱门。前、主起落架系统各自包括主体结构、机轮、轮胎、减震系统和刹车系统。

9.1.1　起落架设计要求

起落架系统的主要设计要求是飞机在地面停放、滑行、起飞和着陆阶段能够支撑飞机重量及相关动态载荷,同时能够满足在各种不同重心位置时飞机的稳定性和操纵性要求。

飞机在地面停放、起飞着陆滑跑及离地和接地时,起落架要能够维持飞机的平衡状态,尤其在侧风着陆、最大刹车和高速滑行时,不能发生不稳定现象。在设计过程中还需要考虑飞机最大起飞重量和重心的变化范围。

此外,起落架的设计应该考虑使用机场跑道的承载能力,来选择合适的起落架机轮的数目及轮胎的尺寸和轮胎压力。同时起落架收放机构应该考虑为飞机机身和机翼留有足够的几何空间,收放形式的设计应保证收放轨迹与起落架舱舱门开关的协调性。

9.1.2　起落架布局

　　飞机起落架设计的演化与飞机技术的发展水平相关,主要取决于飞机的起飞着陆速度、重量,同时还受到结构承载能力、减震等设计因素的影响。主要的起落架布局形式包括后三点式、前三点式、自行车式、四轮式、小车式、单轮式等,如图9.1所示。其中,后三点式是在20世纪40年代前主要采用的起落架形式,当时的飞机起飞和着陆速度比较低。后三点式起落架适用的速度一般小于120 km/h。前三点式起落架适用的速度范围一般是240~280 km/h。前三点式是目前军民飞机采用的主要形式,也是本节讨论的重点内容。

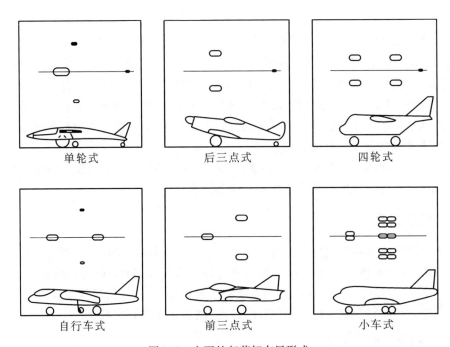

单轮式　　　　　　　　后三点式　　　　　　　　四轮式

自行车式　　　　　　　前三点式　　　　　　　　小车式

图9.1　主要的起落架布局形式

9.1.3　主要设计参数及确定方法

　　起落机设计中需要决定的主要几何参数包括停机角、防倒立角、防侧翻角、主轮距、起落架高度等。停机角是飞机停机时飞机轴线与跑道平面的夹角;防倒立角 γ 是重心与主起落架连线偏离垂直方向的夹角,一般取倒立角加 1°~2°和 15°两者之间的较大值。防侧翻角、起落架高度受到起落架收放位置的约束,同时需要保证足够的离地空间。图9.2给出了防倒立角的示意图,主轮距为左右主起落架之间的距离。

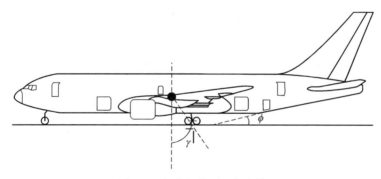

图 9.2　起落架主要几何参数

9.1.4　轮胎的选择

主起落架轮胎承受大约 90％的飞机重量；前起落架承受大约 10％的飞机重量，但是承受更大的动载荷。轮胎载荷的估算可以参考图 9.3 完成，其中主起落架轮胎最大载荷可以通过 $W\dfrac{N_{\mathrm{a}}}{B}$ 计算得出；前起落架轮胎的最大和最小载荷分别由 $W\dfrac{L_{\mathrm{f}}}{B}$ 和 $W\dfrac{L_{\mathrm{a}}}{B}$ 计算得出；前起落架刹车动载荷由 $\dfrac{10HW}{gB}$ 得出。

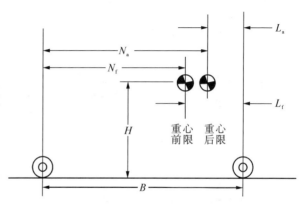

图 9.3　起落架轮胎载荷分配

从统计来看，各种不同飞机的主起落架轮胎几何尺寸（包括直径和宽度）可以由式（9.1）估算：

$$D(W) = AW_{\mathrm{w}} \tag{9.1}$$

式中，系数 A 和 B 的取值如表 9.1 所示；W_{w} 为单个机轮承受的载荷，单位为磅力（lbf）。

表 **9.1**　飞机主起落架轮胎几何尺寸的统计关系式系数典型值

	直径		宽度	
	A	B	A	B
通用航空	1.51	0.349	0.715 0	0.312
双发商务飞机	2.69	0.251	1.170	0.216
运输机	1.63	0.315	0.104 3	0.480
喷气战斗机/教练机	1.59	0.302	0.098	0.467

前起落架轮胎尺寸可以按主起落架的 $60\%\sim100\%$ 来估算。需要指出的是,由于起落架轮胎生产厂家出产的轮胎都按一定规格设计制造,因此,实际选取的轮胎尺寸一般是从生产商产品目录中选取的大于需求的最小规格。

9.1.5 减震设计和收放方式

起落架减震设计对降低冲击载荷的影响,提高民机的舒适性具有重要作用。起落架轮胎对冲击载荷的承受和减震能力是有限的,除了早期速度较低的飞机可以只依赖轮胎的缓冲作用实现减震外,一般飞机都需要某种减震设计来降低冲击载荷的影响。常用的起落架减震设计形式如图 9.4 所示。

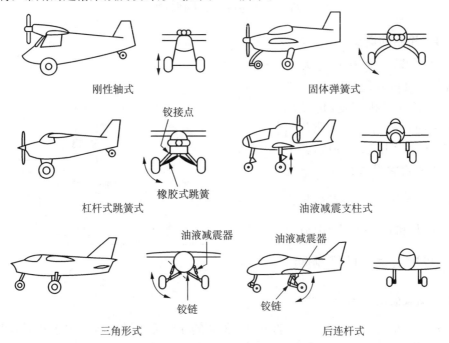

图 9.4　常用的起落架减震设计形式

类似地,随着飞机速度的提高,可收放式起落架成为大多数飞机起落架的设计形式,起落架的布置位置以及收放形式对空间的需求成为在结构和气动设计中需要考虑的问题。图 9.5 和 9.6 给出了空客双层客机 A380 的主起落架布置和收放形式。

图 9.5　A380 主起落架布置

图 9.6　A380 主起落架收放形式

9.1.6 跑道要求

在起落架的设计中,还需要考虑机场跑道道面强度的适应能力。目前,国际民航组织(ICAO)采纳 ACN/PCN(ACN 为飞机等级序号;PCN 为道面等级序号)系统来描述机场跑道的承载能力,PCN 反映跑道的相对强度,而 ACN 反映飞机对跑道的要求。PCN 标识中的数字表示允许的最大飞机重量。在 ACN 的计算中,考虑飞机重心位置、轮胎尺寸和压力,以及跑道上相邻飞机前后之间的距离。按 ICAO 的要求,计算 ACN 时使用对应飞机最大滑行重量的重心后限位置。如果飞机的 ACN 小于 PCN,则意味着飞机不需要任何减重措施就可以在该跑道上使用。否则,飞机的使用会受到一定的限制。

9.1.7 起落架设计的发展

现代起落架设计中,包含越来越多的载荷监测、自适应控制等技术手段,进一步提高了可靠性。同时由于起落架成为飞机起飞着陆时噪声的主要来源之一,因此如何减少噪声也成为飞机起落架设计中的重要内容。提高起落架系统的可维护性,是改善使用经济性的重要途径,措施包括使用新材料和先进设计方法等。

9.2 航电系统

航电系统包括雷达、导航与通信、控制、显示、传感器以及人机界面等主要元素。在总体方案设计阶段需要考虑的航电系统设计主要有功能需求、易用性和技术可靠性,目标在于提高系统的使用效率,降低发生差错的概率。

下面以导航系统和通信系统为例进行介绍。导航系统包含的主要部件如下:

(1) 气象雷达,用于提供航路上或前方空域的降水情况,预测其可能的发展,以采取措施躲避极端的气象条件。

(2) 无线电高度表,用于测量飞机距地表的真实高度,输出所测高度值、高度变化率以及高度安全报警信号。

(3) 飞行管理系统(flight management system,FMS),是现代航电系统的核心,用于存储飞行计划。FMS 利用从各种传感器得到的信息计算飞机当前的位置和状态,并引导飞机按照飞行计划完成飞行,在飞行过程中允许飞行员对飞行计划做出修改。FMS 的核心是导航数据库,该数据库定期更新,包含构造准确的飞行计划的所有信息,涉及航路、机场、跑道、等待航线、标准仪表离场程序等信息。

(4) 信标接收机,与地面信标发射台配合,当飞机飞临信标发射台上空时,就会发出信号。

(5) 塔康(TACAN)设备,与地面台共同组成塔康极坐标定位系统,为飞行员提供全局坐标系。

(6) 仪表着陆系统(instrument landing system,ILS),ILS 是一种基于地面的仪表进近系统,用于实现精确的飞机进近和着陆,特别是在恶劣的天气条件下,提高进近与着陆环节的安全性。

(7) 全球定位系统(global positioning system，GPS)，提供飞机位置的卫星定位服务。

(8) 空中防撞系统(traffic collision avoidance system，TCAS)，用以防止飞机空中相撞事故的发生，目前已发展到第三代，能够提供上下和左右防撞功能，大中型客机都安装有这一系统。

(9) 近地警告系统(ground proximity warning system，GPWS)，是防止飞机因为离地过近而发生事故的系统，与 TCAS 共同成为保护飞行安全的两大防线。

通信系统的主要功能是提供航行过程中的通信保障，包括自主与无线电导航、着陆，自我标识等功能。采用的主要通信系统包括高频(2～30 MHz)和甚高频(118～136 MHz)、机舱广播、音频信号和录音等。

故障与警告系统在出现潜在危险的情况下为飞行员提供预警信息，以便飞行员或机载计算机能够采取恰当的措施，避免事故发生。

飞行管理系统计算机得到的与飞机速度、高度、各系统状态有关的信息是由安装在飞机上的各种传感器提供的。显示系统的主要功能是将各种状态信息、警告等反馈给飞行员，主要的子系统包括：

(1) 电子飞行仪表系统(electronic flight instrument system，EFIS)，一般由阴极射线管(CRT)或液晶显示器(LCD)组成。

(2) 状态操纵面板(mode control panel，MCP)，飞行员通过该面板来选择由自动驾驶仪控制的飞行参数。

(3) 显示控制单元(control display unit，CDU)，用于选择显示的信息。

(4) 发动机信息预警系统(engine information and crew alerting system，EICAS)，这是波音飞机上采用的系统，空客飞机上的类似系统为飞机电子中央监控(electronic centralized aircraft monitor，ECAM)。

航电系统越来越向模块化、综合化、定制化和智能化的方向发展，特别强调冗余设计和可靠性设计，以及与空中交通管理系统的信息接口。航电系统的发展朝着进一步提高飞行安全，降低飞行员工作负荷，提高效率的方向发展。一些显著的技术进步体现在合成视景系统、增强视景系统以及地面引导系统等方面。合成视景系统提供一个人工生成的飞行环境系统，将各种状态信息和航路以三维图示的方式提供给飞行员。而增强视景系统则是将各种传感器提供的数据综合成为周围环境的显示。地面引导系统则是利用三维视景技术将机场的实时状态，包括其他飞机的位置和自身的位置、速度等显示给飞行员。这些显示技术大大提高了飞行员了解周围环境、做出正确判断的概率，进而提高了飞行安全。

9.3　操纵与控制系统

飞机操纵与控制系统的主要功能是实现飞机姿态的控制与改变，包括起飞着陆时的姿态控制、巡航状态的配平、航向控制等。飞机操纵与控制系统应该满足重量轻、结构简单、可靠性高、维修简单等要求。

9.3.1　系统构成

　　飞机的操纵面主要包括副翼、升降舵、方向舵、水平安定面、扰流板以及前后缘增升装置。这些操纵面构成 7 个系统：

　　（1）副翼操纵，用于控制飞机的滚转姿态。

　　（2）升降舵操纵，用于控制飞机的俯仰姿态。

　　（3）方向舵操纵，用于控制飞机的航向。

　　（4）水平安定面配平，用于飞机的纵向配平。

　　（5）扰流板操纵，用于空中减速，飞机滚转辅助控制等。

　　（6）前缘缝翼操纵，用于增加飞机起飞和着陆时的升力。

　　（7）后缘襟翼操纵，用于增加飞机起飞时的升力和着陆时的升阻比。

　　早期的飞机操纵与控制系统采用的是机械式操纵系统，通过拉杆或钢索将操纵杆与舵面进行直接机械连接。飞行员能够通过杆力和位移直接感受到舵面气动力的变化。但是，由于飞机飞行速度提高导致杆力过大时，直接机械连接会带来操纵困难，所以逐渐在驾驶杆与舵面的机械连接之间加入液压助力器。最早出现的液压助力器是不可逆的，其适用的飞行马赫数和高度范围有限，飞机焦点位置移动产生的低头现象会导致杆力与杆位移反向。不可逆助力器的出现将飞行员的感受与作用在舵面上的操作力隔离，完全依赖液压助力器来实现，而飞行员感受的杆力与位移是通过载荷感觉器实现的。随着飞机飞行速度的进一步提高，在高空高速飞行时阻尼变小，有必要引入阻尼器来改善飞机的操纵特性。

　　以传统机械式为主的操纵系统无法满足对飞机操纵性、安全性以及客机舒适性的要求，而且，机械式系统与所需的液压系统在重量方面也没有优势，通常还需要安装备份系统以应对主系统失效的情况。同时，计算机技术的发展使得采用计算机控制的电子飞控系统成为可能，即电传操纵系统。电传操纵系统具有重量轻、可靠性高等优点，能够更好地应对诸如失速、尾旋、飞行员诱发振荡等危险情况。

9.3.2　电传操纵系统

　　电传操纵系统把飞行员的操纵指令变换为电信号以操纵飞机，通过以计算机为核心的自动控制系统实现飞机的主动控制。使用电传操纵系统可以实现飞行边界限制、自动驾驶、机动载荷控制等功能。

　　飞行员通过不同形式的控制手柄来操纵飞机，波音倾向于使用传统中央驾驶杆（yoke）形式以获得更明显的视觉效果，包括 A380 在内的空客飞机则选用侧杆（sidestick）形式。电传操纵系统在对机动性要求高的歼击机等军机上体现出更多的优势，原因在于其能够提供更快速有效的响应和更精确的控制。1984 年，空客在 A320 客机上使用电传操纵系统，这是电传操纵系统在民航客机上的首次使用。

　　电传操纵系统是从早期的模拟式系统演变为目前的数字式系统的。为了避免电传操纵系统失效带来的严重后果，一般采用多余度设计，原因在于单套电传操纵

系统的失效率仅为 10^{-3} 次/h。在多余度设计中,一个操纵面通常连接多套电缆,一个控制通路采用多台控制计算机,需要对余度结构和多余度的管理进行详细设计。适航部门对包括电传操纵系统在内的航空软件制定了管理规范,任何对飞行安全有关键影响的模块和软件都需要符合 RTCA/DO-178B 的规定。

在电传操纵系统的基础上实现的主动控制系统在很大程度上影响了设计师在飞机稳定性和操纵性方面的设计理念的发展,能够实现放宽静安定性和直接力控制设计,进而提高结构设计的效率。需要指出,在电传操纵系统的设计和使用理念上,也存在区别。例如,空客飞机的电传操纵系统对飞行包线的保护始终约束着飞行员的操纵;而波音飞机的飞行员在紧急状态下可以超越电传操纵系统的包线保护功能。电传操纵系统的优点之一还在于其与其他系统进行耦合的方便性,尤其是与发动机全权限数字电子控制(full authority digital engine control,FADEC)相结合可以进一步提高飞机安全性和经济性,电传操纵系统可以自动调节发动机的工作状态,以适应不同的飞行状态。此外,A330/340 飞机可以根据飞行状态自动调整不同油箱中的燃油,来调整飞机的重心,以保持飞机有最小的配平阻力,提高燃油消耗指标。

电传操纵系统的主要发展趋势表现在几个方面:一是以光纤取代电缆实现光传操纵系统来解决电气隔离和电磁干扰等问题;二是采用电动静液电机可以实现全电传操纵;三是发展智能飞行控制系统。

9.4　燃油系统

燃油系统的功用是储存飞机所用的燃油,并保证在飞机战术技术要求规定的所有飞机状态和工作条件下,向发动机连续、可靠地供油。此外,还有利用燃油资源冷却其他辅助设备的功能。

一般燃油系统总重量(无燃油)占飞机总重量的 2% 左右,由以下分系统组成:

(1) 燃油箱分系统。

(2) 供油和输油分系统。

(3) 通气增压分系统。

(4) 地面加油(重力加油和压力加油)和放油分系统。

(5) 空中加油和应急放油分系统。

(6) 惰性气体及抑爆分系统。

(7) 油量测量分系统。

(8) 散热器燃油的输送及回油分系统。

(9) 燃油消耗自动控制系统。

9.4.1　燃油箱分系统

燃油箱通常有三种类型,不同的飞机可有不同的选择,包括整体油箱(机翼或机身油箱),软、硬结构油箱和独立油箱(机翼或机身副油箱)。

(1) 在所有装载情况和飞行高度、速度下,油箱的布置和输油顺序均应满足从满油到耗尽、整个过程飞机重心变化的要求。

（2）每个燃油箱在飞机正常停机姿态下，均应有一个膨胀空间，一般不小于油箱总容量的 3%；对舰载飞机则应不小于 4%。

（3）每个油箱均应有一个集液槽和排放沉淀装置，以便排放沉淀物和水分。

9.4.2　供油和输油分系统

供油和输油分系统由油泵、管路、控制阀、传感器等组成。常用的油泵有离心式叶片泵（直流电动泵、交流电动泵、液动涡轮泵、液压马达泵）和喷射泵。供输油泵的压力流量特性是根据油泵的位置、供输油管路特性、惯性阻力和燃油的蒸汽压来确定的，以满足发动机所需的燃油流量和压力或输油流量要求。

油泵的功率根据供输油的流量和压力及泵的功率，经计算确定。供输油管路布置完成后，根据几何特性，进行阻力特性计算，在满足供输油需要的流量和压力条件下，确定其几何尺寸，控制管路流速，一般管路流速为 $3\sim5\,m/s$。

（1）应保证在地面和各种飞行条件下，不间断、有效地向发动机供油。

（2）在超声速飞机的长距离超声速飞行中，燃油还可以用来冷却无线电电子装置。

（3）单发动机飞机的供油系统除应提供用于冷却和燃油驱动的附件所需流量外，还应提供发动机大燃烧油耗率的流量。单发动机或多发动机飞机的供油系统应提供交叉供油所需要的最大流量。

（4）燃油系统在丧失动力（泵或增压动力）的情况下，要考虑抽吸供油能力。

（5）为保证飞机安全返航，燃油箱应有油面警告装置；低油面警告的余油应能保证在最佳巡航状态下飞行 20 min 及一次正常下滑着陆和一次复飞所需的油量。

（6）油箱（副油箱和机内储油箱）输给供油箱的输油流量应等于或大于发动机的耗油量。

（7）应具有零和负过载下的供油能力；战斗机在全油门状态下保持负过载的飞行时间要求一般为 $3\sim10\,s$，在油门状态下则为 $15\sim30\,s$。

（8）发动机燃油进口的流量和压力决定发动机的性能，在供油管路上应设低压力警告。

9.4.3　通气增压分系统

通气增压分系统由调压装置和管路组成。

（1）通气管路的设计与布置应考虑发动机的耗油量、输油箱的输油量、加油时的加油量、飞行过程中高度和速度变化、空气进入油箱的最大流量、输油系统及加油系统失效后的排油能力等诸多因素；通气系统的布置应防止各组油箱互相串通。

（2）应为增压系统设置一个独立的主泄压装置和副泄压装置，以防止油箱超压而被破坏。

9.4.4　地面加油和放油分系统

地面加油和放油分系统由加油口、控制阀、通气阀、信号器和管路组成。

（1）机上重力加油口的位置应根据油箱的连通情况合理选择。

（2）地面压力加油的压力取决于加油车的性能，通常加油压力为 0.343 MPa±0.034 MPa。

（3）加油系统应具有向任何一个（或一组）油箱加油或不加油的能力。当有多个加油口时，应具有单点向全机加油的能力。

（4）压力加油系统应设置两套独立的可自动切断加油的加油控制装置，当一套控制装置失效时，仍能正常加油。

（5）管路及附件应有良好的搭地线。加油管路流速应不大于 9 m/s，流入油箱入口处的流速不大于 3 m/s。

（6）飞机的放油是根据飞行任务及燃油系统维护工作的需要而设计的。一般利用机上的供油泵、输油泵和地面放油设备结合进行。

9.4.5　空中加油和应急放油分系统

空中加油分系统由加油装置、控制阀、通气阀、传感器、管路等组成。应急放油分系统由放油泵、放油阀、传感器、管路等组成。

（1）为减少空中加油时间，受油机的受油流量可比加油机的加油流量大。

（2）空中加油的工作压力取决于加油机提供的压力，并考虑空中加油机压力调节失效时加油管内的最大压力。

（3）空中加油时，飞机的加油姿态与地面加油的姿态不一样，油面控制阀的位置应防止燃烧由喷气系统喷出机外。

（4）受油插头装置的位置应考虑飞行员的视线以及对进气道和发动机工作性能的影响。

（5）应急放油分系统应能在任意飞行条件下，具有启动和中止的能力；启动后保证迅速放油，把飞机重量减小到安全着陆重量。

（6）应急放油控制装置应防止无意中将油量放至小于低油面警告油量；放油时飞机的重心不应对飞机的操纵性产生任何不利影响；放出的燃油和燃油蒸气不应喷溅或进入飞机任何部位。

9.4.6　惰性气体及抑爆分系统

惰性气体及抑爆分系统由储存器、控制阀、管路及抑爆材料等组成。

（1）燃油箱充填防火、防爆的惰性气体及防爆材料（如泡沫塑料、铝箔）。

（2）氮气等惰性气体在各种飞行条件下都应保证充填后油箱或油箱舱的含氮体积浓度低于 10%。

9.4.7　油量测量分系统

油量测量分系统由传感器、控制盒、指示器、电缆等组成。

（1）所有机内和机外挂副油箱的燃油均应进行测量。

（2）在油量指示器上应显示总燃油量和供油箱的燃油量。

（3）油量测量系统所指示的油量误差随飞机飞行姿态的变化应尽可能小。

9.4.8　散热器燃油的输送及回油分系统

散热器燃油的输送及回油分系统由油泵、散热器、回油阀和管路等组成。对散热器系统的基本要求如下：

（1）应满足散热器工作中散热量的要求。

（2）用燃油散热应保证发动机燃油入口温度及燃油箱的温度要求。

9.4.9　燃油消耗自动控制系统

燃油消耗自动控制系统用来保证当机上燃油消耗时飞机的重心保持在给定的范围内。燃油消耗自动控制系统通常包括供油箱和各油箱中的燃油消耗监控部件。这些部件随着油箱中燃油按指定程序消耗，适时开启油泵或一组相应油箱的压力控制的管路，该油箱中的燃油在来自油泵或压气机的压力作用下输送给供油箱，再进入发动机。

9.5　液压系统

飞机液压系统用于为飞机上由液压驱动的活动部位提供液压动力，应具有比功率（功率重量比）大、响应速度快、易于控制等优点。液压系统用于飞机起落架系统、增升装置、舱门等的操纵。飞机上一般布置相互独立的、能够连续工作的左右两套系统，其管路布置也需要相互隔离，以提高总体系统的可靠性和飞机的安全性。左右两套系统能够同时向各主要操纵面、前起落架转向、主起落架刹车等供压。

液压系统主要由两大部分组成。供压部分包括主油泵、应急油泵和蓄能器等，主油泵安装在飞机发动机的传动机匣上，由发动机带动；蓄能器用于保持整个系统工作平稳。安装在各分系统上的控制和执行部分，包括压力阀、流量阀、方向阀和伺服阀等控制部分，以及作动筒、液压马达和助力器等执行部分。

液压系统的设计准则要求其能够在飞机结构允许的所有条件下正常工作，同时具有重量轻、可靠性高、易于维护等优点。首先需要依据飞机的总体要求，来确定液压系统的总体架构、功率需求等，再进一步完成系统各部件的设计以及试验验证等工作。液压系统的设计需要满足与飞机液压和气动系统相关的规范和标准。

液压系统的发展趋势主要包括发展防火抗燃的液压油，以及适配的密封材料和方式；发展全电驱动装置以及进一步提高系统的可靠性、可维护性等方面。

9.6　电源系统

飞机电源系统的功能是为飞机用电设备提供交、直流电能，满足包括飞行控制、电子设备、照明等系统的需求。主要子系统包括交流电源、直流电源、外电源、配电系统。飞机的电源系统和用电设备组成飞机电气系统，其重量大约占飞机使用空机重量的 2%～3%。飞机电源系统包括主电源、二次电源和辅助电源，主电源来源于发动机驱动的发电机;二次电源为满足特定用电设备的用电需求,将主电源电能转化为不同的规格,如直流电等;辅助电源首先用于主发动机的起动,以及满足发动机不工作时飞机的电源需求。

电源系统的主要参数选择取决于用电设备的需求,飞机上常用的几种电源包括:

(1) 115/200 V、400 Hz 三相交流电。

(2) 28 V 直流电。

(3) 28 V、400 Hz 单相交流电。

主要的电源系统类型包括低压直流电源系统,一般用于小型飞机;恒速恒频交流电源系统,这是国内外民航客机上广泛使用的一种飞机电源系统,实现方法之一是在发动机和发电机之间增加一个恒速传动装置,从而将恒定转速的输出功率传到发电机轴;变速恒频交流电源系统,是由发动机直接传动的交流发电机和变频器组成的交流电源系统,该系统具有可靠性高、维修性好、全生命周期费用低、发电效率高等优点;混合电源系统,一般由低压直流电源和变频交流电源组成,该系统综合了交流和直流电源的优点,但相关的供电系统较为复杂。

辅助动力装置(APU)为飞机提供辅助电源,用于起动主发动机以及飞机在地面上时为空调、通风等系统供电,避免了飞机在地面上时发动机处于运行状态,其电能还可用于紧急状态下使用飞控和飞机的操纵系统。在符合双发动机延程飞行标准(extended-range twin-engine operational performance standards,ETOPS)的飞机上,APU 还是确保飞行安全的重要部件,此时要求 APU 具备能够在飞行中启动的能力。

在飞机的初步设计阶段,需要结合飞机的飞行剖面,对用电设备的需求进行初步分析,得到电源负载图。在此基础上,完成主电源和辅助电源容量要求的选择,确定可以采用的电源类型和配电系统的初步设计。同时,需要与结构、燃油系统和发动机的设计进行协调,综合考虑如下基本设计准则:

(1) 电源的控制,中央配电设备应尽量布置在全机的用电负载中心所在的舱段。

(2) 合理布线,以减少电磁干扰,提高系统可靠性。

(3) 独立电源的电缆应分开铺设,以降低相互之间的干扰。

(4) 采用可靠性设计原则。

此外,电源系统的设计需要遵循各种相关的飞机电气系统设计规范。

9.7 环控与救生及其他系统

飞机的环控与救生系统是生命保障系统的重要组成部分,主要功能是提供确保机组与乘客安全性和舒适性所需的温度、湿度、防火、通风等环境。应该说客舱是环控系统的首要组成部分,此外,还包括制冷系统、温度控制系统、座舱压力控制系统和分配系统等。

在大多数喷气客机上,压缩空气是从发动机的压缩机段抽取的(bleed air),其温度和压力的典型值为 200~250℃ 和 275 kPa,一般需要冷却处理后使用。这一空气来源满足包括客舱增压、除冰等多个子系统的需求。目前一些新的飞机(如 B787)更多使用电动压缩机产生的气源,消除了对发动机效率的影响。

飞机上的救生设备用于确保在紧急情况下乘客和机组的安全,在紧急撤离过程中减少受到伤害的概率。其涉及的主要方面包括客舱、座椅、座椅安全带、应急舱门、应急滑梯、充气背心的设计,同时要求飞机具有水上短时漂浮能力,以应对在水上进行迫降的情况。

总体来说,民机设计中,环控系统与客舱系统是确保乘客安全性和提高乘坐舒适性的重要因素,设计原则应该包括正常飞行情况下有利于健康的、舒适的客舱环境;紧急情况下确保乘客安全逃生,提高生存概率。

在飞机设计过程中需要考虑的其他系统如下。

9.7.1 照明系统

飞机照明系统提供飞机各舱段的照明、机外照明和应急照明等功能。

9.7.2 水/废水系统

飞机上的水/废水系统包括饮用水系统和废水系统两部分,是民机上的重要生活设施,饮用水采用的是压力供水,废水系统采用真空排放水系统。

9.7.3 氧气系统

大多数民航客机的客舱压力保持在海拔 8 000 ft 高度的大气压力,目前发展趋势是在长程航线飞机上使用更高的客舱压力以提高乘坐舒适性。在紧急情况下,当客舱失压(压力高度达到 14 000 ft 或更高)时,需要提供氧气以避免乘客出现昏迷。氧气系统的主要功能还包括为个别旅客提供紧急医疗急救用氧。此外,一般还提供几套便携式氧气系统供机上服务员移动使用。

9.7.4 灭火系统

飞机上的灭火系统包括火警探测器和灭火系统两个部分,火警探测器一般安装于发动机舱、辅助动力装置舱、客舱及盥洗室等处;在探测到火情后,灭火系统通过输送管路,使用充压灭火器中的灭火剂进行灭火。对于盥洗室的火情,位于其上方的灭火瓶自动开启进行灭火。

9.7.5 客舱娱乐系统

航空公司对客舱娱乐系统越来越重视,该系统也成为提供差异化服务的重要组成部分。特别是随着计算机技术的发展,客航娱乐系统向着模块化、多样化、个性化的方向发展,具有从播放电影、电视、小专题、新闻到音频节目、目的地信息、三维移动地图显示、广告以及登机门信息等越来越丰富的内容。

机组人员可以通过触摸屏界面完成系统的程序设定,也可以设定为自动模式,即根据具体航线情况自动显示数字内容。目前,乘客已经可以通过座椅上提供的显示设备浏览互联网,与外界进行即时交流;也可以实现购物、浏览餐饮菜单并点餐、预订后续航程机票和酒店;还可以利用座椅上提供的接口设备浏览个人电子设备中的文档等。同时航空公司也可借此获取更多有关乘客的信息和使用习惯,与会员卡相结合,乘客可以将自己的偏好存入中央数据库,在开始航程之前进行设定,以便获得自动的个性化服务。

系统一般由客舱管理视频设备、与飞机和客舱机组人员的接口、座椅设备和座椅上方的视频显示器以及相互连接的数据总线和供电线路等组成。通过集中应用卫星通信技术、卫星和飞机系统接口技术、TV和视频、软件协议和应用程序以及无线入网协议等技术,提供综合化服务。

思考题

1. 列举民用飞机上的一些主要系统。
2. 简述起落架的主要参数及其确定方法。
3. 举例说明多电飞机对飞机总体性能的主要影响体现在哪些方面。

10 重量和平衡

在设计初期，准确估算飞机的重量是一项重要的，也是比较困难的工作，应采用多种不同的方法进行比较，反复迭代，最终得到一个比较准确的估算结果，为下一轮的细化设计提供依据。重量估算还应该同时研究减少重量的潜在技术和部件。本章主要介绍部件重量估算方法。

10.1 部件重量估算方法

重量估算的一种方法是根据经验的数据，将结构重量与其主要参数相关联，对于采用类似材料和相似结构形式的部件，这种估算方法往往能够提供比较接近的估算值。有多种常用的经验估算公式，有些直接给出重量估算的绝对值，有些给出部件重量占飞机起飞重量的百分比。在选取经验公式的时候，应特别关注公式的适用机型，以及应用的约束条件，并考虑技术进步可能带来的修正影响。

按部件来划分，飞机的最大起飞重量包括如下几个部分：

$$W_{mto} = W_w + W_b + W_{tail} + W_n + W_{uc} + W_{sc} + W_{prop} +$$
$$W_{fe} + W_{op} + W_{cr} + W_{pl} + W_{fuel} \tag{10.1}$$

式中，W_b 为飞机机身的重量；W_w 为机翼组件的重量；W_{tail} 为尾翼组件的重量；W_n 为发动机短舱的重量；W_{uc} 为起落架组件的重量；W_{sc} 为操纵面的重量；W_{prop} 为推进系统的重量；W_{fe} 为固定设备的重量；W_{op} 为运营设备的重量；W_{cr} 为空乘人员的重量；W_{pl} 为乘客及货物重量；W_{fuel} 为燃油重量。

其中后面三项的内容在第4章中有所介绍。对干线民用飞机而言，常用的按部件分类的重量估算公式分别讨论如下。

10.1.1 机身

飞机机身的重量估算是比较困难的，原因在于机身的结构相对复杂，存在舱门、舷窗等许多开口以及机翼、尾翼等连接处的结构加强部位。对于金属结构的增压客机机舱，可以采用一个简单的计算公式：

$$W_{fuel} = 0.039\alpha(l \times 2 \times D \times \sqrt{V_d})^{1.5} \tag{10.2}$$

式中,l 为机身的总长度;D 为机身直径;V_d 为飞机的最大俯冲速度。

上述公式得到的结果应该根据如下情况选取修正系数 α。对增压客舱,$\alpha=1.08$;如果发动机与机身连接,$\alpha=1.04$;如果起落架与机身连接,$\alpha=1.07$。上述估算公式反映出在几何尺寸确定后,机身重量与最大俯冲速度的平方根成正比,最大俯冲速度反映了飞机在飞行中的最大动压。对高亚声速飞机而言,最大俯冲马赫数 Ma_D 可以取值为 $Ma+0.05$,其中 Ma 为设计马赫数。

另一种估算方法是将机身重量与机身表面的面积关联起来,对于长细比大于 5 的圆柱截面机身,如果忽略舱门等开口的影响,则其表面总面积可以估算为

$$S_g = \pi D l \left(1 - \frac{2}{\dfrac{l}{D}}\right)^{1.5} \left[1 + \frac{1}{\left(\dfrac{l}{D}\right)^2}\right] \tag{10.3}$$

考虑到机翼和尾翼安装位置对机身结构的影响,可以采用如下公式进行计算:

$$W_{fuel} = 0.021 S_g^{1.2} \sqrt{V_{D,E} \frac{l_t}{D}} \tag{10.4}$$

式中,$V_{D,E} = \sqrt{\sigma} V_D$,为当量俯冲速度;$\sigma$ 为空气的密度比;l_t 为机翼翼根 1/4 弦长处和平尾翼根 1/4 弦长处之间的水平距离。

类似地,对于增压机舱和发动机连接于机身的情况,式(10.4)得出的基本值分别需要增加 8% 和 7% 的余量。

10.1.2　机翼

机翼的重量估算通常会考虑机翼所有结构部件,但是不包括安排在机翼内部的各种系统,对于全金属结构的机翼,重量可用如下的方法进行估算:

$$W_w = 0.021\,265(W_{mto}\mu_{ult})^{0.484\,3} \times S^{0.781\,9} \times A^{0.993} \times$$
$$(1+\lambda)^{0.4}(1 - R/W_{mto})^{0.4}/(\Lambda_{1/4}\bar{c}^{0.4}) \tag{10.5}$$

式中,W_{mto} 为飞机的最大起飞重量;μ_{ult} 为飞机设计载荷系数;S 为机翼的参考面积;A 为机翼的展弦比;λ 为机翼的梢根比;$\Lambda_{1/4}$ 为机翼 1/4 弦长后掠角;$\bar{c}$ 为机翼的平均相对厚度;R_t 为考虑到惯性载荷对翼根弯矩影响的修正系数,其计算方法如下:

$$R_t = W_w + W_{fuel} + [(2W_{eng}B_{ie})/0.4b] + $$
$$[(2W_{eng}B_{oe})/0.4b] \tag{10.6}$$

式中,W_w 为机翼重量估算过程中上一次迭代得到的数值;W_{fuel} 为燃油重量,按 $W_{fuel} = W_{mto} - W_{pl} - W_{oe}$ 计算(W_{oe} 为飞机的运营空机重量);W_{eng} 为单个发动机及短舱的重量;B_{ie} 为内侧两个发动机的间距;对采用四发翼吊发动机布局的飞机,B_{oe} 为外侧两个发动机的间距;b 为机翼的翼展。

在方案设计阶段,当增升装置的参数细节尚未确定时,可以采用如下方法来估

算襟翼的重量：

$$W_{\text{flap}} = 2.706 K_{\text{flap}} S_{\text{flap}} (b_{\text{flap}} S_{\text{flap}})^{0.1875} \times$$
$$\left(2.0 V_{\text{app}}^2 \times 10^{-4} \times \frac{\sin \delta_{\text{flap}}}{c} \right)^{0.75} \tag{10.7}$$

式中，b_{flap} 为襟翼的展长（m）；S_{flap} 为襟翼的面积（m²）；δ_{flap} 为襟翼在着陆状态下的偏转角；V_{app} 为进场速度；c 为机翼的平均相对厚度；K_{flap} 为修正系数，根据襟翼的类型，分别取值如下：

（1）$K_{\text{flap}} = 1.0$，单缝襟翼。

（2）$K_{\text{flap}} = 1.15$，双缝襟翼或者单缝富勒襟翼。

（3）$K_{\text{flap}} = 1.30$，双缝富勒襟翼。

对于可以做后退运动的襟翼，需要在上述结果的基础上再增加 15% 的余量。

类似地，对于采用复合材料的机翼设计方案，如果没有更精确的估算方法，则需要在上述估算结果的基础上再乘以一个 20%～30% 的修正系数。

10.1.3 尾翼

尾翼的主要作用是提供需要的稳定性和操纵性，其中尾翼的面积起着重要的作用，而尾翼的结构形式相对简单，这就提供了通过将尾翼面积与重量关联起来的估算方法。

在尾翼的重量估算中，可以将其分解为垂直尾翼和水平尾翼，采用如下的关系式完成：

$$W_{\text{tail}} = S_{\text{H}} k_{\text{H}} + S_{\text{V}} k_{\text{V}} \tag{10.8}$$

式中，S_{H} 和 S_{V} 分别为水平尾翼和垂直尾翼的参考面积；k_{H} 和 k_{V} 分别表示基于统计数据水平尾翼和垂直尾翼的面密度。按现有机型的统计结果得到其取值范围是 $(22\sim32) \text{kg/m}^2$，典型取值为 $k_{\text{H}} = 25 \text{kg/m}^2$ 和 $k_{\text{V}} = 28 \text{kg/m}^2$。

10.1.4 起落架

起落架的重量与起落架的承载能力要求有关，通常按照接近飞机最大起飞重量的标准来设计，这样刚起飞的飞机因故障需要返回时，可以不用排放多余的燃油。基于经验数据，可以采用如下公式进行估算：

$$W_{\text{uc}} = 0.0435 W_{\text{mto}} \tag{10.9}$$

该公式适用于下单翼、常规三点式布局的起落架设计，起落架收于机翼结构内。

10.1.5 操纵面

除了襟翼以外的安装在机翼上的操纵面的重量可以采用如下公式进行估算：

$$W_{\text{sc}} = 0.4 W_{\text{mto}}^{0.684} \tag{10.10}$$

计算在内的操纵面包括前缘襟翼、扰流板、气动刹车装置等。

10.1.6　发动机短舱

准确估算发动机短舱的重量比较困难,因为其与发动机的安装位置有关。一般来说,可以将发动机短舱的重量与发动机的尺寸和重量相关联,而发动机本身的尺寸与重量一般又可以与发动机的推力进行关联,发动机短舱的重量可以计算为

$$W_{n} = \begin{cases} 6.8T\,(T < 600\,\text{kN}) \\ 2.2T + 2\,760\,(T \geqslant 600\,\text{kN}) \end{cases} \tag{10.11}$$

在最初的设计阶段,可以采用更简化的估算方法,即 $W_{n} = 1.2\% \sim 2.2\%$ 的正常起飞重量。

10.1.7　动力系统

发动机自身的重量可以按如下方法计算:

$$W_{e} = T(8.7 + 1.14B) \tag{10.12}$$

式中,T 为发动机推力;B 为发动机的涵道比。

包含发动机、反推装置以及相关系统的推进系统的总重量可以计算为

$$W_{\text{prop}} = \begin{cases} 1.43W_{e}\,(W_{e} < 10\,000\,\text{kg}) \\ 1.16W_{e} + 2\,700\,(W_{e} \geqslant 10\,000\,\text{kg}) \end{cases} \tag{10.13}$$

10.1.8　固定设备

固定设备包括飞行控制系统以及机舱和驾驶舱的内部装饰等。可以按正常起飞重量的百分比来估算,根据航程的不同,对短程、中程和远程客机的估算方法分别为

$$\frac{W_{\text{fe}}}{W_{\text{mto}}} = \begin{cases} 14\% & (\text{短程}) \\ 11\% & (\text{中程}) \\ 8\% & (\text{远程}) \end{cases} \tag{10.14}$$

10.1.9　运营设备

飞机运营所需物品的重量估算如表 10.1 所示,不同航空公司的结果因服务标准的差异而不同,表中给出的是典型的数据。

表 10.1　飞机运营所需物品的重量估算

重量项目	内容或分类	数值/kg
飞行员工作包	飞行手册等	10.00
客舱供应	甜点服务	2.27
	正餐服务	6.25
水与盥洗室	长航程	8.62
	短程	0.68
	中程	1.36

（续表）

重量项目	内容或分类	数值/kg
	长程	2.95
安全设备	短程陆上航线	0.68
	跨洋或长程航线	1.36
残余燃油和机油	$W_{rof} = 0.151V^{2/3}$	

注：V 为燃油油箱容积。

10.2 其他重量估算方法

在概念设计阶段飞机重量的估算方法不是唯一的，根据飞机种类的不同会采用不同的估算体系。本书给出的方法是针对民机的重量估算方法。

其他飞机重量的估算方法可以参考《飞机设计手册》第五册，其中给出了多种不同类型飞机的重量估算公式。

此外，常用的估算方法还包括使用已有类似机型的数据进行类比外推，如果飞机的结构形式和材料构成基本一致，则可以将重量与主要的几何尺寸进行关联。这种渐进式的估算方法往往有更高的准确性，但是使用时应该注意方法的适用范围，因为每一代飞机都会采用许多新的技术。

所有的飞机参数化的设计程序基本都提供了重量估算的模块，例如 PIANO 和 ACSYNT 等。此外，也可以采用基于 EXCEL 的方法进行估算，这些方法都是基于已有机型数据的经验公式完成的。虽然其具有速度快的优点，但估算的结果不够准确，尤其目前新型材料和结构形式在飞机上的应用比重越来越大，这些方法的缺点也就比较突出。

更精确的重量估算方法应该是应用目前的 CAD 软件对结构部件完成参数化建模，通过载荷优化等步骤得到重量最优的设计方案。但这种方法速度慢，需要详细的结构设计细节，这些信息在设计的初期往往是无法完全确定的。此外，还有一种介于上述两种方法之间的估算方法，该方法基于对机翼和机身承载特点的分析来推导为了满足载荷要求而需要的结构材料。与基于经验公式的方法相比，这种方法需要更多的几何参数，但却没有到使用 CAD 方法那样需要实现所有结构细节的程度。该方法的另一优点是可以更充分和更精确地考虑新材料、新技术对结构设计的影响。

10.3 重心位置估算和全机重量表

基于经验的重量估算方法不是唯一的，为了尽可能得到准确的结果，需要选用同种类型飞机的经验公式，还需要注意避免重复计算或漏掉某些项目。

在完成飞机的重量估算时，一般用建立重量表格的方法来避免重复计算和遗漏，表 10.2 给出了一个重量表格的示例，表 10.3 给出了主要部件重量的大致分布范围。

表 10.2　飞机重量表格示例

主要部件	说　明	汇总项
机翼	包括操纵面	
尾翼	水平尾翼和垂直尾翼(包括操纵面)	
机身		
发动机短舱		
起落架(前、主起落架)		
结构总重	汇总	W_{str}
发动机	干重	
齿轮箱等		
引导系统		
排气系统		
燃油系统		
发动机控制系统		
起动系统		
反推力系统		
推进系统重量	汇总	W_{prop}
辅助电源(APU)		
飞控系统		
导航系统		
液压系统		
航电系统		
客舱内饰		
空调与防除冰系统		
氧气系统		
其他系统	如安全设备等	
固定设备	汇总	W_{fe}
飞机基本空机重量	汇总	W_e
机组手册、地图等		
客舱服务供给		
盥洗室设备		
安全设备		
死油		
水/冷却剂		
货物处理设备	包括集装箱	
氧气设备		
运营项目重量	汇总	W_{op}

（续表）

主要部件	说　明	汇总项
飞行员		
客舱服务员		
空乘重量	汇总	W_{cr}
运营空重	汇总	W_e
乘客与行李		
货运		
商载	汇总	W_{pay}
最大零油重量	汇总	W_{zf}
可用燃油重量		
最大起飞重量	累计	W_{mto}

表 10.3　飞机主要部件重量的大致分布范围

主要部件	特　点	重心范围
机翼	无后掠	距前缘 38%～42%，距对称面 40%
	后掠	距对称面 35%
	翼吊桨扇发动机	38%～42%
	翼吊涡扇发动机	42%～45%
机身（距机身头部）	机身内置发动机	45%
	尾吊发动机	47%
平尾		42%弦长，距中心线 38%半展长
立尾		42%弦长，根弦上方 55%半展长
发动机短舱		40%短舱长度处
起落架	位置未确定时的估算	飞机重心
	位置已知	起落架轮中心位置
油箱	满油时	估算

思考题

1. 举例说明基于部件的重量估算方法的主要特点和依据，以及如何提高估算方法的精度。

2. 说明如何处理飞机布局变化和结构形式变化对重量估算方法的影响。

3. 新材料的应用对基于经验的重量估算方法有哪些影响？

4. 举例说明重量估算精度对飞机总体方案和性能的影响主要体现在哪些方面。

11　性能分析

11.1　飞机设计中的性能工作

　　飞机的性能分析是飞机方案论证和初步设计阶段的主要内容之一。在方案论证阶段，主要参与研究总体参数、气动参数能否满足飞机总的技术要求的论证工作。通过计算分析，确定飞机总体参数、重量数据和飞机的气动特性，并对发动机的性能进行需求分析，提出对发动机的推力特性、耗油特性的明确技术要求。方案设计阶段的不确定因素很多，需要对总体参数、重量数据、气动特性和发动机特性进行参数优化设计和综合平衡，经过反复迭代设计，才能得到一个满足设计要求，符合适航条款要求及飞机运营使用要求的飞机方案。

　　在飞机方案论证和初步设计阶段完成后，转入初步详细设计(打样设计)和详细设计阶段。初步详细设计阶段的目的是冻结飞机技术状态，在方案论证的基础上开始进行细化设计，得到更为精确的飞机总体、重量、气动参数。进行较全面、精确的性能计算，检查性能水平是否满足设计要求；再次检查发动机特性数据，应满足飞机的要求；为全机各系统和结构强度设计提供更为全面的性能数据，以便全面开展打样设计，确定全机技术状态；编写与性能相关的适航审定基础、符合性检查方法等适航设计文件。为较全面冻结飞机技术状态，提出适航审定申请书、编写型号研制总方案、型号设计规范等提供技术支持。

　　在详细设计阶段，飞机设计进入全面的校核设计和计算分析，发出全部生产图纸和设计技术资料。性能工作主要是根据校核风洞试验得出的全机气动特性，进行全面的性能校核计算，检查性能指标是否满足设计和适航要求；计算飞机投入运营所需的使用性能数据，为编写飞行手册、使用手册、训练手册等技术设计资料提供依据；为编写适航型号合格审定程序文件、试飞要求、试飞大纲提供技术支持等。最终达到全面冻结飞机技术状态，完成飞机型号研制任务书，型号合格审定程序文件的编写和全部生产图纸的发放工作。

　　详细设计阶段结束后，转入制造和试飞阶段，该阶段是原型机实物成型和试飞验证，最后评定型号研制成果的关键阶段。经型号完成合格审定和生产符合性合格审定后，由适航部门发放型号合格证（type certificate，TC）和生产合格证（production certificate，PC），飞机可以转入商业运营。

在制造阶段，性能工作主要在详细设计校核计算的基础上，着手全套技术设计资料编写工作，以与性能相关的飞行手册、使用手册、训练手册、培训资料等技术设计资料作为初稿，供试飞前飞行人员、试飞工程师、地勤人员的培训和实施飞行试验使用；编写试飞要求、试飞大纲、试飞数据处理和分析方法等技术文件；进行放飞前的试飞准备工作，如提供首飞剖面所需航线飞行参数等。

在试飞阶段，性能工作主要是参加飞行试验，将试飞结果与原设计值进行分析比较，进行设计数据符合性分析工作；得出经试飞验证后的飞机气动特性数据和发动机特性数据，再结合经生产制造得出的实际重量数据，进行最终的一轮全面性能计算，为型号合格审定核准书的数据表和正式版本全套技术资料提供技术数据，作为最终型号合格审定批准和交付用户运营使用的主要依据性技术资料。此外，配合试飞，进行故障分析，为试飞提供所需的性能数据也是性能工作应该完成的内容。

11.2 基本概念和计算公式

11.2.1 基本概念

在性能计算中经常用到与大气有关的大气数据，如高度、密度、压力、温度等状态参数；也会用到几种飞行速度、飞行高度等基本概念。现将有关的定义和计算公式叙述如下，方便计算使用。

11.2.1.1 几种飞行速度的定义及相应转换计算公式

飞机设计中，为了使用方便及设计的需要，不同场合使用不同的速度定义，如在飞行手册中，与飞行使用有关的速度一般采用校正空速 V_C，与强度计算及飞行载荷有关的速度一般采用当量空速 V_E。因而在设计资料中必须对所使用的速度作出明确的定义，以免造成计算出错。现将几种速度的定义和计算公式叙述如下：

（1）仪表空速 V_i：未经仪表误差修正的空速表读数。它是由压力传感器直接感受总压和静压反映到空速表的指示数值。

（2）仪表误差 ΔV_i：由空速系统制造部门经实际测试得到的空速系统本身的系统误差，反映了该系统测得的空速与真实空速之差。

（3）指示空速 V_I：经仪表误差修正后的空速表读数。它就是一般使用中的指示空速，也可写为 $V_I = V_i + \Delta V_i$。

（4）位置误差修正量 ΔV_P 和 ΔH_P：由静压测量误差引起的速度、高度的指示误差。

静压测量误差是静压传感器在飞机上的布置位置处的局部流场反映的静压与来流的大气静压之差反映到空速与高度的指示误差，该误差只与飞机外形及传感器的位置有关，故称为位置误差。该静压测量误差的 ΔP 可由 CFD 得到，更主要的由试飞测定。当然也可通过试飞直接测得 ΔV_P 和 ΔH_P 修正量值，该值与飞机的构型、飞机迎角、地面效应等因素有关。ΔV_P 由飞行试验测试得到，ΔH_P 由下式计算。

$$\Delta H_P = 0.08865\left[1 + 0.2\left(\frac{V_C}{661.5}\right)^2\right]^{2.5} \times \frac{V_C}{\dfrac{\delta}{\theta}} \times \Delta V_P \tag{11.1}$$

(5) 校正空速 V_C：经过位置误差修正后的指示空速。许多手册中使用的空速多为校正空速。

$$V_C = V_I + \Delta V_P \tag{11.2}$$

现代飞机的空速系统都采用大气数据计算机(ADC)，测得总压，静压，数据和仪表误差 ΔV_i，位置误差 ΔV_P、ΔH_P，一起输入大气数据计算机，计算出飞机的校正空速，由显示器屏幕显示给飞行员。

(6) 当量空速 V_E：速压值相同，在海平面标准大气温度下，飞行的真空速 V_T 即为当量空速。根据速压定义：

$$q = \frac{1}{2}\rho V_T^2 = \frac{1}{2}\rho_0 V_0^2 = \frac{1}{2}\rho_0 V_E^2 \tag{11.3}$$

所以

$$V_E = V_T\sqrt{\frac{\rho}{\rho_0}} = V_T\sqrt{\sigma} \tag{11.4}$$

式(11.4)就是当量空速与真空速的转换关系。由此可见，在海平面高度，当量空速就是真空速。所以当量空速相同时，高度越高，真空速越大。

(7) 压缩性修正量 ΔV_C：当量空速与校正空速由气流绝热压缩性引起的偏差。

$$\Delta V_C = V_C - V_E \tag{11.5}$$

$$V_E = V_C - \Delta V_C \tag{11.6}$$

$$\Delta V_C = V_C - \sqrt{\frac{2K}{K-1}\frac{P}{\rho_0}\left\{\left[\frac{\left(1 + \dfrac{K-1}{2}\dfrac{V_C^2}{a_0^2}\right)^{\frac{K}{K-1}} - 1}{\dfrac{P}{P_0}} + 1\right]^{\frac{K-1}{K}} - 1\right\}} \tag{11.7}$$

该式反映了 ΔV_C 与 V_C 及高度压力 P 的关系，ΔV_C 与具体型号无关，它只反映气流的压缩性影响，只与 V_C 和 H 有关，随 V_C 和 H 增大而增大。

(8) 真空速 V_T：飞机飞行相对于空气的真实速度。凡是计算气动力所用到的与速压有关的计算速度都用 V_T，而使用中各种手册及适航条款中用到的都以 V_I、V_C、V_E 的形式出现，因此存在一个转换成真实空速的换算问题。由大气数据计算机按式(11.2)计算得到 V_C，根据式(11.7)求出压缩性修正量 ΔV_C，再根据式(11.6)求得

V_E，最后由式(11.4)求出 $V_T = V_E/\sqrt{\sigma}$；或者根据附录 2 中的 V_C - Ma 转换公式求得 Ma，再由 $V_T = Ma \times a$ 算得真空速 V_T。

（9）地速 V_G：飞机相对于地面坐标系的飞行速度。它是飞机相对于空气的真空速（相对速度）与风对地面的速度的矢量和，如图 11.1 所示。在实际使用中飞机一般要保持一定的航向作直线飞行。这个航向就是飞机的速度方向，为方便起见将风速分解为两个速度。一是与真空速同一方向的分量，称为风分量，二是垂直真空速的垂直分量引起的偏航角，一般

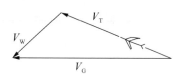

图 11.1　地速、风速和真实速度间的关系

在航线上预偏这一偏航角进行修正，消除偏流对航向的影响，因而实际使用时只需用真空速与风分量进行标量计算，简单的加或减计算比较方便。

风速分量的正、负号规定如下：起飞、着陆时，逆风为正，顺风为负，这时 $V_G = V_T - V_W$；巡航、爬升、下降飞行时，顺风为正，逆风为负，这时 $V_G = V_T + V_W$。

11. 2. 1. 2　气压高度与几何高度的换算

在性能计算和飞行使用时，一般都采用气压高度 H_P，但许多机场障碍物等实体坐标都用几何高度表示，另外非标准大气的爬升时间计算也要用到几何高度。现就气压高度、几何高度的定义和换算方法介绍如下。

气压高度（H_P）——飞机飞行高度的大气压力与标准大气条件下大气压力值相同的高度。

几何高度（H）——飞机距海平面的绝对高度值，亦称海拔高度。

在标准大气条件下气压高度与几何高度相等；在非标准大气条件下，对于高温天气（$\Delta T > 0$），在同一几何高度的气压比标准气压高，故气压高度低于几何高度；反之，低温天气（$\Delta T < 0$）气压比标准气压低，故气压高度高于几何高度。换算公式如下：

$H = 0 \sim 11\,000\,\mathrm{m}$

$$H = H_P - 153.846\Delta T \ln(1 - 2.255\,77 \times 10^{-5} H_P)(\mathrm{m}) \tag{11.8}$$

$$H = H_P - 504.745\Delta T \ln(1 - 6.875\,59 \times 10^{-6} H_P)(\mathrm{ft}) \tag{11.9}$$

$H = 11\,000 \sim 20\,000\,\mathrm{m}$

$$H = \left(1 + \frac{\Delta T}{216.65}\right) H_P - 6.897\,1\Delta T(\mathrm{m}) \tag{11.10}$$

$$H = \left(1 + \frac{\Delta T}{216.65}\right) H_P - 22.628\Delta T(\mathrm{ft}) \tag{11.11}$$

利用式(11.8)～式(11.11)，很容易由气压高度 H_P、温差 ΔT 求得几何高度。如已知几何高度 H 和温差 ΔT，要求气压高度 H_P 时则需迭代计算得到，即假设 H_P

和温差 ΔT 可由公式算得几何高度 H',与已知的几何高度 H 相比较,如不相等,则修改 H_P 再进行计算,直到 H' 与 H 值相等为止,最后的 H_P 即为所求的值。

11.2.1.3 加速度因子计算公式

在计算爬升性质时,采用的爬升方式不同,如按等 V_C、等 V_T、等 Ma 爬升时,真空速随高度的变化方式不同,在同温层以下高度范围内,等 V_C 是加速爬升,等 Ma 是减速爬升。加速度因子为 $\dfrac{V}{g}\dfrac{\mathrm{d}V}{\mathrm{d}H}$,加速爬升的加速度因子大于 0;等速爬升的加速度因子等于 0;减速爬升的加速度因子小于 0。

加速度因子计算公式如表 11.1 所示。

表 11.1 加速度因子计算公式

爬升方式	$H \leqslant 11\,000\ \mathrm{m}$	$H > 11\,000\ \mathrm{m}$
等 Ma	$-0.133\,178Ma^2 T_s/T_{amb}$	0
等 V_E	$0.7Ma^2(1-0.190\,254)(T_s/T_{amb})$	$0.7Ma^2$
等 V_C	$0.7Ma^2(1-\sigma-0.190\,254)(T_s/T_{amb})$	$0.7Ma^2(1-\sigma)$

$$\text{式中},\ \sigma=1-\frac{2}{kMa^2}f(Ma);\ f(Ma)=\frac{\left[\left(1+\dfrac{K-1}{2}\right)^{\frac{K}{K-1}}-1\right]}{\left(1+\dfrac{K-1}{2}Ma^2\right)^{\frac{1}{K-1}}};\ K=\frac{c_p}{c_V}=1.4。$$

11.2.2 基本运动方程

飞机飞行性能描述飞机作为一个质点在空间的运动轨迹,质心运动方程按航迹坐标系写出飞机在地面坐标系(亦称为"惯性坐标系")的运动。整个飞机运动可用三个描述质点移动的动力学方程(常称为"力方程")和三个描述绕质心转动的动力学方程(常称为"力矩方程"),完全确定在外力和外力矩作用下飞机的运动规律。因而,飞机性能只需用三个力方程描述就够了。而飞机操纵稳定特性就需用三个力方程和三个力矩方程来描述。

11.2.2.1 动力学方程

航迹坐标系中飞机的动力学方程可以表示为

$$\begin{cases} m\dfrac{\mathrm{d}V}{\mathrm{d}t}=T\cos(\alpha+\varphi)\cos\beta-D-W\sin\theta \\[2mm] mV\dfrac{\mathrm{d}\theta}{\mathrm{d}t}=T[\cos(\alpha+\varphi)\sin\beta\sin\gamma_s+\sin(\alpha+\varphi)\cos\gamma_s]+ \\[1mm] \qquad\quad L\cos\gamma_s-Z\sin\gamma_s-W\cos\theta \\[2mm] -mV\cos\theta\dfrac{\mathrm{d}\psi_s}{\mathrm{d}t}=T[-\cos(\alpha+\varphi)\sin\beta\cos\gamma_s+\sin(\alpha+\varphi)\sin\gamma_s]+ \\[1mm] \qquad\qquad L\sin\gamma_s+Z\cos\gamma_s \end{cases} \tag{11.12}$$

当飞机做无侧滑飞行时，$Z=0$，$\beta=0$，式(11.12) 简化为

$$
\begin{cases}
m\dfrac{\mathrm{d}V}{\mathrm{d}t}=T\cos(\alpha+\varphi)-D-W\sin\theta \\[2mm]
mV\dfrac{\mathrm{d}\theta}{\mathrm{d}t}=[T\sin(\alpha+\varphi)+L]\cos\gamma_{\mathrm{s}}-W\cos\theta \\[2mm]
-mV\cos\theta\dfrac{\mathrm{d}\psi_{\mathrm{s}}}{\mathrm{d}t}=[T\sin(\alpha+\varphi)+L]\sin\gamma_{\mathrm{s}}
\end{cases}
\tag{11.13}
$$

式(11.13) 可用于计算空间机动飞行性能。除某些情况外(如特技飞行)，一般飞机的迎角是不大的，因此 $(\alpha+\varphi)$ 也不大，$P\sin(\alpha+\varphi)\ll Y$。在工程估算中可认为 $\cos(\alpha+\varphi)\approx1$，并略去 $P\sin(\alpha+\varphi)$ 项，于是式(11.13) 简化为

$$
\begin{cases}
m\dfrac{\mathrm{d}V}{\mathrm{d}t}=T-D-W\sin\theta \\[2mm]
mV\dfrac{\mathrm{d}\theta}{\mathrm{d}t}=L\cos\gamma_{\mathrm{s}}-W\cos\theta \\[2mm]
-mV\cos\theta\dfrac{\mathrm{d}\psi_{\mathrm{s}}}{\mathrm{d}t}=L\sin\gamma_{\mathrm{s}}
\end{cases}
\tag{11.14}
$$

11.2.2.2 运动学方程

飞机的运动学方程可以表示为

$$
\frac{\mathrm{d}\boldsymbol{r}}{\mathrm{d}t}=V
\tag{11.15}
$$

式中，$\boldsymbol{r}$ 为自地面坐标系原点 O_{d} 到飞机质心的矢量。

在地面坐标系中有

$$
\boldsymbol{r}_{\mathrm{d}}=\begin{Bmatrix} X_{\mathrm{d}} \\ Y_{\mathrm{d}} \\ Z_{\mathrm{d}} \end{Bmatrix}
\tag{11.16}
$$

代入式(11.15)可得到下列运动学方程：

$$
\begin{cases}
\dfrac{\mathrm{d}X_{\mathrm{d}}}{\mathrm{d}t}=V\cos\theta\cos\psi_{\mathrm{s}} \\[2mm]
\dfrac{\mathrm{d}Y_{\mathrm{d}}}{\mathrm{d}t}=V\sin\theta \\[2mm]
\dfrac{\mathrm{d}Z_{\mathrm{d}}}{\mathrm{d}t}=-V\cos\theta\sin\psi_{\mathrm{s}}
\end{cases}
\tag{11.17}
$$

11.2.2.3 重量变化和燃料消耗量方程

飞机飞行时，随着燃料的消耗，飞机的重量将减轻，重量和燃料消耗量的变化率

用下式表示:

$$\frac{\mathrm{d}W}{\mathrm{d}t} = -\frac{\mathrm{d}W_{\text{fuel}}}{\mathrm{d}t} = -\frac{1}{3\,600}W_{\text{fh}}$$

燃料消耗量的计算公式为

$$W_{\text{fuel}} = \frac{1}{3\,600}\int_0^t W_{\text{fh}}\,\mathrm{d}t \tag{11.18}$$

11.3　性能计算方法

　　飞机性能关心的是飞机在允许的飞行包线范围内完成任务所需的各种飞行运动,它一般由起飞,爬升,平飞(等速或加、减速),下降,着陆及空间特技(如盘旋、筋斗、上升转弯、跃升、俯冲、下滑倒转)等飞行动作组成。其中起飞、着陆、平飞(等速或加、减速)直线水平运动运用动力学方程中的第一式求解得到性能参数;爬升、下降、跃升、俯冲、筋斗运用动力学方程中的第一、第二两个方程联解求得性能参数;盘旋、上升转弯、下滑倒转等机动飞行运用动力学三个方程联解求得性能参数。

　　对于民机而言,一般对空间特技等飞行不做特殊要求,所以主要研究起飞、爬升、平飞(等速或加、减速)、下降、着陆和盘旋等性能计算问题。

11.3.1　飞行包线计算

　　飞行包线是指飞机安全飞行允许的高度、速度范围,如图11.2所示。

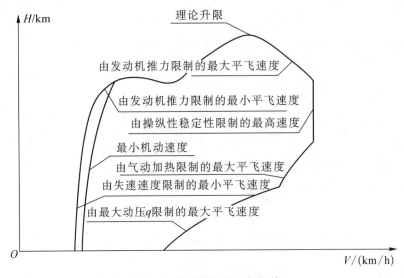

图 11.2　典型飞机的飞行包线

　　(1) 左边界:最小平飞速度在受推力限制所得值、最大升力系数所得值两者中取大者。

（2）右边界：最大平飞速度在受推力限制、受结构强度或颤振、抖振限制、受操纵性、稳定性限制、受气动加热限制所得值中取小者。

（3）上边界：最大飞行高度在受推力限制（升限），受座舱增压的强度和空调系统的增压能力限制，受抖振限制所得值中取小者。

推力限制：推力 P 由选定的发动机工作状态和飞行高度、速度所确定，由发动机供应商提供，使用时应该用扣除进气道损失、引气推力损失、功率提取损失、喷口损失等影响之后的安装推力。不同高度的需用推力随速度变化的曲线与发动机的安装推力曲线相交即可得出各不同高度的推力限制的最大速度和最小速度，如图 11.3 所示。

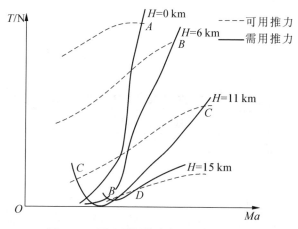

图 11.3　平飞需用推力与可用推力曲线

升力系数限制：失速速度 $V_s = \sqrt{\dfrac{W/S}{\dfrac{1}{2}\rho C_{L\max}}}$，$C_{L\max}$ 为最大升力系数。计算不同构型的 V_s 值，用 $V_{s,\,CAS}$ 校正空速表示作为最小平飞速度的升力限制值考虑。

抖振升力限制：通常按 $1.3g$ 平飞升力系数应小于抖振升力系数 C_{Lb}（$C_L = \dfrac{1.3W}{\dfrac{1}{2}\rho V^2 S} \leqslant C_{Lb}$），确定抖振速度 V_B 作为最大平飞速度、最大平飞高度的抖振升力限制值考虑。

最小机动速度：最小机动速度是指飞机完成规定机动任务的最小使用速度。

11.3.2　起飞和着陆性能

起飞、着陆性能以其场长和速度参数作为民用飞机的主要性能指标，由飞机的推重比、最大升力系数、翼载、最大升阻比等设计参数决定其性能水平。其中起飞性能是相应的适航条款最多，考虑因素最多的，因而也是计算最为复杂的一项性能。起飞过程由三段组成：由松刹车开始的地面三轮滑跑加速到抬前轮速度(V_R)的地面段；前轮抬起接着二轮滑跑加速到离地速度（V_{LOF}）的过渡段；再由离地爬升到安全高度（35 ft）飞机加速到 V_2 的空中段，如图 11.4 所示。

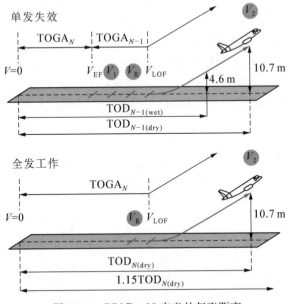

图 11.4　CCAR-25 定义的起飞距离

着陆过程由三段组成：空中高度 50 ft 开始下降到改平高度，经过减小下滑角直到主轮接地（V_{TD}）的空中段（S_A）；开始放前轮二轮滑跑到前轮接地（V_{ND}），然后采用制动措施打开扰流板、刹车，到制动装置完全起作用，这时速度为 V_B，这是滑跑过渡段（S_T）；最后直到飞机完全停止的地面滑跑减速段（S_B），如图 11.5 所示。

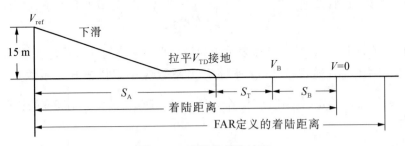

图 11.5　飞机的着陆过程

11.3.2.1　起飞速度的定义和有关规定

以下介绍的所有速度定义都以校正空速（V_C）表示，单位为 kn，如用其他单位应加以说明。图 11.6 列出了三种不同起飞情况的速度距离曲线。

临界发动机失效速度（V_{EF}）是指假定临界发动机失效时的速度，它不得小于地面最小操纵速度（V_{MCG}）。临界发动机是指其失效对飞机的性能或操纵品质影响最大的发动机。

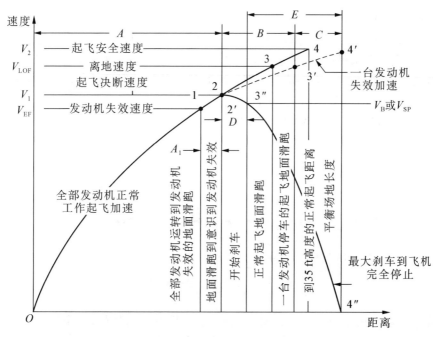

图 11.6　飞机三种不同起飞情况的速度距离曲线

起飞决断速度(V_1)是飞行员能决定中断起飞并保证飞机在跑道限制长度内停下的最大速度,也是飞行员决定继续起飞的最小速度。V_1 是在临界发动机停车后 1 s,剩余发动机工作时飞机所能达到的速度,而且 V_1 点也是第一个减速措施开始的行动点(如使用刹车、收油门、打开扰流板),每间隔 1 s 增加一个减速措施。V_1 一定是大于 V_{EF} 的。

抬前轮速度(V_R)是起飞过程中飞行员开始抬前轮时的速度,$V_R \geqslant V_1$;$V_R \geqslant 1.05V_{MCA}$。　V_{MCA} 为空中最小操纵速度;V_R 必须在正常操纵程序离地起飞过程中,保证 V_{LOF} 和 V_2 满足适航规定的安全要求。如果不满足 V_{LOF} 或 V_2 的要求,则必须增加 V_R 直到它们满足要求为止。正常抬前轮速度是 $3°/s$,最大的为$(6°\sim7°)/s$,在最大抬前轮速度下飞机的离地速度(V_{LOF})也要符合对离地速度的要求。

最小离地速度(V_{mu})应确保在全发工作或一发失效情况下飞机能安全离地并继续起飞,不会出现机尾触地的危险。V_{mu} 在受推杆器限制的升力系数限制、受平尾操纵效率的限制、受擦地角限制所得值中取大者。

离地速度(V_{LOF})是飞机离开地面瞬间的速度。离地速度受两种限制:一种是受升力或平尾操纵限制,即气动限制;另一种是受擦地角限制,即几何限制。对于受几何限制,要求全发工作时 $V_{LOF} \geqslant 1.10V_{mu}$,如机身装有腹鳍和姿态告警系统则要求 $V_{LOF} \geqslant 1.08V_{mu}$;一发失效后要求 $V_{LOF} \geqslant 1.05V_{mu}$,以确保飞机的操纵性,保证有一定的安全裕度。

安全起飞速度(V_2)是飞机在一发失效时到离地面上空 35 ft 时所达到的速度,

要求 $V_2 \geqslant 1.1 V_{MCA}$；$V_2 \geqslant 1.13 V_s$。

在地面最小操纵速度(V_{MCG})时,临界发动机突然停车,其余发动机为起飞推力情况下,使用气动操纵(不准用前轮转弯和差动刹车)来恢复对飞机的操纵,用正常的驾驶技巧和不大于规定的操纵力能安全地继续起飞,并保证在跑道上航迹偏离中心线的水平距离不大于 9 m(约 30 ft),如图 11.7 所示。当飞机速度大于 V_{MCG} 时,就能保证一发失效后继续起飞及地面滑跑的操纵可靠性。

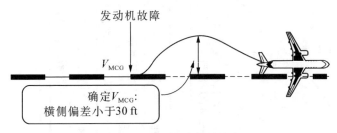

图 11.7　地面最小操纵速度

在空中最小操纵速度(V_{MCA})时,飞机一台临界发动机失效,其余发动机为起飞推力情况下,保持对飞机的操纵并维持零偏航和坡度不大于 5° 的直线飞行,在纠偏过程中,只需要正常的驾驶技巧且不超过规定的操纵力,航向变化不大于 20° 且不能出现危险的飞行姿态。如图 11.8 所示,要求 $V_{MCA} \leqslant 1.13 V_s$；$V_{LOF} \geqslant 1.08 V_{MCA}$；$V_R \geqslant 1.05 V_{MCA}$。

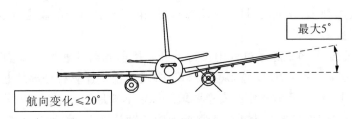

图 11.8　空中最小操纵速度

失速速度(V_s)是可以操纵飞机正常飞行的最小速度。当飞机速度小于失速速度时,机翼上表面出现气流分离现象,使升力系数降低,并出现清晰可见的飞机失速现象。V_s 按在 C_{Lmax} 时升力与重量平衡求得,计算公式如下:

$$V_s = \sqrt{\dfrac{W/S}{\dfrac{1}{2}\rho C_{Lmax}}} \ 。 \tag{11.19}$$

11.3.2.2　起飞场长的定义和有关规定

起飞场长是衡量起飞性能的主要指标,在分析研究地面滑跑距离、起飞距离、加速-停止距离的基础上,还要考虑跑道的状态,如跑道干湿、跑道坡度、有无安全道、有无净空道等。还有大气条件如温度和风的影响,各种因素影响复杂。因此必须将起飞场长的有关定义和相关规定说明清楚,便于设计计算使用。

起飞场长与跑道有无安全道和净空道密切相关。安全道是指宽度不小于跑道宽度,路面强度足以承受中断起飞的飞机重量,仅供中断起飞时飞机减速滑跑用的延长段。净空道是在跑道终端开始以宽度不小于 $150\,\mathrm{m}$,以 1.25% 坡度向上延伸,供飞机飞越的无障碍物的净空面,所有的近距障碍物均在该净空面以下。安全道增加了飞机的可用中断起飞距离,净空道增加了飞机的可用起飞距离。

地面滑跑距离是指飞机在跑道起飞端自松刹车开始,经 V_R 抬前轮,到 V_{LOF} 飞机离地所经过的距离,用 $A'+B'$ 表示。其中,A' 为起飞开始到 V_R 的地面距离,B' 为 V_R 到 V_{LOF} 的距离。

起飞距离是指自松刹车开始起飞爬升到安全高度 $10.7\,\mathrm{m}$,速度到安全起飞速度 V_2 所经过的距离,用 $A'+B'+C'$ 表示。其中,从 V_{LOF} 到高度为 $35\,\mathrm{ft}$ 所经过的距离为空中段距离,用 C' 表示。

加速停止距离亦称为中断起飞距离,是指飞机在起飞过程中,一台临界发动机突然不工作,$1\,\mathrm{s}$ 后在 V_1 速度飞行员决定中止起飞并采取第一个减速措施,然后每隔 $1\,\mathrm{s}$ 增加一项减速措施,在减速过程中,不得使用反推力装置,飞机在速度 V_B 时三种减速措施全部起作用,飞机继续减速滑跑,直到飞机完全停止,最后再加上 V_1 乘以 $2\,\mathrm{s}$ 的距离,就是加速停止距离($A+D+E+2V_1$)。其中起飞到 V_1 为 A 段;V_1 到 V_B 为 D 段;V_B 到停止为 E 段。

继续起飞距离是指飞机在起飞过程中,一台临界发动机在 V_{EF} 下突然不工作,$1\,\mathrm{s}$ 后飞行员在 V_1 速度决定继续起飞,按正常操作程序在 V_R 抬前轮,到 V_{LOF} 飞机离地,离地后继续爬升到 $10.7\,\mathrm{m}$,速度达到安全起飞速度 V_2 所经过的距离。其实质上亦可称为单发不工作起飞距离($A+B+C$)。其中起飞到 V_1 为 A 段;V_1 到 V_{LOF} 为 B 段;V_{LOF} 到 V_2 为 C 段。

在单发故障情况下,飞机继续起飞距离与加速停止距离相等的那个 V_1 速度,称为平衡速度 V_{1B},这时的继续起飞距离等于加速停止距离,称为平衡场长。

有无净空道的场长定义如表 11.2 所示。

表 11.2　有无净空道的场长定义

	单发不工作	双发工作	场长要求
无净空道	起飞距离($A+B+C$)	$(A'+B'+C')\times 1.15$	$\leqslant$ 跑道长度
	起飞滑跑距离($A+B+C$)	$(A'+B'+C')\times 1.15$	$\leqslant$ 跑道长度
有净空道	起飞距离($A+B+C$)	$(A'+B'+C')\times 1.15$	$\leqslant$ 跑道长度+净空道长度
	起飞滑跑距离($A+B+C/2$)	$(A'+B'+C'/2)\times 1.15$	$\leqslant$ 跑道长度

加速停止距离在有安全道时可用场长为跑道长度＋安全道长度;在无安全道时可用场长为跑道长度。

对于湿跑道起飞距离和起飞滑跑距离的规定如下:在湿跑道的起飞操作程序与在干跑道的起飞操作程序相同,只是离地后的安全高度为 4.6 m(约 15 ft),而不是干跑道的 10.7 m(约 35 ft)。

湿跑道起飞滑跑距离在以下两种情况中取大者:

(1) 单发停车起飞滑跑距离＝湿跑道起飞距离(安全高度为 4.6 m)。

(2) 全发工作起飞滑跑距离＝1.15×湿跑道起飞始点飞到 4.6 m 空中段中点的距离。

湿跑道起飞距离在以下两种情况中取大者:

(1) 湿跑道起飞距离＝干跑道起飞距离。

(2) 湿跑道起飞距离为爬升到 4.6 m 的距离。

11.3.2.3　着陆速度和场长的定义与有关规定

1) 进场参考速度

飞机对准跑道作最终进场,按 3°下滑角稳定下滑时的速度称为进场参考速度 V_{ref}。

$$V_{ref} \geqslant 1.23V_s \text{ 或 } 1.3V_{s,\,min} \tag{11.20}$$

式中,V_s 是在着陆襟翼位置时的参考失速速度,相当于 $1g$ 失速速度;$V_{s,\,min}$ 是以前经常使用的着陆襟翼位置的最小失速速度,相当于 $0.88g$ 失速速度。C 类飞机的 $V_{ref} \leqslant 121 \sim 141$ kn。

2) 接地速度

飞机快接近地面时经拉平、飘落主轮接地的速度称为接地速度(V_{TD})。一般接地速度比 V_{ref} 小 3~5 kn。

3) 前轮接地速度

主轮接地后适时放下前轮,前轮接地的速度称为前轮接地速度(V_{ND})。

4) 刹车使用速度

飞机接地后迅速采取减速措施。使刹车完全起作用的速度称为刹车使用速度(V_B)。

5) 反推使用速度

反推力是着陆减速措施之一,它受发动机使用限制,规定了接通反推的最大允许速度,由于飞机和发动机两者各自的原因,对最小使用速度也有限制,反推装置应在允许的速度范围内使用。适航条款规定在干跑道上起飞、着陆都不允许使用反推力装置。但在日常使用时一般都使用反推力装置,以减小场长,增加安全性,降低刹车及轮胎的使用负荷(能量吸收)。

6) 着陆距离

飞机在跑道上空以 3°下滑角下滑到 15 m(约 50 ft)高度算起至着陆滑跑减速到飞机停止所经过的距离称为着陆距离,计算如下:

$$S_{LD} = S_A + S_T + S_B \tag{11.21}$$

适航条款规定：为保证安全，S_{LD} 还应乘以 1.67 作为着陆场长指标检查。

$$S_{LD} = 1.67(S_A + S_T + S_B) \leqslant 可用跑道长度 \tag{11.22}$$

FAR 定义的着陆场长乘以 1.67 是因为着陆操纵的不确定因素比起飞要多，如气温、风向影响，更主要的是操纵要求高，比起飞更不容易操作，下滑、拉平、接地较难精确掌控，所以为了安全起见，乘以 1.67 作为放大系数。但实际使用时跑道的安全道也应该是可以使用的，也可以作为安全备份使用。

湿跑道着陆场长规定如下：湿跑道着陆场长在手册中有审定着陆距离要求时，湿着陆距离＝max($1.67S_{LD,干}$，$1.15S_{LD,湿}$)；湿跑道着陆场长在手册中没有审定着陆距离要求时，湿着陆距离＝$1.15S_{LD,干}$＝$1.15 \times 1.67 \times$ 干跑道着陆距离。

7）与风速修正有关的适航规定

风速高度修正公式：$\dfrac{V_{W1}}{V_{W2}} = \left(\dfrac{H_1}{H_2}\right)^{1/7}$，把 50 ft 风测量高度的风速修正到平均气动弦所在高度的风速。逆风取 50% 的风分量计算，顺风取 150% 的风分量计算。

11.3.2.4　计算方法

计算起飞着陆性能有两种方法：一种方法是采用数值积分方法求精确解，通过式(11.12)、式(11.15)和式(11.18)可求得各性能参数。因为在正弦和余弦三角函数中，只有采用迭代方法求 α 和 L，才能求解方程组，所以必须应用性能计算软件在计算机上求解方程。目前也是按式(11.12)、式(11.15)和式(11.18)编程，这种方法适合在详细设计阶段计算使用。

另一种方法是近似计算方法，忽略了推力分量，认为 $\sin(\alpha + \varphi) = 0$，$\cos(\alpha + \varphi) = 1$。从方程可以直接求解 α 和 L，免去了大量迭代的计算工作量，计算方法比较简单。同时又假设气动力数据、推理数据随速度近似线性变化。因而可以将平均力作为一个常数计算，又免除了数值积分的计算工作量，计算极为方便。特别在飞机方案设计阶段有许多不确定因素，各种原始数据不甚准确，因而用这种近似计算方法是比较合适的。

1）计算公式

精确解的计算公式为式(11.12)、式(11.15)和式(11.18)，计算起飞着陆性能时大量是地面滑跑运动，做地面滑跑运动时飞机的受力情况如图 11.9 所示。

地面飞机加速力与空中相比增加了地面摩擦力 $\mu(W-L)$ 和跑道坡度引起的重量分力 $W\phi$，地面滑跑时没有爬升角，故 $\sin\theta = 0$。因此式(11.12)中的第一式变为

地面段：

$$m\frac{\mathrm{d}V}{\mathrm{d}t} = T\cos(\alpha + \varphi) - \mu(W - L) - D - W\phi$$

$$\frac{\mathrm{d}V}{\mathrm{d}t} = g\left[\frac{T\cos(\alpha + \varphi)}{W} - \mu - \phi - \frac{(C_D - \mu C_L)}{W} \times \frac{\rho V^2 S}{2}\right] \tag{11.23}$$

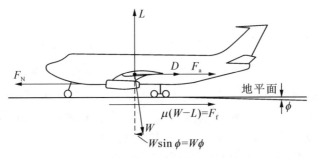

图 11.9 地面滑跑运动时的飞机受力情况

空中段：

$$m\frac{dV}{dt} = T\cos(\alpha + \varphi) - D - W\sin\theta$$

$$\frac{dV}{dt} = g\left[\frac{T\cos(\alpha + \varphi)}{W} - \frac{D}{W} - \sin\theta\right] \tag{11.24}$$

按照简化计算公式[式(11.14)]，则地面滑跑段的简化公式为式(11.25)，空中段简化为式(11.26)。

$$\frac{dV}{dt} = g\left[\frac{T}{W} - \mu - \phi - \frac{(C_D - \mu C_L)}{W}\frac{\rho V^2 S}{2}\right] \tag{11.25}$$

$$\frac{dV}{dt} = g\left(\frac{T}{W} - \frac{D}{W} - \sin\theta\right) \tag{11.26}$$

2) 计算用原始数据

飞机气动力特性必须使用与飞机构型一致的 C_D、C_L 和 $C_{L\max}$ 等数据。计算失速速度用的 $C_{L\max}$ 应是无动力、无地面效应的 $C_{L\max}$，因为用比较小的 $C_{L\max}$ 值比较安全；另外飞机离地后很快地面效应就会消失，比较符合空中使用状态。发动机停车状态要考虑发动机停车引起的附加阻力增量，使用扰流板要考虑扰流板的阻力增量及减升作用。滑跑使用地面摩擦系数，不使用刹车时 $\mu = 0.02$，使用刹车时 $\mu_B \approx 0.4$。当然刹车摩擦系数还与自动刹车使用等级有关，共有四个等级，反映四种不同的减速能力，它应由刹车系统研制部门提供。在设计初期刹车系统还没有提供确切数据时，可以按以下数据参考使用：刹车 1，$\mu_1 = 0.05$；刹车 2，$\mu_2 = 0.10$；刹车 3，$\mu_3 = 0.20$；刹车自动最大 $\mu_{AM} = 0.30$，手动最大 $\mu_{MM} = \mu_B = 0.40$，对应不同的跑道情况(如湿、污染、雪、冰)等，分别选用合适的刹车状态。

在精确计算时应考虑从开始使用减速措施到措施完全起作用的时间历程，如扰流板打开到最大偏度的时间；收油推力由起飞推力减到慢车推力的衰减过程；刹车接通到形成最大刹车能力的时间历程。不同型号各不一样，必须使用相关系统研制部门提供的数据，或者使用试飞实测数据，反映在计算软件中。

减速措施还有一项是反推力，在实际使用中广泛应用，几乎是必用的措施。但适航条款出于安全考虑规定做指标检查时在干跑道上起飞(加速停止)、着陆不允许考虑反推力的性能增益。但在提供手册数据时应该提供使用反推力对起飞加速停止距离和着陆距离的影响,所以还应有反推力接通和关断的推力变化的时间历程。

3) 计算方法

起飞着陆性能按照运动属性可分为两大类:一类是地面滑跑类型,它们的轨迹角都为零。除抬前轮迎角有较大变化外,其他情况受推力刹车等影响,迎角略有变化,但计算中都不予考虑,看作常数。因此只需根据前几节与起飞、着陆有关的定义和规定所叙述的操作程序,用以下公式计算:

$$D = \int \frac{(V - V_w)\mathrm{d}V}{g\left[\dfrac{T\cos(\alpha + \varphi)}{W} - \mu - \phi - \dfrac{C_D - \mu C_l}{W} \times \dfrac{\rho V^2 S}{2}\right]} \tag{11.27}$$

$$t = \int \frac{\mathrm{d}V}{g\left[\dfrac{T\cos(\alpha + \varphi)}{W} - \mu - \phi - \dfrac{C_D - \mu C_l}{W} \times \dfrac{\rho V^2 S}{2}\right]} \tag{11.28}$$

$$W = -\int \frac{W_{\mathrm{fh}}}{3\,600}\mathrm{d}t$$

按规定的操作程序如速度起止值、推力状态、减速措施等使用相应的原始数据,采用数值积分方法,很容易得到起飞滑跑、着陆滑跑的各种性能,如起飞滑跑距离、继续起飞地面滑跑段距离、加速停止距离、着陆滑跑距离等性能(包括时间、耗油),也可以求得 V_R、V_{LOF}、V_B 等速度。

另一类是空中段距离,它们的轨迹角是变化的,计算用式(11.13)或式(11.14)、式(11.15)、式(11.18),按规定的操作程序,如速度控制,拉起、改平用的过载量,或姿态角变化速率,改平高度、发动机工作状态等。先用迭代方法求满足方程的迎角 α 和升力 L,然后用数值积分方法解方程组。

起飞空中段主要控制好离地速度 V_{LOF},安全起飞速度 V_2 也应满足适航要求,如果不满足则修改 V_R,重新计算直到 V_{LOF} 和 V_2 都满足要求为止。最终得到 V_R、V_{LOF}、V_2 和起飞空中段的性能数据。

着陆空中段计算方法如下:首先用迭代法求得推力、迎角、升力,能保证飞机做 3°等下滑角、等 V_{ref} 的进场轨迹;然后掌握好开始改出的时机和过载,以保证改出高度离地比较近(0.15~0.25 m)又不直接撞地,这些都需要经过迭代计算才能得到令人满意的结果。采用简化方程计算可以免去推力和 α 的双重迭代,只需对改平的进入高度进行迭代计算,最后得到 V_{TD}、开始改平的高度 H_f 和空中段性能数据。

4) 近似估算方法

在方案论证阶段不确定因素比较多,气动力原始数据不够齐全,这些都不能充分发挥精确解法的准确长处。因而认为气动参数随速度线性变化,以平均值作为常值处理,用解析式计算代替数值积分,免去繁杂的迭代计算,使性能计算工作比较简便、快捷,仍有一定的精确程度,近似估算方法是比较合适的,现介绍如下。

简化假设:在地面滑跑时 α 比较小,$\sin(\alpha+\varphi)\approx 0$,$\cos(\alpha+\varphi)\approx 1$;认为气动参数随速度线性变化,以平均值作为常值处理,凡是与 V^2 成正比的参数,其平均值选用 $0.707V_{LOF}$ 的值;凡是与 V 成正比的参数,其平均值采用 $0.6V_{LOF}$ 的值比较合适。

简化后的估算公式如下:

(1) 地面滑跑距离计算。

a) 起飞滑跑距离计算公式如下:

$$S_{BTO}=\frac{(V_{LOF}-V_W)^2}{2g\left(\dfrac{T}{W}-\mu-\phi-\dfrac{C_D-\mu C_L}{W}\times\dfrac{\rho V^2 S}{2}\right)}\tag{11.29}$$

$$t_{BTO}=\frac{(V_{LOF}-V_W)}{2g\left(\dfrac{T}{W}-\mu-\phi-\dfrac{C_D-\mu C_L}{W}\times\dfrac{\rho V^2 S}{2}\right)}\tag{11.30}$$

式中,V_{LOF} 一般可按 $1.08V_s$ 选用。

b) 着陆滑跑距离计算。

(a) 着陆过渡段($V_{TD}\sim V_B$)计算:接地速度 V_{TD} 一般比参考速度 V_{ref} 小 $3\sim 5\,kn$,$V_{ref}=1.23V_s$。V_{TD} 与 V_B 的关系较难准确估计,这一段的时间很短,一般认为是 $2\,s$ 左右,而且中间又有使用刹车、打开扰流板等措施,这段过渡段距离可用下式计算:

$$S_{TLD}=\left(\frac{V_{TD}+V_B}{2}-V_W\right)\Delta t\tag{11.31}$$

为保守起见,取 $V_B=V_{TD}$,$\Delta t=2\,s$,即可计算得到着陆过渡段的滑跑距离。

(b) 着陆滑跑段($V_B\sim 0$)计算:公式与起飞段相同,用 V_B 取代 V_{LOF} 即可计算得到 S_{BLD},着陆滑跑距离 $S=S_{TLD}+S_{BLD}$。

(2) 空中段距离计算。

a) 起飞空中段距离计算:用能量法计算拉起爬升段($V_{LOF}\sim V_2$)的距离,此时飞机剩余推力所做的功等于飞机从 V_{LOF} 到 V_2 的总能量之差:

$$S_{ATO}\Delta T_{TO}=\left(\frac{WV_2^2}{2g}+H\right)-\left(\frac{WV_{LOF}^2}{2g}\right)$$

$$S_{ATO}=\frac{W}{\Delta T_{TO}}\left(\frac{V_2^2-V_{LOF}^2}{2g}+H\right)\tag{11.32}$$

式中,ΔT_{TO} 为平均剩余推力,$\Delta T_{TO}=\dfrac{1}{2}\left[(T-D)_{V_{LOF}}-(T-D)_{V_2}\right]$;$H=10.7\,m$(约 $35\,ft$),计算阻力应考虑 $n_y=1.1$ 时的阻力值。对应时间 $t_{ATO}=\dfrac{S_{ATO}}{\dfrac{V_{LOF}+V_2}{2}}$。

b) 着陆空中段距离计算:飞机由高度 15 m(约 50 ft)以 V_{ref} 下降、拉平到接地这一段所经过的水平距离(见图 11.10)。计算公式如下:

$$S_{ALD} = \frac{15}{\theta} + \frac{R\theta}{2} \tag{11.33}$$

式中,$\frac{15}{\theta}$ 为下滑段的距离;$\frac{R\theta}{2}$ 为后半改平圆弧段,因 $\frac{\theta}{2}$ 为 1.5°,所以圆弧段近似等于直线距离。由式(11.14)第二式 $mV\frac{\mathrm{d}\theta}{\mathrm{d}t} = m\frac{V^2}{R} = (L\cos r_s - W\cos\theta)$,因 θ 很小,所以 $\cos\theta \approx 1$;又因 $\cos r_s \approx 1$,所以 $R = \dfrac{V^2}{g\left(\dfrac{L}{W}-1\right)} = \dfrac{V^2}{g(n_y-1)}$。将 $V = \dfrac{V_{ref}+V_{TD}}{2} = $

$V_{ref} - 2.5$、$n_y = 1.2$ 代入可求出 R,将 R 代入式(11.33)可得 S_{ALD}。计算时应注意,15 的单位是 m,则 V 也要用单位 m/s。

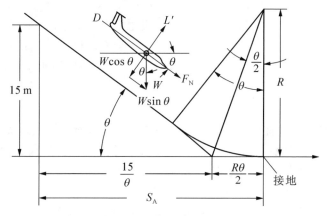

图 11.10 着陆过程空中段

$$t_{DLD} = \frac{S_{ALD}}{V} \tag{11.34}$$

$$W_{DLD} = \frac{W_{fit}}{3\,600} \times t_{DLD} \tag{11.35}$$

将上述计算结果汇总后得到起飞距离为 $S = S_{BTO} + S_{ATO}$,着陆距离为 $S - S_{ALD} + S_{TLD} + S_{BLD}$。FAR 定义的着陆距离为 $1.67(S_{ALD} + S_{TLD} + S_{BLD})$。

5) 平衡场长和平衡决断速度的计算

(1) 单发停车继续起飞计算。

在 V_1 到 V_R 之间假设不同的 V_1。取 $V_1 = 1.05V_{MCG}$ 作为初值,V_1 之前的计算与正常起飞滑跑计算方法相同,速度大于 V_1 之后的加速滑跑计算只是故障发动机推力为 0,同时增加停车引起的阻力增量,按起飞的计算方法得到单发继续起飞距离。对于每个 V_1 算得相应的继续起飞距离，连成 $S_{CT}=S_A+S_B+S_C=f(V_1)$ 曲线。其中 S_A 为 V 从 $0\sim V_1$ 的滑跑距离，S_B 为 $V_1\sim V_{LOF}$ 的滑跑距离，S_C 为空中段 $V_{LOF}\sim V_2$ 的距离。

(2) 加速停止距离计算。

加速度段 S_A(V 由 $0\sim V_1$)计算方法同起飞加速段；过渡段 S_D($V_1\sim V_B$)计算方法同着陆滑跑的过渡段；减速段 S_E($V_B\sim 0$)计算方法同着陆滑跑的减速段。加速停止距离 $S_{AS}=S_A+S_D+S_E+2V_1$。在 $V_1\sim V_R$ 范围内假设不同的 V_1，计算 S_{AS}，可以得到 S_{AS} 随 V_1 的变化曲线。

(3) 平衡场长 S_{BL} 和平衡决断速度 V_{1B}。

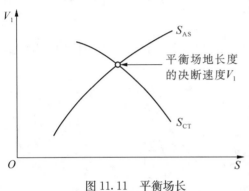

图 11.11　平衡场长

继续起飞距离和加速停止距离随 V_1 的变化关系表示在同一图中，如图 11.11 所示。两曲线交点即为平衡点，此时的 V_1 称为平衡决断速度 V_{1B}，相对应的距离称为平衡场长，该点的继续起飞距离等于加速停止距离。

当发动机故障后的决断速度 V_1 小于 V_{1B} 时，采用加速停止方式更有利；当 V_1 大于 V_{1B} 时采用继续起飞方式更有利。

在实际使用中，往往以 V_R 代替 V_{1B}，前提是 V_R 的加速停止距离应小于跑道长度加安全道长度。只要在到达 V_R 前发动机故障就终止飞行，在到达 V_R 后发动机故障就继续起飞，实际使用掌握比较方便。

6) 关于湿跑道起飞、着陆性能的计算

湿跑道起飞性能的计算方法与干跑道是一致的，区别在于：①湿跑道的刹车摩擦系数用干跑道的 1/2 进行计算；②湿跑道的起飞安全高度为 4.6 m。按前面适航条款的规定决定湿跑道起飞性能。湿跑道的着陆性能计算方法与干跑道相同，只是刹车摩擦系数用干跑道的 1/2。适航条款规定湿跑道着陆距离是干跑道的 1.15 倍。

11.3.2.5　爬升梯度

1) 起飞爬升阶段爬升梯度

飞机的起飞爬升阶段即起飞飞行航迹是从起飞终点 ($H=35\,\text{ft}$ 或 $H=10.7\,\text{m}$，$V_2\geqslant 1.13V_s$) 到起飞飞行航迹终点 ($H\geqslant 1500\,\text{ft}$ 或者 $H\geqslant 450\,\text{m}$，$V\geqslant 1.18V_s$) 的飞行过程，如图 11.12 所示，共由四个阶段组成。

这阶段要求飞机尽快爬升到安全高度，转入航线爬升飞行，并超越地面障碍物，这是反映飞机性能优劣的一个重要方面。衡量这一性能的指标是爬升梯度 CG (climb gradient)，就是飞越单位水平距离所增加的高度，$CG=H/L=\tan\theta$，四个阶段的飞机构型、发动机工作状态、飞行参数及适航的梯度要求列于表 11.3。

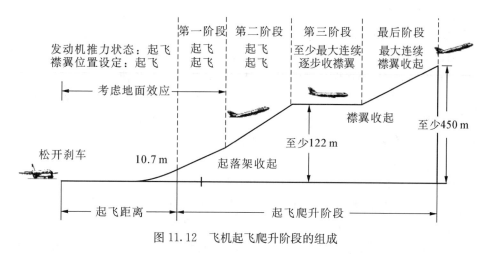

图 11.12 飞机起飞爬升阶段的组成

表 11.3　飞机各飞行阶段起飞、进场、着陆爬升梯度要求

重　量	第一阶段 最大起飞 重量	第二阶段 最大起飞 重量	第三阶段 最大起飞 重量	第四阶段 最大起飞 重量	进场爬升 最大着陆 重量	着陆爬升 最大着陆 重量
飞行高度(高出机场的高度)	10.7 m	120 m	120 m	450 m	450 m	10.7 m
飞行速度	$V_2 \geqslant 1.13V_s$	$V_2 \geqslant 1.13V_s$	$V_2 < V < 1.18V_s$	$V \geqslant 1.18V_s$	$V \not\geqslant 1.4V_s$	$V_{ref} = 1.23V_s$
襟翼状态 起落架	起飞襟翼 开始收	起飞襟翼 收上	收襟翼 收上	巡航构型 收上	进场位置 收上	着陆位置 放下
发动机状态	一发停车,其余起飞推力	一发停车,其余起飞推力	一发停车,其余最大连续	一发停车,其余最大连续	一发停车,其余起飞推力	全发工作,推油门至起飞状态第8s的推力
FAR定义的最小总梯度要求						
双发飞机	正梯度	2.4%		1.2%	2.1%	3.2%
三发飞机	0.3%	2.7%		1.5%	2.4%	
四发飞机	0.5%	3.0%		1.7%	2.7%	
FAR定义的净梯度减小量						
双发飞机		0.8%				
三发飞机		0.9%				
四发飞机		1.0%				

　　适航条款规定飞机以净梯度爬升的轨迹应高出障碍物高度 10.7 m(35 ft),满足越障要求,同时还应满足各阶段的最小总梯度要求。一般第二阶段梯度是临界状

态,最大起飞重量经常受第二阶段梯度限制,为此,不得不降低最大起飞重量以满足梯度要求,特别对高原高温机场更是如此。

当最大起飞重量受第二阶段梯度限制时,为了提高可用起飞重量,改善飞机使用性能和经济性能,必须提高爬升梯度,其改进办法有以下几种:

(1) 减小襟翼偏度。减小襟翼偏度可以提高升阻比,增大爬升梯度改善越障能力,提高可用的起飞重量。但是由于襟翼偏度减小导致起飞场长增加,因此在起飞场长满足要求的前提下,襟翼偏度减小才有实际意义。

(2) 改进爬升方法。因为爬升速度 V_2 一般小于升阻比最大的有利速度,所以提高爬升速度可以增加爬升梯度,改善越障能力。

(3) 减轻飞机重量。这是显而易见的措施,但现有飞机要减轻起飞重量必然会减小商载或机内燃油量,这会影响飞机的使用性能和经济性。

(4) 改变起飞路径。采用起飞后转弯绕道避开障碍物,但使用比较麻烦,涉及机场条件和地形准确数据、制定详细起飞路径方案。

2) 进场、着陆阶段爬升梯度

在飞机进场、着陆阶段,由于各种原因,要求中止进场、着陆转为复飞爬升,以便进行重新着陆。其中进场复飞是在初始进场高度,距机场比较高,复飞时将工作发动机油门推至起飞状态,待速度增加后按正常起飞操作程序拉起转入爬升,这时的梯度称为进场爬升梯度。而在最终进场阶段,飞机已对准跑道进行最后进近下滑时要中止着陆,这时距机场高度比较低。复飞时全发油门推至起飞状态,用推油门后第 8 s 时的推力值计算飞机的梯度,称为着陆爬升梯度。这两种飞机的构型、发动机工作状态、飞行参数及适航的梯度要求也一起列于表 11.3。这两种状态是检查最大着陆重量的限制内容之一。

3) 计算方法

各阶段梯度的计算方法与爬升梯度计算方法一样。飞机在稳定状态下的爬升梯度计算公式为

$$V_y = \left[\frac{T\cos(\alpha + \varphi) - D}{W} \right] V = V\sin\theta \tag{11.36}$$

$$\sin\theta = \frac{T\cos(\alpha + \varphi) - D}{W}$$

$$CG = \tan\theta = \tan\left[\arcsin\frac{T\cos(\alpha + \varphi) - D}{W} \right] \tag{11.37}$$

当 θ 较小时可近似认为有

$$\tan\theta \approx \sin\theta = \frac{T\cos(\alpha + \varphi) - D}{W} \tag{11.38}$$

在实际使用中一般是按等 V_C 爬升,这时的梯度值应该进行加速度因子修正:

$$\text{CG} = \sin\theta = \frac{\dfrac{T\cos(\alpha+\varphi)-D}{W}}{1+\dfrac{V}{g}\dfrac{dV}{dH}} \tag{11.39}$$

式中，$\dfrac{V}{g}\dfrac{dV}{dH}$ 计算公式见表 11.1。净梯度 $\text{CG}_n = \text{CG} - \Delta\text{CG}_n$，$\Delta\text{CG}_n$ 为净梯度比总梯度小的差量，适航条款规定对于双发飞机该值为 0.8%，如表 11.3 所示。

$$\frac{T\cos(\alpha+\varphi)}{W} - \frac{D}{W} = \frac{T}{W}\cos(\alpha+\varphi) - \frac{1}{K} \tag{11.40}$$

由此可见最大梯度在升阻比最大时出现，此点为梯度最有利速度，也称为绿点速度。

11.3.2.6 影响最大起飞重量的其他因素

1）刹车能量对起飞重量的限制

飞机地面滑行的动能主要靠机轮刹车装置吸收，并转化为热能。为保证刹车装置能够安全使用，对吸收的最大动能有所限制，因而会影响飞机的重量限制。

刹车吸收能量计算如下：

$$E_B = \frac{1}{2}\frac{W}{g}V_G^2 = \frac{1}{2}\frac{W}{g}(V \pm V_W)^2 \tag{11.41}$$

式中，逆风取负号，经过对机场高度、大气温度、跑道坡度、风速修正后，得到的最大刹车能量速度 V_{MBE} 与起飞决断速度 V_1 对比，如 $V_{MBE} < V_1$，则减轻飞机起飞重量，直到满足 $V_{MBE} = V_1$ 为止。因为中断起飞的 V_1 速度是飞机动能的临界状态，此时飞机重量为最大起飞重量，速度为刹车使用的最大速度，所以动能最大。

2）轮胎速度对起飞重量的限制

飞机的轮胎强度受轮胎转速限制，当在允许的最大转速 n_{tr} 时，轮胎的线速度 $V_{tr} = n_{tr}R$，其中机轮半径 R 是已知的，因此 V_{tr} 也就确定了。这个 V_{tr} 就是飞机所允许的最大前进速度（地速），相当于离地时产生的最大前进速度。

$$V_{tr} = V_{LOF} - V_W$$

其中

$$V_{LOF} = \sqrt{\frac{\dfrac{W}{S}}{\dfrac{1}{2}\rho C_{LLOF}}}$$

而

$$V_{LOF} = V_{tr} + V_W$$

$$W_{tr} = \frac{\rho S}{2} C_{LLOF} (V_{tr} + V_W)^2 \qquad (11.42)$$

W_{tr} 即为受轮胎转速限制允许的最大起飞重量。

3) 最大起飞重量的确定

最大起飞重量是由以下几个因素决定的:

(1) 强度允许的最大起飞重量。

(2) 起飞场长限制。

(3) 第二阶段爬升梯度限制。

(4) 越障限制。

(5) V_{MBE} 限制。

(6) V_{tr} 限制。

上述限制取最小值,检查起飞重量是否符合要求,否则减轻起飞重量,直到满足要求为止。

11.3.2.7　影响最大着陆重量的因素

最大着陆重量受如下因素的影响:

(1) 着陆场长限制。

(2) 着陆进场参考速度 $V_{ref} < 141$ kn 的限制。

(3) 进场爬升梯度限制。

(4) 着陆爬升梯度限制。

(5) 强度限制。

上述限制取最小值作为最大着陆重量限制值。

11.3.3　飞行高度性能

与高度有关的飞行性能包括最大允许飞行高度、全发工作的最大平飞高度、一发不工作的最大平飞高度三项飞行高度性能。

1) 最大允许飞行高度

最大允许飞行高度是指飞机可以达到的,所允许的最大飞行高度。该高度一般受机体强度和空调增压系统的能力所限。允许在某些状态,如最大飞行重量时受推力限制时达不到该高度,只有在较小重量时,才能飞到该高度。因此它主要作为结构、强度和系统设计使用的极限高度条件。

确定最大允许飞行高度时主要考虑满足巡航使用、结构强度、空调增压系统,以及其他与飞行使用高度有关的一些设备的设计要求。如果该高度定得太高,增加了有关系统和设备的工作负担,增加了机身受载的负荷,则必然会付出一定的重量代价;如果该高度定得太低,则可能不能满足巡航的使用要求,因为对一些大型客机,航程跨度大,巡航高度在小飞行重量时会比较高,过低的最大飞行高度会影响航程飞行的使用,因而必须综合考虑,合理制定该高度指标,一般定在 $12 \sim 13$ km 之间比较合适。

2) 全发工作的最大平飞高度

全发工作的最大平飞高度是指在规定的发动机工作状态下,保持等速平飞并具有一定剩余推力(爬升率)所能达到的飞行高度,该高度也就是全发工作升限,如果剩余爬升高度为 0,即为理论升限。为了具有实用意义,一般剩余爬升率要求为 300 ft/min 或 500 ft/min。由于该高度比较高而且飞行速度也比较大,所以一般还要检查抖振升力系数限制。在该飞行速度、1.3g 过载时,以抖振升力系数所能达到的高度应大于全发工作升限,也就是 1.3 倍的升限升力系数应小于抖振升力系数 $(1.3C_{L\text{ceiling}} \leqslant C_{LB})$。

对于发动机工作状态,需检查最大爬升工作状态和最大巡航工作状态,飞机重量可取巡航起始重量至巡航结束重量的范围,计算多个重量,得出升限随重量的变化曲线。

3) 一发不工作的最大平飞高度

一发不工作的最大平飞高度是指发动机在最大连续工作状态下,保持某速平飞,并具有梯度为 1.1% 或 300 ft/min 爬升率所能达到的飞行高度,该高度即为一发工作升限。该高度比较低,一般可以不做抖振升力系数限制的检查,飞机重量也取巡航起始重量至巡航结束重量的范围,计算升限随重量的变化曲线。

最大允许飞行高度是由设计部门确定的指标值,而全发工作升限和一发不工作升限是需要设计计算检查的。计算方法如下所述:

(1) 准确计算方法。

计算公式如下:

由于 $\dfrac{\mathrm{d}V}{\mathrm{d}t}=0$、$\dfrac{\mathrm{d}\theta}{\mathrm{d}t}=0$,因此式(11.13)变化为式(11.43):

$$T\cos(\alpha+\varphi)-D=W\sin\theta$$

$$L+T\sin(\alpha+\varphi)=W$$

$$\sin\theta=\frac{V_y}{V} \tag{11.43}$$

计算步骤如下:

第一步,选定计算重量、发动机工作状态、升限速度 V(取爬升率计算中 $V_{y\text{max}}$ 对应的速度),以由升限要求的剩余 V_y 计算得到 $\sin\theta=V_y/V$ 和 $W\sin\theta$ 剩余推力值。

第二步,假设一个升限高度 H_0,由 H_0、V 可查得发动机推力 T,由第二式迭代计算求得 α、C_L。由第一式求得 $W\sin\theta_0$。

第三步,比较 $W\sin\theta_0$ 与 $W\sin\theta$,若 $W\sin\theta_0$ 大则提高 H_0;若 $W\sin\theta_0$ 小则降低 H_0。再按第二步迭代计算,直到 $W\sin\theta_0$ 与 $W\sin\theta$ 相等即可得到升限值。

(2) 简化估算方法。

计算公式如下:

$$T - D = W\sin\theta$$

$$L = W$$

$$\sin\theta = \frac{V_y}{V} \tag{11.44}$$

计算步骤如下：

第一步,与准确计算方法的第一步相同。

第二步,假设一个升限高度 H_0,由 H_0、V 查得 T,由第二式求得 $C_L = \dfrac{W}{qs}$,由 C_L 计算飞机阻力 D,由第一式求出 $W\sin\theta$。避免了求 α、C_L 的迭代过程。

第三步,与准确计算方法相同,迭代求得升限值。

如果升限速度 V 不是从爬升率计算中得到,则可以假设一系列的升限速度,可求出升限随速度的变化曲线。从而得到升限最大的 H 和 V,取得所求的升限值及对应的升限速度。

11.3.4　巡航性能

巡航性能与飞机使用性和经济性紧密相关,航程大小直接关系到飞机的使用范围,它的轮挡时间和轮挡油耗是决定直接使用成本(DOC)的主要因素之一,因此航程是一架客机相当重要的性能指标。巡航性能好坏,由飞机气动特性(K_{max})、巡航马赫数及发动机的油耗率(SFC)所决定。

11.3.4.1　有关定义和规定

1) 航程

航程是飞机做等速、直线飞行,耗尽可用燃料所飞过的水平距离。其主要指标是巡航距离、巡航时间、巡航耗油。决定巡航性能的主要状态参数是巡航高度、巡航速度、发动机工作状态(推力、耗油率)。

飞机航程飞行包括起飞、爬升、巡航、下降、进近、着陆等飞行阶段,典型飞行剖面如图 4.1 所示。

可用燃料量是飞机最大可用油量减去应急燃油和备用燃油后可供飞机做航程飞行使用的燃油量。

应急燃油为在巡航末端外加的 10% 任务时间所耗的油量。备用燃油为备份航段为 100 n mile 或 200 n mile 时的用油再加上 30 min 或 45 min 等待燃油,其中备份航段巡航高度应满足平飞段距离≥爬升段加下降段距离的要求,其中等待燃油是在 1 500 ft 高度以经济速度(等待速度)做等待飞行所用的燃油量(用 30 min 或 45 min 应根据航段距离决定)。

2) 轮挡时间、轮挡耗油

飞机执行航段飞行,从停机坪发动机开车起算,至完成任务最终着陆滑至停机坪发动机关车为止,所消耗的时间和燃油。

3）任务时间、任务耗油

在起飞线加油门松刹车直到终点机场着陆结束为止所经过的时间和耗油,它是轮挡时间、轮挡耗油减去起飞前的滑行段和着陆后滑入段的时间和耗油。

11.3.4.2 计算公式

比航程(γ)是指消耗单位燃油所能飞行的距离(km/kg 或 n mile/lb),亦称燃油里程。$\gamma = -dR/dW_{fuel}$,其中 R 为距离,W_{fuel} 为燃油重量。比航程又可表示为 V/W_{fh},V 为巡航速度,W_{fh} 为发动机的小时耗油量。$W_{fh} = SFC \times T_n$,SFC 为发动机单位推力的燃油消耗率,T_n 为发动机的安装净推力。考虑升力、重量平衡以及推力、阻力平衡,由比航程公式可推导出航程计算公式:

$$\gamma = \frac{V}{SFC \times T}$$

$$= \frac{V}{SFC \times D}$$

$$= \frac{VL}{SFC \times DW}$$

$$= \frac{V\left(\dfrac{L}{D}\right)}{SFC \times W}$$

$$= \frac{\dfrac{aMaL}{D}}{SFC \times W}$$

$$= \frac{\dfrac{a_0\sqrt{\theta}MaL}{D}}{SFC \times W}$$

$$dR = -rdW$$

$$R = -\int_{w_1}^{w_2} rdW = -\int_{w_1}^{w_2} \frac{\dfrac{a_0\sqrt{\theta}MaL}{D}}{SFC \times W} dW = \frac{\dfrac{a_0\sqrt{\theta}MaL}{D}}{SFC} \ln\frac{W_1}{W_2} \qquad (11.45)$$

式中,W_1 为初始巡航重量,W_2 为巡航结束重量。式(11.45)是计算航程的基本方程,称为 Breguet 方程。

11.3.4.3 计算方法

1）确定有利巡航 Ma

首先计算不同高度、不同重量、不同速度的燃油里程 R。绘制 $R = f(H, M, W)$ 曲线,如图 11.13 和图 11.14 所示。对于给定高度,$R = f(M, W)$,曲线如图 11.13 所示。从曲线中可以看出与 R_{max} 相对应的是航程最大的 Ma。一般使用 $0.99R_{max}$ 的偏大速度方向的点作为远程巡航 Ma,它会损失 1% 航程,但是由于 Ma

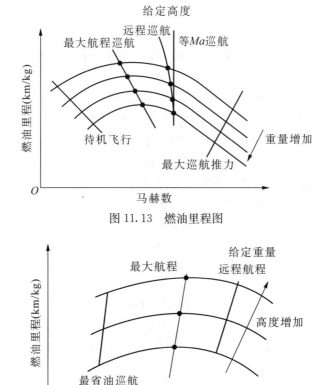

图 11.13　燃油里程图

图 11.14　最大航程巡航马赫数与高度的关系

增大较多,却节省了 $3\%\sim4\%$ 的巡航时间。与小时耗油量最小的点相对应的是续航时间最长的 Ma,也是通常使用的待机速度,当高度一定时都随重量的增加而增大。当重量一定时,$R=f(H,M)$,曲线如图 11.14 所示,各种有利速度都随高度增加而增大。具体计算方法如下:①用求需用推力的方法,求得需用推力 T;②由 SFC $\times$ $T=W_{fh}$ 求得小时耗油量,可以得到 W_{fhmin} 相对应的速度,亦称为绿点速度;③由 $R=\dfrac{V}{W_{fh}}$ 求得比航程,可作出图 11.13 和图 11.14。

除了上述三种最大航程、远程航程、最省油航程有利于巡航状态外,还有一种是成本最低、最经济的巡航速度,这里"最经济"不是指小时耗油量最低的速度,而是指全机直接使用成本(DOC)最低的巡航速度。在最省油速度下耗油量最低,但它飞行速度小、耗时多,从成本方面讲不一定最有利。从 DOC 分析计算着手,计算不同巡航速度的轮挡耗油、轮挡时间,再计算 DOC 随巡航速度的变化关系,如图 11.15 所示。DOC=固定成本+时间成本+燃油成本,DOC 这条曲线上的最低点即为经济巡航速度。

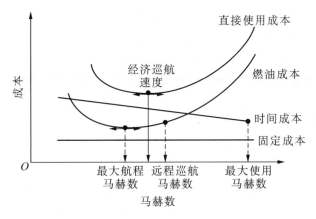

图 11.15 经济巡航马赫数

2）巡航方式的选择

巡航方式有等速、变高,等速、等高,变速、等高,阶梯爬升四种方式。从性能上讲,等速、变高最好,但操作上受航管限制,不允许按这种方式飞行。等高、变速性能其次,但操作上要随时调整速度,不好执行,且航时较长。等高、等速性能最差,但使用比较简单,航程不大的支线或短程干线飞机可采用此方案,不会造成太大损失。阶梯爬升具有等高、等速方式操作简单的优点,具有等速、变高方式性能较好的优点,弥补了等高、等速方式性能差的缺点,因此它是干线飞机,特别是长航程飞机使用的较好的巡航方式。

3）常用的几项巡航性能

（1）商载航程图。

民用飞机通常用商载航程图来表示巡航性能的好坏,如图 11.16 所示。图中 A、B 是指飞机在最大商载情况下的航程水平,B 点是飞机达到最大起飞重量、最大商载可达到的航程。图中 B、C、D 是飞机在最大起飞重量情况下,商载减小但燃

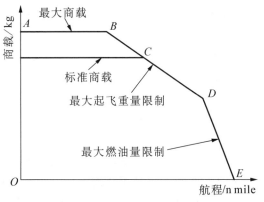

图 11.16 民机的商载航程图

油增加,从而保持最大起飞重量不变的航程水平,其中 C 点为标准商载情况下的航程,D 点为机内燃油达到最大燃油量状态时的航程。图中 D、E 是飞机在最大燃油量状态下,商载继续减小,全机重量减少,航程增加的情况,而 E 点是商载为零时飞机所能达到的最大航程,作为转场航程使用,DE 段反映飞机重量减轻时对航程的影响。商载航程图全面反映了一架飞机的航程水平,它是飞机的广告宣传资料、性能手册中反映航程性能的典型图表。

(2) 轮挡时间、轮挡耗油数据表。

根据飞行任务剖面图(见图 4.1),在给定商载(一般用标准商载,满座乘员重量加行李重量)的情况下,按选定的爬升方式计算出不同航段距离的轮挡时间和轮挡耗油、任务时间和任务耗油,这些数据供成本计算分析使用。在计算时,备用燃油不随航段距离变化,但应急燃油与航段飞行的任务时间有关。所以航段飞行的着陆重量不是一定的,它是零油重量+备用燃油量+应急燃油量。因此要确定不同航段的起飞重量必须采用迭代方法计算,才能既满足航段距离又满足备用、应急燃油量和着陆重量的要求。

4) 与使用性能有关的巡航性能

(1) 风对巡航性能的影响。

在实际使用中不能忽略风对航程的影响。有时高空的风速还是比较大的,对航程影响也较大。

空中距离 $R_A = V_{cr} \times t$,地面距离 $R_G = (V_{cr} \pm V_W) \times t$,其中 V_W 为风速,顺风取正,逆风取负。由于飞行时间是相同的,所以 $R_A = \dfrac{R_G V_{cr}}{V_{cr} \pm V_W}$ 或 $R_G = \dfrac{R_A(V_{cr} \pm V_W)}{V_{cr}}$,从而也可得到风对比航程的影响

$$r_G = \frac{V_G}{W_{fh}} = \frac{V_{cr} \pm V_W}{W_{fh}} = \frac{V_{cr}\left(1 \pm \dfrac{V_W}{V_{cr}}\right)}{W_{fh}} = r\left(1 \pm \frac{V_W}{V_{cr}}\right) \qquad (11.46)$$

式中,r_G 为有风情况下的比航程。显然,顺风比航程增大,逆风比航程减小。

使用中应根据实际的风速随高度的变化情况,通过改变巡航高度减少逆风损失或增加顺风收益。当这个好处足以补偿改变高度所带来的航程损失时,我们就可选择一个更有利的巡航高度进行巡航。但这样的高度改变必须符合空中交通管理的规定,在使用中需认真考虑。

(2) 单发不工作巡航。

在巡航飞行时如出现单发停车,如果不能及时排除则有以下三种处置方法:

a) 返航点。

飞机在巡航途中单发失效,飞机耗尽全部可用燃油,仍可返回原机场的最远距离点,称为返航点。确定返航点的方法是用全发工作计算出航的航程,先选择几个不同的使用燃油点(1、2、3、4),得到 R_1、R_2、R_3、R_4 不同的出航距离。再根据其剩余的可用油量计算单发不工作的返航航程,它开始先飘降到单发不工作的巡航高

度,然后按单发不工作的有利巡航速度做返场巡航飞行,可计算出 R_1'、R_2'、R_3'、R_4' 相应的返航距离。它们都要考虑出航、返航的风速影响修正,得出相对应的地面距离。两组数据连成曲线,其交点即为返航点,如图 11.17 所示。

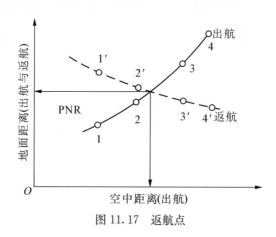

图 11.17 返航点

也可用迭代算法,先假设一个出航用油量,算出全发工作出航航程。根据剩余油量计算单发不工作返航航程,如返航航程不等于出航航程,则再调整出航用油量,重复上述计算,直到出航航程与返航航程相等为止,该点即是返航点。计算必须考虑风的影响,出航和返航应地面距离相等。

b) 等时点。

飞机在巡航飞行中单发不工作时,飞机继续向前飞到目的地,与返航回到出发点的所需飞行时间相等的点称为等时点,如图 11.18 所示。顺风段为 $V+V_w$,逆风段为 $V-V_w$。若风向如图 11.18 所示,则 $S_{G_a} = \dfrac{S_G(V+V_w)}{2V}$,$S_{G_b} = \dfrac{S_G(V-V_w)}{2V}$,等时点偏向 B 点一侧。

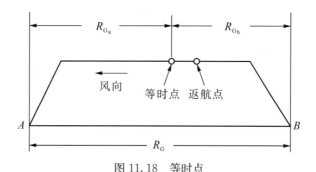

图 11.18 等时点

若风向与图 11.18 所示相反,则 $S_{G_a} = \dfrac{S_G(V-V_w)}{2V}$,$S_{G_b} = \dfrac{S_G(V+V_w)}{2V}$,等时点偏向 A 点一侧。总之顺风段距离大,逆风段距离小。

无论是返航点还是等时点,只供空中停车时判断处置方案所用,但实际操作一般就近选择一个机场是比较妥当的。

c) 飘降。

在巡航过程中单发不工作时,飞机必须降低巡航高度和巡航速度,以达到一个新的巡航状态,这一过程称为飘降,如图 11.19 所示。

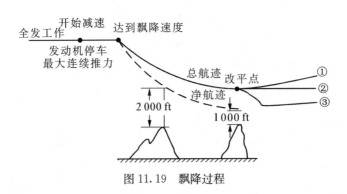

图 11.19　飘降过程

空中单发停车后,其余发动机保持最大持续工作状态,做减速飞行,将速度减至飘降有利速度(绿点速度),此时升阻比最大,阻力最小,下降的梯度最小,可以提供较好的越障能力。飘降有利速度按梯度最小确定,如图 11.20 所示。改平后的巡航可采用保持改平点高度层做远程巡航速度的巡航或采用降低到最佳高度,做远程巡航速度巡航。

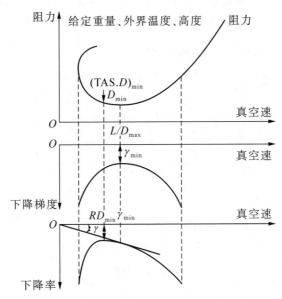

图 11.20　下降时阻力与速度的关系

巡航对飘降越障的要求如下:①在下降过程中要求净航迹高出障碍物 2 000 ft;

②在改平高度处要求净航迹高出障碍物 1 000 ft；③飞机发动机数目不同，净梯度相较于总梯度的减小量是不同的，如表 11.4 所示。

表 11.4 航路飞行净轨迹梯度差

	四发飞机	三发飞机	二发飞机
单发停车	1.6%	1.4%	1.1%
双发停车	0.5%	0.3%	—

与使用有关的巡航性能还有很多，大部分都涉及进行飞行计算所需的巡航性能数据，如与风向、温度、重量、高度、速度对应的巡航性能（距离、油耗、时间）数据；此外，为在适航规定允许的条件下充分发挥性能，将 10% 任务时间的应急燃油量减至最少，采用二次放飞的办法，以提高商载，增加经济效益；还有双发延长航程飞行，它是指对双发飞机而言，当单发停车后，如另一发动机的工作可靠性足够高，能源系统如电源、液压等都有三套余度，能保证足够的可靠性，则适航部门允许将单发停车后的规定（供飞到准降机场使用的应急备降时间）从 60 min 延长到 90、120、180 甚至 300 min 之久，具体应视系统工作可靠性而定。采用延程飞行后提高了点对点的直飞航线的能力，扩大了使用范围，极大地改善了飞机的使用性能，创造了经济效益。所有这些都与航程性能使用有关，足以说明巡航性能的重要程度。

11.3.5 爬升和下降性能

飞机要按拟定的飞行任务剖面（见图 4.1）执行航线任务，在航程巡航段前、后，必定有一个爬升段和下降段。爬升段和下降段计算主要确定有利的爬升速度和下降速度，确定爬升和下降的时间、油耗和距离。

爬升段和下降段的计算方法是相同的，飞机受的升力与重量升力方向上的分力相平衡，推力与飞机阻力和重量在阻力方向上的分力相平衡。所不同的是发动机的工作状态，爬升通常用最大起飞、最大连续、最大爬升等工作状态，而下降通常用慢车工作状态；另外气动构型爬升时不使用空中扰流板（减速装置），下降时可以不使用扰流板，但在应急下降时需要使用扰流板，此时必须考虑扰流板打开引起的升力和阻力特性的变化。

11.3.5.1 计算方法

1) 计算公式

由式（11.13）第一式，可得到爬升率 V_y 计算公式如下：

$$m \frac{\mathrm{d}V}{\mathrm{d}t} = T\cos(\alpha + \varphi) - D - W\sin\theta$$

$$\frac{V}{g} \frac{\mathrm{d}V}{\mathrm{d}H} \frac{\mathrm{d}H}{\mathrm{d}t} = \frac{[T\cos(\alpha + \varphi) - D - W\sin\theta]V}{W}$$

$$= \frac{[T\cos(\alpha + \varphi) - D]V}{W} - \frac{\mathrm{d}H}{\mathrm{d}t}$$

$$V_y = \frac{dH}{dt} = \frac{[T\cos(\alpha + \varphi) - D]V}{W} \bigg/ \left(1 + \frac{V}{g}\frac{dV}{dH}\right) \qquad (11.47)$$

式(11.47)是非稳态的爬升率,也就是爬升过程中速度随高度是变化的,其中 $1 +$ $\frac{V}{g}\frac{dV}{dH}$ 为加速度修正因子,$\frac{V}{g}\frac{dV}{dH}$ 的计算公式如表 11.1 所示。当 $\frac{dV}{dt} = 0$ 时,$\frac{V}{g}\frac{dV}{dH} = 0$,式(11.47)中 $V_y = \frac{[T\cos(\alpha + \varphi) - D]V}{W}$,就是稳态的爬升率计算公式。

考虑非标准温度对爬升性能的影响,需要乘以系数 $\left(1 + \frac{\Delta T}{T_s t}\right)$。

由式(11.47)中的 $dH = V_y dt$,以及 $dW = q_h dt$,$dL = V\cos\theta dt$ 这三个式子,计算爬升时间、油耗、距离。

2) 计算方法

升力与重量的平衡方程是 $T\sin(\alpha + \varphi) + L = W\cos\theta$。

因为爬升角比较小,$\cos\theta$ 可以近似为 1,所以 $T\sin(\alpha + \varphi) + L = W$。根据此式,用迭代方法求得满足该方程的 α 和 C_L 值。再由式(11.47)即可求得给定高度、速度、重量下的爬升率。利用上述计算方法,得到 V_y 随速度变化的曲线(见图 11.21),图中可得到与 V_{ymax} 相对应的有利爬升速度,以及与 θ_{max} 相对应的梯度有利爬升速度。梯度有利爬升速度一般比有利爬升速度要小,每小时油耗量 W_{fh} 最小的速度比梯度有利爬升速度还要小一些。

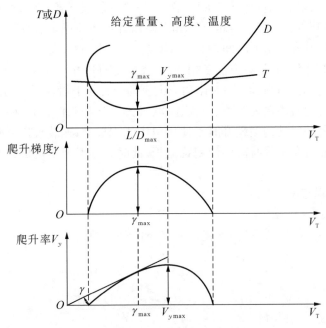

图 11.21 有利爬升速度与推力、阻力的关系

11.3.5.2　爬升方式

1）爬升时间最快方式（V_{ymax} 有利速度）

各高度的有利爬升速度随高度增加而增大；同一高度不同重量的有利爬升速度随重量增加也是增加的；在低高度时增加较慢，在高高度时增加较快，如图 11.22 所示。根据这一变化规律，爬升方式一般定为开始爬升时采用等校正空速爬升，到转换高度达到爬升 Ma 时，就转换成等 Ma 爬升，此转换高度一般低于 11 km，而等 Ma 爬升为减速爬升，等 Ma 爬升要比等速爬升有利。

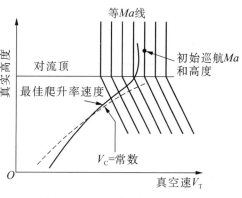

图 11.22　飞机有利爬升速度图

2）爬升航段油耗最低爬升方式

油耗最低的爬升并不是以 W_{fhmin} 的爬升速度飞行，因为该速度的爬升时间较长。最有利速度的选择是在同一起飞重量、大气条件、风速、巡航速度、巡航高度条件下，选一组爬升速度，计算飞到公共点的性能数据（爬升距离、时间、油耗），从数据比较可得到油耗低的爬升速度。它是考虑爬升时间、加速到巡航速度、飞到公共点的综合因素得出的最佳速度。W_{fhmin} 时的飞行速度可作为待机飞行速度（等待飞行速度）使用。

不同起飞重量对最佳爬升速度有影响，随起飞重量增加，有利爬升速度也随之增加，所以在实际使用时应根据起飞重量的范围选择一个有利爬升速度。

11.3.5.3　下降方式

下降性能的计算公式和计算方法与爬升相同，不同的只是发动机的工作状态是在慢车工作状态，推力很小，有时还会出现负的推力，推力比阻力要小很多，故而计算得出的 V_y 是负的，梯度也是负的。在给定高度下，计算出几个重量，不同速度的下降率曲线，如图 11.23 所示。

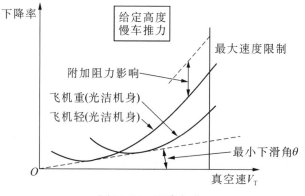

图 11.23　下降方式

由图中经分析可知:

(1) 最小下滑角与重量变化不大,它发生在升阻比最大时。

(2) 有利下滑速度随重量增加而增大,只有这样才能保持最大升阻比的迎角不变。

(3) 偏离有利速度,向大速度方向偏离时,下降率都会增加,但大重量增加慢,小重量增加快;向小速度方向偏离时,下降率也会增加,但大重量增加快,小重量增加慢。

选择下降方式时应注意如下几个问题:

(1) 选择好的下降时机。

最好的下降时机是下降的终了点与加入着陆航线的进入点相一致时,避免在低空调整进入点,所以不要过早地下降。考虑到人的耳膜能承受的最大压差变化率小于 100 mm 水柱每分钟,因而规定座舱气压最大下降率为 300 ft/min。从座舱气压 2 600 m 增加到海平面气压,一般需要 25 min 左右。飞机应在到达目的地之前 25 min 左右就要开始调高座舱气压,也就是开始正常下降。

(2) 正常下降方式(低速下降)。

最常用的是以最有利下降速度下降,最有利下降速度是从巡航公共点到下降公共点($H = 3\,000$ m、$V_c = 250$ kn)这个规定的相对的水平距离内,计算不同重量、不同下降速度的下降性能(时间和油耗),得出燃料最省的下降速度,即最有利下降速度,重量大,有利速度亦大。

正常下降一般是低速下降(与应急下降相比),基本上按有利下降速度飞行,发动机为慢车状态,在高空以等 Ma 开始下降,到转换高度后转为等校正空速下降,到 $3\,000$ m 时空速降为 250 kn,以后按 250 kn 下降到着陆航线高度(450 m)转入着陆航线飞行。

(3) 应急下降方式(高速下降)。

有时应需要,要求飞机尽快下降高度,尽早着陆,一般采用应急下降方式下降。此时发动机仍为慢车推力状态,打开空中扰流板以增加阻力,按 M_{mo} 及较大的校正空速下降(如 $0.82/320$ kn),这时下降率比较大。当应急下降出现在高空且下降点滞后于座舱气压调高点时,会导致座舱压差增大,或 BC 段的下降太快,超过 300 ft/min 的规定值,如图 11.24 所示。为此要求在 A 点增大发动机推力,使飞机沿 AC 下降,以满足 Δp 及 300 ft/min 的要求。C 点以后发动机可换到慢车状态,按规定的应急方式下降。

11.3.6　水平加减速和水平盘旋机动飞行

水平加减速在民机机动飞行中使用不多,只是在巡航剖面飞行中和着陆航线飞行中局部调整速度。盘旋机动也是在着陆航线飞行中,进行 1 - 4 转弯,做圆周飞行,调整到最终进场下滑着陆位置,如图 11.25 所示。

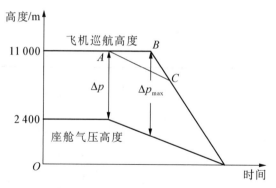

图 11.24　飞行高度与舱压的关系

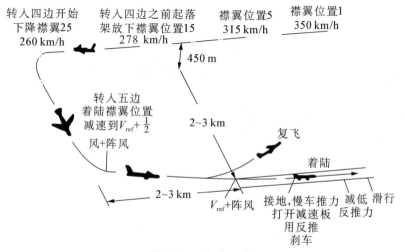

图 11.25　盘旋机动

11.3.6.1　水平加减速计算公式和方法

1）计算公式

由于 $\theta = 0°$，$\dfrac{\mathrm{d}\theta}{\mathrm{d}t} = 0$，$\gamma_{\mathrm{s}} = 0°$，所以式（11.12）、式（11.15）、式（11.18）变为

$$m\frac{\mathrm{d}V}{\mathrm{d}t} = T\cos(\alpha + \varphi) - D \tag{11.48}$$

$$\frac{\mathrm{d}X_{\mathrm{d}}}{\mathrm{d}t} = V \tag{11.49}$$

$$\frac{\mathrm{d}W_{\mathrm{fuel}}}{\mathrm{d}t} = -\frac{W_{\mathrm{fh}}}{3\,600} \tag{11.50}$$

$$[T\sin(\alpha + \varphi) + L] = W \tag{11.51}$$

2) 计算方法

由式(11.51)迭代求出满足方程的 α、L；由式(11.48) $t = \int_{V_0}^{V_1} \dfrac{dV}{g\left[\dfrac{T\cos(\alpha+\varphi)-D}{W}\right]}$

积分求出加速时间，其中 V_0 为初始速度，V_1 为终止速度；由式(11.49) $X_d = \int_0^t V dt$

求出加速距离；由式(11.50)得 $W_{fuel} = -\int_0^t \dfrac{W_{fh}}{3\,600} dt$ 求出油耗。如果使用简化方程则 $\sin(\alpha+\varphi) \approx 0$，$\cos(\alpha+\varphi) \approx 1$，不需迭代直接由式(11.51)求得 L，然后积分式 (11.48)、式(11.49)、式(11.50)可求得加减速时间、距离和油耗。水平加速则发动机为最大爬升工作状态，推力大于阻力为加速；如计算减速，则发动机为慢车状态，推力小于阻力为减速。

11.3.6.2　水平盘旋机动

1) 计算公式

由 $\dfrac{d\theta}{dt} = 0$，$\theta = 0°$，式(11.13)中三个公式变换如下：

第一式为
$$m \frac{dV}{dt} = T\cos(\alpha+\varphi) - D \tag{11.52}$$

由第二式为
$$[T\sin(\alpha+\varphi) + L]\cos\gamma_s = W \tag{11.53}$$

得
$$n_y = \frac{1}{\cos\gamma_s} = \frac{T\sin(\alpha+\varphi) + L}{W} \tag{11.54}$$

由第三式为
$$mV\frac{d\psi_s}{dt} = [T\sin(\alpha+\varphi) + L]\sin\gamma_s \tag{11.55}$$

$$m\frac{V^2}{R} = [T\sin(\alpha+\varphi) + L]\sin\gamma_s \tag{11.56}$$

得
$$R = \frac{V^2}{g\dfrac{\sin\gamma_s}{\cos\gamma_s}} = \frac{V^2}{g\sqrt{n_y^2 - 1}} \tag{11.57}$$

2) 计算方法

一般先要明确盘旋飞行的飞机坡度 γ_s，民机一般小于 25°。着陆航线上的各段飞行速度由襟翼使用速度确定。由式(11.52)、式(11.53)联解迭代计算，先求出 α、L。如果是等速盘旋，则 $\dfrac{dV}{dt} = 0$，由升力 L 可算出阻力 D，由 $T = \dfrac{D}{\cos(\alpha+\varphi)}$ 求得推力 T。由 $R = \dfrac{V^2}{g\sqrt{n_y^2 - 1}}$ 求得盘旋半径。由 $t = \dfrac{\dfrac{\Delta\psi_s}{57.3} \times V}{g\sqrt{n_y^2 - 1}}$ 求得盘旋时间，其中 $\Delta\psi_s$ 为转弯角度，根据航线要求确定。

由式(11.17)、式(11.18),可以求得飞机的轨迹位置数据和油耗量。

如果简化方程 $\sin(\alpha+\varphi)\approx 0$,$\cos(\alpha+\varphi)\approx 1$,则由式(11.53) $L=\dfrac{W}{\cos\gamma_s}$,不需要迭代直接可求得升力;由 $T=D$ 求得推力 T;其他计算方法相同,可求出盘旋半径、时间、油耗。

11.4　性能分析的意义

搞好性能工作是关系到型号成功的关键,性能是设计出来的,在设计中要做好以下几点:

(1)进行设计方案布局时注意增升、减阻、减重。高速性能以减阻为主,低速时减阻、增升兼顾,飞机具有较大的推重比和升阻比是性能的重要保证。

(2)做好气动力相关性研究工作,明确推阻定义和划分,制定好推阻修正体系和气动力试验研究工作,以确保提供比较准确的气动力数据。

(3)仔细研究适航条款,掌握其实质性的要素,充分体现在操作程序和计算软件中,灵活应用,充分发挥性能。

(4)做好客户服务的支持工作是性能工作中很繁重的任务,有大量的使用资料需要通过性能分析提供,这是我们义不容辞的任务,也是型号商业成功的关键之一。

思考题

1. 简述飞机性能分析在飞机研制不同阶段的主要作用。
2. 解释几何高度、气压高度的概念以及气压高度受气温变化的影响。
3. 简述当量空速与校正空速、真空速的概念和换算关系。
4. 简述平衡场长的概念和计算过程。
5. 说明商载航程图中最大起飞重量和最大燃油容积约束的影响。
6. 简要说明 Brueget 航程公式的推导过程。
7. 说明经济巡航速度的确定方法。
8. 简要说明时间成本和燃油成本对巡航方式的影响。
9. 分别说明螺旋桨发动机和喷气发动机的功率/推力随速度变化的规律以及实现最小推力巡航和最小功率巡航的速度分析方法。
10. 等当量速度爬升时,飞机的马赫数如何变化? 原因是什么?
11. 当飞机所有发动机都不工作时(推力＝0),飞机飞行的力学分析模型是什么?

12　操稳特性

飞机在飞行时,所有作用于飞机的外力之和与外力矩之和等于零的飞行状态,称为平衡状态。在性能计算中,把飞机当作一个质点来进行分析,即讨论力的平衡问题,而力矩的平衡可以通过操纵舵面得到解决。显然,这时不能再用质点运动方程来分析飞机的运动,而要把它当作刚体来研究。

为了保证各种飞行情况下飞机的力矩平衡(绕飞机重心的力矩),以及实现从某一飞行状态改变到另一飞行状态所需要的力矩,就牵涉到如何确定飞机重心、平尾、升降舵、副翼、垂尾和方向舵的几何外形以及其位置安排等问题。

为了说明飞机运动稳定性概念,我们先来讨论处于静止平衡状态的物体的位置稳定性问题。

假设一圆球处于如图 12.1 所示的三种静止的平衡状态。

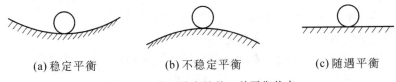

(a) 稳定平衡　　　　　(b) 不稳定平衡　　　　　(c) 随遇平衡

图 12.1　位置稳定性的三种平衡状态

(1) 第一种是稳定平衡。当圆球受到轻微扰动后,能自动恢复到原先的平衡位置。

(2) 第二种是不稳定平衡。当圆球受到轻微扰动后,将向一边运动,不能自动恢复到原先的平衡位置。

(3) 第三种是随遇平衡,又称中立平衡。当圆球受到扰动后,不能自动恢复到原先的平衡位置,但仍可在新的位置平衡下来。

由上可见,物体平衡位置稳定性的判断标准,就是物体偏离其平衡位置的扰动作用停止后,物体是否具有自动恢复到原先的平衡位置的趋势。

物体在静止平衡状态的位置是否稳定,还与扰动的大小、扰动作用的时间长短有密切关系。对于稳定平衡的物体,如果外界的扰动很大,作用的时间很长,也可以变为不稳定的。为简单起见,今后在我们所讨论的稳定性问题中,规定扰动是小扰动,作用是瞬时的。

12.1 运动稳定性

飞机运动稳定性的概念与上述物体位置稳定性的概念有着相似之处,只不过在飞机的运动中研究的已不是恢复到原先的平衡位置的问题,而是研究飞机恢复到原先的(基本的)运动状态的问题。

当飞机受到的外界干扰停止后,飞机的扰动运动能否自动恢复到基本运动的特性,称为飞机运动的稳定性问题。也可以说,飞机运动的稳定性就是指飞机自动地保持原先飞行状态的能力。

为了讨论简便起见,我们假定飞机原先的基本运动处于平衡状态。当飞机受到外界的瞬时干扰后,飞机的平衡被破坏,进入了所谓的扰动运动。

外界干扰的来源可以是阵风、多发动机飞机的单台发动机突然停车、舵面的偶然偏动等。而我们所讨论的扰动运动,是干扰停止后偏离基本运动不大的小扰动运动。在干扰停止后,不需要飞行员操纵,偏离就可以逐渐消失,则称未扰前的运动是稳定的,不然则为不稳定或中立稳定。根据运动参数偏离随时间变化的情况,扰动运动大致有两种方式:指数方式和振动方式。其中每种方式都可以有三种稳定情况(见图 12.2)。

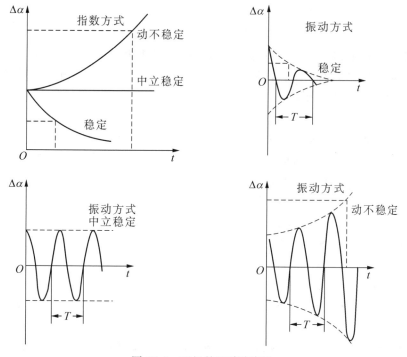

图 12.2　飞机的运动稳定性

为了进一步说明静稳定性概念,我们来研究下面的实例。在研究飞机的稳定性和操纵性时,采用的是机体坐标系。这种坐标系规定飞机的重心作为坐标原点 O,Ox 轴在飞机的对称面内与翼弦或机身轴线平行,称为飞机的纵轴,以指向机头为正。Oz 轴在飞机的对称面内,垂直于 Ox 轴,称为立轴,以指向下为正。Oy 轴垂直于飞机对称平面 Oxz,以指向右翼为正,称为飞机的横轴,如图 12.3 所示。

飞机在空间有三个转动自由度,即绕 Ox、Oy、Oz 三轴的转动。飞机绕 Oy 轴的纵向力矩(或俯仰力矩)M_y,改变了飞机 Ox 相对于气流的方位(迎角 α);飞机绕 Oz 轴的偏航力矩 M_z,改变了飞机的对称面 Oxy 相对于气流的方位(侧滑角 β);飞机绕 Ox 轴的滚转力矩(或横滚力矩)M_x,改变了飞机的滚转角 γ(即飞机对称面与包含 Ox 轴的空间铅垂平面之间的夹角),如图 12.3 所示。

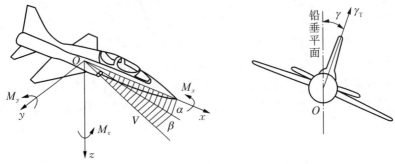

图 12.3　飞机机体坐标系和三个转动自由度

把一架模型飞机装在风洞试验段中,将通过飞机重心 O 的横轴 Oy 固定,飞机能绕此轴旋转,即只有一个自由度,利用力矩天平可测得不同迎角 α 时绕飞机重心的气动力矩 M,从而获得如图 12.4 所示的力矩曲线,图中规定上仰力矩为正,下俯力矩为负。

当迎角分别等于图中 a、b、c 值时,作用在整个模型飞机上的力矩等于零,即 $M=0$,这时模型处于平衡状态。如果我们把迎角增大一个 $\Delta\alpha$,使飞机抬头,则可能出现三种情况:第一种情况如图 12.4(a)所示,所产生的不平衡力矩 ΔM 为负值(即使飞机低头),也就是说 ΔM 有使飞机恢复到原来迎角的趋势,或者说 a 点平衡状态是静稳定的。第二种情况如图 12.4(b)所示,$\Delta\alpha$ 所产生的 ΔM 为正值,即产生使飞机抬头的力矩,这将使得飞机的迎角更大,从而使飞机离原来的迎角更远,因此这种平衡状态是不稳定的。第三种情况如图 12.4(c)所示,在平衡点附近,力矩曲线与横轴重合,即迎角稍有变化时不产生力矩变化,飞机可在新的迎角下仍保持 $M=0$,故这种平衡状态是中立静稳定的。可见上述飞机具有静稳定性的条件是飞机平衡点($M=0$)上的 $M=f(\alpha)$ 曲线的斜率为负值,即 $\partial M/\partial\alpha < 0$。

飞机的静稳定性只表示飞机某一个运动自由度受扰动(离开平衡状态)后的最初瞬间有无恢复至原先飞行状态的趋势,而并不讨论飞机最后能否回到原先的飞行状态。动稳定性研究飞机受扰动后运动的全部过程,这是静稳定性与动稳定性在概

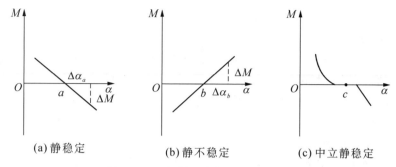

图 12.4　飞机纵向稳定性的三种情况

念上的区别。

　　静稳定性虽然只表示飞机受扰动后运动的最初趋势,但它对飞机的平衡、稳定性、操纵性都有重大影响,所以它是飞机设计的重要参数之一。

12.2　操纵性

　　要使飞机从一个运动状态变到另一个运动状态,或者保持某一特定的平衡状态飞行,需要进行操纵。飞机在飞行员操纵下改变飞行状态的能力称为飞机的操纵性,有时将操纵性理解为飞机"跟随驾驶杆"的能力。通常要求,为了改变飞机某一飞行状态,飞行员的动作要简单且符合飞行员的生理习惯(如减小迎角应要求飞行员前推杆,加大迎角应要求飞行员后拉杆),驾驶杆的位移量和杆力大小应适中,在飞行员操纵下,飞机反应快慢应适中。

　　研究关于保持任何定常运动中飞机的力矩平衡所必需的舵偏角和驾驶杆力问题,称为"静操纵性"的问题。

　　由于稳定性是飞机保持给定飞行状态的能力,而操纵性则是改变这种状态的能力,因此飞机的稳定性和操纵性在一定意义上是有矛盾的。对一架稳定性过高的飞机来说,为了改变飞行状态,必须加大操纵舵面偏转,从而也加大了操纵杆力,而且舵面的偏转度是有限制的,因此也就限制了飞机的操纵范围;然而过分地降低飞机的稳定性,使飞机的操纵变得敏感且复杂,也会使操纵性变差。可见操纵性的优劣与飞机的稳定性有很大关系,因此要考虑到对飞机操纵性的要求,使飞机具有合适的稳定度。

12.3　纵向运动和横侧运动

　　采用上述机体轴系,可以把飞机的运动分解为(见图 12.3):
　　(1) 沿 Ox 方向的移动。
　　(2) 沿 Oy 方向的移动。
　　(3) 沿 Oz 方向的移动。
　　(4) 绕 Ox 轴的转动(又称为滚转)。

(5) 绕 Oy 轴的转动(又称为俯仰)。

(6) 绕 Oz 轴的转动(又称偏航)。

通常将飞机作(1)、(2)、(5)三种运动中的一种以上的运动(均描述飞机在对称面内的运动),称为飞机的纵向运动(对称平面的运动)。将飞机作(3)、(4)、(6)三种运动中的一种以上的运动称为横侧运动(非对称运动)。飞机的一般运动是由纵向运动和横侧运动组合而成的。当飞机没有侧滑和滚转(即 $\beta=0$,$\gamma=0$)时,飞机的对称面与飞行平面重合,且又在铅垂平面内,飞机只有纵向运动。横侧运动与纵向运动的差别在于,横侧运动只能与纵向运动同时存在。

对干线客机的要求如下:高巡航飞行速度、良好的起飞着陆特性、高经济性等,这些都使得必须利用大展弦比的超临界机翼、有效的增升装置、较小的纵向静稳定裕度。这在保证横向操纵性方面有一定的困难,这是由于副翼面积较小,大速压时弹性变形使副翼效率减少所造成的。在纵向放下襟翼会产生大低头力矩,需要靠平尾和升降舵平衡操纵飞机。

此外,横向操纵面和纵向操纵面必须在发动机故障时(在四发飞机上最外边的发动机),在主要起飞工作状态下能够保证平衡且有足够的操纵性。

12.4　纵向稳定性和操纵性

12.4.1　纵向静稳定性

保证飞机纵向静稳定性是飞机设计的重要目标之一,飞机纵向静稳定性取决于飞机重心到飞机气动焦点的距离与机翼平均气动力弦长 c_A 之比,计算公式如下:

$$\frac{\partial C_m}{\partial C_L}=-\frac{X_F-X_T}{c_A} \tag{12.1}$$

式中,$\dfrac{\partial C_m}{\partial C_L}$ 为静稳定裕度;X_T 为飞机重心位置;X_F 为飞机气动焦点位置。

对于常规飞机 $\dfrac{\partial C_m}{\partial C_L}$ 必须为负值,这样才能保证飞机具有静稳定性,对于不同类型的飞机,其静稳定裕度的要求是不一样的,对于大型民用飞机 $\dfrac{\partial C_m}{\partial C_L}$ 一般取 -0.13 左右。这种稳定性称为定速静稳定性,或称为按过载的纵向静稳定性。

在总体设计开始阶段,由于重心位置和气动焦点位置都是估算的,有一定误差,因此对 $\dfrac{\partial C_m}{\partial C_L}$ 要考虑留有一定的余量。在实际飞行过程中,在扰动引起迎角变化的同时,飞行速度也会发生变化。因此仅研究定速下的飞行器纵向静稳定性是不够的,还要研究在过载 $n_n=1$ 条件下的纵向静稳定性。定载静稳定性,也称为按速度的静稳定性,即研究飞行器做定直水平飞行时,在受到瞬态扰动后,飞行器有无恢复至原来平衡状态的趋势。由于在扰动过程中飞行器的迎角和速度都会发生变化,因此作用在飞行器上的纵向力矩应是迎角 α 和 Ma 的函数,即 $C_m = f(C_L, Ma)$。 定载静稳定性 $\dfrac{\mathrm{d}C_m}{\mathrm{d}C_L}$ 的计算公式如下:

$$\frac{\mathrm{d}C_m}{\mathrm{d}C_L} = C_{m\alpha} - \frac{Ma}{2C_L} \times \frac{\partial C_m}{\partial Ma} \tag{12.2}$$

为此需要绘制满足 $n_n = 1$ 条件下的纵向力矩曲线,简称定载纵向力矩曲线,如图 12.5 所示。

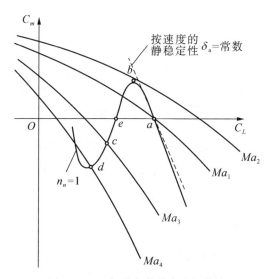

图 12.5 飞行器定载纵向力矩曲线

从图 12.5 中可以看出,飞行器处于 a 状态和 e 状态时,纵向力矩系数均等于零,即飞行器处于纵向平衡状态。当扰动使飞行器偏离 a 状态时,纵向力矩增量的作用具有使飞行器恢复到原平衡状态的趋势,故平衡状态是静稳定的。当扰动使飞行器偏离 e 状态时,纵向力矩增量将使飞行器更加偏离原平衡状态,故平衡状态是静不稳定的。

12.4.2 纵向动稳定性

研究飞机纵向动稳定性要从飞机的运动方程开始。研究纵向运动一般用稳定轴系,此时由模型风洞试验取得的气动力系数可以直接用在方程中。

研究飞机纵向动稳定性,在总体设计阶段都用线性化后的三自由度小扰动方程。方程的特征解可分解成两个二阶方程,即

$$(p^2 + 2\zeta_v w_v p + w_v^2) \text{ 和} (p^2 + 2\zeta_a w_a p + w_a^2) \tag{12.3}$$

这两个二阶方程实际上表征了飞机的长周期运动和短周期运动两种典型模态。飞机纵向受扰后整个运动过程是两种运动的叠加,如图 12.6 所示。

长周期运动的特点是飞机迎角不变,只改变速度,一般周期 $T_a = \dfrac{2\pi}{w_a} \approx 30\,\mathrm{s}$,飞

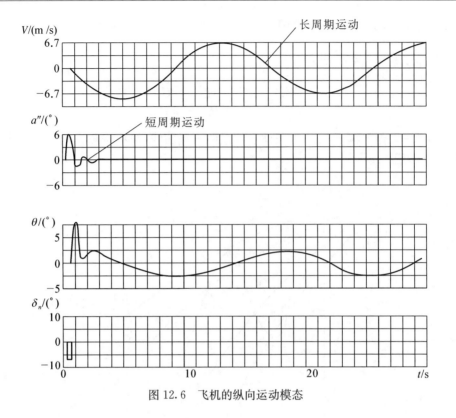

图 12.6　飞机的纵向运动模态

行员完全可以控制,因此总体设计时都不考虑。

短周期运动的周期 $T_a = \dfrac{2\pi}{w_a} \approx 2\,\text{s}$,时间短,飞行速度 V 基本不变,根据有关资料,w_a 可表示为

$$w_a^2 = \left(-C_{mC_L} - \frac{C_{mq}}{2mV^2}qSc_A \right)\frac{C_{La} \cdot qSc_A}{J_y} \tag{12.4}$$

式中,C_{mq} 为俯仰阻尼导数;J_y 为飞机的转绕横轴的惯矩。

从式中可以看出飞机短周期自然频率与飞机的纵向静稳定性有关,同时反比于飞机的惯性矩 J_y;飞行员能够适应的频率有一定范围。为使 $\dfrac{C_{mC_L}}{J_y}$ 保持一定,大飞机的 C_{mC_L} 要大些。

短周期运动的阻尼则取决于飞机本身的结构特性和飞行条件。在高空飞行时,因为空气密度小,所以阻尼一般很小,要增加阻尼不能靠气动布局来解决,只能使用人工阻尼器。

12.4.3　纵向操纵性

飞机的纵向操纵性是指飞机能根据飞行员的意愿使飞机在飞行中达到一定的

姿态,以实现其需要的飞行状态。设计纵向操纵面最重要的条件如下:

(1) 起飞抬前轮。

(2) 着陆时保持姿态。

(3) 高空机动的能力。

(4) 对放宽静稳定性飞机的大迎角改出能力。

全部纵向操纵要求可参考飞行品质规范。纵向操纵面的主要能力来自升降舵、全动平尾、升降副翼、前翼或其组合。以全动平尾为例,能产生的俯仰操纵力矩为

$$\Delta M = C_{m\delta_e} \times \Delta\varphi \times qSc_A \tag{12.5}$$

式中,$\Delta\varphi$ 为操纵时所增加的平尾偏度;$C_{m\delta_e}$ 为平尾效率导数。

$$C_{m\delta_e} = -k_H C_{L\varphi} V_H \tag{12.6}$$

从式(12.5)及式(12.6)可知,平尾效率是平尾提供飞机纵向静稳定度的主要因素,因此平尾容量 V_H 的选择要同时考虑飞机的纵向稳定性和操纵性。

至于飞机的纵向操纵性是否合适,还取决于飞行员的直接感觉,有两个主要指标,即每做一个过载所需要的杆力及杆位移,称为杆力梯度 $\dfrac{\mathrm{d}F_e}{\mathrm{d}n_z}$ 及杆位移梯度 $\dfrac{\mathrm{d}x_e}{\mathrm{d}n_z}$,这在飞行品质规范中都有规定;除此以外,品质规范中还规定了最大杆力 $F_{e,\max}$ 及最大杆位移值 $x_{e,\max}$。对于 $\dfrac{\mathrm{d}x_e}{\mathrm{d}n_z}$,其式为

$$\frac{\mathrm{d}x_e}{\mathrm{d}n_z} = -\frac{C_{mC_L}}{C_{m\delta_e}} \times C_L \times \frac{\mathrm{d}x_e}{\mathrm{d}\delta_e} \tag{12.7}$$

至于 $\dfrac{F_e}{n_z}$,对于人力操纵的飞机,有

$$\frac{\mathrm{d}F_e}{\mathrm{d}n_z} \approx \frac{C_{mC_L}}{C_{m\delta_e}} \times C_L \times S_H c_H q C_{h\delta_e} \times \frac{\mathrm{d}\delta_e}{\mathrm{d}x_H} \tag{12.8}$$

对于用不可逆助力操纵的飞机,则有

$$\frac{\mathrm{d}F_e}{\mathrm{d}n_z} = \frac{\mathrm{d}F_e}{\mathrm{d}x_e} \times \frac{\mathrm{d}x_e}{\mathrm{d}n_z} \tag{12.9}$$

式中,$\dfrac{\mathrm{d}F_e}{\mathrm{d}x_e}$ 为纵向杆位移梯度。

对于人力操纵的飞机,要得到满意的 $\dfrac{\mathrm{d}F_e}{\mathrm{d}n_z}$ 必须十分注意操纵面补偿设计,以得到满意的铰链力矩系数 $C_{h\delta_e}$,详见参考文献[15]。

关于飞机抬前轮的纵向操纵要求,根据飞行员意愿适时将飞机操纵离地,一般

要求应在 Ma 高于 0.9 倍离地速度(V_{LOF})时就能将前三点式飞机的前轮抬到离地迎角($\alpha_{LOF}=8°\sim12°$)。抬前轮的难度主要是速度太小时操纵面能产生的抬头力矩小。除克服气动力矩外,还要克服主轮支反力及摩擦力造成的低头力矩,所以这也是俯仰操纵面设计的重要条件。从图 12.7 的力矩平衡可得其近似计算方法如下:

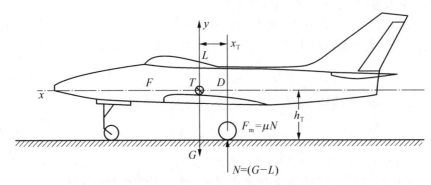

图 12.7 飞机起飞抬前轮力矩平衡图

$$C_{m\delta_e} \times \delta_e \times qSc_A = -C_m qSc_A + (G - C_L qS)(x_T + \mu h_T) \qquad (12.10)$$

从式(12.10)可解出动压 q,也即得出抬前轮速度 V_R。一般前轮抬起前 α 很小,因此 C_m 及 C_L 均很小,操纵面平衡的力矩主要是重量引起的低头力矩,特别严重的情况出现在重心位于前限时。

关于着陆操纵情况,由于近地面时地面效应的影响,飞机的低头力矩增大。如果着陆时重心在前限,则会进一步加重纵向操纵面的负担。为了在着陆时应付近地面大气扰流及快速修正,用于平衡的操纵面偏度不能用到极限,必须留有 20%~30%的余量。着陆平衡的详细计算可参考《飞机飞行品质计算手册》(1983),如图 12.8 所示。

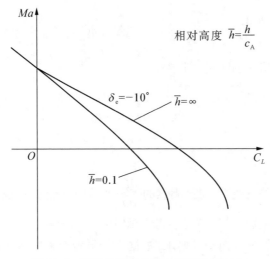

图 12.8 飞机着陆近地时力矩特性的变化

纵向操纵面设计与飞机重心前限的确定密切相关,主要考虑下述几个方面:

(1)起飞和着陆的操纵:飞机在地面起飞滑跑阶段,对起飞构型,在最前重心位置,要求俯仰操纵面(升降舵、全动平尾或升降副翼)能产生足够的抬头力矩,使电机在给定的滑跑速度下抬起前轮,达到起飞迎角。在着陆时要满足着陆配平的要求,并留有一定的操纵余量。

(2)达到飞行包线中的过载要求,特别是超声速机动能力。

(3)大迎角低头控制:飞机在低速大迎角飞行时,尤其是对于放宽静稳定度的战斗机,大迎角时的俯仰操纵控制能力的要求成为纵向操纵面设计的主要要求。

(4)带升降舵的可调水平稳定面:现代干线飞机上,通常采用带升降舵的可调水平稳定面。飞机平衡靠可调水平稳定面,用升降舵来操纵,这样,水平尾翼面积可以减少,且平衡引起的升阻比损失也较小。

亚声速飞机水平尾翼尾容量设计常用绘制剪刀图的方法,即在平尾尾容量和飞机重心位置的参数平面上,根据这种稳定性和操纵性要求绘制不同的边界线,有了剪刀图后,在各边界线所构成的公共区域内,即可根据设计重心变化范围,确定所需的尾容量,或者根据已知的尾容量,确定允许的前、后重心范围,如图 12.9 所示。

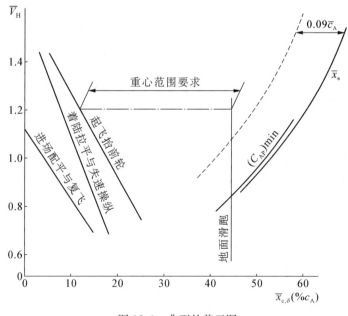

图 12.9 典型的剪刀图

具有自然稳定性常规飞机的剪刀图由以下两组边界线组成,即:

(1)重心后边界握杆与松杆中性点,握杆与松杆机动点,操纵期望参数 C_{AP},以及地面滑跑稳定性。

(2)重心前边界起飞抬前轮与配平,进场配平与复飞,着陆拉平与进场失速的操纵能力,对军机还有最大过载操纵能力。

但在具体计算时,因要考虑各种飞机构型、飞行重量和飞行状态的组合,以期绘制最临界的边界,这是非常繁杂的工作。而且在设计初期,很难取得完整的气动数据,质量、惯量数据和操纵系统数据。经验表明,在高亚声速民机的初步设计阶段,对无增稳系统的常规飞机仅建立握杆中性点边界,并取 $(9\% \sim 10\%)c_A$ 静稳定余量以及建立地面滑跑稳定性边界,已经能包含重心后边界最临界的情况。在建立握杆中性点边界时,要考虑到气动弹性影响是趋向于减小稳定性,民机适航条款要求在直至稳定性和操纵性允许的最大速度 (V_{max}) 或最大马赫数 (Ma_{max}) 的高速范围内,飞机均需满足稳定性要求,因此,最低稳定性将出现在飞行包线的 V_{max} 边界。所以,必须在速度-高度包线上沿 Ma_{max}/V_{max} 边界,特别在 V_{max} 线拐曲处计算若干个点,以便找出重心后边界的临界情况,如图 12.10 所示。

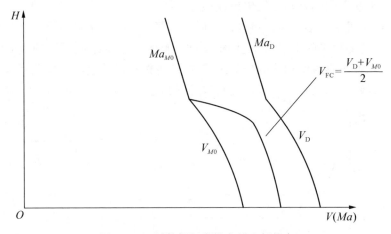

图 12.10　计算握杆中性点的飞行状态

重心前边界主要由起飞着陆的操纵性要求决定,任何一条要求都不能遗漏,但对平尾面积较大,进行人力操纵的低速民用飞机,重心前边界点可能由操纵力限制所决定。

对于具有控制增稳或电传操纵系统的人工稳定性飞机,其重心后边界不由中性点决定。由于通常具有过载和俯仰角速度的信号反馈,其静稳定度 C_{mC_L} 和俯仰阻尼 C_{mq} 大大增加,因此其稳定性余量可以留得很小,甚至可以稍有不稳定,此时即为放宽静稳定性。对于高亚声速民机,可以接受的静稳定性放宽量应使得俯冲模态的倍幅时间不小于 6 s,设计经验表明,满足上述要求的准则是后重心边界相对机动点留 5% c_A 余量或满足 $\delta_e/n_z \geqslant 1°$,取二者较大值。根据上述设计准则所限定的重心后极限比由中性点边界所限定的重心后极限更靠后,因此满足同样重心变化范围要求所需要的尾容量将降低。采用放宽静稳定性设计后,具有较小的平尾面积,重量和配平阻力有所降低,提高了民机的经济性,增大了军机的机动性。

从上文可知,人工稳定性飞机尾翼容量设计的重心后边界是由机动点边界留一定余量决定的。

12.5 横侧稳定性和操纵性

如图 12.11 中实线所示,飞行器在平衡状态下受到外界非对称瞬时干扰,产生少量的侧滑角 $\Delta\beta > 0$,则飞行器产生其值 $\Delta N = aSbC_{n\beta}\Delta\beta > 0$ 的右偏航力矩。在飞行员不加操纵的条件下,在干扰消失的瞬间,这个右偏航力矩使机头向右偏,以减小 $\Delta\beta$ 变化的趋势,此时称飞行器在原平衡状态是具有航向静稳定性的。而图 12.11 中的虚线表明,在同样条件下,受扰动形成的侧滑角 $\Delta\beta > 0$,则飞行器产生左偏航力矩 $\Delta N = aSbC_{n\beta}\Delta\beta < 0$,在这一力矩作用下,飞行器的侧滑将有继续增大的趋势,此时的飞行器在原平衡状态下是航向静不稳定的。

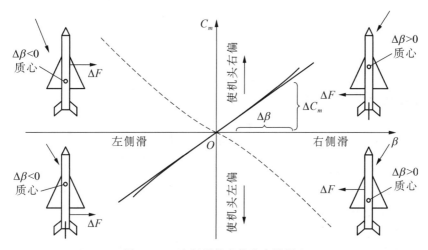

图 12.11　飞行器航向静稳定性概念

上述分析表明,飞行器是否具有航向静稳定性,与在平衡点处的力矩系数曲线斜率有关,故可用原点处偏航力矩系数导数 $C_{n\beta}$ 作为判据。$C_{n\beta} = 0$ 为航向中立静稳定状态。另外,在全机航向静稳定性导数中,机身部分起静不稳定作用,$C_{n\beta} < 0$;垂尾部分起主要的静稳定作用,$C_{n\beta} > 0$。但由于 $(\partial C_c / \partial\beta)_{vt}$ 随 Ma 增加而减小,且受到翼身组合体遮蔽的影响,因此该作用会使航向静稳定性减小,这对飞行器的横侧动态特性是不利的。为此,超声速飞机往往增大垂尾面积来提供必需的航向静稳定性,甚至采用双垂尾布局,如苏-27、F-18 等战斗机。

当具有航向静稳定性的飞行器出现侧滑角时,飞行器具有减小侧滑角的趋势,或者说具有使飞行器对称平面转动与飞行速度矢量方向一致的倾向,其作用犹如风标,并没有保持航向 x 不变的倾向。故为了不易被人误解,有人又称之为风标稳定性。

12.5.1 横侧稳定性

同样考虑飞行器处在原平衡状态(见图 12.12),受到外界非对称瞬时干扰时,使飞行器产生少量倾斜角,若 $\Delta\varphi < 0$,则升力 L 和重力 W 的合力作用将使飞行器向

左侧滑,$\Delta\beta < 0$。飞机上将产生 $\Delta L = qSbC_{l\beta}\Delta\beta > 0$ 的右滚转力矩。不加操纵时,这一右滚转力矩具有减小 $\Delta\varphi$,使飞行器保持机翼水平的倾向。此时称飞行器在原平衡状态具有横向静稳定性,且可用平衡点处的滚转力矩系数导数 $C_{l\beta}$ 作为横向静稳定性判据。

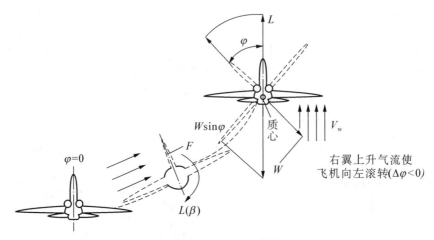

图 12.12　横向静稳定性概念

应注意,斜倾角减小的过程是通过侧滑角中介来反映其变化趋势的,是间接反应,而不是直接反应,与纵向、航向静稳定性概念不完全一样。因此用横向静稳定性概念似乎不太贴切。为此,有人把 $C_{l\beta} < 0$ 的特性称为"上反效应",因为上反角的作用在 $C_{l\beta}$ 中起稳定作用。

对于全机横向静稳定导数 $C_{l\beta,b}$,机翼后掠角结合迎角以及机翼上反角和垂尾部分的作用,均起静稳定的作用;下单翼与机身间的气动干扰则起静不稳定作用。因此,大后掠翼飞机在大迎角飞行时,横向静稳定性常过大,对飞机横侧动态特性是不利的,往往采用下反角机翼气动布局加以适当改善。而下单翼气动布局飞机则常采用较大的上反角来补充静稳定性的不足。

当飞机运动受扰动的量较小时,其横侧和纵向运动可以分解处理,分别研究。对于横侧小扰动运动,像纵向一样要解三个线性微分方程组,其特征方程也为四阶。一般可以分解成三种模态,其式为

$$(p - \lambda_R)(p - \lambda_s)(p^2 + 2\zeta_d w_d p + w_d^2) = 0 \tag{12.11}$$

式中,第一项为滚转阻尼模态,λ_R 绝对值通常很大,与飞机的滚转阻尼导数 $|C_{lp}|$ 有关,一般飞机做滚转操纵后很快达到需要的滚转角速度,其运动过程很短。第二项为螺旋发散模态,飞机的航向稳定性导数 $C_{n\beta}$ 绝对值越大,飞机受扰后将呈越转越紧的螺旋下降趋势,但总的来说发散倍幅时间较长,飞行员还是能控制的,不是危险的运动状态。在某些情况下,前两项会耦合成一个长周期运动,这也不是危险情况。最重要的是第三项,这是二阶短周期摆动运动,称为荷兰滚模态,在该模态下形成飞

机机头偏航摆动和机翼的滚转振荡,特别是当滚转振荡角速度的最大幅值$|p|_{\max}$比机头偏航摆动角速度的最大幅值$|r|_{\max}$大很多时,飞行员就会感到飞机在扰流中很难驾驶,特别是在跟踪目标时很难瞄准,在进场着陆时也很难驾驶。根据大量的飞行员实际操纵数据,加上理论分析,最后得出准则,即$x=\left|\dfrac{p}{r}\right|_{\max}\approx 3$,而此判据的近似计算式为

$$x=\left|\frac{p}{r}\right|_{\max}\approx\frac{C_{l\beta}}{C_{n\beta}}\times\frac{J_y}{J_x} \tag{12.12}$$

根据x要求,在确定了方向稳定性参数$C_{n\beta}$后,可求出$C_{l\beta}$,因而确定了机翼上、下反角等布局参数。在初步设计中,J_y、J_x的值可以按参考文献[8]中的方法计算。

当在大迎角或急骤滚转时,会形成纵向和侧向运动的耦合,此时必须按6自由度运动方程求得数值解。纵向、侧向耦合后,由于非线性关系,往往引起α及β振荡幅值增大或运动发散,以致造成结构破坏,发生事故。出现这种现象,对急骤滚转来说有两个临界滚转速度,以p_α及p_β表示:

$$p_\alpha=\sqrt{\frac{-C_{m\alpha}qSb_{\rm A}}{J_z-J_x}}\ ;\ p_\beta=\sqrt{\frac{-C_{n\beta}qSl}{J_y-J_x}} \tag{12.13}$$

通常飞机的最大滚转速度$p_{\max}$应小于这两个临界值,以保证不出现滚转发散现象。

为了避免出现滚转发散,最好使$p_\alpha\approx p_\beta$。 在超声速时,由于$C_{m\alpha}$的绝对值很大,因此p_α值也很大。要使飞机在高速时也能急骤滚转而不发散,关键是保证p_β的值,即$C_{n\beta}$的绝对值需要增大,因此这也是确定$C_{n\beta}$的一个判据。

12.5.2 横侧操纵性

飞机滚转操纵是改变飞机轨迹航向的重要手段,航向控制无论在空战还是着陆进场对准跑道方面都有严格要求。沿正常航线飞行的转弯也要先做滚转操纵,使飞机形成坡度后,才能转弯。滚转操纵主要使用副翼、扰流片及差动平尾等操纵面。至于用方向舵改变航向,其作用较小,仅可作为副翼的补充,补偿滚转操纵过程中出现的侧滑或对其进行修正。但在着陆修正侧风影响及改出尾旋时,则需要全偏方向舵。这是它的设计情况。

关于滚转操纵,最严格的要求是歼击机空战的情况,要求1s内形成倾斜角$\gamma=90°$,其最大滚转角速度$p_{\max}>150°/s$,现在有些歼击机已达到$250°/s$。其次是着陆进场,有侧风时飞机可能带倾斜角γ,进场接地前飞机必须很快改平,因此要求1s内形成$\gamma=30°$,或滚转螺旋角$\overline{p}=\dfrac{pl}{2V}\geqslant 0.055$。 该要求对于重型非机动飞机可以放宽,空中机动状态下,允许$1.5\,{\rm s}$内形成倾斜角$\gamma\geqslant 30°$;在着陆进场状态下$2.5\,{\rm s}$内$\gamma\geqslant 30°$。

要实现这些要求,主要靠合理地设计副翼、扰流片及差动平尾等操纵面。副翼

的主要设计参数一般有副翼面积比 $\frac{S_{fy}}{S}=4\%\sim8\%$；弦长比 $\frac{c_{fy}}{c}=0.25\sim0.3$；展长比 $\frac{b_{fy}}{b}=0.2\sim0.4$；副翼偏度 δ_{fy} 一般不大于 $\pm25°$；副翼一般位于机翼 50% 展长以外。

副翼操纵中会出现的困难有三方面：一是迎角增大后，机翼翼尖出现分离，副翼效率急骤下降；二是超声速 Ma 增大后，由于翼面出现激波而使副翼效率随 Ma 增大而下降；三是速压增大后，对于后掠机翼由于副翼偏转引起的不利结构扭转而使副翼效率下降，严重时会引起副翼反效，这是设计高速飞机的难题。

采用差动水平尾翼可以提高大迎角时飞机的滚转能力。采用扰流片可以提高大 Ma 和大速压情况下飞机的滚转能力。为了克服后掠翼的副翼反效，一方面可以增加机翼的扭转刚度；另一方面可以将副翼向机翼内侧布置，但这都会带来不同程度的重量增加和性能下降。提高大速压下的滚转操纵能力与机翼的布局设计有关，采用小展弦比、小后掠角机翼，自然容易得到高的机翼刚度。

要得到良好的滚转操纵，还要注意操纵副翼偏转所需要的驾驶杆（盘）的力。对于歼击机，一般最大杆力小于 88.3 N，对于重型飞机则不大于 294.3 N。对于人力操纵的副翼，杆力大小取决于副翼的气动铰链力矩。铰链力矩与副翼所用的气动补偿有关。

关于航向操纵主要有三种情况：一是保证飞机在 $V=15$ m/s 垂直侧风速度时仍能保持着陆航向；二是对于多发动机飞机，一侧发动机停车后，飞机能保持横侧平衡；三是在尾旋中，方向舵全偏能有效改出尾旋。

方向舵的主要设计参数方向舵面积比 $S_{fxd}/S=0.2\sim0.4$，对高速飞机取下限。关于方向舵操纵的脚蹬力，对歼击机应小于 588.6 N，对重型飞机可达 1471.5 N。

为使方向舵在尾旋时能有效，立尾和方向舵的布置可如图 12.13 所示，即在大迎角下机翼尾流不应将立尾和方向舵遮挡太多，可按相应的准则进行计算。

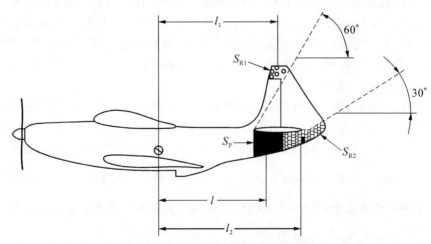

图 12.13 立尾和方向舵抗尾旋布置

注：图中阴影线部分表示立尾和方向舵在大迎角下未受尾流遮蔽的部分。

12.6 影响操纵性与稳定性的因素

12.6.1 影响飞机纵向操纵与稳定性的因素

12.6.1.1 动力装置影响

动力装置对纵向平衡和稳定性的影响是复杂的。下面仅对推力线偏离质心、螺旋桨或进气道入口处的法向力以及螺旋桨滑流和尾喷流对纵向力矩的影响做简要介绍。

(1) 推力线偏离质心:假设推力线偏离质心垂直距离为 z_T,并规定推力线位于质心之上,$z_T > 0$;反之,$z_T < 0$。由图 12.14 可知,推力产生的纵向力矩为

$$M_T = -T_{z_T} \tag{12.14}$$

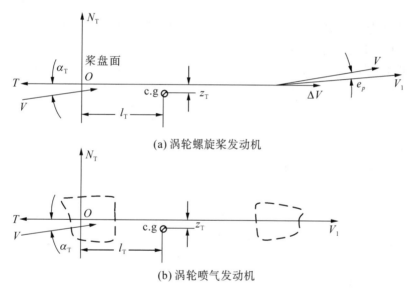

(a) 涡轮螺旋桨发动机

(b) 涡轮喷气发动机

图 12.14　动力装置的推力和法向力的作用

对于涡轮螺旋桨发动机,式中折算推力可表示为

$$T = C_T \rho V^2 D^2 = Bq S_T \tag{12.15}$$

式中,C_T 为螺旋桨拉力系数;D 为螺旋桨直径;S_T 为桨盘面积。

将式(12.15)代入式(12.14),并化成力矩系数形式,则有

$$C_{m,T} = -B\overline{S}_T \overline{z}_T = -\frac{8}{\pi} C_T \overline{S}_T \overline{z}_T \tag{12.16}$$

式中,$\overline{S}_T = S_T/S$;$\overline{z}_T = z_T/c$。

对于喷气发动机,式(12.14)中喷气反作用力 T 产生的纵向力矩系数类似地可表示为

$$C_{m,\,T} = -\frac{Tz_T}{qSc} = -C_T\overline{z}_T \tag{12.17}$$

式中,$C_T = T/qS$,为喷气发动机推力系数。

(2) 法向力作用:由于翼身组合体涡系的上洗诱导作用,流入螺旋桨盘或进气道的迎角 α_T 通常要比来流迎角 α 大。同时发动机对气流产生作用,使得经桨盘或进气口后气流速度发生改变。其产生的轴向力 T 已讨论过;而相应的法向力 N_T,将对质心形成纵向力矩。

对于涡轮螺旋桨发动机,速度方向改变,在桨盘处形成的法向力如图 12.14(a) 所示。对飞行器质心产生的纵向力矩系数为

$$C_{m,\,T} = \frac{N_T l_T}{qSc} = C_{NT}\overline{S}_T\overline{l}_T \tag{12.18}$$

式中,螺旋桨法向力系数 $C_{NT} = N_T/qS_T$,可由螺旋桨特性曲线确定;$\overline{l}_T = l_T/c$,为桨盘至飞行器质心的相对距离。

对迎角的导数为

$$\frac{\partial C_{m,\,T}}{\partial\alpha} = \frac{\partial C_{NT}}{\partial\alpha_T}\times\frac{\partial\alpha_T}{\alpha}\times\overline{S}_T\overline{l}_T = \frac{\partial C_{NT}}{\partial\alpha_T}\left(1+\frac{\partial\epsilon}{\partial\alpha}\right)\overline{S}_T\overline{l}_T \tag{12.19}$$

对于喷气发动机,法向力近似作用在进气道入口处,如图 12.14(b)所示。

对质心取矩,并化成力矩系数形式,可得

$$C_{m,\,j} = \frac{2\dot{m}_j\alpha_j l_j}{\rho VS} = 2C_j\overline{S}_j\overline{l}_j\alpha_j \tag{12.20}$$

式中,$\dot{m}_j$ 为进气道流量;$\overline{S}_j = S_i/S$ 为进气口相对面积;$\overline{l}_j = l_i/c$ 为进气口至飞行器质心的相对距离。

对迎角求导,得

$$\frac{\partial C_{m,\,j}}{\partial\alpha} = 2C_j\left(1+\frac{\partial\epsilon}{\partial\alpha}\right)\overline{S}_j\overline{l}_j \tag{12.21}$$

一般情况下,$\dfrac{\partial C_{m,\,T}}{\partial\alpha}$ 或 $\dfrac{\partial C_{m,\,j}}{\partial\alpha}$ 均大于零,可见计及发动机法向力的影响,将对飞行器纵向静稳定性起不利作用。

(3) 螺旋桨滑流和尾喷流的干扰作用。气流经过螺旋桨后,获得发动机供给的能量,形成一股速度大于飞行速度的滑流。当这股滑流流过翼身和平尾时,由于速压的增加,这些部件原有的气动特性都会发生变化。但由于理论估算困难,常通过带动力模拟的吹风试验加以确定。

喷气发动机的尾喷流是一股高温高速燃气,不允许直接流过其他气动部件,以免烧坏结构。但由于喷流气体分子的黏性和扩散作用,向后流动时边界会逐渐扩

大,由此吸引周围部分空气,形成所谓引射作用。如平尾处于引射流中,则其流经的速度大小和方向均发生变化,引起附加下洗,给纵向力矩带来影响。同样,由于喷流作用复杂,因此其影响主要通过试验确定。

12.6.1.2 飞行器构形变化的影响

1) 增升装置

提高 C_{Lmax} 的各类空气动力装置,称为增升装置。这些装置包括多种形式的后缘襟翼、前缘缝翼和吹除边界层控制等。显然,每一种装置对升力和纵向力矩都有独特的影响。这里不进行深入讨论,仅对常规飞机上采用的一种后缘襟翼情况加以介绍。常用的后缘襟翼主要用于改善飞机的起落特性,可以分为后退和非后退两类。前者随襟翼偏转还沿滑轨向外伸出,增大了机翼平面投影面积和局部弦长;后者在偏转时基本上不改变机翼平面投影面积和局部弦长。

襟翼偏转的效果相当于弯度变化,按线性化理论,对于非后退襟翼并不改变机翼平面投影面积,因此机翼升力线斜率及焦点位置都不受襟翼偏转的影响,阻力则随襟翼偏转而增大,机翼零升迎角及零升力矩也有变化。对于后退襟翼,机翼投影面积及其弦长有变化,故 $C_{La, wb}$ 和 $x_{n\bar{a}, wb}$ 要修正。

襟翼偏转的另一作用是改变了机翼展向载荷分布,如图 12.15 所示。其结果使尾流区发生变化,从而影响平尾处的平均下洗和速度阻滞系数 k_q。

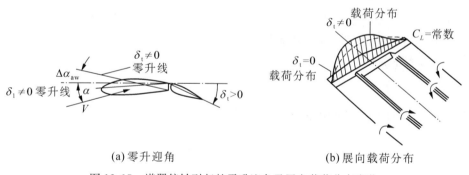

(a) 零升迎角　　　　　　　　(b) 展向载荷分布

图 12.15　襟翼偏转引起的零升迎角及展向载荷分布变化

显然,放下襟翼引起的气动特性变化会影响飞机纵向平衡特性、静稳定性和静操纵性。

2) 减速板、起落架

放起落架及打开减速板的直接影响是增加阻力,同时改变飞机的纵向力矩。此外,减速板尾迹区与平尾、后机身的干扰作用可能引起正的附加纵向力矩(见图 12.16)。飞行品质规范中明确规定在放起落架及打开减速板的过程中,为了保持原平衡状态,不应有过大的杆力变化以及产生不利的抖振或振荡。打开减速板只允许产生抬头力矩,保持原平衡状态的杆力变化也不得超过规定范围。为获得放起落架及打开减速板的气动特性,最好依靠风洞试验。

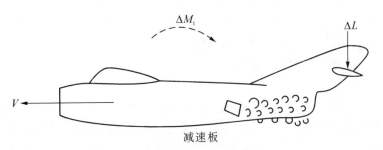

图 12.16　打开减速板引起的干扰纵向力矩

3）弹性变形的影响

到目前为止，讨论的都是刚性飞行器的气动特性，实际结构不可能是绝对刚性的。特别是近代高速飞行器采用薄翼、细长机身的气动外形和大展弦比机翼，结构刚度相对减小，而所能达到的速压较大，容易产生弹性变形。这种变形反过来又会影响飞行器的气动特性。研究弹性飞行器的气动力，已发展成为一个专门的学科，属于气动弹性力学的一个组成部分。

下面仅以后机身静弹性弯曲变形为例，讨论弹性变形带来的影响。这里所指静弹性变形是假定结构变形始终与气动力合拍，即弹性力与气动力随时处于平衡状态，略去弹性变形的惯性和阻尼作用。

飞行器以一定迎角飞行时，在平尾升力作用下，后机身会产生弯曲（见图 12.17）。后机身向上弯曲时，相当于平尾向下转动一个角度，从而使平尾迎角减小了 $\Delta\alpha_t$，可表示为

$$\Delta\alpha_t = -KL_t \tag{12.22}$$

式中，K 为机身弹性弯曲刚度系数。

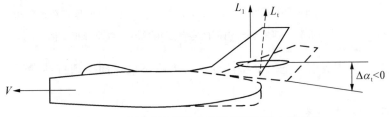

图 12.17　后机身静弹性变形引起平尾升力的变化

于是，平尾处的净迎角为

$$\alpha_t = \alpha_{wb} + \varphi_t - \epsilon - KL_t \tag{12.23}$$

在 $\delta_e = 0$ 时，尾翼升力系数为

$$C_{L,t} = C_{La,t}(\alpha_{wb} + \varphi_t - \epsilon - KL_t) \tag{12.24}$$

式中，φ_t 为尾翼的安装角；尾翼升力用系数表示；$L_t = k_q C_{L,t} \frac{1}{2} \rho V^2 S_t$，代入式 (12.24)，可得

$$C_{L,t} = \eta_q C_{La,t}(\alpha_{wb} + \varphi_t - \epsilon) \tag{12.25}$$

式中，$\eta_q = 1/(1 + K k_q q S_t C_{Ln,t})$，为静弹性变形影响因子，一般 $\eta_q < 1$。很明显，与刚性飞机相比，平尾升力减小了，随着动压 q 增加，影响会很严重。尾翼效率降低引起飞行器中性点前移，降低了静稳定性，其移动量为

$$\Delta \overline{x}_n = A_{ht} \frac{C_{La,t}}{C_{La}}(\eta_q - 1)\left(1 - \frac{\partial \epsilon}{\partial \alpha}\right) \tag{12.26}$$

在 $\delta_e \neq 0$ 的情况下，式(12.24)改为

$$C_{L,t} = C_{La,t}(\alpha_{wb} + \varphi_t - \epsilon - KL_t) + C_{L\delta_e}\delta_e \tag{12.27}$$

同样，式中 L_t 用系数表示得

$$C_{L,t} = \eta_q C_{La,t}(\alpha_{wb} + \varphi_t - \epsilon) + \eta_q C_{L\delta_e}\delta_e \tag{12.28}$$

可见，升降舵效率 $C_{L\delta_e}$ 同样乘以弹性变形影响因子 η_q，故使操纵效能降低，影响飞行器的平衡特性和静操纵性。

12.6.1.3 大迎角飞行和地面效应的影响

大迎角飞行时，飞行器表面出现气流的局部分离，破坏了气动力的线性变化，这时焦点的概念也不适用了。随着迎角继续增加，会形成诸如前体脱落涡、机翼前缘涡等复杂的涡系，接着会发生涡破碎的现象。气流分离的位置、涡破碎的位置、涡系间的干扰和涡系与飞行器运动之间耦合等因素，造成了非常复杂的非线性气动力。至今对这些现象出现的机理的认识还在进一步探讨中。

为了提高飞行器在大迎角下的升力系数，现代飞机已采用边条翼、近耦鸭翼等气动布局，利用边条翼或近耦鸭翼产生的分离涡，形成对基本翼的有利干扰，达到预期目的。图 12.18 为某飞机纵向气动力特性曲线。从图中可见，分离延缓、临界迎角和 C_{Lmax} 提高了。但由于尾流态太差，造成飞机的纵向静稳定力矩减小，甚至出现静不稳定情况；阻尼力矩也相应减小，舵面的操纵效率大大下降。目前采用增稳控制器，提供人工的静稳定力矩、阻尼力矩；采用推力矢量控制技术，增强纵向操纵效果。这样可以确保飞机在大迎角下的平衡、稳定和操纵性，充分利用飞行器 C_{Lmax} 的潜能，提高机动性和敏捷性。尽管大迎角飞行主要见于军机，但由于其对操稳分析的重要性，故也包含于此。

飞机起落过程中，有短时间接近地面的飞行，受地面的限制，其绕流与远离地面的飞行有所不同，致使飞机平衡和稳定性发生变化，因此通常将起落状态作为主要设计状态。

地面存在的边界条件的主要影响是减少翼身组合体和平尾的下洗，从而增大翼

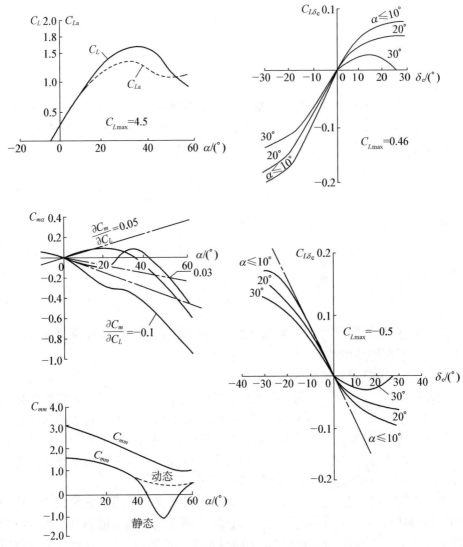

图 12.18　某飞机纵向气动力特性曲线

身组合体和平尾的升力系数斜率，这就是所谓地面效应。由于复杂外形的涡系不易确切描述，所以地面效应往往需要依靠吹风试验解决。试验结果表明，地面效应只在离地面半个机翼展长的高度范围内才较明显，故只在起飞阶段近地飞行时加以考虑。地面效应对飞行安全有重要影响，不容忽视。

12.6.2　影响飞机横侧操纵与稳定性的因素

12.6.2.1　动力装置的影响

动力装置工作时的影响，主要考虑螺旋桨或涡轮喷气发动压气机和涡轮的反作用扭矩、螺旋桨滑流及涡轮喷气发动机尾喷流的引射作用等。

螺旋桨及涡轮喷气发动机转动部件的反作用扭矩在多发动机飞机低速飞行、发动机高转速工作状态下比较明显。从互换性要求出发,发动机转动部件大部分采用同一形式。转动部件高速同向旋转,反作用扭矩就大;低速飞行时,气动力作用小,所以反作用扭转的相对影响就较严重。为了减轻这种反作用扭转的影响,有时可将垂尾的稳定面适当偏置一个很小的角度,使得在主要飞行状态下,所需横航向操纵面的偏角可减小一些。

螺旋桨产生的滑流本身是扭转的,它引起飞机绕流的非对称性,同时使垂尾区平均速度的大小和方向都发生变化。滑流流过机翼时也会改变机翼的局部流动条件。这些变化都会引起横航向气动导数的改变,尾喷流的引射作用则视尾喷流与平尾、垂尾的相对位置而定。

无论是发动机转动部件的反作用扭矩,还是滑流和尾喷流的影响,一般都是通过试验来确定的。

12.6.2.2 构形变化的影响

1) 增强横向操纵效能装置

常见的装置有扰流板和涡流发生器。扰流板安装在机翼的上表面,当副翼操纵效能降低时,就将其打开以协助完成横向操纵任务,如图 12.19 所示。扰流片打开,引起平板前压强增大,破坏了上翼面的光滑流线,使该半翼的升力减小,构成附加的滚转力矩。通常扰流片操纵是与副翼联动的,当副翼偏角达到一定值($8°\sim10°$)时,副翼上偏的那一边的扰流片自动打开,起到增强副翼操纵效能的作用,同时可减小不利偏航力矩。当机翼两侧的扰流片同时打开时,飞机升力下降,阻力增加,是防止飞机在着陆初始阶段出现"反弹"现象的措施之一。

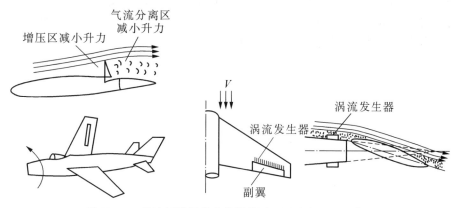

图 12.19 扰流板增强横向操纵作用和涡流发生器的作用

涡流发生器是一些导向叶片,垂直安装在机翼翼面上。图 12.19 所示的是安装在副翼前缘前面的涡流发生器。每一片叶片的流动都像半个小机翼,产生的翼梢旋涡将翼面边界层外的气流带入边界层内,以增加边界层内的动能,延缓气流分离,从而改善副翼在大迎角下的效能。

2）襟翼、起落架

襟翼放下时，改变了机翼展向载荷分布。C_L 一定时，放襟翼将使机翼展向载荷向机翼中部相对集中，从而使 $C_{l\beta,\,w}$、$C_{np,\,w}$ 和 $C_{ly,\,w}$ 等值变小；但使垂尾区侧洗加大，从而使 $C_{n\beta,\,vt}$ 值变大，相应的速度阻滞加大，即 k_q 变小。起落架放下时对横侧气动导数也存在一定影响，这些影响一般可以通过吹风试验得到。

12.6.2.3　弹性变形的影响

结构弹性变形的影响是复杂的，即使是对称飞行，由于展向气动载荷作用，机翼也会变形，从而使上反角发生变化。如展向气动载荷不通过机翼刚性轴，则在弯曲变形的同时，还产生扭转变形。如有非对称运动，则附加载荷将进一步引起机翼变形。这些变形势必影响横侧气动导数，继而影响飞行器动力学特性。由于涉及其他学科，这里不作全面介绍。下面仅介绍机翼弹性变形引起的副翼反效现象。

现代飞机大多采用后掠薄机翼，副翼安置在机翼外侧。由于机翼刚度较小，因此在速压很大的情况下，偏转副翼将引起较大的附加气动载荷。亚声速飞行时，附加载荷大体作用在副翼所在部位的翼弦中弦附近；超声速飞行时，则作用在副翼翼面上。附加载荷往往作用在机翼刚性轴之后，引起机翼扭转变形，如图 12.20 所示。其结果是使副翼下偏一侧机翼局部迎角因扭转变形而减小，副翼上偏一侧则增大。几何迎角反对称变化引起的气动力矩削弱了副翼滚转操纵效果。随着速压的增加，相同副翼偏角引起的机翼扭转变形也增大，副翼操纵效能就越低；达到某动压 q 时，副翼操纵效能削弱到零，副翼完全失去滚转操纵能力，此时的 q 称为副翼操纵反效的临界速压，相应的速度称为副翼反效临界速度。当飞行速度超过该临界速度时，偏转副翼将引起相反的效果，即左压杆会产生向右的滚转力矩，右压杆会产生向左的滚转力矩，这就是所谓副翼操纵的反效现象。

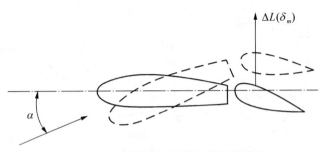

图 12.20　副翼偏转引起的机翼扭转变形

为保证飞行器飞行安全，减轻大速压飞行时外侧副翼操纵效能下降的不利影响，目前采用的措施中，有的飞机配置内侧副翼，低速飞行时使用外侧副翼，高速飞行时使用内侧副翼；有的飞机安装扰流片装置，以加强滚转操纵效能。

12.6.2.4 大迎角、地面效应的影响

许多由机翼产生的横航向气动导数是与迎角（或 C_L）直接相关的。迎角增加至一定值后，升力线斜率将出现非线性变化，流过飞行器表面的气流出现分离、不对称的情况，结果造成作用在飞机上的横航向气动力和力矩变化。阻尼导数在大迎角下出现变号；横航向静稳定性降低，甚至出现横航向静不稳定；舵面操纵效率也下降等。这些变化势必会影响飞行器的动力学特性。

对于低速飞机，大迎角下可能会出现所谓"机翼自转"的现象。当对称面处迎角超过临界迎角 α_c，飞机以 $p > 0$ 滚转时，右半翼剖面迎角大于左半翼剖面迎角，而相应的右半翼的 C_L 有可能小于左半翼的 C_L，机翼两侧的升力差引起绕 Ox 轴的力矩，其作用方向与飞机滚转方向一致，不但不阻止飞机滚转，反而加速滚转作用，故谓之"机翼自转"现象，也即造成机翼滚转阻尼导数反号（$C_{lp,w} > 0$）。

对于高速飞机，通常采用大后掠翼、三角翼，现代飞机还加上边条的气动布局，这将延缓气流分离。提高临界迎角后，升力系数 C_L 在超过临界迎角后下降缓慢，因而出现自转时机较晚，甚至不出现"机翼自转"。但是大迎角下，翼身对垂尾的遮蔽作用增强，垂尾几乎全部处于翼身产生的分离气流中，加上垂尾有效后掠角变大等原因，导致垂尾的航向稳定性降低，全机出现"航向发散"现象。

无论是低速飞机的"机翼自转"现象，还是高速飞机的"航向发散"现象，均是造成飞机进入尾旋的根本原因。

近地飞行时，地面效应改变了全机的绕流条件，使翼身组合体升力线斜率增大，影响尾流的大小和方向。这些因素会间接影响横航向气动导数。

12.7 现代技术发展

12.7.1 放宽静稳定性

对于放宽静稳定性飞机，有些飞行状态下飞机将是静不稳定的，质心位置位于全机中性点（飞机重心与焦点重合的点）之后。此时实现定常飞行，舵面偏转产生的升力与迎角产生的升力方向是一致的，全机升力将是两者之和（见图12.21），即

$$L = L(\alpha) + L(\delta_e) \tag{12.29}$$

与常规飞机相比，在同样的 α 作用下，显然放宽静稳定性飞机产生的总升力增加，从而可提高飞机的机动性。如要求产生同样的全机升力，则放宽静稳定性飞机所需平飞迎角减小，从而可减小诱阻，增大升阻比，翼载的减小可以减轻结构重量等，故目前放宽静稳定性技术在军用、民用飞机中已广泛采用。

采用放宽静稳定性后，飞机的质心前限边界类同常规飞机，仍由操纵性要求来确定。但对于其质心后限，稳定性条件已不存在，故也由平衡所需操纵力矩来确定。此时取尾翼最大操纵力 $(C_{L,t})_{max}$ 并分别取放下襟翼时增升构形和

巡航构形的 $(C_{L,\mathrm{wb}})_{\max}$ 和 $(C_{m0,\mathrm{wb}})$,得出尾翼面积与重心位置 $(x_{\mathrm{c}},g)_{\mathrm{h}}$ 后限之间的关系:

$$\frac{S_{\mathrm{t}}}{S} = \frac{(C_{L,\mathrm{wb}})_{\max}}{k_{\mathrm{q}}(C_{L,\mathrm{t}})_{\max}} \times \frac{(x_{\mathrm{c},g})_{\mathrm{h}} - x_{\mathrm{ac,wb}} + c\,C_{m0,\mathrm{wb}}/(C_{L,\mathrm{wb}})_{\max}}{l_{\mathrm{ht}}^{*} - \left[(x_{\mathrm{c},g})_{\mathrm{b}} - x_{\mathrm{ac,wb}}\right]} \tag{12.30}$$

绘出的质心位置边界如图 12.21 所示。由图可见,质心后边界先由巡航飞行状态确定(S_{t} 值较小时),只有在 S_{t} 值较大时,才由增益构形飞行状态确定,其原因是 $C_{m0,\mathrm{wb}}$ 和 $(C_{L,\mathrm{wb}})_{\max}$ 的作用不同。

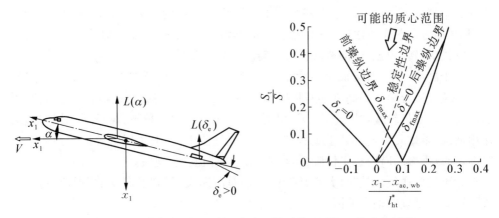

图 12.21　放宽静稳定性飞机定直飞行时作用在机上的升力情况
和放宽静稳定性飞机平尾面积与质心位置关系曲线

飞机的机动性取决于两个基本指标:最大过载 $n_{n,\max}$ 和单位剩余功率 P_{se}。为了提高飞机的机动性,目前常用两种方法,即采用放宽静稳定性技术和机动载荷控制技术,其目的在于提高全机升力,减小配平阻力。这里介绍采用放宽静稳定性技术的效果。

对于常规飞机,其平尾容积和质心位置的确定必须满足飞行包线内的飞行平衡条件,以及合适的稳定性和操纵性要求,飞机必须具有一定量的静稳定裕度,即飞机焦点和机动点都位于质心后面。飞行过程中,为保持飞机在正迎角下的俯仰力矩平衡,升降舵(或全动平尾)应向上偏转,产生的抬头力矩($M_{\delta_{\mathrm{e}}}\delta_{\mathrm{e}} > 0$)平衡迎角引起的静稳定力矩($M_{a}\alpha < 0$)。此时减小平尾升力或者改变方向,舵面偏转产生的升力 $L(\delta_{\mathrm{e}})$ 与迎角产生的升力 $L(\alpha)$ 刚好相反,飞机的总升力将是两者之差 $L(\alpha) - L(\delta_{\mathrm{e}})$,如图 12.22 所示。为了达到某一期望的全机升力系数,飞机迎角比不考虑俯仰力矩平衡条件时大,因而诱导阻力增加,平衡极曲线将位于飞机基本构形极曲线的下方,如图 12.22 最后一栏所示。

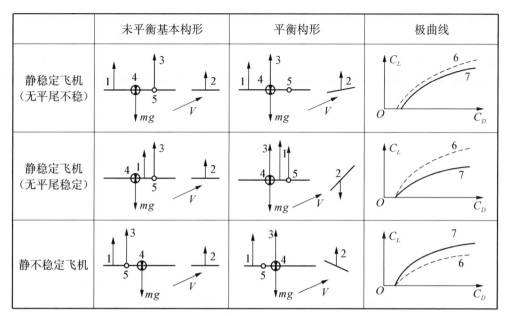

1—翼身合体升力；2—平尾升力；3—总升力；4—质心；5—焦点；6—基本构型极曲线；7—平衡构型极曲线

图 12.22 飞机的平衡图

放宽静稳定性技术是指对飞机静稳定裕度的限制放宽，焦点可以很靠近质心、与质心重合甚至移至质心的前面（$C_{ma} \geqslant 0$），此时飞机的静稳定裕度变得很小甚至变为静不稳定，具有这种特性的飞机称为放宽静稳定性飞机。当减小飞机的静稳定裕度后，飞行性能可以得到改善。由图 12.22 可见，当飞机的焦点位于质心之前时，飞机在正迎角下平衡，升降舵应下偏，产生的低头力矩（$M_{\delta_e}\delta_e < 0$）用于平衡迎角引起的静不稳定力矩（$M_a\alpha > 0$）。舵面偏转产生的升力 $L(\delta_e)$ 与迎角产生的升力 $L(\alpha)$ 同向，飞机的总升力将是两者之和 $L(\alpha) + L(\delta_e)$。为了达到某一期望的全机升力系数，飞机迎角比不考虑俯仰力矩平衡条件时要小，平衡极曲线将位于飞机基本构形极曲线的上方。

此外，在迎角 α 相同的条件下，显然静不稳定飞机的总升力大于静稳定飞机的总升力，为此机动性可以提高。此时平尾容积只要满足飞机平衡、起飞时前轮抬起等操纵效能方面的要求，则飞机的稳定性要求将由飞行控制系统来保证。这样设计的平尾面积将减小，飞机结构重量将减轻。这些都反映出对飞机飞行性能的改善，因此放宽静稳定性技术不仅在军用飞机中得到广泛采用，而且在民用飞机中也已开始采用。

对于现代飞机，质心位置究竟应后移多少？如按常规飞机设计方法，质心必须在焦点之前。如图 12.23 所示，飞机在亚声速飞行时动态特性可能很令人满意，但进入超声速飞行后，焦点后移造成静稳定性过大，机动性就变差。因此，一般来说在亚声速区飞机设计成静不稳定或中立静稳定的，而在超声速区飞机设计成静稳定的。当然飞机质心位置的最终确定，还要考虑飞机的其他性能。综合各种因素表明，对于运输机和民机，质心位置位于焦点附近最好，其静稳定裕度为 $1\% \sim 2\%$。

除了通过减小平尾容积,静稳定裕度的减小还可以通过质心后移或使用前翼等措施来实现。静稳定性减小,甚至出现 $C_{ma} \geqslant 0$,将引起纵向模态特性变差,这一问题可以通过引入增稳系统来解决。实际应用中,一般亚声速是静不稳定的;而超声速飞行时,由于全机焦点后移,静稳定性恢复,但静稳定裕度较常规飞机大为减小,如图 12.23 所示。

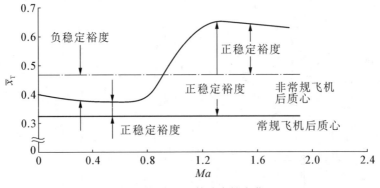

图 12.23　飞机静稳定性变化

12.7.2　直接力操纵系统

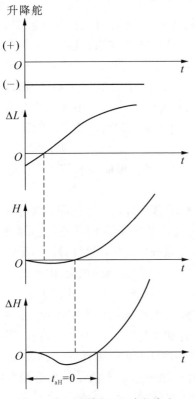

图 12.24　尾翼式飞机常规高度控制的滞后

飞机在飞行过程中改变飞行轨迹的常规操纵方法如下:改变发动机推力或使用阻力装置改变轴向过载 n_x;操纵俯仰力矩,改变迎角,从而改变对称面内的法向过载 n_z;操纵滚转力矩,改变飞机的倾斜角 γ,从而改变法向过载在空间的方向;操纵偏航力矩,改变侧滑角,从而改变侧向过载 n_y。事实上,主要还是操纵两个过载(n_x、n_z)和倾斜角 γ,而改变侧向过载的方向舵操纵只是辅助的。

这种通过力矩操纵来控制飞机的方法有着明显的缺点。首先,由于飞机的惯性,过载不能瞬时达到预期的改变量,只是随着迎角、侧滑角和倾斜角的逐渐改变而形成,有明显的滞后性;而且升降舵、方向舵上产生的气动力作用通常与所需的运动方向相反,更加大了滞后量。随着飞机重量和尺寸的增加,完成精确机动飞行(着陆、空中加油等)时,过载反应的快速性显得不够。图 12.24 示出了尾翼式飞机在常规操纵方式下高度改变的滞后。

常规操纵的第二个缺点是飞机机动过程中

的动力学特性复杂,飞机的精确操纵要求飞行员具备很高的专业训练水平,但也难以始终保持精确驾驶。飞行动力学特性的复杂性实质上是由于当用力矩操纵飞机时,会引起飞机所有的自由度运动。以着陆飞行为例,飞机倾斜改变航向,将导致飞行员视野中目视定位发生复杂变动,使其难以及时采取措施修正轨迹;在 $\gamma = \phi = 0$ 条件下,飞机能进行期望的侧向移动,情况就会明显简化。对于固定翼飞行器,实现这类运动模式需要使用直接力控制系统。

直接力控制的飞机在空中能快速、精确地操纵,从而极大地提高了空间运动机动性和敏捷性。其最大特点是,飞机的姿态控制和轨迹控制可以分开进行,即飞机的移动和转动运动可以分开控制。可以在飞行轨迹不变的条件下仅控制飞机的单个姿态;亦可以在飞机姿态不变的条件下仅控制飞行轨迹。直接力控制目前主要见于战斗机上的应用,下面的叙述以战斗机为例,分别介绍纵向和横侧向直接力控制的情况。

(1) 纵向直接力控制(见图 12.25)示出了通过直接升力控制系统可以实现的三种新的纵向运动模式:直接升力或迎角不变的垂直运动模式、航迹不变的俯仰指向模式和俯仰姿态不变的垂直平移模式。

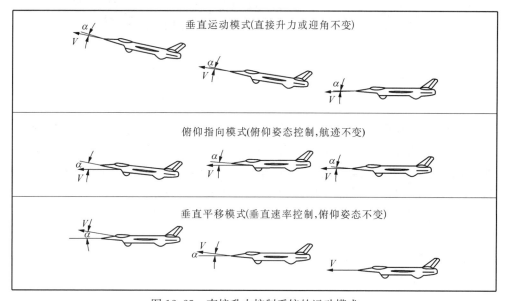

图 12.25　直接升力控制系统的运动模式

垂直运动模式,在直接升力或迎角不变的条件下,改变飞行垂直轨迹。此时,迎角不变 ($\alpha = \text{const}$),飞机姿态角随轨迹倾斜角同时改变 ($\theta = \vartheta$)。

俯仰指向模式,在飞行轨迹不变的条件下,改变飞机机头俯仰指向。此时飞机轨迹倾斜角不变 ($\vartheta = \text{const}$),迎角随俯仰角同时变化 ($\alpha = \theta$)。

垂直平移模式,在俯仰角不变的条件下,改变飞行垂直轨迹。此时的控制类同垂直运动模式,但俯仰自动驾驶仪必须打开,以保证 $\theta = \theta_0$,于是迎角随轨迹倾斜角

同时改变 $(\alpha = \vartheta)$。

为了实现直接升力的变化,飞机必须装有特殊且适宜的操纵面(装置),并满足下列要求:

  a. 操纵面(装置)必须能引起正的和负的升力变化。

  b. 合成的直接升力变化的作用点必须在重心附近。

  c. 操纵面(装置)必须是快速连续可调的。

产生直接升力变化的途径有前缘和后缘襟翼、扰流片、吹气、推力矢量转向和机头操纵面(如水平鸭翼)等,如图 12.26 所示。在这些特殊力和力矩操纵面(装置)的基础上,为了实现所需的运动模式,操纵面应协调偏转。这需要多余度的电传操纵系统来具体实现,目前信号传输介质正向光传操纵系统发展。

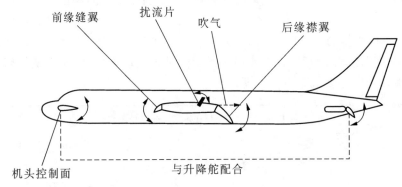

图 12.26 产生直接升力变化的常见途径

  图 12.27 示出了采用襟副翼与平尾进行直接升力控制的原理图。襟翼下偏产生的升力,其力矩由升降舵上偏的力矩来平衡,于是只剩下升力控制飞机的移动。如用升降舵控制飞机俯仰姿态,舵偏产生的升力变化由襟翼相应偏转给予平衡,故只有转动运动操纵。二者的不同配合,还可导致其他运动模式。

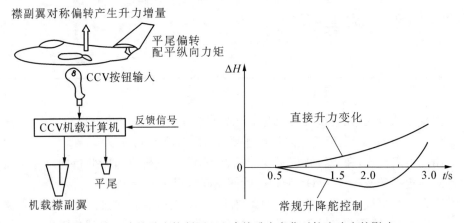

图 12.27 直接升力控制原理和直接升力变化对航迹响应的影响

图 12.27 对比了某大型超声速飞机按常规方式和直接升力方式操纵时的高度响应。直接升力方式避免了响应的滞后，这在着陆进场等精确任务中将带来很大的收益。这些特点对民用飞机，特别是超声速客机是有价值的。

（2）侧向直接力控制。类似于纵向，通过侧向直接力控制可以实现新的侧向运动模式：无侧滑和滚转的侧向运动（直接侧力）、航迹不变的偏航姿态变化（偏航指向）以及姿态不变的侧向平移。

直接侧力模式在无侧滑、无倾斜条件下，改变飞机航向，即"平转弯"。此时侧滑角为零（$\beta = 0$），飞机偏航角随轨迹偏角同时改变（$\phi = \chi$）。

偏航指向模式，在轨迹不变的条件下，改变飞机机头偏航指向。这种模式类同俯仰指向模式。此时飞机轨迹偏角不变（$\chi = \text{const}$），侧滑角随偏航角同时变化（$\beta = \phi$）。

侧向平移模式，在偏航角不变的条件下，改变飞行航向。此时的控制、航向和横向自动驾驶仪应自动接通，以保证偏航角 ϕ 和倾斜角 γ 不变，侧滑角将随轨迹偏角同时改变（$\beta = \chi$）。

产生直接侧力变化的途径有气动侧力操纵面（如机头垂直鸭翼）、非对称的阻力操纵面和方向舵侧力操纵面的配合以及推力矢量转向等。同样，这些操纵面（装置）应在飞控系统的驱动下协调偏转，实现期望的侧向运动模式。

12.7.3　主动控制技术的其他用途

电传操纵系统不但能实现放宽静安定度、直接力操纵控制等功能，还有其他如改进飞行性能、飞行品质、扩大飞行范围等功能，如人工侧向增稳、机动襟翼、机动载荷抑制、阵风响应抑制、主动颤振抑制等。简单介绍如下：

（1）人工侧向增稳，由电传操纵系统使方向舵的偏转方向与侧滑角相反，增加稳定的垂尾偏航力矩，起到增稳、增加阻尼的效果。从而可以减小垂尾面积，减少阻力和重量，特别是改善大迎角、大 Ma 的航向稳定性，提高飞行性能。

（2）机动襟翼是利用前、后缘襟翼（操纵面如后缘襟翼、副翼等），根据 CFD 计算出的最佳机翼弯度随 Ma、α 的变化规律，定出前、后缘襟翼的偏度规律，实现机翼襟翼可变、减小机翼的诱导阻力、提高升阻比、改善飞行性能。

（3）机动载荷抑制是偏转机翼两侧副翼（同时上偏），减少外翼的升力，使压心展向位置内移，减小机翼弯矩载荷，从而达到减轻重量的效果。它虽然会导致大迎角的机动阻力增大，影响机动性，但对大型客机、运输机而言，机动飞行并不重要，因而影响不大。

（4）阵风响应抑制是根据测得阵风引起的飞机过载增加量和扰动状况，控制操纵面，产生与阵风效应相反的卸载，实现减弱阵风效应，减少大气湍流的扰动，改善乘坐品质，减轻飞行员的负担。

（5）主动颤振抑制是根据弯扭耦合引起的振颤，通过一个主动操纵面的协调偏转角，产生一种气动力，以抵消电扭转运动所引起的气动力，对引起的不稳定气动力进行补偿,避免了颤振,增加了阻尼。由于颤振频率高,因而对操纵面的伺服马达的调节速度要求和对测量结构运动的传感器的精度要求都很高,必须有一个合适的调节器、计算机的控制规律,而且使抑制系统与飞机构形进行最佳匹配,正确配置合适的系统增益和相位差,确保气动伺服弹性的安全。如果处理不好,反而会使颤振特性恶化,因而必须通过试飞调试验证,才能保证安全。

思考题

1. 简述飞机静稳定性的定义和重心变化对静稳定性的影响。
2. 简述不同飞机布局对静稳定性的影响。
3. 简述飞行器航向静稳定性的概念。
4. 放宽静稳定性带来的主要优势是什么?
5. 直接升力控制的主要工作原理是什么?

13 经济性分析

民机设计除了要满足航空公司对飞机安全性及性能的要求,对乘客具有吸引力外,还必须能够为航空公司带来经济效益。通过增加飞机的销售数量,飞机制造商可以收回投入的项目研制成本,并通过进一步的利润积累为新技术的研究和下一代飞机的研发提供资金。因此成功的机型除了技术上具有先进性以外,还具有良好的经济性,包括较低的购买成本和使用成本等。

民机的经济性分析是总体设计的重要内容,对整个项目的市场成功具有至关重要的作用。飞机项目,尤其是全新的飞机项目的研发时间往往很长,其累计现金流在设计初期直到设计定型,将产品推向市场并获得初始订单之前,一直都为负值。在销售的飞机达到一定数目时才可以收回研发及生产成本,亦即达到盈亏平衡点。其所需的巨额现金投入,使飞机项目的风险巨大。在飞机设计的各个阶段,要对设计方案的经济性和市场前景进行尽可能准确的分析和预测,以增加项目成功的概率。这一任务在设计的初期尤其重要,这一阶段作出的设计决策对飞机的购买成本及使用成本影响巨大。

13.1 成本概念与评估方法

13.1.1 全生命周期成本

航空公司使用一架飞机完成特定航线任务涉及三个方面的成本,飞机的购买成本、使用成本和支撑飞机运行的成本,如维修和备件成本等。而一架飞机从下线投入航线运营,到最后退出商业运营所经历的时间长达 20～30 年。

全生命周期成本应该包括与飞机直接相关的成本和支撑飞机运行的非直接成本。非直接成本的计算与航空公司的运行方式和财务计算方法有直接的关系,不同航空公司的计算方法得出的结果差异比较大。

民机的总使用成本(total operating cost, TOC)主要由以下几个元素构成:与飞机有关的使用成本(airplane related operating cost, AROC),或称直接使用成本(direct operating cost, DOC);与乘客服务有关的使用成本;与货运服务有关的使用成本;与飞机地面系统有关的使用成本等,其中后面三个方面的内容也统称为间接使用成本(indirect operating cost，IOC)，间接使用成本在总的使用成本中占 15%～50%，在缺乏可靠数据估算的情况下，可以假定 IOC 的数值近似等同于 DOC，而将重点放在 DOC 的计算上。DOC 又包括两个方面的内容：所有权成本（资本成本）和现金使用成本(CAROC)，具体的划分如图 13.1 所示。

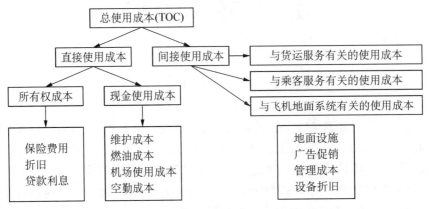

图 13.1　飞机总使用成本(TOC)的构成

飞机的经济性可以使用下述不同的指标进行衡量，反映飞机直接使用成本的指标包括：

(1) 飞行小时成本(DOC 美元/飞行小时)。

(2) 航段成本(DOC 美元/航段)。

(3) 座海里成本(DOC 美元/座海里)。

(4) 吨海里成本(DOC 美元/吨海里)。

反映飞机制造成本的指标包括：

(1) 单位空机成本(美元/W_{oe})。

(2) 单位商载成本(美元/W_{pl})

式中，W_{oe} 和 W_{pl} 分别为使用空机重量（吨）和最大使用商载重量（吨）。其中，最常用的民机经济性评价指标是座海里成本。

13.1.2　经济性评估方法

经济性评估可以使用不同的经济性指标进行。准确估算飞机的经济性是一项非常困难的工作，却又是概念设计和初步设计阶段一项非常重要的工作。在这一阶段有关的设计方案数据非常缺乏，众多参数都有待确定。这又为准确估算飞机成本带来了很大的困难。

飞机成本估算的常用方法包括自下而上的方法，从估算零件的成本到整个产品的成本，其中涉及对大量数据的处理，而估算的结果受到多种因素的影响，在概念设计阶段，当许多细节尚未确定时，很难采用这种方法。

第二种方法是基于历史数据进行类比分析来进行估算，这种方法对新飞机研发成本的估算存在很大困难,尤其是当飞机间的技术水平差距较大时,需要采用合适的修正因子。可以利用的方法包括案例推理(case-based reasoning, CBR)以及使用神经网络和模糊逻辑的工具等。

第三种方法通过建立成本与关键设计参数间的关联关系来进行,因而称为"参数法"(parametric costing)。将 DOC 和设计参数进行关联得到的成本模型与重量、性能、几何等模块相集成,进行各种设计参数对经济性影响的灵敏度研究,是目前越来越多采用的方法。

其他在财务分析领域使用的方法包括作业成本法(activity-based costing, ABC)和薄利成本法(lean costing),这些方法代表了另一类将成本与资源使用和工程活动进行映射的方法。随着计算机建模技术,特别是 CAD 技术的发展,初步设计阶段可以使用越来越多的详细数据,这一发展趋势使得对部件的制造成本信息的把握越来越准确,尤其是对传统金属类结构形式。多种成本估算方法相结合,能够为初始设计阶段的有效决策提供更多的依据。

13.2　飞机经济性分析与计算方法

飞机的经济性与安全性、舒适性和可靠性一样,是民用客机设计的重要指标。民航市场的激烈竞争,决定了民机经济性的优劣往往对民机项目的成败起着关键的作用。在概念设计和初步设计阶段,需要对竞争机型和不同设计方案的经济性进行分析,尤其是直接使用成本,以便选择合适的参数来实现设计方案的综合最优,提高在市场上取得成功的概率。

市场成功是民机设计经济性指标优劣的重要反映。在考虑经济性的设计过程中,首先应基于对预期目标市场和对航空技术发展水平的分析,对不同方案的成本进行估算,做出对技术选择和方案参数选择的评估,最终完成飞机设计参数的确定。

设计方案对经济性的影响主要体现在以下几个方面:飞机的气动外形参数、结构设计和材料选择将影响飞机的起飞重量和结构可靠性,进而影响飞机的使用成本;金属结构的飞机设计已经相对成熟,但其能够带来的性能改进也变得有限;提高设计的可靠性、减少维护时间是提高经济性的另一个有效手段,现有维护时间和维护材料成本的估算方法大多基于金属结构的数据,因此可以应用于目前的估算工作;燃油成本在飞机的使用成本中占较大比重,因此发动机性能,尤其是发动机的燃油效率将直接影响飞机的使用成本;飞机的全机气动效率也会影响飞机使用成本。

虽然存在不少经济性分析的模型和工具,但大部分方法和公式都来源于国外的数据和经验公式,不一定完全满足国内的现状,因此需要进行数据和模型的不断修正。采用这些模型和公式计算得出的结果尽管不一定完全准确,但可以用于方案设计阶段进行不同方案经济性的对比。随着方案的进一步细化和数据的不断积累,估算的精确度也会不断提高。

现代民机设计一般采用先进发动机技术,达到增大推力、减少油耗、降低噪声和排放的目的,油耗降低带来燃油成本的减少,可靠性和维修性的改善会降低维修成本。但新技术的研发又提高了发动机的自身成本。在新一代民机中,复合材料的使用超过50%,复合材料具有显著的重量优势以及良好的可靠性和损伤容限特性,从而改善了维修间隔时间,降低了维修成本;但其制造成本较高,提高了使用成本。此外,电传操纵系统在现代民机中广泛使用,需要采用余度技术以确保其可靠性,增加了制造成本。但其对设计的影响,如可以采用放宽静稳定性、载荷抑制、阵风抑制、颤振抑制等功能,又减轻了飞机重量,飞机气动效率的提高减少了燃油成本。从以上例子中可以看出,所有新技术的采用都会一方面提高研发制造成本,另一方面降低使用成本。因此需要对可能影响新技术的因素进行综合分析,才能得出最终对经济性的影响结果,从而做出是否使用特定的新技术以及使用的深浅程度的决定。

13.2.1　直接使用成本(DOC)

DOC的计算是一项关键的工作,也是一项困难的工作。在航空工业的发展初期,就将成本的预估和控制作为各个设计阶段的重要内容。早在1944年,美国航空运输协会(Air Transport Association of America,ATA)就发表了第一个被广泛接受的直接使用成本的估算方法,之后经过多次改进,并逐步从最早的采用活塞式发动机的飞机扩展到了采用涡轮发动机的飞机。目前广泛使用的方法就是基于1967年的ATA方法。此外,欧洲也发展了自己的经济性评估方法,通常称为AEA方法。

各种DOC的估算方法对成本项目的划分基本上是一致的,DOC计算中涉及的成本项目主要包括以下内容:资本成本、机场使用成本、燃油成本、维护成本以及空勤成本等。各项具体成本项中所包含的具体内容如表13.1所示。

表13.1　飞机DOC的计算元素

成本	具 体 内 容
资本成本	贷款额度、利率、期限、残值、保险率、寿命期限、配件投资成本等
机场成本	导航服务、降落费用、地面服务、旅客服务、民航基础设施建设基金收费等
机组费用	平均薪资水平,包括飞行员、空乘
燃油成本	轮挡时间、轮挡燃油
维护成本	发动机维护成本、飞机维护成本

民机直接使用成本的计算与飞行任务剖面和飞机的性能直接相关,其中涉及的性能参数包括轮挡时间、轮挡燃油等。依据飞机设计手册,通常选取的飞行任务剖面如图4.1所示,其中包含两个部分,第一部分为正常的飞行任务剖面,第二部分为备用燃油航段。其中备用燃油的规则由以下三个部分组成:5%任务用油、200海里备降转飞用油、1500 ft高度30 min待机用油。飞行任务剖面中各航段的燃油计算规则如表13.2所示。其中给出的燃油比系数为初步的估计值,或为采用性能计算模块获得的更为准确的数据。

表 13.2　DOC 计算中轮挡燃油的简化计算数据

航段	描　述	燃油比$\left(\dfrac{w_{i+1}}{w_i}\right)$	时间/min
1	发动机起动、预热与滑行	0.98	7
2	起飞,初始爬升至 1 500 ft	0.98	计算得出
3	加速,爬升至巡航高度	0.98	计算得出
4	巡航	计算得出	计算得出
5	下降	0.99	计算得出
6	进场与着陆	0.992	6
7	滑行	0.99	7
8	过失进场	0.98	计算得出
9	爬升至 20 000 ft	0.98	计算得出
10	20 000 ft 巡航到备降机场	计算得出	计算得出
11	下降至 1 500 ft	0.99	计算得出
12	进场与着陆	0.992	6

注:1 ft=0.304 8 m。

在 DOC 的构成中,各项成本所占的比重都不同,其中最主要的三个构成元素分别为资本成本、燃油成本和维护成本。由于在飞机的采购或租赁中可以采用的财务规则的差异,计算资本成本存在很多方法,但都与飞机的总投资有关,总投资包括在飞机和发动机上的投资,还包括在配件和地面辅助设备上的投资。在配件和地面辅助设备上的投资通常按照飞机或发动机总价的百分比来确定。在方案设计阶段,对飞机机体价格的估算主要通过关联飞机结构重量和飞机目录价格(list price)近似得到,根据波音的数据可以得到飞机机体的单价估算公式为

$$P_{tc}=0.001\,0W_e^{0.96}\,(百万美元,2020\ 年) \tag{13.1}$$

式中,W_e 为飞机的运营空机重量(单位是 lb),图 13.2 给出了飞机价格与运营空机重量的经验关系。

发动机的价格可以通过关联发动机的推力和燃油效率 SFC 来得到估算公式:

$$P_e=2.180\,4\times\left[0.392\,9\times\left(\frac{T_c^{0.88}}{\text{SFC}^{2.58}}\right)+0.714\,2\right]\,(百万美元,2020\ 年) \tag{13.2}$$

式中,T_c 为发动机的巡航推力(单位为 N);SFC 为发动机的燃油效率[单位为 mg/(N·s)],式中的系数 2.180 4 是货币币值的修正系数。

飞机的资本成本与资金的来源和使用方式有很大的差别,通常航空公司需要进行详细评估。一般来说,航空公司可以采用购买和租赁的形式取得飞机的使用权。在这两种形式下,资本成本的计算是不同的,同时还受到各种不同财务制度

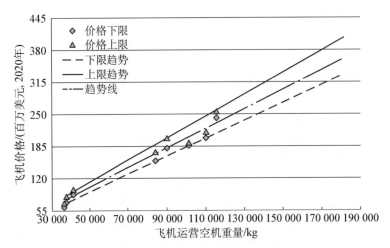

图 13.2　飞机价格与运营空机重量的经验关系

的影响。

　　在贷款购买模式下,资本成本的计算是基于飞机机体和发动机的总价得到的,包括贷款成本、折旧成本和保险成本三个部分。贷款成本的计算可以按如下方式进行:假设贷款总额为 A,总的还款次数为 n,每期还款利率为 β,每期还款额为 a,还款年限为 m,采用等额还本付息方式,每期还款额由以下公式计算:

$$a = \frac{A\beta}{1 - \dfrac{1}{(1+\beta)_n}} \tag{13.3}$$

年度利息为

$$i = \frac{na - A}{m} \tag{13.4}$$

　　折旧成本的计算针对飞机机体和发动机的总价格,考虑折旧后的残值和折旧年限,用式(13.5)进行计算:

$$C_d = (P_a + P_e)\frac{1-r}{d_m} \tag{13.5}$$

式中,r 为残值所占百分比;d_m 为折旧年限。

　　如果已知飞机和发动机总价以及保险费率,则年度保险成本可以由式(13.6)得出:

$$P_{ins} = P_t r \tag{13.6}$$

　　机场服务的成本计算将机场服务的成本分解为导航服务费、进近指挥费、航空业务服务费以及机场地面服务费,与机场服务密切相关的旅客餐食项目也列在此处。导航服务费通常按飞行里程来计算,进近指挥费根据飞机的降落重量来计算,旅客餐食根据座舱等级和旅客数目进行计算。航空业务服务费和机场地面服务费的计算较为复杂,两者的计算与飞机的设计特点存在一定的联系。

空勤成本在 DOC 中的计算一般取决于轮挡时间、飞机的起飞重量(飞机的种类)和平均单位时间的薪金水平。空乘人员的薪金水平和计算方法因航空公司不同而变化较大,计算中所采用的空乘人员的月薪水平可以根据我国的平均水平来计算。

燃油成本取决于飞机完成特定航线所消耗的轮挡燃油和燃油单价,其中轮挡燃油的计算根据典型的任务剖面来进行。计算结果与飞机的性能参数,如巡航速度、巡航时的升阻比,以及发动机的油耗性能存在密切的关系。燃油成本在 DOC 中的比重随着燃油价格的增加而增加,是航空公司运营成本中的重要元素,也反映出改善发动机的油耗特性对改善 DOC 性能有很大的意义。

维护成本的计算通常分解为飞机维护成本和发动机维护成本,飞机维护成本的计算包括人工成本和材料成本,取决于飞机每年平均的飞行小时、单次任务的飞行时间和飞机的结构重量,在还没有估算飞机的结构重量时,可以采用飞机的运营空机重量。

在计算 DOC 的过程中,各种政策性收费,例如我国征收的民航基础设施建设基金也应考虑在内。政策性收费有时是针对特定机型的,比如针对排放严重的老机型等。

13.2.2　间接使用成本(IOC)

概括来讲,间接使用成本就是与飞机具体的设计特征没有直接关联的成本项目。这些项目是航空公司开展商业运营活动所必不可少的支出,主要包括下面的一些内容:

(1) 地面设施的所有或租赁,以及使用成本,包括办公室、值机柜台等。

(2) 地面设备成本,包括设备维护、折旧等。

(3) 管理及维护费用。

(4) 总部办公成本。

(5) 广告、销售,以及公关成本。

(6) 票务服务成本,包括订票服务。

(7) 培训成本。

(8) 客户服务成本。

间接使用成本的计算因航空公司不同而差别很大,作为一个粗略的近似,基于 B747(四发)、DC-10(三发)和两发飞机的统计数据,可以采用如下的公式近似计算间接使用成本:

$$IOC = 1.275\,1 \times R^{-0.41}[1.19 \times 10^{-4}W_{to} + (0.11 + 1.17f_1)N_p - 3.69](百万美元,2020\,年) \tag{13.7}$$

式中,R 为飞机的任务航程;W_{to} 为飞机的起飞重量;f_1 为上座率(乘客数与总座位数之比);N_p 为总的座位数。从中可以看出,间接使用成本与上座率及飞机的最大起飞重量有关。

一般来说,设计师对间接使用成本的影响能力是有限的,在设计中需要考虑的主要内容包括地面设备的通用性,以减少购置或租赁新设备的成本;此外,增加驾驶舱设计的共性也有助于降低飞行员的培训成本。

13.3 DOC 算例

本节以一个具体的民用飞机设计为例,计算该设计方案的直接使用成本。作为计算实例的是 150 座级中短程客机,与空客 A320 和波音 B737 属于同一个级别,飞机的基本设计参数如表 13.3 所示。

表 13.3　150 座级飞机的基本设计参数

设计参数	数　值	设计参数	数　值
最大起飞重量	73 500 kg	发动机型号	CFM56 - 5B
飞机运营空机重量	42 175 kg	发动机台数	2
载客数	150	巡航 SFC	0.63/h
飞行员数	2	涵道比	5.3
空乘人数	5	巡航推力	28.7 kN
最大巡航速度	487 kn	经济巡航速度	454 kn

在 DOC 的计算中,假设航程里程为 1 000 n mile(1 852 km),计算所用的轮挡时间为 157 min,轮挡燃油为 5 637 kg,由此得出年飞行时间为 3 148.4 h,年利用率为 1 203.21 架次。根据发动机的基本设计参数,人民币汇率采用 6.83,可以估算出单发发动机价格如下:

$$单发发动机价格 = K_I \times 1.71 \times [0.392\,9 \times (T_c^{0.88}/SFC^{2.58}) + 0.714\,2] \times 6.83$$
$$= 4\,105.5\,万元$$

式中,K_I 为美元从 2007 年至今的通货膨胀系数,此处取 2007 年至 2020 年美元的通货膨胀系数 1.275 1;巡航推力 T_c 单位为 N;巡航 SFC 单位为 mg/(N·s),1 mg/(N·s) = 0.036 lb/(lbf·h)。

航空公司运营成本计算中,应该尽量使用实际购机或租赁成本数据,当缺乏此类数据时,可以引入制造商研究价格作为参考价格,类似于 A320 和 B737 的单通道飞机研究价格约为 3.415 0 亿元。考虑到飞机备件和研制费利息约为飞机研究价格的 6% 和 2.5%,可以计算得出飞机交付价格总和为 3.705 3 亿元,总投资额如下:

总投资额＝飞机交付价格＋(飞机交付价格－单发发动机价格×发动机数)×

0.1＋单发发动机价格×发动机数×0.3

＝4.240 1 亿元

由此可计算:

利息: 0.053×总投资额/年利用率＝18 677.15 元。

保险费用: 0.005×飞机交付价格/年利用率＝1 539.76 元。

折旧费用: 0.9×总投资额/14/年利用率＝22 654.22 元

假设机长月薪为 15 000 元,副驾驶月薪为 10 000 元,空乘月薪为 9 000 元,其他间接成本约为月薪的 20%,则计算得出每航段空勤成本为 837.76 元。

油价取 11 003 元/吨,则每航段燃油成本计算如下: 轮挡燃油/1 000×11 003＝62 023.91 元。

维修成本包括机体维修成本和发动机维修成本,分别计算为: 3 658.10 和 2 549.20 元,共计 6 207.30 元。

机场服务一般包括导航费、着陆费和地面管理费,各项收费的计算分别如下:

导航费: 0.5×航程×(最大起飞重量/50 000)×6.83＝9 297.13 元

着陆费: 7.8×最大起飞重量/1 000×6.83＝3 915.64 元

地面管理费: 100×商载/1 000×6.83＝12 235.95 元

其中商载＝(载客数＋飞行员数＋空乘人数)×人均载荷重量＋货载＝17 915 kg,人均载荷重量取 95 kg/人,货载取 3 000 kg。

将以上各项收费综合,可以得出每航段机场服务收费为 25 448.72 元。

综合上述 DOC 中的所有元素,可以得出每航段 DOC 的计算结果为 137 388.82 元,每座公里 DOC 为 0.495 元,每公里 DOC 为 74.18 元,每日平均直接使用成本为 452 895.01 元。

13.4　基于经济性的设计

建立飞机方案的经济性分析模型的目的是通过经济性的分析对比不同设计方案,结合市场分析,研究不同设计参数的影响。基于经济性的设计是指将经济性指标作为飞机参数综合的迭代过程中的目标函数之一,与性能、可靠性、舒适性和安全性等指标同时考虑。

经济性分析对民机设计尤为敏感,是航空公司进行机型选择的出发点和落脚点,因此需要将经济性作为设计流程的有机组成部分进行优化,构建基于经济性的一体化设计体系,如图 13.3 所示。影响民机经济性指标直接使用成本的主要因素包括飞机的航程、座位数、发动机的油耗等。飞机的性能指标通过轮挡时间与轮挡燃油影响飞机的直接使用成本,不同设计参数对性能和飞机重量的影响最终反映在飞机的使用成本上面。在建立了飞机的直接使用成本模型以后,可以进行设计参数的灵敏度分析和优化研究。以 150 座级的飞机设计为例,图 13.4、图

13.5、图 13.6 分别给出了航程、座位数和发动机油耗对飞机直接使用成本的影响曲线。

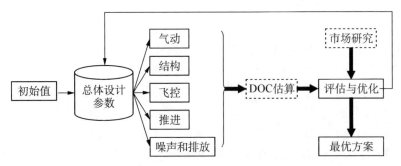

图 13.3　基于经济性的一体化设计流程

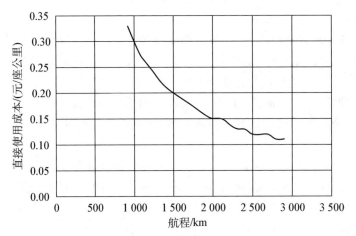

图 13.4　航程对直接使用成本的影响

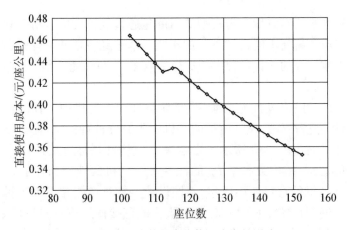

图 13.5　座位数对直接使用成本的影响

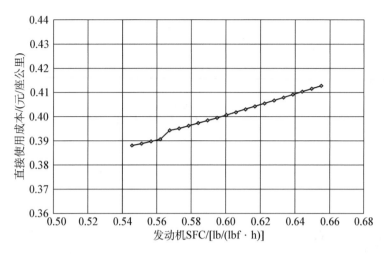

图 13.6　发动机油耗对直接使用成本的影响

　　在有关经济性的设计决策中,应充分考虑所面临的经济环境的不确定性,在设计中利用模糊逻辑等有关的决策工具,以便得出尽可能最优的设计方案。

思考题

　　1. 解释全生命周期的概念,为什么需要从全生命周期成本的角度来考虑经济性设计,以及对民用飞机考虑全生命周期成本有哪些特点。

　　2. 飞机使用成本的主要要素有哪些? 直接使用成本和间接使用成本的主要差异何在?

　　3. 在影响飞机直接使用成本的因素中,对于单通道飞机和双通道飞机,分析飞机利用率和燃油价格的影响有什么区别。

　　4. 举例说明提高飞机燃油经济性的主要措施。

　　5. 影响飞机资本成本的主要因素有哪些?

14 构型管理

14.1 构型管理概述

构型管理(configuration management，CM)又称为配置管理，是项目变更控制的一个重要手段，它涉及所有的技术和组织措施，包括以构型项为单元的规划、标识、控制、记录和审计，因此，在这里我们作为单独的一章来介绍。构型管理，是一种分辨不同时点的系统配置方法，用来标识工作项或系统的物理特性和功能特征，并对这些特征的变更实施控制，审计这些工作项和系统以证实其与需求相一致，以确保项目产品描述正确和完整。

构型管理的目标是在产品的设计者、制造商、销售商和最终用户之间形成对产品功能和特征一致的认知。这些认知包括如下几个方面：

(1) 产品的外观印象(物理特征、软件代码)。

(2) 产品的功能与性能。

(3) 产品的使用方法。

(4) 产品的维护方法。

构型管理就是通过对产品构型的控制来实现这一目标，并在系统的整个生命周期中保证此配置的完整性和可追溯性。构型管理必须在项目的最初阶段就确定，最理想的时间是项目开始时。确定之后，其在系统的整个生命周期内都要始终保持存在，以便在系统退出服役期之前，可以作为系统维护的依据。

14.1.1 构型管理的起源

要了解一个陌生的事物，最好的办法就是追本溯源，从它的产生及演变的历史入手，这样会得到一个比较全面的认识。

在工业化之前，由于产品相对简单，而且不存在批量制造的情况，产品都是单件制造的，因此产品的功能和构成相对简单，不需要额外的描述。随着产品的复杂化，多种多样的技术开始应用于产品的设计和制造过程。到 1900 年，技术文档或说明书变得不可或缺，以便向用户传达有关产品特征和性能的信息。在第二次世界大战后，技术的突飞猛进使得详细的技术文档成为必要的载体，以便在不同部门以及最终用户之间进行技术信息的传递。

　　构型管理的概念最早来源于制造工业，尤其是在美国的国防工业中。当时开发的产品规模是比较小的，复杂程度也不高，在整个生产过程中所有的生产、开发、设计和变更常常由一个人或一组人来管理。但是后来，产品的复杂性开始增加，例如产品中增加了飞行器、坦克、枪支等，此时，就不可能再由一个人或一组人来控制设计和生产。更重要的是，设计在不断地变化。此外，这些产品的开发可能历经几年，并由不同的人负责。当控制权从一个人交给另一个人时，很可能丢失了一些相关的信息，因为没有正规的方法要求将文档、设计和在开发期间所做的修改记录下来。在 1962 年，美国空军在进行喷气飞机设计时，为解决控制和通信问题，制定和发布了一个用于构型管理的标准，即 AFSCM375 - 1，这是第一个用于构型管理的标准。美国军队和国防部的很多其他标准（MIL 和 DoD 标准）都遵循这一标准而制定。

　　到 20 世纪 50 年代末期，产品复杂度的增长使得产品的研发扩展到多个不同公司，在广泛的组织机构之间进行产品数据的传递和控制成为必然。在 20 世纪 60 年代，计算机的应用开始得到扩展，硬件和软件成为产品的一部分。正式的构型管理是在 20 世纪 50 年代引入的，用于复杂的空间项目和武器系统的技术信息的控制和管理。到 20 世纪 70 年代，软件的构型管理逐渐发展成为一门学科。

　　20 世纪 60 年代，构型管理标准的发展主要依据美国军方的规范 MILSPEC。1998 年，美国国家标准协会（ANCI）与电子工业联盟（EIA）批准了 ANCI/EIA - 649 *National Consensus Standard for Configuration Management*，最新的版本为 2004 年的 ANSI/EIA - 649 - A 标准。其他相关标准包括 1998 年的 ANCI/EIA - 748 *Earned Value Management System* 以及 2002 年的 EIA - 836 *Data Interoperability and Configuration Management* 等。

　　在日益全球化的环境中完成复杂的航空项目是一个巨大的挑战。航空工业的特点如下：①标准众多，包括 FAR、DFARS、EIA、ANCI/EIA、CCAR 等；②项目设计复杂度非常高；③制造环节复杂，涉及的分包商和供应链通常遍布全球；④政府对项目具有较强的监管职责。在这样的背景下，有效地、经济地完成复杂项目的实施需要明确的管理、分工与控制，而构型管理是这个过程的核心环节。

14.1.2　构型管理与项目管理和质量管理

　　构型管理是产品生命周期管理（product lifecycle management，PLM）中的关键环节，也是实现高水平质量管理的关键。但是构型管理与项目管理和质量管理之间又存在差别，构型管理主要是技术管理学科，项目管理关注的是项目进度的编制、执行、里程碑检查等。构型管理与企业其他系统，特别是 PLM、CAD、SCM 等存在密切的关系。构型管理一般是借助于 PLM 系统，以其为支撑来实现的，更多的反映更改流程的制定、实施、审计、评审等活动，其更改项通过 PLM 系统与 CAD、CAM 以及 SCM 系统产生关联。

　　一般来说，项目管理和质量管理的作用容易理解，对构型管理重要性的认识往往不够,而实际上,没有有效的构型管理,就很难实现项目管理和质量管理的目标。比如说,质量管理要求产品满足设计需求,但首先需要将产品与设计需求相匹配,而这正是构型管理的范畴。在决定进行某项设计更改之前,需要进行全面评估,以确定更改所带来的影响,这些同样是构型管理的范畴。

14.2　构型管理的内容

14.2.1　构型管理的基本知识

构型管理涵盖的范围很广,其目标是建立和维护产品的完整性。构型管理是一门跨越技术和管理的交叉学科,本节首先对构型管理中涉及的概念进行初步介绍。

14.2.1.1　可辨体

构型管理中的可辨体,是在项目的开发中得到的某一部分组成了可辨体的构型,这种可辨体可能只有经过系统地批准和记录后,才能有所改变。这些可辨体可以是一系列要求、规定、操作手册、软件模块的纲要,部件硬件的外形,测试计划等,实际上任何可以分辨并以某种方式为产品的最终使用做出贡献的都是可辨体。

14.2.1.2　构型

"构型"一词指可辨体的全体及其相互关系。构型管理的一个关键是了解构型中哪一部分依赖于另一给定部分。例如,在冰箱的设计中,门把手的说明书可能与门的说明有关,但与冰箱的其他很多部分无关,如马达。了解这种依赖关系,将有利于界定任何一部分发生变化时的影响范围。构型随着一个部分的开发逐渐形成,项目刚开始时,构型由说明项目范围的文件组成要求说明。从定义看,一旦此规定正式成为构型的一部分,它就得经过变化控制程序后才能改变。应注意,构型不包括尚在形成的部分,对仍在积极开发的部分实施变化控制的工作量太大。因此,在开发过程中,构型仅由所有已确定的设计部分组成。设计客体尚不属于构型的一部分,因为它们天天都在变,尚未达到适当控制变化的充分成熟程度。

14.2.1.3　构型项

构型项属于构型之内的部分,这些已确定的部分及其以后的进度都会被记录,它们在尚未授权的情况下不会发生变化。从控制变化的角度来看,我们仅关心构型项;设计者仍有随意支配设计客体的自由。保持对设计客体的变化的跟踪是设计者自己的责任,其他人没有必要知道这些变化。在项目组成员之间就相互依赖的部分的交接达成一致并定义为构型项是很有用的。仍旧举设计冰箱的例子,如果冰箱门和门把手是单独设计的,则首先就门把手怎样安装在门上达成协议是合理的。这样,门把手的设计者和门的设计者才能独立进行设计。这种对交界处的一致规定将成为两类设计者共同依赖的构型项,没有双方的一致同意,就不会发生变化。如果出现其他需要达成一致的事件,在此之前,互相依赖的部分中的某一方的设计无法继续,则我们可能需要添加另一些规定。

14.2.1.4　基线

基线是构型管理中的另一个重要术语。基线是开发过程中某特定时点的构型状态或某个已明确的构型项,这些时点通常在系统生命周期的大里程碑处。基线可能定义为某时点的一系列受到变化控制的已知构型项,并已取得相关各方的同意,其后的进度可以以此为基点详细计划。项目中的基线可以提前在客户和承包商的磋商下确定,以使项目的状态具有更高的可见度。基线不一定用于整个构型,它可能仅用于构型中已定义好的部分。这使基线的运用相当灵活,因为系统的所有部分不必同时达到设定基线。任何给定的基线都必须唯一界定,以使任何调查基线情况的人都有一个确定的起点。

14.2.2　构型管理的目标和要求

构型管理的具体目标是多方面的,简要地说,应该主要包括如下几个方面:

(1) 通过批准的技术文档,明确产品全生命周期中任意时点的技术状态,包括其组成部件。

(2) 有效地、连续地记录和管理产品技术状态的变化,并具有可追溯性。

(3) 确保产品内部部件间接口与外部接口的一致性。

(4) 验证产品技术文档与产品真实状态间的一致性。

(5) 辨识产品的期望技术状态与真实技术状态间的差别,以对产品的改进提出建议。

(6) 确保用户对产品的性能和功能有明确、没有歧义的理解,以便在出现不一致性时,能够识别受影响的构型项。

构型管理的实施应该取得三个主要的目标:唯一性、完整性和可追溯性。

对构型管理的理解也存在一些误区,例如,认为构型管理会带来额外的时间和财务成本;构型管理妨碍了快速的设计更改;构型管理是一个被动的过程等。但是,不恰当的构型管理实践,包括过时的政策、不顺畅的组织机构和流程,确实会增加构型管理带来的成本,正是这些因素才导致了对构型管理认识上的误区。因此,在项目的起始阶段,透彻地理解构型管理,正确地贯彻相关的政策,准确地实施构型管理中的各项措施对提升构型管理带来的收益,具有不可低估的效果。

14.2.3　构型的构筑方法

大部分项目都是从上至下一级一级构筑的,即先形成项目的高层设计,然后分为低层次的、还可再分的设计部分。这种设计和构筑方法适用于大部分有形的物体和系统。在每一个层次的每一个部分中,各部分应该区分开来,使它们的概念和实施方法可以由个别项目团队成员掌握。项目的设计结构就是选择构型项的现成基础。评估变化的影响时,很自然地聚焦于直接依赖于变化的部分所受的影响,但这样极易导致变化的蔓延。从变化控制角度来看,最令人满意的设计应该将各部分之间的关联减至最少。对构型控制来说,将各部分细分既有好处又有坏处。将构型项细分为更小的可区别的部分,其好处是任何变化要求都能更准确地集中于相关领域。然而,超过了一定的详细程度后,进一步细分就会导致相反的效果。分辨各部分的高准确度的好处会被层次过低的细分项容量以及解释集中于过细的细节变化的困难所抵消。

14.2.4 构型管理的要素和支柱

构型管理主要由四大要素构成:构型标识、构型控制、构型纪录和构型审核和评估。

(1) 构型标识:为了确定一套管理变化的有效办法,在构型中必须采用清晰的鉴别系统。因此,一旦选定构型的结构和控制单位,就必须区分每一项,使系统的每一部分都独一无二,并登记其代号,登记代号的行为即称为构型标识。不难看出构型标识的目的是单独地分辨所有构型项。构型中,要求每一项都身份唯一,并一直保持一致,几个人会不同程度地参与某一项的工作,一旦其身份改变,就会引起混乱。只要确保唯一性和一致性,选择哪一种鉴别系统并不重要。通常是将每一项的身份分解为"名称"和"参考版本号"。在选择各部分的名称时,最好选择那些既适当又简短的名称,但这些名称必须是唯一的并且是有意义的,像课文段落一般的段落构成的名称冗长难记,而仅有一个字的名称又没有意义。在大型项目中,命名方法必须提前做好计划,以防未来出现名字发生冲突的问题。此外,每一项构型项都需要以某种方式标出来,以代表其身份。标签表示这一实体部分是构型登记册中记录的某部分。文件的标签通常为文件名和写在某显眼处的版本号,实体部分的标签则可能是一种身份标记或在制造过程中刻上去的某种标志。关键在于要用标签来毫无疑义地代表此客体,将其与构型登记册中的身份对应起来。但是多个构型的情况是存在的,这就是说,使硬件或软件的一个以上的构型并存往往是必要的。例如,当你设计冰箱时,你可能需要在国内使用一种构型,在国外使用另一种构型。这些并存的构型通常称为变异形式,各种构型之间并不互相替代,而是并存。出现不同形式的构型的另一种情况是产品有所改善或者随时间发生了变化,此时,新构型会代替旧构型。但是,若旧产品仍然存在,则必须保留其旧构型。

(2) 构型控制指一种用来保护构型的过程,它使各部分只有经过确保对变化影响进行分析的程序后才能改变。保护构型,是说一旦某部分被作为构型项,它就需要被保护,使其不会在未经授权的情况下改变且免于受到意外毁坏。提供这种保护的通常方式是建立档案处或构型储存处,即一种保存构型项的有形场所。变化控制的实质是构型项的所有变化都要求被授权负责控制此部分的构型控制者事先批准。控制项目等级的最高层次变化的典型权力机构是变化控制委员会,它由下列人员组成:①客户方的技术代表;②客户方的商业代表;③项目经理(来自承包组织);④高级设计员。

使用构型管理进行变化控制的基本运作步骤如下:①要求者发现变化的必要性,并向构型管理员提出变化要求,交代理由;②管理员记下要求,并送交相应的配置控制者;③配置控制者任命某人去分析变化的可行性及其影响;④分析员向受到潜在影响的设计员和用户咨询,并把分析结果交给控制者作决策用;⑤配置控制者批准或不批准变化;⑥管理员记录决策,并向所有相关人员报告;⑦项目经理或小组领导任命某人执行变化;⑧执行者向管理员报告变化的完成情况;⑨配置控制者认可新的配置;⑩管理员记录和公开新的配置情况。

关于这个机制,似乎有很多人参与:要求者、构型管理员、配置控制者、分析员和执行者,这些不一定是不同的人,而仅仅是要履行的职能名称。在决策之前,必须分析变化的影响,所有重大事件都要记录并公布。当变化的建议提出时,应该首先分析该变化可能产生的影响。由谁来分析所建议变化的影响在很大程度上取决于变化的范围,变化的范围通常由变化部分在配置等级中的位置来反映。为了决定是否实施某变化,下列工作是必要的:①评估变化的效用和不进行变化的后果;②预测和分析变化是否会影响整个系统以及每一种影响可能是什么样的,从系统用户的角度来看问题往往特别有用;③评估原来的变化会要求设计的哪些其他部分也有所改变,以及变化在设计层级的每一层的衍生结果可能是什么;④评估变化对完成项目的总成本和总时间的影响。

(3)构型纪录的目的是为了保持对开发中的系统所发生的一切的记录,以便与开发计划做比较并保持可追溯性。数据库中保存的记录包括:①新构型项的产生以及负责其变化控制的人或机构;②事故报告(即可能造成变化要求的错误报告);③变化要求;④批准/拒绝变化的决定;⑤变化通知(构型项改变后公布);⑥更新系统本身储存的构型项;⑦基线构型。

(4)构型审核和评估的目的是审查各部分产品是否按当前的规定生产,所有应到位的质量保证程序是否已确实充分地实施,尽管要求和设计可能会发生变化。要使审核可行,就必须区分产出的每一部分产品,并记录为制造此产品而进行的所有活动。审核工作应该能确保正确实施和记录变化,使用手工的变化控制程序,常常会出现产品与其规定之间的差别,这是审核工作应该发现的。

有效的构型管理应该包含以下三个主要支柱,如图14.1所示。在这三个主要的影响因素中,构型管理的成功主要依赖于前两大因素,即过程与文化。尽管理想的情况是所有相关方都采用相同的IT系统,但现实中在为数众多的供应商中,必将

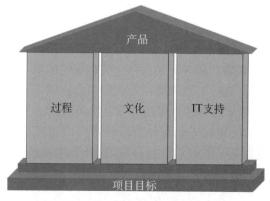

图 14.1 实施有效构型管理的三大支柱

存在多种不同的 IT 系统。

14.2.5　民机构型管理中应该注意的几个问题

（1）积极主动地控制。如果构型管理纯粹是一种被动体系，它就不可能有效。项目经理需要实施积极主动的控制，一是为了保证设计客体在适当的时候被置于控制之下，二是为了确保其他组员使用的构型项版本尽可能为刚经过批准的最新版本。

（2）选时。对某部分实施变化控制的选时非常关键。实施过早，变化控制会通过引入对变化的控制而减缓这部分工作的进度；实施过晚，变化控制的缺乏会导致各部分之间的混乱。项目经理必须在考虑这部分工作的变化率和其他组员要求的前提下，判断使这部分工作接受变化控制的最佳时点。

（3）检查点（check points）。理想的安排是设计者应该与项目经理商定工作过程中的一系列时点。在这些时点处，作为控制基础的最新版本必须更新。但是在使用过多检查点造成效率低下以及检查点过少导致必要工作未实施的风险之间，存在一种权衡关系。

如果要在合理的时间内采用最新版本，就有必要建立某种检查在用版本的程序。三种可能的程序如下：

（1）规定一个时点，要求所有项目组员必须同时换用刚刚被批准的最新版本，如"每周四早上 7 点"。这种方法最容易执行，但是它要求所有人在同一时刻停止各自的假设过程和测试循环，这样做不是总能够实现对人员的最佳利用。

（2）检查人们正在使用的版本，并实施一种定时原则，如"对已存在后续版本的旧版本，继续使用不能超过两周"。定时的方法很实用，但要依赖于项目经理说服开发人员自律的能力，它执行起来相当方便，但你不能保证所有人都同步。

（3）检查人们正在使用的版本，根据情况判断其使用是否合理。这种方法最友好，但执行起来也最难，因为它在较大程度上依赖于人员之间的关系和明智的决策。除非这种检查工作授权给其他人完成，否则会占用项目经理大量的时间。

具体项目选择哪种程序将取决于项目经理对开发小组的信心和维持同步工作的重要性，同时还取决于项目经理有多少时间可以用于工作检查。

14.3　构型管理的应用

构型管理是贯穿产品整个生命周期的核心过程，如图 14.2 所示。尤其在全球化背景下，构型管理对复杂产品的研发具有至关重要的影响。成功实施有效的构型管理需要强有力的组织保障，一般需要在企业层面的协调下，组成由工程设计部门、IT 部门、生产部门、管理部门和财务部门的综合协调团队。

下面给出一个空客公司在概念设计阶段使用构型管理与多学科优化进行飞机设计的案例。机翼设计是一个多学科的过程，其外形主要由空气动力特性决定，内部结构通过使用有限元分析来设计；同时，机翼设计还影响发动机的选择，对飞机的排放有重要的影响。机翼的设计过程可以由图 14.3 中的流程图来表示。在这样

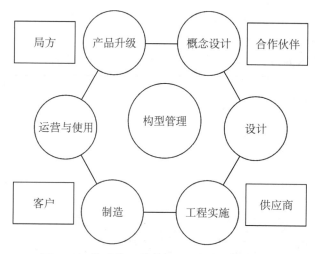

图 14.2 构型管理在产品全生命周期中的作用

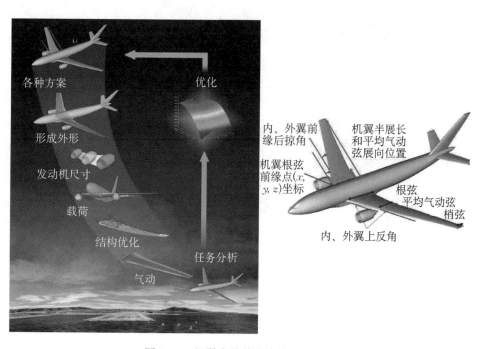

图 14.3 机翼多学科设计的一般流程

的流程中,包含一系列的环节,首先是机翼的参数化设计,这是推动机翼设计流程的关键环节,通过改变机翼参数,如翼展、后掠角等可以得到不同的几何形状。在机翼外形的气动分析中,可以使用从欧拉方程到 RANS 方程的流场分析程序来完成。机翼的结构分析关心内部结构在各种载荷的作用下,应力与变形是否满足要求。在得到机翼的基本特性以后,可以通过对任务剖面的分析,得到与飞机有关的性能参数,包括飞机的排放指标。将上述各个环节与优化程序相耦合,就可以对机翼的多种设计方案进行优化迭代。

当把如上所示的设计过程应用于现有型号的改进设计时,就需要和保存现有型号的构型数据库以及更改过程进行耦合,来全面分析更改对现有型号各种性能的影响,形成了如图 14.4 所示的耦合系统。

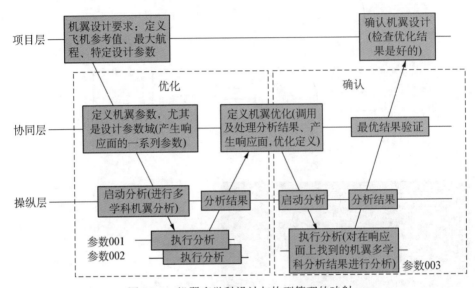

图 14.4　机翼多学科设计与构型管理的映射

随着全球分工模式在航空领域的应用,分布式协同设计成为一个明显的发展趋势,在这样的环境下,在数据安全得到妥善处理以后,不同设计部门、不同承包商之间就可以针对特定的设计工作形成虚拟组织。图 14.5 给出了在分布式的协同设计

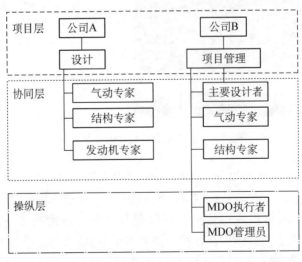

图 14.5　虚拟组织-分布式多学科优化和构型管理

环境中,构型管理与机翼多学科设计的协同模式。

14.4 构型管理发展趋势

构型管理是一门快速发展的学科,从 20 世纪 90 年代以来,欧盟和航空工业界对有关构型管理的研究项目的资助一直没有间断,例如欧盟框架 4 中的 AdCoMS(Advanced Configuration Management System)和框架 5 中的 DIECOM(Distributed Integrated Environment for Configuration Management),以及与航空和汽车工业资助相关的项目。例如 EADS 在 2007 年开始的 PHENIX 项目,PHENIX 代表 PLM Harmonization Enhanced Integration and Excellence,其目的是通过标准化与和谐化来增强能力集成,研究和实施在企业层次的有关 PLM 的共同政策和实现工具,建立通用 IT 体系架构。这些相关研究项目反映了构型管理学科向数字化、模块化、标准化、分布式以及定制化等方向发展的趋势,其目标是充分利用有关学科的成果,来满足客户日益增长的多样化需求。

构型管理学科的发展也推动了专业构型管理公司的出现,Airbus CIMPA 是专注于 PLM 服务的空客子公司,为空客提供全面的 PLM 服务,同时提供外包服务。其服务涵盖分析仿真、CAD/CAM、工程文档管理、ERP 以及企业级的 IT 系统规划和运营。

空客母公司 EADS 从 2007 年开始将构型管理整合为 11 个优先项目之一推动,其三个目标包括成本控制、应对全球分包的发展、提高先进性和灵活性。为实现这些目标,空客提出了改进的构型管理流程,改进前后的构型管理流程分别如图 14.6 和图 14.7 所示。

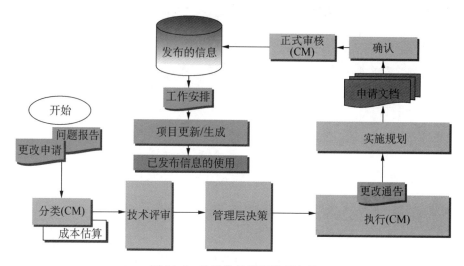

图 14.6　改进前的构型管理流程

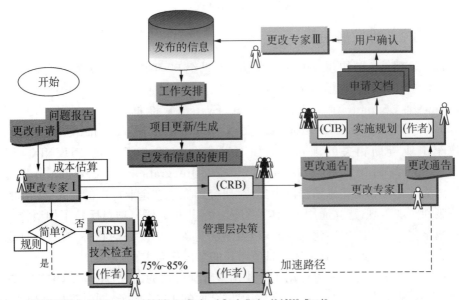

图 14.7　改进后的构型管理流程

思考题

1. 在飞机构型管理中,构型、构型项和基线的主要含义是什么?
2. 构型管理的主要目标有哪些?
3. 分析一下典型的构型管理过程的特点。

15 需求管理

15.1 需求管理概述

　　需求管理是在产品复杂性日益提高的背景下,伴随系统工程以及信息化技术的发展而逐渐形成的工程技术专业。20 世纪 60 年代,美国空军项目在研制中发现所开发的产品经常无法满足客户的需要,研究发现必须基于客户需要定义产品的需求,并且确保需求涵盖了客户期望的所有方面,才能使得所开发的产品符合用户的需要。谢尔顿在研究美国空军项目后发现,项目中有 40%~60%的错误是由需求所造成的,而由设计所造成的错误仅占 30%,如图 15.1 所示。波姆在 1981 年出版的《软件工程经济学》中指出,越是项目后期纠正错误的成本越高。需求管理在复杂产品系统开发的项目中逐步获得重视,发展为产品设计的核心和系统工程的关键过程之一。

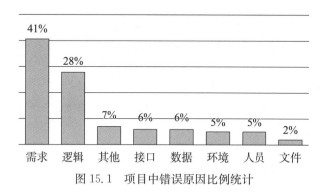

图 15.1　项目中错误原因比例统计

　　图 15.2 给出了基于经典的系统工程双 V 模型的民用飞机开发流程,在飞机项目伊始通过市场调研等手段捕获民用飞机客户需求,在此基础上对客户需求进行分析,帮助设计人员理解市场、用户等相关方的需求,并定义飞机总体设计目标与要求。之后,以需求为依据开展相关产品顶层设计活动,并完成需求向下层级的分配,完成该项工作后需要对所定义的实施方案进行检查以确保设计工作满足相应层级的设计需求。下一层级根据来自顶层的需求分解细化,形成子系统级需求,作为设

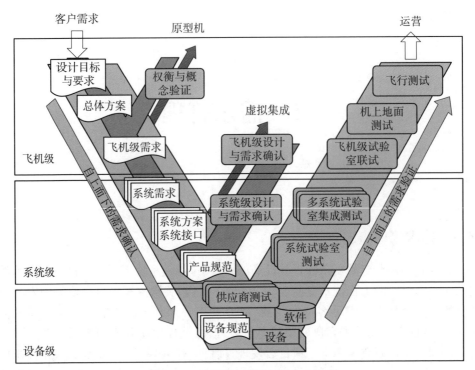

图 15.2　民机研制系统工程双 V 模型

计研发工作的输入,定义子系统满足需求的实施方案。具体实施所有方案后,需要开展相应的需求验证工作,验证所研制的产品满足相应层级的需求,最终集成的系统满足客户需求。

由于民用飞机产品规模大、系统交联复杂、需求数量巨大、设计更改迭代多等原因,在采用以需求驱动的民用飞机研发过程中,存在系统功能交联导致需求定义不清,难以保证设计与需求的一致性;需求变更频繁但缺少快速反应机制,系统集成难度高从而难以保证测试验证的完整性等典型工程难题。

需求管理(requirements management,RM),是在系统全生命周期内以一致的、可追溯的、相关的、可验证的方式,为实现挖掘、标识、开发、管理和控制需求及相关文件而开展的活动。功能与需求是系统工程的两大基石,需求管理是系统工程的重要基础工作之一,是需求开发过程与系统工程其他过程之间的接口。

为了确保所研发的飞机满足相应的产品需求,必须在产品全生命周期范围内有效管控需求及与其相关的数据的状态可控。实施需求管理可以确保客户和相关方的需求被正确理解并实现;提高项目伊始需求的成熟度,明晰产品开发技术路径;有利于明确需求和接口定义的责任主体,有利于对供应商需求和接口的把控;有利于完善现有的开发流程,为飞机及其系统适航取证提供支持;有利于降低项目风险、减少重复工作、缩短项目周期,为项目管理权衡成本、进度、质量提供支持。最终确保项目研制、适航、市场、运营的全面成功。

15.2 需求管理关键活动

识别定义需求管理过程所需开展的活动,是有效开展需求管理工作的基础。需求管理工作是与系统工程、需求工程伴生发展的。早期的需求管理与需求开发是需求工程的两个组成领域,但随着工程应用的深入,需求管理的价值与重要性被逐步认知,需求管理作为一个工程专业被单独提出并发展。虽然众多企业与机构都开展了大量的研究与工程实践,但据现有资料显示国际上还未形成需求管理的标准。需求管理的管理对象是需求,需求管理的目标是确保所研制的产品和服务满足客户需要和预期,虽然在不同企业和项目中有各自的流程与方法,但总体来说需求管理过程包括需求管理规划、需求识别、需求确认、需求验证、变更管理、过程监控以及供应商需求管理几个活动,如图 15.3 所示。

图 15.3 需求管理关键活动

15.2.1 需求管理规划

需求管理规划,即规划在项目中如何实施需求管理工作。SAE ARP 4754A 中要求的八个过程就包括对项目需求管理过程的规划,需求管理规划是民用飞机研制实施过程保证的重要技术管理过程。需求管理规划的目的是明确整个产品生命周期需求管理的范围、活动和参与人员,确保整个项目的需求管理活动是依据规划而展开的。需求管理规划与构型管理规划、安全性分析规划、过程规划、取证规划等共同组成民机产品生命周期的完整规划。

在项目初始阶段就应该进行需求管理规划,定义规划整个产品全生命周期的需求管理活动,需求管理、需求识别、需求确认、实施验证、需求变更管理等方法。制订需求管理规划也符合过程保证的要求,确保飞机、系统和项目研制的所有方面以及研制工作和过程均是按照计划来开展的。

在需求管理规划中,首先应基于产品分解结构制订项目需求的范围、层级和链接关系,即项目需求信息架构(requirement information architecture,RIA),如图 15.4 所示。正确合理的需求信息架构是确保需求管理范围完整、需求传递路径正确的基础与保证,也是进行需求管理平台规划的重要依据。同时需求管理规划中一项关键部分是确立全生命周期中的需求检查点和评审,并且应与项目研制程序保持一致,定义对于各个研制阶段需求成熟度的期望。

15.2.2 需求识别

需求识别是需求管理的基础,有效地识别需求才能进行需求管理。需求识别的目的是识别全生命周期中的需求及其所在的层级和特征属性。

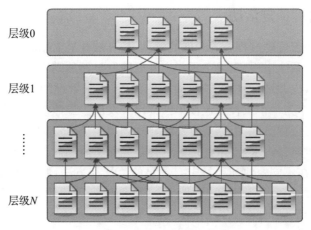

图 15.4 需求信息架构示意

项目需求不仅包括产品需求,还包括为了实现产品的使能需求。在项目前期需要准确识别客户需求,并将其精准转化为产品需求。需求的识别依赖于场景和功能分析。需求的识别和编写需要遵循一定的原则,保证需求可读和可理解,可以总结归纳为 SMART 原则。

S 代表 specific(具体的),即需求应准确地说明所要求的内容。需求的表述应该是清楚准确且无歧义的,以保证任何阅读的人员对其理解与解释是唯一的,同时应明确开展哪些工作可以满足该需求。

M 代表 measurable(可度量的),即可以通过标准的方法来验证需求(试验、分析、相似性等)。每条需求应可以通过一个单独的验证方法来验证。如果不能验证,则需要考虑这是否的确是一条产品需求,应重新识别。

A 代表 achievable(可实现的),即在识别需求的时候需要有足够的专业知识判断需求是否可实现,或可以邀请利益攸关方,比如供应商、生产单位、用户来参加需求识别工作,保证需求的可实现性,同时需求也必须满足相关的政府、行业和标准规范等。

R 表示 realistic(现实的),即从成本角度考虑需求是否现实可行,对于实现需求的不同解决方案应考虑是否能找到能承受其成本的解决方案。

T 代表 traceability(可追溯的),即应保证可以追溯至该需求的来源,每条需求向上都可以追溯至相应的用户,向下可以追溯至设计、实现以及试验等。

识别需求所在的层级以需求信息架构为基础,比如是飞机级需求、系统级需求还是子系统级需求。识别需求层级与需求颗粒度有关,同时也与功能分解的颗粒度有关。如果主制造商对供应商需求提的颗粒度比较细则能更好地约束供应商,但同时也会导致对供应商过多的束缚。因此识别需求层级应统筹考虑整个系统架构和管理后权衡。

需求的完整描述不仅包括需求的主要内容,而且包括与需求相关的特征属性,比如需求编号、需求类别、需求分配等。需求编号是需求的唯一性标识,用以跟踪全生命周期需求的状态及变更。需求编号用于标识每条需求;需求类别可以按照需求是否与功能相关,分为功能性需求和非功能性需求,也可以按照需求的专业类别,分为安全性需求、性能需求、操作需求、接口需求、维修性需求、重量需求、内外部环境需求、噪声需求、结构强度需求、EWIS 需求、人为因素需求等。需求分配依赖于需求信息架构,反映需求由哪个层级实现。具体分配需要进行方案架构分析,以分配到合适的系统或子系统,保证需求是可落实的。

15.2.3 需求确认

需求确认过程是为了确保所提出的需求足够正确和完整,并且产品能够满足客户、用户、供应商、维护人员、审定局方以及飞机、系统和项目研制人员的需求。对于民用飞机来说,需求确认过程是非常重要的。需求是否正确、完整直接影响设计研发活动的有效性和研发产品的质量。如果需求不正确、不完整,则可能影响整个项目的成本和进度,如果需求不满足相关方的需要,则可能导致最终制造出的产品失去竞争力。

一般情况下,在正式开展产品设计活动之前必须完成需求确认工作,以保证驱动所有设计活动的需求是正确的、完整的。但在民用飞机研制过程中,需求的确认与设计工作是一个互相迭代的动态过程。在初始情况下提高需求的正确性和完整性,可以有效减少设计迭代、缩短研制周期、降低研制成本。需求确认过程如图 15.5 所示。

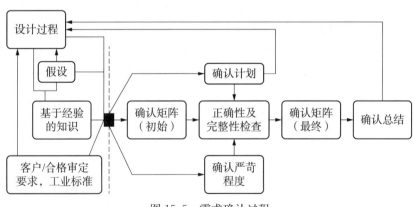

图 15.5　需求确认过程

如图 15.5 所示,在执行确认活动之前,根据工程经验、客户要求、工业标准等,制订一份需求确认计划,阐述如何确保需求的正确性和完整性,定义需求确认流程、确认方法、独立性原则、假设管理、确认严苛程度、确认矩阵等内容。此后按照确认计划中的内容执行确认活动,建立需求确认矩阵,用来追踪各条需求的确认状态,并记录确认过程中产生的证据和结论。当出现较大偏差时,需考虑是否是最初需求定义不准确或是在执行确认过程中发生了一些错误操作等,基于此形成确认总结报告,总结整个确认活动的情况。

在需求确认中还有一项重要却容易被忽略的活动,就是对假设的管理和确认。在项目早期阶段,由于信息不完善而存在大量假设,很多前期需求是基于假设进行开发的。假设包括但不限于运行假设、环境假设、人机接口假设、系统接口假设、可靠性假设、服务性假设、安装假设等。因此在项目后期应对这些假设进行确认,以保证假设被清楚定义、准确传递以及存在足够的支撑证据。如果某些假设错误的影响比较大,则会针对假设进行风险管理,并通过证明设计确保其后果能够约束。

15.2.4　需求验证

需求验证是基于需求开展试验等活动,检查、核实根据需求研制的产品是否满足对应的需求。需求验证活动需要确定预期的功能能正确地实现、适用的需求都能满足。

在需求验证过程中,应明确定义详细的验证流程,如图 15.6 所示。与确认过程相似,验证过程中也包括验证计划的制订、验证方法的选择、验证活动的执行、验证证据的捕获以及对验证结果进行分析评审等。对于异常状态(如非预期的功能或不正确的性能)应及时处理,通过检查验证过程、设计实现过程和需求定义过程可以正确、合理地确定异常状态的来源。由于研制过程是反复迭代的,因此验证过程也可能在设计过程中不断反复。

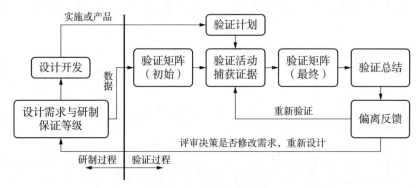

图 15.6　需求验证过程

此外,在项目设计初期就应考虑规划验证工作,需求确认的目的是确保需求是正确的、完整的。但是在需求定义阶段需要考虑将来需求如何验证,一是解决所定义的需求不可被验证的问题,二是基于需求规划验证活动可以为后期开展地面试验、试飞工作提供输入。

需求验证活动不同于适航条款符合性验证活动,主要的差别在于需求验证活动检查产品是否满足设计需求,而条款符合性验证活动检查飞机是否满足适航条款。适航条款是需求的重要来源之一,因此需求验证活动与适航工作有一定的重合度,在开展规划时应建立两个活动之间的关系,以便实现工作及相关数据的重用。

15.2.5 变更管理

在飞机设计与研制过程中,设计人员往往都希望在需求获取阶段就能够确定所有需求,直到整个飞机研发项目完成,需求都不发生变化。但是,由于各种内在以及外在的原因,需求常常是不断变化的,而且这个变更过程会贯穿整个飞机研制的生命周期。如果需求变更没有得到合适的处理,就会对项目的进度、成本以及飞机的质量等方面造成巨大影响,所以如何有效管理需求变更已经成为需求管理中的一个重大挑战。

在飞机研制过程中,产生飞机级需求和系统级需求变更的原因有很多种,包括客户的原因、系统供应商的原因、设计人员的原因。一般来讲,引起需求变更的原因有以下几种:

(1)客户与研发人员,系统供应商与研发人员往往在理解上存在偏差,获取到的需求和实际需要不一致。

(2)需求作为前期工作的特点,设计人员对系统的功能以及要求并不十分明确,很难准确地获取或者描述需求。

(3)航空市场环境发生变化,例如运营环境、商业竞争等,要求飞机制造商更改需求以适应环境变化。

(4)研制过程中发现某些需求由于技术或者时间等原因导致其不可实现。

(5)开发了新的技术或新的研制方式。

需求变更管理流程是系统研制流程的关键部分,通过实施需求变更管理可以实现不同层级团队之间的沟通协调工作。如图 15.7 所示,一个变更通常由某一条需求的新增或者更改而产生,当产生变更时,首先需要明确变更需求的层级和类型,进而评估需求变更带来的影响,包括对功能及安全性的影响、对下层级需求的影响、对系统间接口的影响等。基于影响分析去评估某一条需求的变更是否引起其利益攸

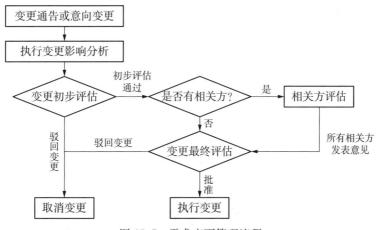

图 15.7　需求变更管理流程

关方需求的变化，同时判断是否需要建立新变更需求与上下层级需求之间的追溯链接关系。比如飞机级需求的变更可能影响多个系统的需求，进而影响对供应商的需求，以及系统之间的接口需求。

由于需求变更的成本一般比较高，因此对需求的变更应慎重判断，尤其在项目的后期。因此应尽量在项目早期，与利益攸关方和客户开展需求的确认活动，利用仿真、分析或者建模等确认方法，尽量消除客户要求的不确定性。与客户签订相关合同需求基线，也是控制需求的一种手段。利用需求管理工具建立的需求追溯矩阵，可以进行详细的需求变更影响分析。在实施变更时技术团队也必须确保批准变更的需求及时传递到相关人员，各个项目及时地进行追溯并传递到最新的项目信息。

15.2.6 过程监控

需求管理过程监控监督整个需求管理过程状态，发现与预期的偏离，从而采取纠正措施，保证需求管理实现预定规划。通过定义关键性能指标（key performance indicator，KPI）的形式，对需求状态、需求成熟度等进行科学量化的检查和监控分析，保证需求管理整个过程的有效实施。同时关键性能指标可以向质量、设计、试验等部门输出。不清晰的KPI将直接影响对需求状态的监控，可能影响项目风险评估，进而影响产品研制进度和质量。

为了解决以上问题，该系统将实现贯穿项目始终的需求管理与跟踪，支持全生命周期的需求管理，不仅能够在前期需求定义、需求确认和需求验证阶段进行基于条目的需求管理及状态控制，实时监控需求的完成进度和实现程度，而且也能在未来支持模型、代码以及测试等研制过程数据与需求的双向跟踪，最终实现研制进度、状态和风险的数据显性化，为管理者作决策提供更有力的量化数据支撑。

需求管理活动贯穿飞机研制的全生命周期，包含需求识别、需求确认及需求验证等关键子活动。在设计初期，通过识别需求管理的对象及范围，制定飞机的需求文件体系，明确需求管理到底"管什么"。在此基础上，以需求为依据开展飞机级设计工作，在确保需求正确并且完整的情况下，向系统级分配需求。系统级将来自飞机级的需求分解细化，形成子系统级需求，作为开展设计研发工作的输入，定义子系统满足需求的实施方案。所有方案具体实施后，需要开展相应的需求验证工作，验证所研制的产品满足相应层级的需求。因此通过统计不同阶段所定义的需求管理KPI，了解不同研制阶段需求的状态，监控需求管理工作的实施情况。依靠建立需求管理KPI体系，需求管理、项目管理、质量、试验验证等团队均可实时了解需求管理工作的进展，为在项目中有效实施需求管理工作提供有力的工具和手段。

15.2.7 供应商需求管理

随着民用飞机复杂程度越来越高以及航空技术和产品向专业化发展，现代民机的研制工作是由完整的航空产业链共同完成的。目前国际上通行的办法是采用主制造商-供应商模式，在这种模式下，主制造商负责飞机产品的集成，供应商负责各类机载系统与设备的研制。这种模式成功运行的关键之一就是主制造商能够有效管控供应商,要求供应商按照主制造商所要求的研制流程、工具方法、产品需求开展项目工作。需求作为主制造商定义的所需产品特征的载体,其价值在于被传递及实现。供应商与主制造商不仅仅是商务上的利益共同体,也是主制造商研制飞机产品工作的延伸。因此供应商的需求管理工作是主制造商需求管理工作的延伸,也是项目需求管理工作的重要组成部分。

根据民用飞机项目实际情况,主制造商对于供应商的管控程度也会有所不同。主制造商可以建立完整详细的需求管理流程规范和工具平台,要求供应商完全采用主制造商所提供的流程与规范和工具平台,实现主制造商与供应商在流程方法以及工具上的统一,这种管理会给主制造商和供应商带来很大的成本。实际项目中,主制造商对供应商通过定义开展需求管理工作所需满足的要求、工具平台的兼容性、数据交换的格式选项、主制造商的权力、供应商的责任与义务等,并在项目周期内监控评估供应商需求管理工作开展的合规性,实现需求管理活动从主制造商向供应商的延伸,满足项目需求管理的总体要求。具体实施中,主制造商负责制订项目的顶层需求管理文件,明确项目需求管理的目标、角色、活动及供应商需求管理的原则,并且提出对供应商在需求管理工作方面的具体要求。供应商应根据主制造商提供的项目需求管理文件,在其内部建立需求管理体系,确定需求管理团队,编制相关需求管理文件,确保其研制过程由需求驱动,满足主制造商和适航当局对供应商开展体系审核、实施情况审核的要求,使最终交付的产品满足合同的要求。

供应商应向主制造商提交需求管理的规划,主制造商应对供应商的开发程序、需求管理流程、需求管理组织体系、需求管理信息化工具等进行评估批准。对于供应商还有次级供应商的情况,应重点评估供应商对次级供应商的管控,次级供应商应支持供应商落实需求管理工作及后期适航支持。项目实施过程中,主制造商应在项目的里程碑和关键节点对供应商需求管理工作进行现场评估审核,并评估供应商提供的与需求管理相关的文件和数据。

15.3　需求管理工具

基于文件的传统管理方法在航空航天等众多领域的复杂产品系统设计中发挥了重要作用,基于文件的需求管理方法无法实现条目化需求之间的追溯以及需求与方案、确认验证证据间的关联,无法实现海量数据在变更影响分析、数据展示、成熟度评估、适航取证支持等方面的作用,基于文件式的需求管理方法已经无法满足现代民机开展精细化需求管理的需要。随着信息化技术的蓬勃发展,数据的管理手段得以有效提高。在工程领域强烈需求的催生下,面向需求条目的需求管理工具应运而生。根据需求管理的实际需要,一般的需求管理软件具备典型的需求条目化链接、存储等功能,关键的需求具备良好的二次开发以及与其他软件的接口兼容特点,以便客户在使用中根据企业或者项目的实际流程对需求管理工具进行客户化定制。

需求管理工具一般具备以下几个特点：

（1）具备直观的用户界面：用户可以快速地掌握软件使用方法，及时有效地投入工程应用中。

（2）具备良好的功能拓展性：可以满足用户根据实际工程应用进行二次开发的需要。

（3）具备高效的追踪机制：飞机系统复杂，有成千上万条需求，如何管理需求功能、设计、确认及验证之间的追溯关系在飞机研制过程中至关重要。

（4）具备灵活的协同功能：可以允许多个用户同时访问软件，并且支持多用户同时对同一文件的不同内容进行共享编辑。

目前市面上较主流的需求管理工具有 IBM 公司旗下的 IBM Rational DOORS 和 Rational RequisitePro（见图 15.8 和图 15.9），以及 Micro Focus 公司旗下的 Borland

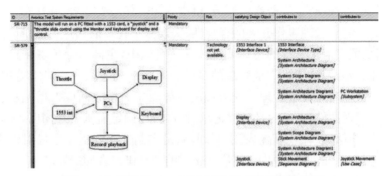

图 15.8　IBM Rational DOORS 需求管理工具界面

图 15.9　Rational RequisitePro 需求管理工具界面

CaliberRM。最近几年国内也有公司开发需求管理工具。在现有的需求管理工具中，DOORS是目前全世界应用最为广泛的，国内外航空航天、汽车、电子、医药、银行等行业普遍采用DOORS作为其需求管理平台工具。

思考题

1. 民机研制过程中的双V模型主要是为了解决什么问题？
2. 需求管理主要涉及哪些活动？
3. 解释需求确认和需求验证两个过程的主要特点。
4. 需求变更流程中"变更最终评估"的主要依据有哪些？
5. 需求管理工具应该具有哪些特点？

16　适航标准

16.1　适航的目标

适航证书是各国或国际合作组织的航空飞行器适航管理机构(统称局方)颁发给飞机制造商的,针对某一特定型号飞机,批准该设计符合现有的相关安全性规定的证书。

建立和执行适航规范的目标包括确保航空运输体系中各利益攸关方能够达到基本的和统一的安全标准,满足公众航空旅行的安全性要求。同时,通过协同工作,促进航空运输业的可持续和健康发展。我国政府明确规定:民用航空器的适航管理由中国民用航空局负责。民用航空器的适航管理宗旨如下:保障民用航空安全,维护公众利益,促进民用航空业的发展。

16.2　适航的来源及发展

适航是伴随着航空业,尤其是民用航空工业的发展不断发展的,适航机构与适航规范不断演变,发展成为今天覆盖众多机型的适航文件体系。

1910年,在法国巴黎召开了第一次有关航空旅行的国际会议,但是会议并没有形成任何文件,直到1944年,52个国家的代表在美国芝加哥签署了《国际民用航空公约》,标志着在民用航空领域的国际合作取得了重要成果。这一事件也标志着国际民用航空组织(International Civil Aviation Organization, ICAO)的正式成立。在第二次世界大战后,民用航空得到迅速的发展,各国相继成立负责民用航空器适航审定的机构,如1972年英国成立的CAA(Civil Aviation Authority)以及覆盖欧洲多个国家的JAA(Joint Aviation Authority)。需要指出的是,JAA并不是具有法律效力的机构,适航管理依然由各国分别负责。2003年,在欧洲议会批准后成立的EASA(European Aviation Safety Authority)代替了JAA,负责欧洲范围内的适航管理工作。

20世纪70年代初,我国民航局成立工程司,开始开展有关民用航空器的适航审定工作,于1974年12月首次参加国际民航组织的活动并在其驻地加拿大蒙特利尔设立办事处。20 世纪 80 年代,伴随着 MD‐82/90 飞机在国内转包生产,与美国联邦航空局(FAA)合作开展了对转包生产的监督检查。1987 年 5 月 4 日,国务院颁布《中华人民共和国民用航空器适航管理条例》,国内民用航空器的适航由中国民用航空局负责,在 20 世纪 90 年代与 FAA 合作共同颁发了运‐12 飞机的 FAR‐23 适航审定工作,颁布了适航合格证。

随着我国支线客机 ARJ21‐700 的研制立项,我国在适航审定方面的工作加快了步伐,2007 年 1 月和 12 月在上海和沈阳成立了航空器适航审定中心,分别侧重于运输类以及旋翼类和轻型航空器的适航审定。目前,我国已基本建立了适航审定工作机构,由民航适航审定司全面负责我国民用航空器的适航审定工作。我国适航标准基本上是参照美国和欧盟的现有标准制定的,例如我国针对运输机类型的民用航空规章(CCAR‐25)基本上参照美国联邦航空规章(FAR‐25)制定。

适航标准是不断发展的,主要体现在如下几个方面:

1) 适航标准的国际化

目前虽然各国采用的适航标准是基本相同的,但适航审定工作的最终责任,依然在航空器注册国的适航审定部门。各国适航审定标准的一致性是通过双边合作的方式来实现的,在此基础上,逐渐形成地区化和国际化的适航准则。这一发展既有助于推动航空安全的不断提高,也有助于形成全球化的航空产业,推动技术的不断发展。

2) 新材料和新结构形式的适航审定

随着各种新型复合材料在飞机上应用范围的不断扩大,以及相关的不同结构不断增加,如何确定适航规范,以及如何完成适航性检验成为适航审定领域的一个新的挑战。这项工作的核心在于如何制定强度规范和损伤容限,对使用复合材料的结构件如何完成分析与试验,以确保得到的结果能够满足对结构完整性的要求,而又不会导致成本的过分增加。

3) 适航标准中的环境因素

随着人们环保意识的不断增强,航空业对环境的影响日益受到广泛重视。尽管单架飞机的噪声相对于 20 世纪 60 年代已经降低了大约 20 dB,但飞机数目的快速增加使得进一步降低噪声成为飞机制造商重点关心的内容。FAR‐26 专门对飞机外部噪声做了具体规定,重点涵盖起飞、进场、着陆等飞行阶段。规定中对飞行状态、测量部位、发动机状态和飞机构型等都做了具体规定。除噪声以外,发动机排放是环境因素的另一项重要内容。目前,欧美各国在提高飞机的环保特性方面开展了大量的研究。

16.3　适航的内容和工作

16.3.1　适航内容

不同种类的航空器分别适用不同的适航标准,例如针对大型运输机制定的标准是 FAR - 25,表 16.1 给出了常用的几种适航标准的适用飞行器与发动机等。

民用航空器的适航管理可以分为初始适航管理和持续适航管理。初始适航管理是在航空器研制过程中,适航部门依据各类适航标准和规范,对民用航空器的设计和制造所进行的型号合格审定和生产许可审定,以保证航空器和航空器部件的设计、制造是按照适航部门的规定进行的。初始适航是对设计、制造的控制,主要包含三个方面的内容:型号合格证的认定与颁发,组织机构适航性的审查,以及制造过程的适航审查。这三个方面是相互关联的环节。

持续适航管理是在航空器获得适航证、投入商业运行后,为保证它在设计制造时的基本安全标准或适航水平,为保证航空器在运营中始终处于安全运行状态而进行的管理。持续适航管理是针对航空器使用、维修的控制。

表 16.1　不同类型飞机适用的适航标准

飞机类型	子　类　型	适用的适航标准
固定翼飞机	大型运输机	25 部
	小型、通用飞机或杂技飞机(5 700 kg) 轻型飞机(750 kg)	23 部
	水上飞机	22 部
旋翼飞机	大型	29 部
	小型(3 175 kg)和微型(600 kg)	27 部
轻于空气的飞行器	气球	31 部
	柔性飞艇	21 部
其他	发动机、螺旋桨等,APU	33 部

在适航规范 FAR - 25 中,对飞机设计的许多方面进行了规定,这些规定可以大致分为几个方面的内容:

(1)飞机性能,适航规范中涉及飞机性能的内容主要包括对特定飞行状态下飞机性能的规定,例如起飞和着陆场长、发动机失效后飞机的爬升特性、各种状态下的复飞性能要求、最小发动机数目等。

(2)飞行特征,包括静稳定性和动稳定性,例如最小操纵速度,巡航中的机动载荷余量、控制品质等。这些要求对操纵面大小的选取有重要的影响。

(3)结构设计,包括结构设计在刚度和强度两个方面的要求,例如机动和突风载荷包线、疲劳评估、系统失效后的最大客舱压力高度、客舱应急设施、考虑起落架载荷的最大下降速度。

(4)飞机系统,包括对飞机主要系统在设计、使用等方面的要求,涉及发动机、燃油系统、起落架系统、液压系统等。

(5)发动机,涉及发动机各子系统,包括燃油系统、冷却、进气与排气、控制、防火等方面。

在适航规章中,对上述几个方面的内容都作出了详尽的规定,在设计的初期就对适航规章有明确的了解,并将其作为设计工作的输入条件是顺利通过适航审定的必要条件。详细的内容应该参考与所设计机型对应的适航规章。

16.3.2　适航工作

适航工作主要包括三个方面:适航符合性资料的提供与准确性,相应组织机构的符合性验证审定,型号合格证的获取与有效性。

16.3.2.1　适航符合性资料的提供与准确性

符合性资料的提供与准确性是设计与生产部门的职责,需要在研制过程中根据适航要求来贯彻,并按照符合性资料的具体要求进行技术准备。符合性资料包括适航审定基础、分析计算报告、试制计划、试验报告、制造商的相关文件资料、持续适航文件以及操作说明书等内容。符合性资料基本覆盖了型号研制的主要设计、生产、试制和使用等全部过程所需的设计资料。申请人需要根据适航要求,按照其规定的格式和时间向适航部门提交符合性资料,符合性资料的准备贯穿研制的全过程。

16.3.2.2　相应组织机构的符合性验证审定

符合性验证审定是由适航部门负责组织的型号符合性审定过程,这一工作的完成涉及三个层次的组织形式和机制,分别为领导决策层、执法监督层和基础操作执行层。领导决策层一般由型号合格审定委员会(TCB);审查组(TCT)或授权审查部门构成执法监督层;审查代表、授权工程委任代表和授权生产检验委任代表构成基础操作执行层。

符合性验证审定的工作从申请人提交申请书开始,到批准营运合格证书的整个过程,对设计、生产活动的全过程实施监督和审查,涉及的内容包括申请书、审定基础、符合性检查清单、符合性合格审定程序(CP)以及相关的计算、分析报告、试验计划和试验报告、生产性文件、试飞大纲、审定试飞等相关工作,并以此为基础完成合格审定检查文件。

在符合性验证审定工作中,还需要根据型号的研制特点,考虑新技术、新材料和新工艺在型号中的应用特点,以及审定基础中提到的豁免条款等的需要,来确定适航专用条件,并对申请人提出的等效安全分析的相应措施与限制进行审查和确认。

这一审定过程大致分为三个阶段:

(1) 初始阶段:对申请者、审定基础、符合性检查清单等进行审批。

(2) 放飞评审:首飞前对设计符合性检查清单及制造符合性进行检查,评审通过后颁发供试飞用的特许飞行证。

(3) 最终阶段:在审定试飞结束后,如果审定合格,则填写型号检查核准书(TIA),上报审定委员会。经制造符合性审查合格后,填写型号检查报告(TIR)

上报。

16.3.2.3　型号合格证的获取与有效性

为了获取型号合格证(type certificate，TC)，需要两个方面的工作内容，申请方需要向审查方证明所提交的设计满足适航规范的要求；审查方需要证实所提交的设计能够满足适航规范的要求。

型号合格证是针对特定型号飞机颁发的，其内容通常包括型号方案、使用条件、型号合格证数据单(type certificate data sheet)、遵循的审定标准以及局方规定的其他相关限制与条件。型号合格证是通过其他审定的基础，包括生产许可证以及适航证。适航证是针对特定航空器本身颁发的。

为获取型号合格证，申请人(通常为飞机制造商)需要向适航部门提交申请材料，对设计方案的适航符合性作出说明。中国民用航空局、航空器适航审定司和飞行标准司、各地区管理局航空器适航审定处、适航处、审定中心等代表政府进行适航审查，这些人和单位被称为"局方"。局方通过对申请材料的审查，明确适用的适航标准，作为适航审查的基础。标准明确以后，会在一定的时间内有效，以保持审定基础的稳定性。

在飞机的研制阶段，需要制造原型机用于地面试验和飞行试验。地面试验包括结构破坏试验等一系列试验，以取得相关的数据。飞行试验需要由局方批准的试飞员来完成。飞行试验需要与飞机的设计指标相一致，例如，对于跨洋飞行的远程飞机，需要进行长航程的飞行试验。在完成地面试验和飞行试验的同时，申请方还需要提交维修计划，维修计划的制定需要试验的结果数据输入，其目的是确保飞机投入运营后始终符合适航的标准。

飞机在使用过程中，可能出现设计中没有预料到的问题，会对飞行安全造成影响。针对这种情况，局方会对原申请人和航空公司发出特定的适航指令(airworthiness directive，AD)，强制要求作出某种修改或在使用中遵循特定的限制条件，以确保持续的飞行安全。此外，与适航指令相关，但不是强制性的改进措施也会通过运营通告的形式发布，运营通告的主要目的是基于运营数据和经验提出改善，以降低成本，提高效率。

当对飞机的设计进行改型后，需要取得补充型号合格证(supplemental type certificate，STC)，用于反映所做的改型如何影响原有的型号。

通过这一系列的措施，能够确保特定型号飞机的适航特性，以保证飞行安全。当申请人停止对合格证有效性的支持以后，该型号的飞机就无法继续使用而面临停飞。

16.4　适航与设计的密切关系

16.4.1　适航标准的演化及其与新技术的关系

适航标准是不断演化的，一般是基于历史经验，很多是在对发生的各种惨痛的航空安全事故进行深入分析的基础上形成的。适航标准对设计的各个环节进行明确规定,是开展设计工作所需要遵循的标准,也是飞机最终能够进入航空市场的基本要求。适航标准不断演化的另一个推动力是技术的进步,每一项新技术或新的使用方式都是在经历了较长时间的研究、验证之后才被适航标准认可。

在所有的适航标准中,有些是强制性标准,有些是非强制性标准。为了设计出满足,甚至高于适航标准的航空产品,需要在设计的开始就充分考虑现有适航规定,将其与设计任务书作为设计工作的输入信息。同时,由于较长的设计周期,还需要对适航标准的可能发展进行一定的预测。

下面以适航中对双发飞机延伸航程运行(extended twin-engine operations, ETOPS)规定为例,来说明技术进步与安全性保障之间的关系。一方面,技术进步使得原有的适航规则需要进行更改,引入新的规则;另一方面,新的适航规则的形成又反过来对后续飞机的设计产生影响。

在航空发展的早期,由于发动机的可靠性相对较低,为保证飞行安全,根据 20 世纪 50—60 年代发动机的可靠性标准,美国联邦航空局(FAA)制定了"60 分钟限制"(60 minutes rules)。其中规定除非得到特别的批准,否则不允许双发或三发飞机在距离途中备降机场单发飞行时间超过 60 分钟的航线上飞行,这为远程跨洋航线的选择带来了很大的限制。随着涡轮风扇发动机投入使用,发动机可靠性大大提高。FAA 在 1964 年取消了对三发飞机的"60 分钟限制",这使得使用包括洛克希德 L-1011 和 DC-10 这样的三发飞机飞越大西洋成为可能,但对于双发飞机的"60 分钟限制"仍然存在。1974 年使用高涵道比的空客 A300 飞机投入使用,空客为了拓展该型飞机的市场,提出"90 分钟改航时间"(90 minutes diversion time),并逐渐促使 FAA 认可了采用新型的双发飞机完成跨洋飞行是安全的,形成最初的 ETOPS 条例。FAA 最终在 1985 年批准了更新的 ETOPS 条例,将 ETOPS 限制时间增加到了 120 分钟。在 1988 年,各国适航条例中又相继增加了 180 分钟 ETOPS 的条款。ETOPS 时间的变化体现了技术进步带给航空公司运营方式上的灵活性,使得双发飞机可以更多地在点到点的跨洋航线上飞行。

飞机为了获得 ETOPS 航线飞行的批准,需要满足两个条件:①该型飞机需要获得适航部门的批准;这主要是由适航部门从飞机的设计角度出发,验证飞机具有完成 ETOPS 航线的可靠性,满足对相关设备与系统冗余度和可靠度的要求,并具有相关的灭火系统、APU 系统,以支持长程跨洋飞行。②运营该型飞机的航空公司获得有关适航部门的审核后具备执行 ETOPS 航班的能力,这主要是从飞机运营的角度出发,考察航空公司是否具有足够的保障能力、ETOPS 运营经验等,以保证 ETOPS 航班的安全。这种审核是一个持续的过程,航空公司的 ETOPS 资格是有可能被取消的。从这里也可以看到,适航的概念不仅仅是设计的问题,其关系到飞行安全的所有方面。

16.4.2　适航在设计全过程中的贯彻

在飞机设计初期就应确定适航审定基础,把适用条款的要求反映到飞机设计要求中去。除了 FAR-25 以外的 FAR-91、FAR-121 等与飞机使用有关的条款也应作为飞机设计的使用条件加以考虑,例如备用燃油等。设计部门还应把专用条件和适航指令(airworthiness directive, AD)也作为强制性的标准在设计过程中加以贯彻。设计部分还应关注使用的咨询通告(AC),这些通告对适航条件的制定和执行都提出了许多背景资料和实施方法等方面的指导,如 FAR-25-7A 就对 FAR-25 的条款中如何进行飞行试验提出了很好的指导意见,对制定试飞大纲具有很好的指导作用。

另外,针对在设计中使用现有适航条款中还没有作出规定的新技术带来的技术问题,适航部门可以制定"专用条件"作为补充的条款。所以设计部门应该与适航部门协同制定专用条件,提供必要的计算、分析和试制等技术资料的支持,还要做好安全分析和等效方法研究,提出有关的使用限制和等效的安全措施。在这一工作中,设计人员承担工程委托代表的责任参与适航审定工作。

需要强调的是,在飞机的设计过程中,应该充分领会适航条款的实质,并将其落实到设计要求和使用方法中,充分发挥飞机的性能和提高经济性。许多适航条款为了确保安全性,最终反映到飞机的系统可靠性和维修性上。以 ATTCS、ETOPS 和 RVSM 为例:ATTCS 主要对发动机工作可靠性提出要求,以确保在规定的临界工作时间内发动机不停车。ETOPS 是对双发飞机延长航程飞行的规定,主要要求飞机的发动机、动力源(电力、液压等)、APU 等具有三套余度,保证在规定的延程飞行时间内发动机不停车,其他系统能保证飞机正常安全飞行,该条款确保了双发飞机可以直飞目的地。RVSM 规定最小垂直飞行间隔,主要是高度分层和空域管理方面的要求,对空中交通管理、空域的更合理使用是有利的,但是减少高度分层间隔,对高度指示系统、大气数据计算等提出了精度要求。

16.5　环保因素

适航标准对飞机的噪声有明确的规定,随着人们环保意识的不断增强,这一标准有可能会更为严格。此外,随着航班数量的增加,需要进一步降低单架飞机的噪声水平,才能够有效降低机场周边环境的噪声水平。

民用飞机进入航空公司运营必须要取得运营国家的型号适航合格证,其中飞机噪声级满足适航要求是重要指标之一。飞机在进行噪声合格审定时,噪声级与飞机飞行航迹有直接的关系,因此,适航规章规定的基准航迹的计算是飞机噪声合格审定中的一个重要环节。我国在民机噪声测量方面也断断续续地开展过一些研究工作,在运-12 和 AC500 等小型螺旋桨飞机上进行过适航噪声的测量,但螺旋桨飞机噪声合格审定的航迹与运输类大型喷气飞机噪声合格审定的航迹并不完全相同。

在早期的研究中,试验中对噪声的测定是非常有限的,试验中采用的缩小的独立部件得到的数据比起完整的试验缺少很多细节。空客公司 1995 年才在 DNW 风洞中进行全尺寸的 A320 部件噪声试验。Heller 和 Dobrzynski 在 1978 年做过机身噪声的综合研究，Crighton 在 1991 年也做过一次综合研究，其他的研究都是以两次研究为基础，针对某个特定方面的拓展，尤其是在计算速度发生飞跃以后，使用数值方法进行研究取得的成果得到了快速发展。

　　飞机起飞与进场的噪声分布是不同的，这是由于噪声源不同。使用涡轮风扇发动机的飞机起飞噪声分布如图 16.1 所示。图 16.2 中给出了 B747 - 400 飞机进场的噪声分布，对应三种不同的进场模式，从中可以看出飞行进场航迹的改变对降低噪声水平的效果，所以在减小噪声影响方面，需要将飞机的设计与使用进行有机结合。

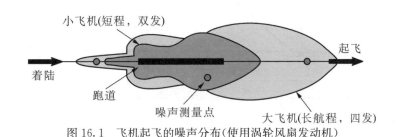

图 16.1　飞机起飞的噪声分布(使用涡轮风扇发动机)

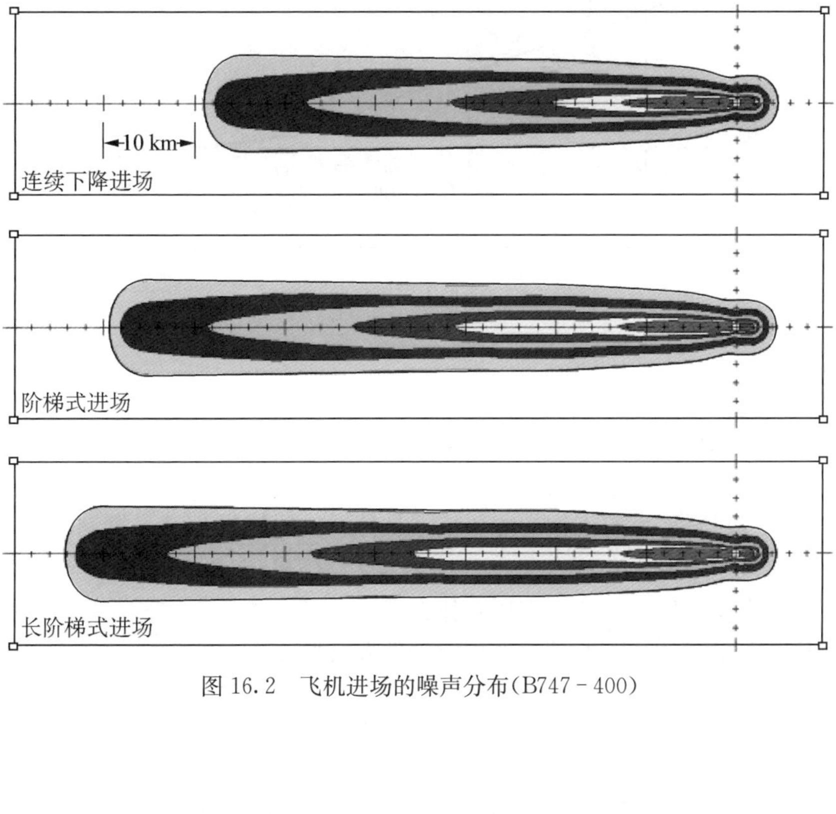

图 16.2　飞机进场的噪声分布(B747 - 400)

ICAO 和 FAA 使用三个测量点来进行噪声认证。在这些地点,在飞机起飞和着陆的过程中,噪声被连续地记录下来。在整个起飞-着陆的循环中,通过时间综合记录的边界、上升和下降噪声必须在飞机最大允许起飞重量的限定(起飞过程和发动机的个数)下进行。发动机喷流噪声通常在起飞和爬升过程中占据主导地位。在下降过程中,空气动力学噪声成为另一个需考虑的组成部分。在起飞和进场阶段使用的测量点分别在图 16.3 和图 16.4 中给出。

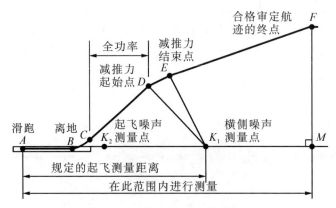

图 16.3 适航认证起飞噪声测量

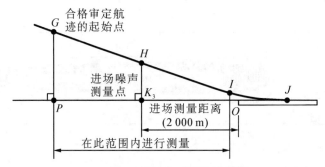

图 16.4 适航认证进场噪声测量

思考题

1. 飞机适航审定工作的主要目的是什么?

2. 飞机适航审定的主要过程有哪些?

3. 民航飞机适航审定工作的主要依据是什么? 适航规范对飞机制造商的主要要求有哪些?

4. 型号合格证发挥的主要作用是什么?

5. ETOP 航班运行需要满足的审定条件涉及哪几个方面?

17　设计集成与多学科优化

17.1　飞机一体化设计

　　飞机设计中对综合性能的追求使得采纳一体化设计方法变得越来越必要。民用飞机,甚至军用飞机都朝着低油耗、低排放、低噪声、高经济性和高可靠性的方向发展。在近几年推向市场的民机必将在环保、成本、舒适、安全等方面面临更大的挑战,这些环节将是今后飞机研制中所需要解决的关键问题;同时,也是不同机型间相互竞争的主要指标,甚至有可能成为适航标准的一部分。突破这些挑战既需要在单项技术(例如发动机技术和材料技术)上有所突破,也需要在总体集成和先进气动布局上有较大的突破。各系统、各学科的高度集成建模是提高设计准确度、缩短设计周期的关键技术之一。欧美各国从20世纪60年代就开始研制飞机系统,尤其是方案设计的集成系统,发展到目前,已经经历了三代不同类型的系统。总的趋势就是将各种精度不断提高的基于物理仿真的程序、实验数据进行集成。构建虚拟飞机模型,快速对不同方案进行高可信度的综合仿真和优化。为了提高下一代飞机的环保性,欧美各国从21世纪初就开始对各项增强环保性的技术进行研究,目前进一步加强了研究的力度,例如欧盟的 Silent Aircraft 和 Clean-Sky 项目。国内几所航空院校也相继开展了多学科优化的工作。

　　在民机研制过程中,从概念设计、初步设计到详细设计和制造,需要将各专业、各子系统进行有机集成,形成一个多学科的复杂系统。所面临的主要挑战是在设计初期尽可能强化对成熟的仿真分析模型的使用,并与基于知识的专家系统、优化工具、虚拟现实技术、高性能计算设施相结合,从而减少迭代的次数,不断缩短设计周期,提高设计方案的可信度。一体化设计方法与工具的研究本身需要集成多个学科的成果,为进一步提高常规布局飞机的综合性能和研究先进气动布局奠定基础。

17.2　多学科优化

　　飞机系统一体化设计需要将系统的多个方面统一考虑,形成一个多学科优化的问题。数值优化技术的应用大大增加了改善设计品质的可能性,同时缩短了设计周期,因此在工程领域的应用是一项重要的进展。数值优化技术的应用从早期的结构优化起步,发展为20世纪90年代以来迅速发展的多学科优化技术。多学科优化作为一项重要的技术,已经在飞行器设计的各个方面得到较广泛的使用,并在深度上不断取得进展。

多学科优化技术是与高可信度的建模和分析工具的发展联系在一起的,早期的优化技术主要与飞机方案设计阶段的参数选择程序相结合,对方案的主要参数进行优选,如 ACSYNT 程序。由于早期分析技术精度的欠缺,得到的结果可信度低,工具的使用仅限于方案设计阶段,在设计的后期仍然需要通过大量的结构试验、地面试验和飞行试验进行验证。

在飞机设计中,多学科优化的基本流程一般围绕气动设计展开,最早是将结构设计与气动设计有机结合起来,争取在重量参数和气动特性方面获得较优的结果。多学科优化问题一般面临多个相互矛盾的设计目标。以高亚声速机翼的设计为例,从气动角度出发,希望机翼的厚度较小;而从结构的角度出发,又希望机翼具有相对较大的厚度,以降低结构重量和增加内部容积。飞机多学科优化的一般流程可以用图 17.1 来表示,图中给出了多个学科间的交互关系,在设计迭代过程中,学科间通过数据交换来最终实现系统性能的一致性。对系统的多目标要求一般采用多目标的优化方法来处理。

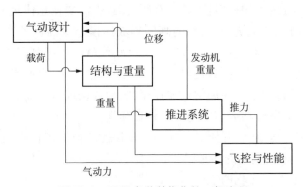

图 17.1　飞机多学科优化的一般流程

多学科优化问题的解决是基于单一学科优化问题的求解不断发展起来的,因此有必要分析一下单一学科优化问题的求解流程和求解方法。以气动设计优化问题为例,一个优化问题的求解可以通过以下几个步骤来完成。

(1) 几何建模。采用参数化的方法,通过 CAD 系统建立基于特征的几何模型,是优化设计首先需要完成的步骤,也是决定设计空间大小,影响优化过程效率和稳健性的重要因素。通过改变设计参数,可以研究不同几何参数对性能的影响。

(2) 网格划分。为了对给定的几何外形进行流场分析或者结构分析,一般需要首先完成流场的离散化处理,获取合适的网格对分析结果的精度和分析效率都有较大的影响,在几何外形不断变化的优化过程中,能够自动、可靠地完成网格的划分是构建优化体系的重要内容。

(3) 流场计算。通常可以采纳多种不同的流场模型对流场进行分析,多种流场分析方法存在精度、效率、可信度等方面的差异,一般需要将各种模型进行有机组合,才能够在有限的计算资源和时间内完成优化的工作。

（4）目标函数。在完成了流场分析程序后,一般需要对所求流场进行后处理,以便提取所需的性能指标,作为整个优化问题的目标函数使用。

（5）高性能计算。采用高性能计算资源是解决多学科优化问题的重要手段,无论是基于 MPI 的并行计算,还是基于网络的云计算,都为在多学科优化中使用高精度的流场分析程序提供了必要的条件。

（6）优化算法。选择合适的优化算法是能否快速获得优化设计方案的重要因素,在解决实际问题的过程中,需要将多种优化算法结合成有效的优化策略,同时,使用替代模型也是加快优化进程的重要手段。

（7）数据整合。在设计对比和优化的过程中,会对不同的设计方案进行分析,积累大量的数据,运用数据拟合以及数据挖掘技术等人工智能方法对这些数据加以更高效利用也是多学科优化中需要借助的手段。

在构建单一学科优化问题的基础上,可以将多个学科进行耦合,得到多学科的综合优化问题。多学科优化问题的多个相互矛盾的目标函数的存在需要借助多目标优化的方法求解。一般性的多目标优化问题可以定义如下(假定所有的目标函数以最小化为目标):

$$
\begin{aligned}
\text{Minimize} \quad & f_i(\boldsymbol{x}),\ i=1,\cdots,P \\
\text{subject to} \quad & g_j(\boldsymbol{x}) \geqslant 0,\ j=1,\cdots,J \\
& h_k(\boldsymbol{x}) = 0,\ k=1,\cdots,K
\end{aligned}
\tag{17.1}
$$

式中,$\boldsymbol{x}$ 为长度为 n 的设计向量;P、J 和 K 分别为目标函数、不等式约束和等式约束数目。

下面将对多学科优化中的主要环节分别进行介绍。

17.2.1 参数化建模方法

完成外形的优化设计需要将几何建模、网格划分和流场求解进行耦合,并与数值优化方法结合。根据流场特点存在多种不同的流场建模方法,从计算量相对较少的势方程模型、基于无黏流的欧拉方程模型,到考虑有黏流的 Navier-Stokes 方程的模型。不同流场模型的适用范围不同,计算精度也不同,通常来说,计算量随着计算精度的提高而增加。计算量大成为广泛应用数值优化方法进行外形优化,尤其是复杂外形优化的一个主要困难。一个主要解决途径是采用高性能计算和分布式并行计算技术,世界航空工业主要的设计公司通常都是高性能计算服务商的客户。另一个途径是提高 CFD 和优化过程的效率。传统上的气动优化一般采用基于梯度的优化方法,如 BFGS 法等进行优化,目标函数相对于几何变量的梯度信息一般采用有限差分法获得,这进一步增加了计算量,尤其对于包含大量几何变量的复杂构形来说更是如此。为降低对计算量的需求,Jameson 等将控制理论与流场分析相结合,通过建立和求解 adjoint 方程使得梯度计算所需的计算量等同于一次流场分析的计算量,这样两次流场分析就可以得到目标函数及其梯度,而且计算量并不随着变量数目的增加而增加。然而使用此方法得到的梯度是针对网格坐标的,并没有直接映射到常用的几何参数,因而无法直接反映气动特性随几何参数变化而变化的特点。

尽管使用网格坐标可以覆盖相当广的设计空间,在实际优化问题的定义中,网格点的坐标值通常仍限定在较小的范围内,以避免产生外形的过大波动导致网格质量下降,因此限定了最终得到的优化结果只是局部最优。在复杂构形的流场分析中,由于网格点过多而需要一种减少设计变量的方法。由于几何外形的设计一般使用 CAD 系统完成,因此使用 CAD 几何参数作为设计变量便成为一个自然的选择。由于 CAD 几何参数的选择一般反映设计的几何特征,因此这种方法可以相对容易地评估几何特征对气动特性的影响。然而,需要将 CAD 模型转换到网格划分和流场计算软件中,而且这一过程需要实现完全自动化以便与优化程序进行耦合,其中的难点是网格的自动划分,尤其是在几何外形的拓扑结构发生变化的情况下。

对几何参数化方法的选择需要考虑多个方面的因素,好的参数化方法应具有以下几个特点:①代表的几何外形具有连续性;②建模效率高,其数值算法稳定;③需要的几何变量相对较少;④设计参数具有明确的物理意义;⑤易于在 CAD 系统中实现;⑥存在良好边界,易于在优化中使用;⑦易于计算灵敏度信息。同时具有以上所有特点并不是一件容易的事,工程实践中,往往根据设计任务的特点进行适当平衡,以达到最好的效果。比如在初步设计阶段,对效率的要求往往高于对精度的要求,需要几何变量少的参数化方法;而在详细设计阶段,所选用的参数化方法要满足对外形设计的高精度要求。此外,从优化的角度出发,设计变量间的耦合度越小,优化的效率越高,尤其是在变量数目较大的情况下。

飞机的外形主要包括两种类型,一种以翼型为典型代表,以获得高升力、低阻力的良好气动特性为目标,包括机翼、发动机叶片、整流罩等;另一种是以常规布局飞机机身为典型代表的圆柱外形,以承载和结构特性好(重量轻、承载能力强)为目标。

17.2.2 多学科优化方法

系统复杂性的增加使得传统的单一学科顺序考虑的方法不能捕捉学科间和子系统间的相互耦合作用,多学科优化方法应运而生,进而改善系统的综合性能。多种高可信度的建模和仿真技术、方法及工具的发展使得多学科优化的快速发展成为可能。在单一学科中,将分析技术与优化技术结合可以改进设计,提高设计的性能,例如结构优化的发展。将优化技术扩展到多学科耦合的复杂系统,将面临更大的挑战。计算量将呈非线性增加,同时还需要处理复杂的子系统间的耦合关系,其中包括数据的交换和工作流程的管理等。

多学科优化的处理方法基本上可以分为基于分析的方法和基于计算的方法,第一类方法采用基于经验的公式或简单的物理推导建立学科间的耦合关系,如多个飞行器参数分析程序 PIANO、ACSYNT 及 FLOPS 等。这些工具的特点是可以快速分析不同参数对目标函数的影响,并进行权衡和优化研究,在设计的初期广泛使用。这种方法的缺点是精度不足,以及对较新的飞机布局形式的适用性较差。

此外,应用更多的是基于高精度的数值分析程序,如以 CFD 和 FEM 等的分析结果为基础,利用数值优化软件,在给定的参数空间寻求设计改进的参数值。可以采用的数值优化设计方法可以大致分为几类,如图 17.2 所示。

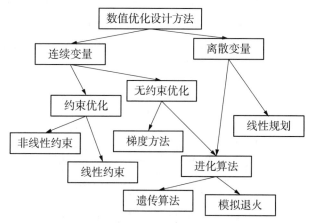

图 17.2　数值优化设计方法的基本分类

理论上,这些优化方法都可以用于工程问题,但不同方法对不同问题表现出不同的适应性和性能。优化方法的选择既需要了解方法,又需要积累一定经验。逐渐形成了一定的优化策略,在特定的问题领域往往有较好的表现。这些策略包括不同方法的适当组合,还包括根据具体问题而进行的参数调整,同时,可以运用人工智能的方法设计具有自适应能力的算法。

17.2.2.1　多学科优化流程

在多学科优化问题的处理中,存在多种不同的方法和体系架构,传统的方法是顺序方法,在每一个环节单独处理一个学科的优化,通过多次迭代循环来协调不同学科间的相互关系。这种方法的优化效率较低,因此,研究人员提出了多种不同的优化流程。不失一般性,本节主要讨论综合结构和气动两个学科的气动弹性问题。典型的气动弹性问题的处理框架如图 17.3 所示。图中,X_c 表示结构分析和气动分析

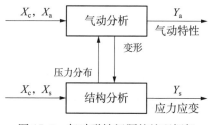

图 17.3　气动弹性问题的处理框架

共同需要的输入变量,如几何参数;X_a 和 X_s 分别表示气动分析和结构分析各自所需的输入变量。两者之间通过结构变形与气动载荷数据的传递形成整个耦合系统。各自的输入变量,如应力和气动特性构成了整个系统的输出,反映出系统性能的优劣。多种不同的多学科优化框架可以通过上述例子来说明。

1) 一体化优化

在一体化优化框架中,优化器同时处理来自多个学科的输入和输出,如图 17.4 所示。这种优化流程是早期的多学科研究通常采用的方法。不同学科的优化目标通过一定的权重转化为单翼目标函数,进而可以采用多种不同的非线性约束条件下的优化方法进行求解。

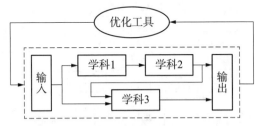

图 17.4　一体化集成的多学科优化流程

在这种设计流程中,不同学科间的数据交换视为系统的内部变量,因此需要通过迭代过程达到不同学科间数据的一致性,这样的迭代过程可能是非常耗时的,因此导致这种方法所需要的计算量很大,并不适用于使用高可信度的分析程序。这样就限制了最终结果的准确性和可靠性。

2) 两级优化

上述方法的另一个缺点在于,通常不同的学科是由不同的部门负责的,相互之间完成系统的整合所面临的障碍也导致这样的多学科优化流程实现起来比较困难。很自然地,基于学科边界进行分解的多级优化流程具有更大的吸引力。如图 17.5 所示,其中,围绕每一个学科构建相对独立的优化流程,不同学科间数据的协调由系统级的优化器来完成,以保证学科间的一致性。这种方法的优点是可以实现学科间

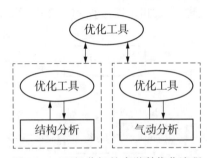

图 17.5　两级分解的多学科优化流程

优化的并行,从而加速系统整体优化的效率。但是这种方法对系统级的优化算法要求较高,原因在于每次迭代返回的结果间可能存在巨大的不连续性,因此一般需要采用像遗传算法这样的优化方法。根据设计学科的种类和数目,可以设计出多种不同的分级优化流程,总的要求是学科间数据协调的需求越低越有利于系统级的优化器得到最优的结果。

3) 协同优化

协同优化流程是为了克服上述方法的缺陷而发展的,与多级优化的共同点在于协同优化同样将整个复杂的系统按照学科分解为多个子系统,分别进行相对独立的优化,区别在于,优化的目标函数由系统级的优化算法来处理,而分系统优化的目标函数是确保分系统优化对设计变量的修改不违反系统级优化所设定的约束条件。图 17.6 给出了典型的涉及结构和气动的多学科协同优化框架。可以说,协同优化的最大优势就是各学科相对独立,可以并行完成分学科的优化,提高计算效率。但是,当学科间共享的变量数目过多时,可能带来收敛的问题。

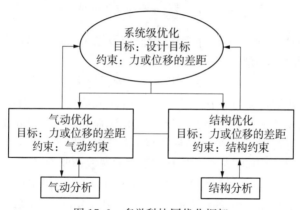

图 17.6 多学科协同优化框架

4) 并行子空间优化

并行子空间优化是 Sobieszczanski-Sobieski 提出的一种方法,该方法如图 17.7 所示,方法的主要特点是采用并行的分学科优化提高优化效率,同时采用近似模型的方法来协调不同学科优化的结果。在子学科优化的过程中,仅对该学科的设计变量进行优化,其他变量保持不变,所以在并行子学科优化进展到一定程度时,子学科间的设计变量间出现的差别需要使用全局的多学科分析过程进行协调。

多学科优化的流程并不限于上述几种,优化流程的设计通常在一定的工程集成环境中完成,从满足构建不同设计流程的角度出发,在设计环境的选取上,一般遵循一定的原则,一个好的优化框架应该具有如下特点。

(1) 既能集成商用软件,又能集成早前开发的一些缺乏商业支持的代码。

(2) 能够实现分布式计算和并行计算,并可以构造不同的优化流程。

(3) 具备一定的优化算法可供使用,并且提供加入新的优化算法的程序接口。

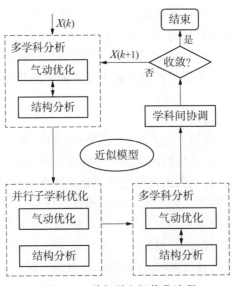

图 17.7　并行子空间优化流程

（4）比较方便地处理数据的存储和管理，以及结果和设计过程的可视化。

17.2.2.2　多目标优化方法

多学科优化问题通常会存在多个相互矛盾的目标函数，多目标优化的处理方法是使用多种方法，传统的处理方法是将多个目标函数通过一定的权重转化为单目标函数，进而可以使用单目标优化方法完成最优化工作。这种方法的缺点在于对权重的确定存在一定的随意性，得到的结果受到权重选择的影响，当权重变化时，需要重复整个优化过程来得到新的结果。由于权重值的选取通常会依赖专家的意见，因此这种方法可以归为先决策后优化的方法。与此相对应，可以采纳多目标优化的方法，找到一组相互之间非全优的解（non-dominated solutions）。如果两个优化方案的所有目标函数中，至少一个目标函数劣于另一个方案的对应目标函数，并且至少一个目标函数优于另一个方案的对应目标函数，则这样的两个解称为非全面占优解，或称非可支配解。所有非全面占优解组成的集合便构成了进行优选的方案集合，通常称为 Pareto 集合。最终的优化解将从这样的集合中选取。这种基于 Pareto 的优化过程可以归于先优化，后决策的方法。

有多种求解 Pareto 集合的方法，可以采用目标优化与变权重相结合的方法得到 Pareto 集合。这样的方法需要系统权重变化，以得到覆盖范围广的 Pareto 集合。参考文献中对多目标优化的理论及实践进行了详细的讨论。与变权重的方法相区别，另一种方法是基于一组解同时进行优化的方法，与进化算法相结合，形成了多种多目标进化算法，还可以将多目标遗传算法与约束条件下的梯度算法相结合，并用于翼型的稳健优化。

17.2.3　替代模型的使用

在使用高可信度分析程序的多学科优化过程中，解决对计算资源要求的方法之一是使用替代模型,使用替代模型的多学科优化的基本流程可以用图 17.8 来表示。其中第一个步骤是使用实验设计的方法生成一系列样本点,然后可以利用各种计算资源,对不同的设计方案进行分析。由于样本点之间一般不存在关联关系,因此可以采用并行的方法进行计算,将得到的计算结果保存在数据库中,这样的数据集反映了分析程序描述的输入和输出变量间的关系。当进行一次分析需要较长的时间时,采用数学插值的方法建立简单的输入输出关系,以便在分析新的数据点时使用,这便是替代模型的原理。这样得到的模型可以快速估计出给定输入点的函数值。尽管获得精确的替代模型比较困难,但只要替代模型能够反映输入输出间的趋势关系,就可以在优化的进程中使用,加快优化的速度,并且随着数据量的增加,替代模型的精度可以不断增强。需要指出的是,使用替代模型进行优化得到的结果最后需要使用分析程序进行验证。

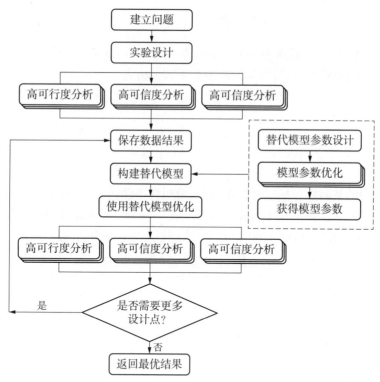

图 17.8　使用替代模型的多学科优化基本流程

可以在这一过程中使用多种替代模型,假定 $\{x_i, y(x_i)\}(i=1, \cdots, m)$ 代表使用实验设计得到的数据集合,其中 x_i 和 $y(x_i)$ 是第 i 个设计点的输入变量和输出变量,m 代表数据集中的点数,下文简要介绍三种常用的替代模型的建模方法。

17.2.3.1　多项式建模

可以使用低阶多项式对数据进行拟合,比如,线性和二阶多项式模型分别为

$$y = \beta_0 + \sum_{i=1}^{k} \beta_i x_i \qquad (17.2)$$

和

$$y = \beta_0 + \sum_{i=1}^{k} \beta_i x_i + \sum_{ii=1}^{k} \beta_{ii} x_{ii}^2 + \sum_{i<j} \sum \beta_{ij} x_i x_j \qquad (17.3)$$

高阶多项式由于其对数据的敏感性而较少使用。多项式中的系数可以通过最小二乘法求解得到。更详细的信息可以参考许多文献。

17.2.3.2 神经网络方法

径向基函数神经网络(radial basis function，RBF)是神经网络中常用的一种插值方法,其特点是速度快,对数据集既可以插值,也可以近似,表示如下:

$$y(\boldsymbol{x}) = \sum_{k=1}^{m} \alpha_k K(|| \boldsymbol{x} - \boldsymbol{x}_k ||) \qquad (17.4)$$

式中,$K(|| \boldsymbol{x} - \boldsymbol{x}_k ||)$ 代表基函数,$(\alpha_k, k = 1, \cdots, m) \in R^m$ 样本集中各点的权重系数。对给定的样本点,可以通过求解如下线性方程得到:

$$\boldsymbol{K\alpha} = \boldsymbol{y} \qquad (17.5)$$

式中,$\boldsymbol{y} = \{y_1, y_2, \cdots, y_m\}$ 代表输出向量;$\boldsymbol{K}^{m \times m}$ 为根据数据集得到的格拉姆(Gram)矩阵,$\boldsymbol{K}$ 中的第(i, j)个元素可以通过表 17.1 中的基函数计算,即 $K(|| x_i - x_j ||)$。

可以选用的基函数包括线性样条曲线、薄板样条曲线、三次样条曲线、高斯曲线等,如表 17.1 所示。如果样本数据量很大,则当 Gram 矩阵为正定对称矩阵时,可以采用 Cholesky 分解(Factorization)的方法进行求解以加快速度。

表 17.1　径向基函数神经网络中常选用的基函数

类型	定义
线性样条曲线	$(|h|)$
高斯曲线	$(e^{-h^2/\theta})$
多元二次方程	$[\sqrt{(1 + h^2/\theta)}]$
逆多元二次方程	$[1/\sqrt{(1 + h^2/\theta)}]$

为了提高模型的精度,可以使用数据集中的部分数据进行建模,使用其余的数据对模型进行优化和验证,通常采用的方法包括单点验证法和多点验证法。

17.2.3.3 Kriging 方法

Kriging 方法早期是在地质统计学领域用来处理地质数据的,也称为高斯过程模型。Kriging 方法可以用来建立全局模型,该模型的优势是可以比较准确地刻画函数的局部特征,该模型既可以用于函数的插值,也可以用于数据拟合。插值模型

可以表示为

$$y(x) = \beta + Z(x) \tag{17.6}$$

式中,β 代表一个常量;$Z(x)$ 代表均值为零,方差为 σ^2 的高斯随机过程。协方差矩阵为

$$\boldsymbol{Cov}[Z(x^i), Z(x^j)] = \sigma^2 R(x^i, x^j) \tag{17.7}$$

式中,σ^2 为随机过程的方差;$R(.,.)$ 为与 x^i 和 x^j 相关的函数。在模型中,可以使用不同的相关函数。其中一个常用的相关函数定义为

$$R(x^i, x^j) = \prod_{k=1}^{n} \exp(-\theta_k \mid x_k^i - x_k^j \mid^{p_k}) \tag{17.8}$$

式中,$\theta_k > 0$ 和 $1 \leqslant p_k \leqslant 2$ 为模型参数;n 为数据集的维数。选择 $p_k = 2$ 通常可以满足大部分的建模要求。模型参数的估计通过求解最大似然函数的优化问题得到:

$$-\frac{1}{2}\left[n\ln\sigma^2 + \ln \mid \boldsymbol{R} \mid + \frac{1}{\sigma^2}(\boldsymbol{y} - \boldsymbol{1}\beta)^{\mathrm{T}}\boldsymbol{R}^{-1}(\boldsymbol{y} - \boldsymbol{1}\beta)\right] \tag{17.9}$$

式中,σ^2 和 β 可以通过如下公式计算得到:

$$\hat{\beta} = (\boldsymbol{1}^{\mathrm{T}}\boldsymbol{R}^{-1}\boldsymbol{1})^{-1}\boldsymbol{1}^{\mathrm{T}}\boldsymbol{R}^{-1}\boldsymbol{y} \tag{17.10}$$

$$\hat{\sigma}^2 = \frac{1}{n}(\boldsymbol{y} - \boldsymbol{1}\beta)^{\mathrm{T}}\boldsymbol{R}^{-1}(\boldsymbol{y} - \boldsymbol{1}\beta) \tag{17.11}$$

在得到了模型参数 θ_k 以后,便可以利用该模型对新的数据点进行估算:

$$\hat{y}(x^*) = \hat{\beta} + \boldsymbol{r}^{\mathrm{T}}\boldsymbol{R}^{-1}(\boldsymbol{y} - \boldsymbol{1}\hat{\beta}) \tag{17.12}$$

同时,还可以通过如下的公式得到后验误差的估算:

$$s^2(x^*) = \sigma^2\left[1 - \boldsymbol{r}\boldsymbol{R}^{-1}\boldsymbol{r} + \frac{(1 - \boldsymbol{1}^{\mathrm{T}}\boldsymbol{R}^{-1}\boldsymbol{r})^2}{(\boldsymbol{1}^{\mathrm{T}}\boldsymbol{R}^{-1}\boldsymbol{1})}\right] \tag{17.13}$$

式中,$\boldsymbol{r}(x) = R(x, x^1), \cdots, R(x, x^n)$ 为新的数据点 x 与原有数据几何间的相关向量。这一误差值可以用来衡量模型的建模能力,当误差较大时,可以采纳增加或调整数据点的方法来提高模型的精度。

一般来说,单一种类的替代模型难以满足对较复杂的问题的建模,在实践过程中,通常采用将多种模型相结合的方法,而具体的实现往往与需要求解的问题相关。

17.3　高性能计算在设计中的应用

高可信度建模和分析工具的使用是现代飞机设计的重要特点,其中面临的一个挑战就是计算费用的过分增长,特别是当模型参数增加到几百甚至上千的时候,所需要的计算资源需要借助高性能计算设施才能够在可以接受的时间尺度内获得所

需要的结果。尽管可以使用替代模型的方法或将计算速度快、精度较低的模型穿插使用,仍然不能回避计算资源的瓶颈。因此,可以说多学科优化的需求推动了高性能计算在工程领域中的应用。这种趋势在可预见的未来仍会继续快速发展。

17.3.1　工程设计部门的网络环境

正像互联网已成为我们生活中不可或缺的组成部分一样,在大型企业中 IT 系统已成为保证其正常运转和提高其竞争力的重要保障。而且,高速网络与高性能计算已经成为一个国家经济发展的基础设施,服务于经济生活的各个方面。

工程设计部门的网络环境更具有其独特的地方,一般来说,工程设计部门需要三个相对独立且有互相关联的网络环境,第一个是服务于商业/管理职能的办公网络,处理财务、办公、邮件、通信等功能。第二个是与生产和供应商管理密切相关的网络环境,一般都使用 PDM 系统作为其框架结构。第三个是最能体现设计部门特点,也最具有复杂性的设计和研发部门使用的环境,其对安全性、灵活性、动态性和多样性的要求使得部署、维护和使用这样的 IT 环境具有巨大的挑战。网络环境的优劣直接影响工程设计部门的设计能力和设计效率的高低。而且,这样的网络环境往往难以找到现成的商业解决方案。负责产品的设计具有试探性、选择性等特点,其间产生的大量关系复杂、类型各异的数据的组织与管理已成为影响设计效率和品质的重要因素。一般来说,这样的网络环境由多个分布式的,如图 17.9 所示的环境

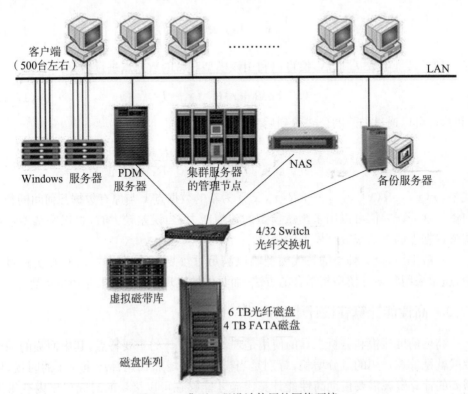

图 17.9　典型工程设计使用的网络环境

组成。在这样的网络环境中，包含设计人员使用的工作站、完成大量计算所需的高性能计算设施、数据库系统、网络基础设备等。工程设计和分析软件的多样性、专业性、高成本使得软件的管理、维护和使用需要特定的模式。设计和分析数据的专有性、安全性与跨地域、跨部门协作的必要性对数据的安全和有效管理提出了挑战，需要形成特定的政策，由专业的部门来实施。一般这样的网络依赖特定的研究或工程项目而建设和运营，需要随着项目的变化不断进行调整。

民用飞机项目一般采取主承包商引领下的多级承包方式，进一步的发展趋势是在设计能力层次上的系统集成，随着协作部门的增多，对跨地域的数据和分析能力接口提出了更大的挑战。网格技术以及基于网络的计算服务等概念开始逐渐受到工程部门的重视，可以预见，这些技术将得到越来越多的应用。

17.3.2 高性能计算

设计中对计算能力的需求推动着广义计算能力的增长，广义计算能力包含计算速度、存储空间、网络能力和软件技术等。

17.3.3 工程集成环境

从 20 世纪 90 年代开始，陆续有一些商业化的设计集成环境推出，这些工具一般都是一些研究项目的市场化成果。例如，Engineous 公司的 ISIGHT、Phoenix-Int 公司的 ModelCenter 以及 LMS 公司的 OPTIMUS，各公司一般还采用一些内部独立开发的集成工具。

ISIGHT 提供了一个仿真分析软件的集成环境。它的主要功能在于能够比较方便地实现基于仿真的设计过程自动化、优化和集成，内置的多种设计工具完成对设计空间的有效搜索。早期的版本主要采用 CORBA Agent 机制，用于在局域网上运行。新的版本开始加入对广域网的支持，ISIGHT 在汽车、电子和航空航天等领域得到广泛应用。

ModelCenter 和 OPTIMUS 具有与 ISIGHT 类似的功能，但又各有特点。一般来说，对集成环境的选择需要考虑多方面的因素，包括对已有分析工具的兼容性、灵活性和可扩展性，支持的优化方法的多样性，以及接口的标准化等。集成环境的发展是与 IT 技术，尤其是网格技术密不可分的。集成环境的使用使得实现多种不同的多学科优化框架变得比较容易，可以进一步提高产品设计的效率。

思考题

1. 给出优化问题的典型定义，以及目标函数和约束条件的主要含义。
2. 简要说明开展多学科优化问题的必要性。
3. 在建立替代模型的过程中，拟合模型和插值模型的差异和共同点分别是什么？两类模型选择的主要依据是什么？
4. 多项式模型和高斯模型的特点分别是什么？
5. 如何在样本空间中进行样本点的选择？优化迭代过程中如何补充新的样本点？

18　设计举例

本章以一种型号客机的方案设计为实例，具体阐述前面章节中介绍的设计方法，包括参数确定、重量估算、发动机选型、气动力估算以及性能计算等方面。本章的编写目的是通过一个具体实例来反映飞机方案设计的一般过程。本章中的方案是使用在 Microsft Excel™ 中实现的方案设计工具完成的，该工具可以完成飞机主要参数的优选，可以满足读者进行方案参数设计的工作。

18.1　市场分析

在决定设计什么样的飞机之前，需要对目标航空市场进行分析，并结合技术的发展趋势、现有机队的构成等因素作出综合决策。民用飞机设计目标的制定离不开航空公司的直接参与，尤其是作为启动客户的航空公司，对研制飞机的性能、特点与技术具有很大的影响力。

决定飞机的主要设计参数是一项复杂的任务，市场的分析是一项重要的任务，比如说，由图 18.1 可以看出，如果需要满足 90％城市对航线的需求，则飞机的设计航程需要达到近 5 000 km，而且，还需要考虑不同航线的上座率，才能做出比较合理的有关座位数的决定，以获得良好的运营经济性。

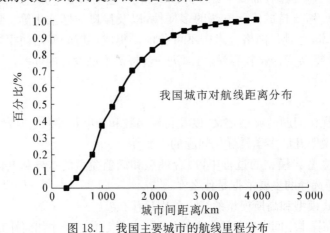

图 18.1　我国主要城市的航线里程分布

　　在经过了细致的分析以后,对飞机各项性能指标的要求,一般会形成一份设计任务书,其中包含所有主要的飞机设计目标以及约束条件,如表 18.1 所示。设计任务书与适航规范形成了民机设计的起点,是设计工作的重要依据。一般只有在经过仔细权衡之后,才会对设计任务书的内容进行更改。

表 18.1　飞机设计的基本目标

	标准型	延程型
座位数(全经济舱)	125	
静风航程/n mile	1 800	3 000
设计巡航速度 Ma	0.80	
起飞跑道长度(MTOW at S-L, ISA+15)/m	2 000	
爬升时间(1 500 ft to ICA[①], ISA+10)/min	计算结果	≤25
初始巡航高度(ISA+10)/ft	35 000	
最大巡航高度/ft	41 000	
进场速度(MLW, S-L, ISA)/kn CAS[②]	≤135	
着陆跑道长度(MLW, S-L, ISA)/m	1 600	
单发失效高度/ft	计算结果	计算结果
VMO/MMO[③] kn CAS/Ma	360/0.84	
客舱高度(41 000 ft 时)/ft	8 000	
过站时间	最小化	最小化
机场兼容性	ICAO Code 'C'	
ACN[④] (Flexible B)	40	
DOC 目标/[元/(座公里)]	最小化	最小化
ETOPS[⑤] (在 EIS[⑥])/min	90	

① 初始爬升高度(initial climb altitude)
② 校正空速
③ 最大使用速度
④ 飞机等级序号(aircraft classification number)
⑤ 双发飞机延伸航程运行
⑥ 首次服役时间(entry into service)

18.2　设计任务书

　　在确定了飞机主要指标以后,通过对已有的类似机型进行分析,就可以确定设计飞机的可选布局以及主要参数的设计范围。通过表 18.1 的分析,需要设计的飞机应该略小于最常用的 150 座级干线客机,其构型选择应该更接近干线客机的翼吊双发布局,所以本章以此布局作为计算的主要依据。当然,在实际研发过程中,需要对多种不同的构型机型开展概念研究以及参数化分析,以便能够最终确定最优的方案。利用现有的飞机概念设计软件,可以比较迅速地对不同构型进行对比分析,随着分析计算工具的可信度不断提高,这种分析可以快速地确定需要转入初步以及详细设计的方案。

　　这一级别的飞机主要用于国内和地区短途航线,对飞机过站时间的要求高,航空公司对飞机的经济性指标尤其敏感,原因是此类航线的竞争激烈,是廉价航空公司的主要航线。此外,还可能受到如高速铁路等其他交通方式的影响。因此,在设计任务书中,将经济性作为方案优化的一个重要指标。

　　任务书中同时给定了标准型和延程型的设计要求,尽管在开始阶段推出的可能只是其中一种机型,但在设计的初期进行参数化选择和优化的阶段,需要将所有可能的变化都考虑在内,为未来的发展留出余量。所以,可以说,任何一次方案设计工作,完成的都应该是一个系列飞机方案的设计,而不仅仅是一个具体的方案。在这方面,空客 A320 系列飞机的设计可能就是最成功的案例。这样可以大大增强航空公司适应市场变化的能力。

　　在明确了设计任务书后,就可以开始选择飞机的参数,这一过程一般使用参数设计软件,将飞机的所有性能估算作为一个整体来完成,也可以按一定的框架结构分步骤进行。从下节开始,将分步骤说明各项参数估算的任务。在设计过程中,需要经常参照类似机型的数据,同时,还需要了解可选发动机的相关数据。主要民机与发动机的数据可以参考附录 4~附录 8。

18.3　参数确定

　　根据飞机的设计任务书,首先需要确定的是飞机的大小,这可以根据对飞机载客数和载货量的要求,以及航线的特点进行初步确定。主要表现为三个方面:

　　(1) 起飞重量 W。

　　(2) 发动机推力 T。

　　(3) 飞机的机翼参考面积 S。

　　这三个参数是相互关联的,首先可以依据重量估算的基本方法得出飞机重量数据的第一轮估算结果。同时,可以根据对飞机性能的要求得出推重比和翼载的估算结果。

　　按照表 4.3 的计算规则,可以确定乘务员人数为 4 人,加上两名机组人员和假定的货运载荷(1 000 kg),飞机空机重量比例为 0.51,可以计算得出有效载荷:

$$W_{\text{plc}} = 125 \times 90 + 4 \times 90 + 2 \times 90 + 1\,000 = 12\,790 \text{ kg} \tag{18.1}$$

　　利用第 4 章式(4.9),可以得到等效静风航程为

$$R_{\text{esa}} = 568 + 1.063 \times 1\,800 = 2\,481.4 \text{ n mile} \tag{18.2}$$

　　假定飞机全机的升阻比为 17.4,发动机的油耗参数为 0.63,根据式(4.10),可以得到任务燃油占起飞重量的比例

$$M_{\text{fuel}} = \text{SFC} \times T \times \frac{t}{W} = 0.195\,9 \tag{18.3}$$

　　利用式(4.11),可以得到飞机最大起飞重量的第一轮近似估算为

$$W_{\mathrm{mto}} = \frac{W_{\mathrm{plc}}}{1 - M_{\mathrm{e}} - M_{\mathrm{fuel}}} = 43\,488.61\,\mathrm{kg} \qquad (18.4)$$

如果采用各航段的燃油比例,则参考表 4.4,可以得到第二轮的重量估算值为 57 800 kg,为简单起见,这里省略了具体的计算过程。

以上飞机的全机升阻比和发动机油耗参数都是现有类似型号的典型值,可以预期新的设计会有一定的改善。

可以根据 4.3 节中叙述的多种不同方法进行翼载和推重比的估算,一般使用的方法是根据着陆跑道长度或失速速度的要求来确定翼载参数,根据着陆跑道长度设计要求,可以得到翼载计算结果为

$$W/S = \frac{(S_1 - 305) \times \sigma C_{L\max}}{5} = 497.68\,\mathrm{kg/m^2} \qquad (18.5)$$

在计算中,着陆构型的最大升力系数取值为 2.8,这是使用涡轮风扇发动机飞机的中间值。得到的着陆翼载需要根据起飞重量和着陆重量的关系转化为起飞状态的翼载。

根据进场速度可以得到翼载的另一个估算值:

$$W/S = 0.5\rho V^2 C_{L\max} = 570.8\,\mathrm{kg/m^2} \qquad (18.6)$$

以上得到的翼载数据还需要针对其他的飞行状态进行检验。例如,可以根据初始巡航高度和巡航马赫数计算得到对应上述翼载的巡航状态的升力系数,并与飞机的设计巡航升力系数进行对比。开始巡航时的翼载大约等于起飞翼载的 98%,由此可以得到巡航状态升力系数的需求为

$$C_{Lc} = \frac{0.98(W/S)}{q} \qquad (18.7)$$

式中,q 为开始巡航时对应的动压。

根据得到的翼载数据,可以进行推重比的初步估算,同样,可以采用 4.3 节中的多种方法来完成,根据式(4.13)可以得到近似的推重比为 0.251 7。根据飞机巡航状态的参数,计算得到飞机巡航的升力系数要求为 0.402 56。

18.4 发动机选型

上一节中推重比和翼载的估算结果可以用于发动机选型,发动机选型既可以根据对起飞段性能的要求来完成,也可以根据对初始巡航高度的爬升要求来确定。显然,飞机的航程对发动机效率选取的影响不同,主要用于远程航线的飞机更看重飞机的巡航效率,而短程航线上使用的飞机会更多地考虑飞机的机场适应性,亦即起飞场长的需求应该尽量短。根据不同的需求,可以得到确定的发动机参数,进而在可用的发动机目录(可以参考附录)中进行选择。

在设计过程中,通常可以得到更加详细的发动机数据,包括发动机推力与马赫

数(Ma)的关系,燃油消耗(SFC)与马赫数(Ma)的关系等。这些数据将在飞机性能计算的模块中得到使用,从而更加具体和详尽地对不同发动机进行选择,或者对发动机厂商提出新的性能设计要求。

18.5 客舱布局

客舱的设计参考同类型的飞机,采用单通道布局,可以并排安排 5～6 个座位,飞机的横截面积依然是比较小的,考虑到在结构设计效率方面的因素,方案中采用圆形截面机身,横截面座位布局采用 2～3 形式。

18.6 机翼设计

1) 机翼面积

根据翼载和起飞重量的估算,可以得到第一轮的机翼参考面积估算结果:

$$S = W/(W/S) \geqslant 57\,800/497.68 = 116.14\,\text{m}^2 \tag{18.8}$$

考虑到初始参数选择和估算的不确定性,为后续设计留有一定的余量,选取机翼参考面积为 $128\,\text{m}^2$。

2) 展弦比

随着展弦比的增大,升力线斜率、最大升力系数和升阻比增大,零升阻力减小;展弦比增大机翼重量会随之增大,翼根弯矩增大。因此展弦比的选择是权衡气动力和重量代价的结果。对机翼升力影响的机理如下:当机翼产生升力时,上表面压力减小,下表面压力增加,在翼尖处下表面高压气流流向上翼面,减小了翼尖附近的升力。展弦比越大,即翼展越长,翼尖效应对机翼影响的比例减小,其升力线斜率及升阻比都比小展弦比机翼的大。改变展弦比也会影响失速迎角,由于翼尖涡减小了翼尖处的有效迎角,因此小展弦比机翼的失速迎角大。对强调巡航性能的客机,为提高升阻比,减小升致阻力,展弦比选在 10 左右。

3) 梢根比

设计梢根比时,要尽可能使机翼展向升力呈椭圆形分布,同时还得考虑展向升力分布所产生的翼根弯矩。现有客机的梢根比一般在 0.24～0.33 之间。大部分后掠翼的梢根比在 0.1667～0.5 之间,该参数影响机翼的升力沿展向分布的规律。机翼后掠使空气流向外侧,使翼尖载荷增大,为保持椭圆形升力分布,应减小梢根比。除三角翼外,一般梢根比大于 0.2,梢根比太小会加剧翼尖失速。

4) 后掠角

机翼后掠角设计需要与翼型相对厚度设计相结合,要保证这种结合不会在巡航状态下出现强激波和大面积分离,同时还要考虑气流由于后掠效应出现翼尖分离、气动中心的轴向位置变化并由此产生的纵向力矩,以及与结构设计的相互协调。现有大型客机 1/4 弦线的后掠角一般在 25°～35°之间。

由此得到的飞机机翼的平面形状参数由表 18.2 所示。

表 18.2   飞机机翼的平面形状参数

展长	根弦	梢弦	平均气动弦长	1/4 弦长后掠角
32.86 m	5.7 m	1.368 m	3.977 m	25°

5）平均相对厚度

以高亚声速巡航的飞机，相对厚度应与后掠角结合来考虑，巡航升力系数是主要考虑因素，对此，可查阅飞机设计手册。机翼平均相对厚度为 13%。

6）翼根和翼尖的相对厚度

翼根和翼尖的相对厚度可以参照类似机型的数据得到，如表 18.3 所示，选取 $(t/c)_r = 15\%$ 和 $(t/c)_t = 9\%$。

表 18.3   几种常见机型的翼根和翼尖相对厚度数据

	TU - 204	RJ100	BAe125 - 800	B767	BAe146	MU - 300	CL600	B747	DC - 10
$(t/c)_r$	14%	13.2%	14%	15.1%	15.3%	13.2%	14%	13.44%	12.2%
$(t/c)_t$	9%~10%	10%	8.35%	10.3%	12.2%	11.3%	10%	8%	8.4%

7）上反角、安装角和扭转角

上反角可提供横向稳定效应，下反角减少横向稳定效应。安装角是指机翼根弦与机身轴线之间的夹角。对于大型运输机，要求巡航状态下机身轴线与气流方向基本一致，以减小机身的阻力，安装角一般在 2°~6° 之间。安装角不能过大，否则会引起很大的零升阻力矩。一般翼根、翼尖的相对扭转角为 ±5° 左右。参考同类型飞机，取机翼上反角为 3°，机翼安装角为 2°，扭转角为 −2.5°。

18.7   气动力估算

在设计初期，需要能够比较快速地完成设计方案的气动力估算，以评估设计方案是否满足总体要求。对机翼气动力设计的要求主要体现在下面四个方面：航程参数、阻力发散马赫数、抖振边界以及良好的低速特性。气动力的估算基于经验公式、CFD 以及风洞试验等方法，目前的发展趋势是 CFD 发挥的作用越来越重要，但经验公式和风洞试验仍然是不可或缺的手段。在设计的初期，参照类似机型经验公式的方法可以完成对大量设计方案的快速评估和优选，再将 CFD 用于翼型、机翼和全机的分析与优化设计中。

首先需要确定工作翼型的设计方案，对翼型的气动特性的要求可以从三维特性转化得到：

$$C_{L, 2D} = (1.1 \sim 1.2) \frac{C_{L, 3D}}{\cos^2 25°} = 0.539\,1 \sim 0.588\,1 \tag{18.9}$$

同时，可以得到基准翼型的设计马赫数和相对厚度为 0.725 和 12.69%。基准翼型的设计需要同时满足后缘厚度、抖振边界和阻力发散马赫数的要求。在此基础上,使用 CFD 的方法可以完成对翼型的优化设计,得到翼型的 C_L - α 曲线,如图 18.2 所示。

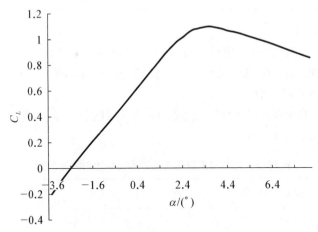

图 18.2　设计翼型的 C_L - α 曲线

得到基准翼型以后,还需要按照机翼的平面形状完成翼型的配置,这一过程更依赖于 CFD 方法的应用,目前波音和空客能够对包含机身、发动机短舱和平尾在内的全机完成快速的 CFD 分析。

参考《飞机设计手册》第六册的有关内容,采用经验方法对机翼的气动特性的估算可以得到 $C_{L\alpha} = 4.266$,通过压缩性修正后为 7.11。机翼的零升阻力系数的估算为 0.005 49。低速状态下,机翼的最大升力系数估算为 1.844 7。

考虑到放下襟翼时的配平损失,增升装置的最大升力系数增量的估算,对起飞状态为

$$\Delta C_{L\max,\,\text{to}} = 1.05(C_{L\max,\,\text{to}} - C_{L\max}) = 0.751 \tag{18.10}$$

对着陆状态为

$$\Delta C_{L\max,\,1} = 1.05(C_{L\max,\,1} - C_{L\max}) = 1.423 \tag{18.11}$$

通过分析全展长前缘缝翼和不同弦长单缝后缘襟翼的升力系数增量(见表 18.4),可以初步得出,使用全展长前缘缝翼和单缝后缘襟翼可以满足飞机对低速特性的要求。

表 18.4　增升装置最大升力系数增量

	15％弦长	20％弦长	25％弦长	30％弦长
$\Delta C_{L\max}$	1.162 9	1.228 9	1.294 9	1.492 9
$\Delta C_{L\max}$	1.396 5	1.462 5	1.528 5	1.726 5

在此基础上，可以进一步确定增升装置的平面布置参数，如表18.5所示。

表 18.5 增升装置的平面布置参数

相对弦长	相对展长	位置	起飞偏角	着陆偏角
前缘缝翼	13%全翼展	—	20°	20°

增升装置的阻力包括型阻增量、升致阻力增量和干扰阻力增量，其计算可以参照《飞机设计手册》第六册完成，得到起飞时的阻力增量为0.0044，着陆时的阻力增量为0.1167。

需要计算的其他阻力包括发动机短舱阻力、机身阻力等，对于方案中选用的翼吊发动机形式，计算得到短舱阻力为0.0068，机身阻力为0.0047。

18.8 性能估算

飞机性能计算分为7个模块，包括起飞性能、爬升性能、速度-高度范围、续航性能、机动飞行性能、下滑性能和降落性能。利用前述性能章节中介绍的方法，可以完成飞机主要性能指标的计算，如表18.6所示。

表 18.6 飞机主要性能指标

性能指标	数值	单位
失速速度 V_s	67.33146	m/s
安全起飞速度 V_2	80.798	m/s
抬前轮速度 V_R	70.698	m/s
巡航最大升阻比 $(L/D)_{max}$	20.49	
起飞构型最大升阻比 L/D	25.44	
全发起飞距离	1198.25	m
全发起飞时间	24.47	s
单发停车起飞距离	2170.137	m
单发停车起飞时间	42.72	s
进场速度	69.45	m/s
接地速度	61.435	m/s
着陆距离	964.32	m
着陆时间	22.73	s
等高等速巡航距离	2907.69	km
等高等速巡航时间	3.43	h
等高最大航程巡航距离	3413.105	km
等高最大航程巡航时间	4.891	h

18.9 飞机设计方案

经过以上一系列的计算和分析工作，便形成了飞机的完整设计方案，为转入初步设计阶段提供设计依据。在后续设计中,飞机初始方案将得到不断完善和细化,其中的一些参数仍然可能经过不断修正。一般来说,完成这一阶段后,飞机的基本特点就比较明晰了,包括航空公司在内的有关各方第一次有机会对飞机方案进行初步评估,并提出意见。需要指出的是,在完成了一系列的评估后,飞机制造商依然可能做出取消项目或重新开始的决定。

19 其他类型民用飞行器介绍

在实现有动力飞行以来的一百多年的航空史中,人类所探索的飞行器形式五花八门,从某种程度上说,在飞行器布局设计上进行创新已经变得越来越困难。计算工具的发展使得飞行器设计向精细化、特种化方向发展。针对特定应用环境进行设计,从而出现了相当多的飞行器种类,了解这些飞行器设计的背景和优劣对于深入了解飞行设计学科所需要掌握的知识,拓宽视野,起到了很好的作用。本节将对常见的几种飞行器类型进行简要介绍。

19.1 扑翼飞机

最早人类在进行探索飞行时,提出的大多是模仿鸟类的扑翼飞行方案。开始是用各种鸟羽或其他人造物,制成翅膀用人力扇动,后来改为机械驱动,如达·芬奇设计的扑翼飞机(见图 19.1)。19 世纪人们的探索方向转向了滑翔,之后内燃机的出现为固定翼飞机铺平了道路。由于扑翼飞机非定常的气流运动、复杂的结构和动作问题一直未能突破,因此仅在很小范围内被研究。

图 19.1 达·芬奇设计的扑翼飞机模型

扑翼飞机是一种重于空气的航空器,它靠机翼的往复运动同时提供升力和推力。其主要特征包括:①机翼主动运动;②靠机翼拍打空气的反力作为升力及前行力;③通过机翼及尾翼的位置改变进行机动飞行。扑翼飞机的主要特征是可往复运动拍打空气。扑翼飞机的优势是在低速飞行时比固定翼飞机的动力效率更高,机动性和控制性更强,需要的起降空间更小。尚未解决的难题主要体现在设计扑翼机需要的非定常空气动力学还不成熟,结构设计和材料问题以及扑翼动作的控制方面。

最近由于空气动力学的发展和材料科学的进步,一些困难的问题正逐步得到解决,扑翼飞机也越来越受到关注,特别是军用微型无人机更是现在研究的热点。据研究结果,微型无人机大小在 15 cm 时螺旋桨还可产生需要的效率,但在 7.62 cm 以下就需要通过其他方式推进。对于较小的微型机,扑翼可能是一种可行的办法,因为它可以利用不稳定气流的空气动力学以及像肌肉一样的驱动器。这种扑翼机在军事上的用途很大,欧洲和美国都在重点研究这种新型飞行器。此外,大型的扑翼飞机也在研究中。2006 年 7 月 8 日,加拿大多伦多大学航宇研究院(UTIAS)首次成功实现了有人驾驶扑翼机(Ornithopter)的离地并维持其飞行,试飞的扑翼飞机如图 19.2 所示,但是由于机翼结构问题未能继续发展。

图 19.2　加拿大多伦多大学航宇研究院(UTIAS)试飞的扑翼飞机

19.2　飞艇

飞艇是一种轻于空气且能自主飞行的航空器,它与气球最大的区别在于其具有推进和控制飞行状态的装置。飞艇由巨大的流线型艇体、位于艇体下面的吊舱、起稳定控制作用的尾面和推进装置组成。艇体的气囊内充以密度比空气小的气体(氢气或氦气),产生浮力使飞艇升空,现代飞艇一般都使用安全性更好的氦气,吊舱供人员乘坐和装载货物,尾面用来控制和保持航向、俯仰的稳定。

与其他飞行器相比,飞艇具有几大典型的特征:①飞行速度慢;②留空时间长;③制造成本高但使用便宜。与飞机相比,飞艇的飞行速度非常慢,现代喷气飞机的速度是飞艇的 6 倍以上,但是飞艇的速度比起水面舰艇来说还是很快的。

飞艇的结构形式可分为三种类型:硬式飞艇、半硬式飞艇和软式飞艇(见图

19.3）。硬式飞艇通过内部骨架来维持其外形和刚性，骨架内装气囊，外表覆有蒙皮；半硬式飞艇主要通过气囊内的气体压力来保持其外形，但有刚性龙骨起辅助作用；硬式和半硬式飞艇比软式飞艇增加了龙骨和骨架结构，用以保持飞艇体形状。现代的非硬式飞艇通过气囊内的氦气压力来维持外形，辅之以副气囊内充的空气进行控制，按是否有人驾驶还可以分为有人飞艇和无人飞艇。

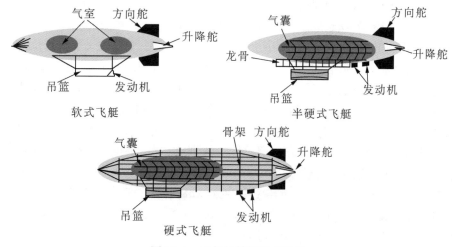

图 19.3 飞艇的结构形式类型

现代飞艇多为软式飞艇，其主要组成部分如下：①气囊，里面充满了氦气以提供升力，另外里面还有辅助气囊，现代飞艇上的气囊由涤纶、聚酯纤维、迈拉等人造材料织成，可有效地防止氦气泄漏，并具有很长的使用时间；②辅助气囊，飞艇内部一个小的、辅助性的气囊，可通过在飞行中充气和放气来控制和保持飞艇形状和浮力；③吊舱，位于飞艇下方的舱室，包括驾驶舱、发动机和人员舱（如果是有人驾驶飞艇）；④推进装置，为飞艇的起飞、降落和空中悬停提供动力；⑤尾翼、方向舵和升降舵，为飞艇提供机动能力。

飞艇的发展历史悠久，1784 年，法国罗伯特兄弟制造了一艘人力飞艇，使用人力划桨推进，是第一艘有动力的飞艇，之后就出现了螺旋桨推进的飞艇，但还是由人力驱动。18 世纪 60 年代以后，蒸汽机、内燃机、电动机的发明为飞艇动力的改进创造了条件。1852 年，法国的齐菲尔德创造了一艘椭圆形的飞艇，长 44 m，最大直径为 13 m，总升力达 2 吨多。飞艇上安装了螺旋桨，以蒸汽机作为动力装置。德国的齐伯林伯爵在飞艇发展方面作出了巨大贡献，被后人称为"飞艇之父"。早期软式飞艇的气囊要靠充气的压力才能保持外形，它飞得又慢又低。1890 年，德国陆军中将齐伯林伯爵退役后进行了新型飞艇的研制。他使用铝材作为飞艇的骨架，使气囊始终保持一定的形状，气囊内还有许多分隔的小气囊，提高了飞艇的安全性。1900 年 7 月 2 日，第一艘齐伯林式飞艇 Lz - 1 号进行了首次飞行。飞艇呈雪茄形，长 128 m，直径为 11.7 m，装有两台 16 马力的内燃发动机，还装有方向舵和升降舵。这是世界上第一艘硬式飞艇。1910 年 6 月 22 日,从德国法兰克福飞往杜赛尔的第一条定期空中航线正式建立,担任首航运输任务的就是齐柏林的 Lz - 7 号飞艇。它一次可载 24 名旅客,有 12 名乘务员,飞行速度为 69~77 km/h。齐柏林逝世后,以他名字命名的"格拉夫·齐柏林"号飞艇于 1929 年进行了首次环球飞行。"齐柏林"号飞艇环球飞行的成功大大促进了飞艇的发展。据统计,在 20 世纪 20—30 年代,美国建造了 86 艘飞艇,英国建造了 72 艘,德国建造了 188 艘,法国建造了 100 艘,意大利建造了 38 艘,苏联建造了 24 艘,日本建造了 12 艘。这段时间是飞艇的鼎盛时期,被称作飞艇的"黄金时代"。军事上英国和法国使用小型软式飞艇执行反潜巡逻任务。德国则建立了齐伯林飞艇队,用于海上巡逻、远程轰炸和空运等军事活动。但飞艇体积大、速度低、不灵活、易受攻击,同时由于飞机性能的不断提高,军用飞机逐渐被飞机所取代。飞艇的商业飞行虽在继续,但由于这时的飞艇大都使用氢气作为浮升气体,容易发生爆炸,安全隐患很大。1937 年,著名的德国"兴登堡"号飞艇在着陆时因静电火花引起氢气爆炸,导致 35 人遇难。英、美也有多艘大型飞艇相继失事,此后飞艇的发展步入低谷。

20 世纪 70 年代以来,飞艇改用安全的氦气填充,其发展又开始活跃。现代飞艇与飞机相比有突出的优点,如可垂直起降、留空时间长、噪声小、污染小、经济性好等。用飞艇运送一吨货物的费用,要比飞机少 68%,比直升机少 94%,比火车少50%。现代飞艇在现代空中勘测、摄影、广告、救生以及航空运动等方面也得到了广泛的应用。在军事上可用于侦察、炮火定位、海岸巡视等。欧美各国也有将巨型飞艇用于军民运输。

目前高空飞艇是飞艇技术的又一新兴研究热点。高空飞艇的飞行高度可超过20 km,处于现在航空器和航天器活动范围的中间区域。它能担负地球勘探、勘测、侦察监控以及天文研究等重任,还可以监测天气及环境的变化。另外还可以承担许多通信卫星的任务。

19.3 联翼布局

联翼布局(joined wing)飞机的机翼由前翼(主机翼)和后翼组成。前翼后掠、后翼前掠、后翼翼尖在前翼翼尖或前翼中部与前翼相连,形成一个框架式结构。如果前翼在上,后翼在下,那么这种构型就称为"正交错(positive stagger)";反之,则称为"负交错(negative stagger)"。因此不论俯视或正视,联翼布局的翼面都构成一个菱形外形,机身则与常规布局飞机类似。

20 世纪 70 年代,美国的 Wolkovitch 提出了联翼布局飞机的概念,并于 1976 年取得专利。1985—1986 年,Wolkovitch 根据风洞试验和有限元结构分析,发表了联翼布局概念的综述报告,报告指出,与常规布局相比联翼布局具有多种优点。但是联翼布局作为一个新型布局,在设计上还有很多难题没解决。此后美国一些高校和研究机构都对联翼布局飞机进行了研究,并提出了一些应用设想,其中之一如图 19.4 所示。

图 19.4　洛克希德·马丁公司设想的联翼运输/加油机

　　与常规布局相比,联翼布局的优点主要体现在:由于前后翼的连接,联翼布局飞机比常规布局飞机机翼结构材料的利用效率高,使得机翼重量减轻;联翼布局也容易布置翼尖端板或小翼,减少下洗;据研究,联翼布局的失速特性也较常规布局为优,稳定性和操纵性好。此外还有诱导阻力较小、跨声速面积分布好、最大配平升力系数高、浸润面积小,具有直接升力、侧力和阻力控制能力等优点。但由于前后翼的联结,联翼布局飞机具有与常规飞机不同的特性,存在气动、结构、气动弹性、操纵性和稳定性等专业之间的强耦合,其中许多几何参数将同时影响每个专业方面的设计。

　　目前的研究结论是联翼布局的最大问题是其复杂的气动弹性以及气动伺服弹性问题。更重要的是,如要实现这一具有优异品质的飞机构型,则必须对每一个专业都进行非常精细的设计。目前还没有全尺寸的联翼飞机验证机出现。

19.4　双身飞机

　　顾名思义,双身飞机具有两个机身,目前的双身飞机的两个机身左右对称。双身飞机需要与双尾撑飞机相区别:机身是装载有效载荷的,双尾撑飞机的尾撑中一般不可装载有效载荷,而双身飞机的两个机身内都可装载。双身飞机可分为两种:两架飞机拼接而成的型号和新设计的型号。前者在活塞发动机时代有很多例子,如两架 P-51 拼成的 F-82 飞机,两架 Me-109 组合成的 Me-109z 飞机,两架 He-111 组合成的 He-111z 飞机等。这是为了充分利用成熟型号的技术、生产线及零件,在短时间内发展出一种航程和负载更大的型号。后者是专门设计的型号,如用于太空船发射的"白骑士二号"。

　　双身飞机一般有左右对称的两个机身,中间以一段直机翼相连,从外观上看就像两架飞机的组合。其驾驶舱都是偏置的,如 Me-109z 只在左边机身有,F-82 有左右两个。此种布局浸润面积大,但得益于发动机数量多,在亚声速时代也可以有较好的速度性能。由于机身容量大,其装载和航程比其原准机大得多,但是机动性会下降,如 F-82 和 Me-109z 都是作为远程护航/截击机和战斗轰炸机使用的。此外,He-111z 飞机是专门设计用于拖曳重型滑翔机 Me-321 的飞机,所以专门增加了 1 台发动机,发动机数量达到 5 台。双身飞机虽然数量不多,但都是特殊时期、特殊需求下的产物,如在二战时期出现。Me-109z 飞机出现较早,于 1942 年开始设计。由于当时德国空军限制新设计进入生产线,于是梅塞施密特公司充分利用 Me-109 的生产线,设计了一种两架 Me-109 组合而成的飞机。Me-109z 使用了 90% 的 Me-109 部件,仅仅增加了新的主翼段尾和翼段,修改了起落架,安装了更大的机轮,右侧座舱改成油箱和一些额外的构件,但后来没有继续发展。F-82"双野马"飞机是二战末期美军为轰炸日本岛设计的一种远程护航战斗机。北美航空于 1943 年末着手研制 P-82 战斗机,考虑到远程飞行需要双座布局,加上战争需要的紧迫性,最终北美公司决定将两架 P-51 战斗机连接起来成为一架新战斗机,以减小设计风险、加快设计进程。1944 年 1 月 7 日,美国陆军航空军订购了 4 架原型机,型号定为 XP-82。XP-82 于 1945 年 4 月 15 日首飞,是当时最强大的活塞战斗机之一,拥有很强的火力、高速度、大航程。但日本很快投降,P-82 飞机没有赶上预期的对日作战。"双野马"于 1948 年装备美国空军,同年型号更名为 F-82,之后参加了朝鲜战争,于 1953 年全部退役。

　　第二次世界大战初,为获得快速空运能力,德国制造了 Me-321 型重型滑翔机。由于这种飞机重量太大,德国当时没有一种飞机能将它曳引上天,曾试验过用 3 架 Me-110 战斗机进行多机曳引,但发现这样极其危险。而专门研制曳引飞机又为当时的紧急战况所不允许,所以将两架 He-111H-6 连接在一起,并在两飞机的机翼接合处增加一台额外的发动机,形成 He-111z,能牵引 1 架 Me-321 或 2 架 Go-242 滑翔机升空。He-111z 曾参加过多次战役。1942 年夏天,刚刚出厂的 10 架 He-111z 参加了马耳他岛战斗的支援作战;1943 年冬天,这批飞机又参加了救助在斯大林格勒被围困的第六军团的空运行动和随后的库班桥头堡战役,发挥了巨大作用;1943 年在法国前线,德国第一空降师用 He-111z/Me-321 移防。德国曾有过研制 He-111z-2 远程轰炸机、He-111z-3 远程侦察机的计划,但均未完成。

　　"白骑士二号"由美国斯凯尔德复合技术公司设计制造(见图 19.5)。该飞机被用于发射太空船,所以机翼展弦比很大,升限高。这家私营航天器研发企业由著名设计师伯特·鲁坦于 1982 年创办,总部设在加利福尼亚州莫哈韦。伯特·鲁坦曾设计过著名的高空长航时飞机"海神"。"白骑士二号"拥有双机身,装有 4 台发动机,翼展大约为 43 m。机翼中部下方可悬挂载人航天器"太空船二号",可以搭载 2 名飞行员和 6 名乘客进入太空。

图 19.5　双身布局——"白骑士二号"投放太空船

19.5　地效飞行器

地效飞行器(ground effect aircraft)是借助地面效应,在贴近地面的高度飞行的飞行器。地面效应是指飞行器在贴近地面飞行时,因地面影响减少了流经机翼的下洗,因而能增加升力、减少诱导阻力,使飞机能得到比在空中飞行更高的升阻比,如图 19.6 所示。其升力能提升约 30,中大型空气动力地效飞行器安装喷气发动机,速度较快(可达 500～550 km/h),越障、抗浪能力和适航性好(在浪高 1.5 m 以下时飞行

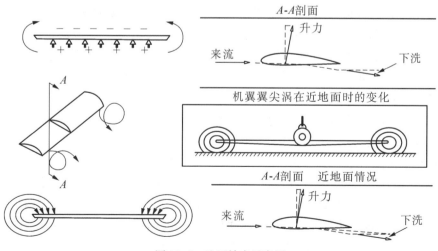

图 19.6　地面效应示意图

稳定,浪高超过 1.5 m 时仍能飞行),也可做短时间爬升。以螺旋桨发动机为动力的小型冲翼艇、气垫艇等动力气垫型地效飞行器,只适宜在地效区内飞行,一般不具备爬高飞离地效区的能力。

空气动力地效飞行器的外形与普通飞机有许多相像之处,但也有不同的地方。它们多数是按照在水面上空的飞行条件设计的,采用船形机身以方便在海上或湖上起飞、降落和滑行;机翼的展弦比一般比较小(1.2～2)且位置较低;在翼尖的下方设置有端板或浮筒,用以减小翼面下方高压空气的外泄,水平尾翼的位置往往比较高,以避开机翼尾流的不利干扰,并减少地面效应对纵向操稳特性的影响;为提高操纵效率,其水平尾翼的翼展比较大。发动机装在飞机前部,利用发动机产生的强大气流在机翼下形成一个动力气垫,以增强地面效应。

地效飞行器的主要性能特征包括:①飞行速度比现有船舶快得多,400 t 级地效飞行器的速度为 500 km/h,约为一般船舶速度的 10 倍,最高可以达到 800 km/h;②相对于飞机装载量大,经济性好,设计良好的地效飞行器,其油耗可节省大约一半,有效载重系数比普通飞机高 25%～50%,航程可增加 50%左右;③安全性好,地效飞行器贴近地面飞行的特性使得它不直接承受海浪的颠簸,也不会遭遇大气湍流的干扰,飞行平稳,即使发生故障,也可随时方便地降落于水面,不会造成严重的安全事故;④军事隐蔽性高,地效飞行器由于掠地飞行,长时间处于地面/舰载雷达和声呐的盲区,只有在非常接近时才有可能被探测到,加上飞行的高速度使得其不易被跟踪。

早在 20 世纪初,空气动力学家就发现了飞行器在靠近地面飞行时,因地面影响减少了流经机翼的下洗,因而能增加升力、减少诱导阻力。1932 年,德国人在北海飞行道尼尔 DO-X 水上飞机时,发现贴近海面飞行时的耗油率要比在空中飞行时低,于是德国人研制了世界上第一种小型地效翼艇。冷战时期美、苏在地效飞行器领域的起步时间相差不多。1964 年左右,美国的地效飞行器计划遇到了技术难题而中止;而苏联方面,由著名设计师阿列克谢耶夫(R. E. Alexeyev)领导的专家们却突破了一系列技术难关。1966 年,苏联秘密建成了被称为"KM"的大型地效飞行器样机,长 100 m、重 544 t,可搭载 1 000 名武装士兵。其在里海试验时被美国侦察卫星发现,故被称为"里海怪物"。

20 世纪 80 年代,第一架专为军事目的而设计的"小鹰"号地效飞行器问世。它的最大起飞重量为 150 t,巡航时速为 400 km,共生产了 5 架,其中 2 架用于原型机试验,3 架用于作战目的,分别于 1979 年、1981 年和 1983 年交付苏联海军使用。10多年间,"小鹰"在开阔海域进行过 400 多次飞行,在 1.5～2.5 m 的海浪下完成了500 多次起降,飞行里程超过 300 000 km。试验证明它是一种非常有效的海上兵器,既可用于作战也可用于运输。另外苏联还设计建造了排水量为 450 t,巡航时速为550 km 的"雌鹞"号地效飞行器作为反舰导弹发射平台。至此苏联具备了建造各种类型地效飞行器的实力。其间,阿列克谢耶夫曾提出建造民用型地效飞行器,但被苏联当局以保密原因禁止。苏联解体后,地效飞行器才掀开它的神秘面纱。俄罗斯因财政拮据冻结了地效飞行器的研制和生产。美国曾对俄罗斯地效飞行器进行多方考察,并试图购买相关技术但遭拒绝。目前,各国都在关注着这一新兴的技术领域。美国已披露其有效载重为 1270 t 的"鹈鹕"地效飞行器;俄罗斯也重新启用了"雌鹞"地效飞行器。

　　从 20 世纪 70 年代起,我国航空、船舶战线的科技人员便开始了对地效飞行器技术持续多年的跟踪与研究。目前,我国已经形成了具有自主知识产权的地效飞行器设计技术,先后研制出若干种小型地效飞行器,积累了较为丰富的经验。在 1999年,"天翼一型"地效飞行器通过了中国船级社的入级船检,完成了全部市场准入手续,在我国太湖投入运营,被誉为"世界第一个地效飞行器的商业运营基地"。另外中、俄正在联合开发"海豚"大型地效飞行器。

　　2004 年,顾诵芬、孙家栋、崔尔杰、陆建勋、童志鹏、朱森元等六位中国科学院、中国工程院院士联名疾呼:地效飞行器的研制和发展,是我军武器装备和我国运输产业在世界范围内抢占"第五界面"及低空海上飞行技术领域的历史性机遇。如果把握得当,则有可能在这一领域率先引发一次技术革命,促进航海业发生重大变革。

19.6　超声速商务机

　　速度一直是飞行器设计所追求的目标之一,超声速和高超声速飞机的研制早在20 世纪 40 年代就开始了,其中包括 NASA 的 X - 15 和 XB - 70 项目。X - 15 仍然是飞得最快的飞机,马赫数达到 6.7,而 XB - 70 则实现了持续的超声速飞行,但两个项目的资助都相继被终止,NASA 转向了其他技术的研究,将相关技术用于民用型号的研制工作也因为缺乏资金而没有成效。

　　在 20 世纪 60 年代出现了以协和飞机为代表的超声速客机。协和飞机由英国航空公司和法国航空公司安全运营了 40 多年,其中只有英国获得了有限的商业收益,法国航空公司运营协和飞机一直亏本。在 2000 年协和飞机发生空难以后,面临的巨大成本压力迫使其在 2006 年完全退出了商业运营。超声速客机由于噪声和成本等因素使用面很窄,不被航空公司接受,但航空业一直在研究可以使用超声速技术的途径,其中超声速商务机一般被认为是一个商业上可行的方案。超声速商务机为以超过声速速度巡航的商务飞机,载客数量在十人左右,或者更少。由于商务飞机载客量小,与客机相比成本压力不是很大,但强调高巡航速度、大航程和舒适性。同时因为飞机尺寸小,相应的要求不是非常严格。这些都是超声速商务机先行的推动力。此类飞机在近年才提出设计方案,目前还未有原型机或验证机。

　　超声速客机(包括现在的超声速商务机)主要特征包括大长细比机身、长机首、发动机紧靠机身、小展弦比机翼等。但机翼设计差别很大,Aerion 公司推出的超声速商务机为小展弦比、小后掠角梯形机翼(见图 19.7),如 F - 104 战斗机的设计。据Aerion 公司称,该机使用了超声速自然层流技术,即使以 $1.15\,Ma$ 速度飞行也不会造成声爆；而洛克希德·马丁公司推出的安静超声速商务机(QSST)为大后掠角三角翼加联翼布局，并带有鸭翼，据称此设计可以使前后激波相互叠加而抵消，从而大大减少对地面噪声。

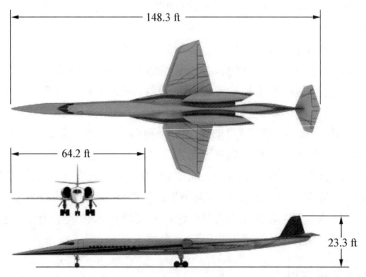

图 19.7　Aerion 公司的超声速商务机

　　Aerion 公司对超声速飞机的研究始于 2004 年，他们目前着重于采用专利的自然层流技术设计超声速飞机。2008 年 5 月，在瑞士日内瓦举行的 EBACE 航空展上，Aerion 公司公布了他们的超声速商务飞机。Aerion 超声速喷气式客机最高速度为 $1.6\,Ma$，航程为 5 000 海里，可搭载 12 名乘客，飞机售价为每架 1.2 亿美元。尽管 Aerion 预测未来十年超声速公务机的市场规模可以达到 400 亿美元，但研制费用却高达 40 亿美元。该客机原计划于 2024 年实现 AS2 的首飞，但由于巨大的研发成本压力而在 2021 年被宣布终止。洛克希德·马丁公司下属著名的"臭鼬工厂"正在 NASA 的资助下研制安静超声速商务机的技术验证机 X-59 QueSST，它可以在 5.5 万英尺以 $1.42\,Ma$ 飞行。声爆通过时感觉噪声级(perceived noise level，PNL)为 75 分贝，计划于 2022 年实现首飞。

19.7　无人机

　　顾名思义，无人机就是无人驾驶的，以空气动力产生升力，能够自主或遥控飞行的航空器。弹道或半弹道航空器、巡航导弹和炮弹不被认为是无人机。无人机多为军用，可用于战术侦察、战略侦察、攻击、诱饵及靶机。无人机也可用于民用和科学研究领域，进行地球测量、气象观测、科研试飞等。这些不同用途的无人机布局和性能有巨大差别。一般来说，无人机系统包括：①无人机机身；②飞行控制系统；③数据通信系统；④发射与回收系统。有些种类的无人机没有单独的发射与回收系统，无人机的性能在很大程度上取决于它的飞行控制系统的设计。

无人机存在多种不同的形式。无人机最初的用途是作为靶机,这个功能直到现在仍很重要。用于这方面的无人机有时为全新设计,有时用退役飞机改装。用于战略侦察的大型无人机飞行高度高、留空时间长,代表机型有美国的"全球鹰"等。用于战术侦察的无人机种类最多,如美国的 RQ-1"捕食者"系列(见图 19.8)。该型无人机在历次反恐战争中频繁使用,承担了许多战术侦察乃至攻击任务,它也是第一种实战中发射武器的无人机。随着飞行控制和电子技术的发展,无人机开始具备多任务能力,如前所述,"捕食者"无人机已经开始承担多种任务。现在的新方向是可与有人驾驶飞机相当的无人攻击机,其代表是美国 X-47 试验机。该无人机具有优异的性能,并可自主起降、空中加油。各国也都在这个方向上进行了大量的研究。除了大中型无人机,更多小型和微型无人机也有广泛的应用前景,可以用于侦察、火力校射等。但微型无人机目前还在研究,预想中的微型无人机将使用扑翼飞行,从而获得更高的飞行效率和机动性。

图 19.8　美国"捕食者 B"无人机

19.8　飞行汽车

电推进技术和自主飞行控制技术的发展,以及世界大城市日益严重的地面交通拥堵问题产生的需求,推动了对飞行汽车类型的飞行器的研发。飞行汽车的概念存在已久,早在 1917 年,格·寇蒂斯就提出了飞行汽车这种概念,他是公认的"飞行汽车之父"。福特汽车公司创始人亨利·福特在 1940 年代预测这种飞行器最终会变成现实,但是在很长的时间内缺乏实质性的进展。一直到 1980 年代美国人泰勒设计的飞行汽车取得了飞行许可,其也被称为"现代飞行汽车的先驱"。但其比车身宽 5～6 倍的平直固定翼导致其仍应该归为通航飞机的范畴,缺乏实用性。还应该提到,斯洛伐克工程师兼设计师斯特凡·克莱因的设计方案"空中移动"经过多次迭代,实现了折叠机翼和汽车车身的结合,它长 6 m,净重 450 kg,可供两人乘坐,带有折叠式机翼,在尾部有一个螺旋桨,由一台 Rotax912 引擎负责驱动,采用滑跑起飞模式。

2015 年以后,通用等传统汽车企业和一些投资公司的科创企业纷纷投入对飞行汽车的研发,美国特拉弗吉亚(Terrafugia)公司在 2010 年 7 月 6 日公布的陆空两用变形车被美国航空主管部门允许投入商业性生产。2015 年,其公布了一款名为"TerrafugiaTF-X"的概念飞车,该车采用插电式混合动力传动系统。如图 19.9 所示。该公司后续被吉利汽车收购。

图 19.9 "TerrafugiaTF-X"概念飞车

截止到 2020 年,全球范围内不少于 100 个类似的飞行汽车项目处于研发阶段,研发主体包括传统的车企和航空企业,也有一些新兴互联网公司。这些研究项目既有面向技术研究与验证的概念设计,也有面向未来市场需求的工程设计,凸显了各方对飞行汽车实用性的兴趣。这些方案多种多样,可以归纳为三种构型,三种不同构型的典型设计方案如图 19.10 所示。

(1) 多旋翼构型:依托于多旋翼无人机技术的发展基础,通过对载人飞行所需的安全性需求的考虑,结合设计约束条件和使用条件的限制,出现了多种采用多旋翼构型的飞行汽车设计方案,如图 19.10(a)所示。

(2) 混合构型:既有多旋翼可实现垂直起降的特点,又具备固定翼飞机巡航的特点,通常需要多个动力系统分别用于起降和巡航,可以发挥不同构型的优势,但系统复杂性和重量增加。

(3) 可变构型:通过机翼或动力系统的旋转来实现动力方向的变化以适应不同飞行工况的需求,优点在于可以使用同一动力系统,缺点是系统复杂,对可靠性和飞控系统要求高。

这三种典型的设计方案各自具有优缺点,多旋翼构型在无人机基础上发展而来,具有较为完整的技术体系,单个旋翼失效条件下的安全性易于保证,但噪声问题仍待解决;混合构型增加垂直起降能力是另外的思路,可以实现更快的飞行速度,但翼展通常比一般汽车宽度更大,更应该归类于具备垂直起降能力的通航飞机;通过引入倾转类型的机构设计,实现可变构型是第三种可以采用的方案,这种设计综合了前述两种方案的优点,但增加的机构设计使得方案更加复杂,增大了使用维护的难度。

(a) 亿航多旋翼 UAM 方案 　　(b) 波音 VTOl 方案 　　(c) 空客 Vahana 方案设计

图 19.10　三种不同构型的城市空中交通飞行器典型设计方案

飞行汽车的构型多样,激发了设计者对于新布局设计的兴趣,例如,图 19.11 中给出的 PAL-V 设计方案更倾向于在传统汽车方案的基础上,增加用于起降的可收放式旋翼,以及用于巡航飞行的螺旋桨系统。

(a) 汽车模式 　　　　　　　　　(b) 飞行模式

图 19.11　PAL-V 设计方案

飞行汽车距离成为填补目前城市或区域交通模式空白的一种出行方式,还有很长的路要走,需要在飞行器技术本身、飞行安全和监管、基础设施、空中交通管理、运营模式和商业模式、噪声问题对城市环境的影响等方面投入大量的研究和试验,不断发展成熟。

附录1 大气数据计算公式

$H \leqslant 11\,000\,\mathrm{m}$ 时，有

$$T = 288.15 - 0.065H\,(\mathrm{K}) \tag{1}$$

$$P = P_0\left(\frac{T}{T_0}\right)^{\frac{g_0}{0.006\,5R}} = 101\,325.2(1 - 2.255\,77 \times 10^{-5}H)^{5.255\,88}\,(\mathrm{Pa}) \tag{2}$$

$$\rho = 1.225(1 - 2.255\,77 \times 10^{-5}H)^{4.255\,88}\,(\mathrm{kg/m}^3) \tag{3}$$

$11\,000 < H \leqslant 20\,000\,\mathrm{m}$ 时，有

$$T = T_\mathrm{H} = 216.65\,\mathrm{K} \tag{4}$$

$$P = P_\mathrm{H}\mathrm{e}^{\frac{-g_0}{RT_\mathrm{H}}(H-11\,000)} = 22\,631.8\mathrm{e}^{-\frac{H-11\,000}{6\,341.62}} \tag{5}$$

$$\rho = \rho_\mathrm{H}\mathrm{e}^{-\frac{H-11\,000}{6\,341.62}} = 0.363\,92\mathrm{e}^{-\frac{H-11\,000}{6\,341.62}}\,(\mathrm{kg/m}^3) \tag{6}$$

$20\,000 < H \leqslant 32\,000\,\mathrm{m}$ 时，有

$$T = 216.65 + 0.001(H - 20\,000)\,(\mathrm{K}) \tag{7}$$

$$P = 5\,474.32[1 + 4.615\,74 \times 10^{-6}(H - 20\,000)]^{-34.163\,2} \tag{8}$$

$$\rho = 0.088\,03[1 + 4.615\,7 \times 10^{-6}(H - 20\,000)]^{-35.163\,2} \tag{9}$$

附录 2　速度转换公式

各种速度间的转换公式如下，所有速度单位都为 kn(n mile/h)。

- 校正空速(V_C)到当量空速(V_E)：

$$V_E = 1\,479.1\sqrt{\delta\left\{\left[\frac{1}{\delta}\left(\left(1+0.2\left(\frac{V_C}{661.478\,6}\right)^2\right)^{3.5}-1\right)+1\right]^{\frac{1}{3.5}}-1\right\}}$$

- 校正空速(V_C)到真空速(V_T)：

$$V_T = 1\,479.1\sqrt{\theta\left\{\left[\frac{1}{\delta}\left(\left(1+0.2\left(\frac{V_C}{661.478\,6}\right)^2\right)^{3.5}-1\right)+1\right]^{\frac{1}{3.5}}-1\right\}}$$

- 校正空速(V_C)到马赫数(Ma)：

$$Ma = \sqrt{5\left\{\left[\frac{1}{\delta}\left(\left(1+0.2\left(\frac{V_C}{661.478\,6}\right)^2\right)^{3.5}-1\right)+1\right]^{\frac{1}{3.5}}-1\right\}}$$

- 当量空速(V_E)到校正空速(V_C)：

$$V_C = 1\,479.1\sqrt{\left\{\delta\left[\left(1+\frac{1}{\delta}\left(\frac{V_E}{1\,479.1}\right)^2\right)^{3.5}-1\right]+1\right\}^{\frac{1}{3.5}}-1}$$

- 当量空速(V_E)到马赫数(Ma)：

$$Ma = \frac{V_E}{661.478\,6}\sqrt{\frac{1}{\delta}}$$

- 当量空速(V_E)到真空速(V_T)：

$$V_T = \frac{V_E}{\sqrt{\sigma}} = V_E\sqrt{\frac{\theta}{\delta}}$$

- 马赫数(Ma)到校正空速(V_C)：

$$V_C = 1\,479.1\sqrt{\left\{\delta\left[(1+0.2Ma^2)^{3.5}-1\right]+1\right\}^{\frac{1}{3.5}}-1}$$

- 马赫数(Ma)到当量空速(V_E)：

$$V_E = 661.478\,6 \times Ma\sqrt{\sigma}$$

- 马赫数(Ma)到真空速(V_T)：

$$V_T = 661.478\,6 \times Ma\sqrt{\theta}$$

- 真空速(V_T)到校正空速(V_C)：

$$V_C = 1\,479.1\sqrt{\left\{\delta\left[\left(1 + \frac{1}{\theta}\left(\frac{V_T}{1\,479.1}\right)^2\right)^{3.5} - 1\right] + 1\right\}^{\frac{1}{3.5}} - 1}$$

- 真空速(V_T)到当量空速(V_E)：

$$V_E = V_T\sqrt{\sigma} = V_T\sqrt{\frac{\delta}{\theta}}$$

- 真空速(V_T)到马赫数(Ma)：

$$Ma = \frac{V_T}{661.478\,6\sqrt{\theta}}$$

附录 3　国际标准大气参数表

高度 H/m	压力 $P/(\mathrm{N/m^2})$	相对压力 δ	温度 T/K	相对温度 θ	密度 $\rho/(\mathrm{kg/m^3})$	相对密度 σ	声速 a /(m/s) (TAS)	声速 a /(m/s) (EAS)
0	101 325	1.000 00	288.15	1.000 00	1.225 00	1.000 00	340.29	340.29
200	98 945	0.976 51	286.85	0.995 49	1.201 65	0.980 94	339.53	336.27
400	96 611	0.953 48	285.55	0.990 98	1.178 64	0.962 16	338.76	332.28
600	94 322	0.930 88	284.25	0.986 47	1.155 98	0.943 65	337.98	328.32
800	92 076	0.908 72	282.95	0.981 95	1.133 64	0.925 42	337.21	324.39
1 000	89 874	0.886 99	281.65	0.977 44	1.111 64	0.907 46	336.43	320.49
1 200	87 715	0.865 68	280.35	0.972 93	1.089 97	0.889 77	335.66	316.62
1 400	85 599	0.844 79	279.05	0.968 42	1.068 62	0.872 34	334.88	312.77
1 600	83 523	0.824 31	277.75	0.963 91	1.047 59	0.855 18	334.10	308.96
1 800	81 489	0.804 23	276.45	0.959 40	1.026 88	0.838 27	333.31	305.17
2 000	79 495	0.784 55	275.15	0.954 88	1.006 49	0.821 62	332.53	301.42
2 200	77 541	0.765 27	273.85	0.950 37	0.986 40	0.805 23	331.74	297.69
2 400	75 625	0.746 36	272.55	0.945 86	0.966 63	0.789 08	330.95	293.99
2 600	73 749	0.727 84	271.25	0.941 35	0.947 16	0.773 19	330.16	290.32
2 800	71 910	0.709 69	269.95	0.936 84	0.927 99	0.757 54	329.37	286.68
3 000	70 108	0.691 91	268.65	0.932 33	0.909 12	0.742 14	328.58	283.06
3 200	68 343	0.674 50	267.35	0.927 82	0.890 54	0.726 97	327.78	279.48
3 400	66 615	0.657 44	266.05	0.923 30	0.872 26	0.712 05	326.98	275.92
3 600	64 922	0.640 73	264.75	0.918 79	0.854 26	0.697 36	326.18	272.39
3 800	63 263	0.624 36	263.45	0.914 28	0.836 55	0.682 90	325.38	268.89
4 000	61 640	0.608 34	262.15	0.909 77	0.819 12	0.668 67	324.58	265.42
4 200	60 050	0.592 65	260.85	0.905 26	0.801 97	0.654 67	323.77	261.97
4 400	58 494	0.577 29	259.55	0.900 75	0.785 10	0.640 90	322.97	258.55
4 600	56 970	0.562 25	258.25	0.896 23	0.768 50	0.627 35	322.16	255.16
4 800	55 479	0.547 53	256.95	0.891 72	0.752 17	0.614 02	321.34	251.80
5 000	54 019	0.533 13	255.65	0.887 21	0.736 11	0.600 91	320.53	248.47
5 200	52 591	0.519 03	254.35	0.882 70	0.720 31	0.588 01	319.71	245.16
5 400	51 194	0.505 24	253.05	0.878 19	0.704 77	0.575 32	318.90	241.88

(续表)

高度 H/m	压力 P/(N/m²)	相对 压力 δ	温度 T/K	相对 温度 θ	密度 ρ/(kg/m³)	相对密度 σ	声速 a	
							/(m/s) (TAS)	/(m/s) (EAS)
5 600	49 826	0.491 75	251.75	0.873 68	0.689 49	0.562 85	318.08	238.63
5 800	48 489	0.478 55	250.45	0.869 17	0.674 46	0.550 58	317.25	235.41
6 000	47 181	0.465 64	249.15	0.864 65	0.659 69	0.538 52	316.43	232.21
6 200	45 901	0.453 01	247.85	0.860 14	0.645 16	0.526 66	315.60	229.04
6 400	44 650	0.440 66	246.55	0.855 63	0.630 88	0.515 01	314.77	225.89
6 600	43 426	0.428 58	245.25	0.851 12	0.616 85	0.503 55	313.94	222.78
6 800	42 230	0.416 77	243.95	0.846 61	0.603 05	0.492 29	313.11	219.69
7 000	41 060	0.405 23	242.65	0.842 10	0.589 49	0.481 22	312.27	216.62
7 200	39 917	0.393 95	241.35	0.837 58	0.576 17	0.470 34	311.44	213.59
7 400	38 800	0.382 93	240.05	0.833 07	0.563 08	0.459 65	310.60	210.58
7 600	37 708	0.372 15	238.75	0.828 56	0.550 21	0.449 15	309.75	207.59
7 800	36 641	0.361 62	237.45	0.824 05	0.537 57	0.438 84	308.91	204.64
8 000	35 599	0.351 34	236.15	0.819 54	0.525 16	0.428 70	308.06	201.70
8 200	34 581	0.341 29	234.85	0.815 03	0.512 96	0.418 75	307.21	198.80
8 400	33 587	0.331 48	233.55	0.810 52	0.500 99	0.408 97	306.36	195.92
8 600	32 616	0.321 89	232.25	0.806 00	0.489 23	0.399 37	305.51	193.07
8 800	31 668	0.312 54	230.95	0.801 49	0.477 68	0.389 94	304.65	190.24
9 000	30 742	0.303 40	229.65	0.796 98	0.466 34	0.380 69	303.79	187.44
9 200	29 838	0.294 48	228.35	0.792 47	0.455 21	0.371 60	302.93	184.66
9 400	28 956	0.285 77	227.05	0.787 96	0.444 28	0.362 68	302.07	181.91
9 600	28 095	0.277 28	225.75	0.783 45	0.433 55	0.353 92	301.20	179.19
9 800	27 255	0.268 99	224.45	0.778 93	0.423 03	0.345 33	300.33	176.49
10 000	26 436	0.260 90	223.15	0.774 42	0.412 70	0.336 90	299.46	173.82
10 200	25 636	0.253 01	221.85	0.769 91	0.402 56	0.328 62	298.59	171.17
10 400	24 856	0.245 31	220.55	0.765 40	0.392 62	0.320 50	297.71	168.54
10 600	24 096	0.237 81	219.25	0.760 89	0.382 86	0.312 54	296.83	165.95
10 800	23 354	0.230 49	217.95	0.756 38	0.373 29	0.304 73	295.95	163.37
11 000	**22 632**	**0.223 36**	**216.65**	**0.751 87**	**0.363 91**	**0.297 07**	**295.07**	**160.82**
11 200	21 929	0.216 43	216.65	0.751 87	0.352 62	0.287 85	295.07	158.31
11 400	21 249	0.209 71	216.65	0.751 87	0.341 67	0.278 92	295.07	155.83
11 600	20 589	0.203 20	216.65	0.751 87	0.331 06	0.270 26	295.07	153.40
11 800	19 950	0.196 89	216.65	0.751 87	0.320 79	0.261 87	295.07	151.00
12 000	19 330	0.190 78	216.65	0.751 87	0.310 83	0.253 74	295.07	148.63
12 200	18 730	0.184 85	216.65	0.751 87	0.301 18	0.245 86	295.07	146.31
12 400	18 149	0.179 11	216.65	0.751 87	0.291 83	0.238 23	295.07	144.02
12 600	17 585	0.173 55	216.65	0.751 87	0.282 77	0.230 83	295.07	141.77

（续表）

高度 H/m	压力 $P/(\text{N}/\text{m}^2)$	相对 压力 δ	温度 T/K	相对 温度 θ	密度 $\rho/(\text{kg}/\text{m}^3)$	相对密度 σ	声速 a	
							$/(\text{m}/\text{s})$ (TAS)	$/(\text{m}/\text{s})$ (EAS)
12 800	17 039	0.168 17	216.65	0.751 87	0.273 99	0.223 66	295.07	139.55
13 000	16 510	0.162 94	216.65	0.751 87	0.265 48	0.216 72	295.07	137.36
13 200	15 998	0.157 89	216.65	0.751 87	0.257 24	0.209 99	295.07	135.22
13 400	15 501	0.152 98	216.65	0.751 87	0.249 25	0.203 47	295.07	133.10
13 600	15 020	0.148 23	216.65	0.751 87	0.241 52	0.197 16	295.07	131.02
13 800	14 554	0.143 63	216.65	0.751 87	0.234 02	0.191 04	295.07	128.97
14 000	14 102	0.139 17	216.65	0.751 87	0.226 75	0.185 10	295.07	126.95
14 200	13 664	0.134 85	216.65	0.751 87	0.219 71	0.179 36	295.07	124.96
14 400	13 240	0.130 67	216.65	0.751 87	0.212 89	0.173 79	295.07	123.01
14 600	12 829	0.126 61	216.65	0.751 87	0.206 28	0.168 39	295.07	121.08
14 800	12 430	0.122 68	216.65	0.751 87	0.199 88	0.163 17	295.07	119.19
15 000	12 045	0.118 87	216.65	0.751 87	0.193 67	0.158 10	295.07	117.33
15 200	11 671	0.115 18	216.65	0.751 87	0.187 66	0.153 19	295.07	115.49
15 400	11 308	0.111 60	216.65	0.751 87	0.181 83	0.148 44	295.07	113.68
15 600	10 957	0.108 14	216.65	0.751 87	0.176 19	0.143 83	295.07	111.90
15 800	10 617	0.104 78	216.65	0.751 87	0.170 72	0.139 36	295.07	110.15
16 000	10 287	0.101 53	216.65	0.751 87	0.165 42	0.135 04	295.07	108.43
16 200	9 968	0.098 38	216.65	0.751 87	0.160 28	0.130 84	295.07	106.73
16 400	9 659	0.095 32	216.65	0.751 87	0.155 31	0.126 78	295.07	105.06
16 600	9 359	0.092 36	216.65	0.751 87	0.150 49	0.122 85	295.07	103.42
16 800	9 068	0.089 50	216.65	0.751 87	0.145 81	0.119 03	295.07	101.80
17 000	8 787	0.086 72	216.65	0.751 87	0.141 29	0.115 34	295.07	100.21
17 200	8 514	0.084 03	216.65	0.751 87	0.136 90	0.111 76	295.07	98.64
17 400	8 250	0.081 42	216.65	0.751 87	0.132 65	0.108 29	295.07	97.10
17 600	7 993	0.078 89	216.65	0.751 87	0.128 53	0.104 92	295.07	95.58
17 800	7 745	0.076 44	216.65	0.751 87	0.124 54	0.101 67	295.07	94.08
18 000	7 505	0.074 07	216.65	0.751 87	0.120 68	0.098 51	295.07	92.61
18 200	7 272	0.071 77	216.65	0.751 87	0.116 93	0.095 45	295.07	91.16
18 400	7 046	0.069 54	216.65	0.751 87	0.113 30	0.092 49	295.07	89.74
18 600	6 827	0.067 38	216.65	0.751 87	0.109 78	0.089 62	295.07	88.33
18 800	6 615	0.065 29	216.65	0.751 87	0.106 37	0.086 84	295.07	86.95
19 000	6 410	0.063 26	216.65	0.751 87	0.103 07	0.084 14	295.07	85.59
19 200	6 211	0.061 30	216.65	0.751 87	0.099 87	0.081 53	295.07	84.25
19 400	6 018	0.059 39	216.65	0.751 87	0.096 77	0.079 00	295.07	82.93
19 600	5 831	0.057 55	216.65	0.751 87	0.093 77	0.076 54	295.07	81.64
19 800	5 650	0.055 76	216.65	0.751 87	0.090 86	0.074 17	295.07	80.36

（续表）

高度 H/m	压力 P/(N/m²)	相对压力 δ	温度 T/K	相对温度 θ	密度 ρ/(kg/m³)	相对密度 σ	声速 a	
							/(m/s) (TAS)	/(m/s) (EAS)
20 000	**5 475**	**0.054 03**	**216.65**	**0.751 87**	**0.088 03**	**0.071 87**	**295.07**	**79.10**
20 200	5 305	0.052 36	216.85	0.752 56	0.085 22	0.069 57	295.21	77.86
20 400	5 140	0.050 73	217.05	0.753 25	0.082 50	0.067 35	295.34	76.65
20 600	4 981	0.049 16	217.25	0.753 95	0.079 87	0.065 20	295.48	75.45
20 800	4 827	0.047 64	217.45	0.754 64	0.077 33	0.063 13	295.61	74.27
21 000	4 678	0.046 17	217.65	0.755 34	0.074 87	0.061 12	295.75	73.12
21 200	4 533	0.044 74	217.85	0.756 03	0.072 49	0.059 18	295.89	71.98
21 400	4 393	0.043 36	218.05	0.756 72	0.070 19	0.057 30	296.02	70.86
21 600	4 258	0.042 02	218.25	0.757 42	0.067 96	0.055 48	296.16	69.76
21 800	4 127	0.040 73	218.45	0.758 11	0.065 81	0.053 72	296.29	68.67
22 000	4 000	0.039 47	218.65	0.758 81	0.063 73	0.052 02	296.43	67.61
22 200	3 877	0.038 26	218.85	0.759 50	0.061 71	0.050 37	296.56	66.56
22 400	3 758	0.037 08	219.05	0.760 19	0.059 76	0.048 78	296.70	65.53
22 600	3 642	0.035 95	219.25	0.760 89	0.057 87	0.047 24	296.83	64.52
22 800	3 530	0.034 84	219.45	0.761 58	0.056 04	0.045 75	296.97	63.52
23 000	3 422	0.033 78	219.65	0.762 28	0.054 28	0.044 31	297.11	62.54
23 200	3 318	0.032 74	219.85	0.762 97	0.052 57	0.042 91	297.24	61.57
23 400	3 216	0.031 74	220.05	0.763 66	0.050 91	0.041 56	297.38	60.63
23 600	3 118	0.030 77	220.25	0.764 36	0.049 31	0.040 26	297.51	59.69
23 800	3 023	0.029 83	220.45	0.765 05	0.047 76	0.038 99	297.65	58.77
24 000	2 930	0.028 92	220.65	0.765 75	0.046 26	0.037 77	297.78	57.87
24 200	2 841	0.028 04	220.85	0.766 44	0.044 81	0.036 58	297.92	56.98
24 400	2 755	0.027 18	221.05	0.767 14	0.043 41	0.035 44	298.05	56.11
24 600	2 671	0.026 36	221.25	0.767 83	0.042 05	0.034 33	298.19	55.25
24 800	2 590	0.025 56	221.45	0.768 52	0.040 74	0.033 25	298.32	54.40
25 000	2 511	0.024 78	221.65	0.769 22	0.039 46	0.032 22	298.45	53.57
25 200	2 435	0.024 03	221.85	0.769 91	0.038 23	0.031 21	298.59	52.75
25 400	2 361	0.023 30	222.05	0.770 61	0.037 04	0.030 24	298.72	51.94
25 600	2 289	0.022 59	222.25	0.771 30	0.035 88	0.029 29	298.86	51.15
25 800	2 220	0.021 91	222.45	0.771 99	0.034 77	0.028 38	298.99	50.37
26 000	2 153	0.021 25	222.65	0.772 69	0.033 69	0.027 50	299.13	49.60
26 200	2 088	0.020 61	222.85	0.773 38	0.032 64	0.026 64	299.26	48.85
26 400	2 025	0.019 98	223.05	0.774 08	0.031 63	0.025 82	299.40	48.11
26 600	1 964	0.019 38	223.25	0.774 77	0.030 64	0.025 02	299.53	47.37
26 800	1 905	0.018 80	223.45	0.775 46	0.029 69	0.024 24	299.66	46.66
27 000	1 847	0.018 23	223.65	0.776 16	0.028 77	0.023 49	299.80	45.95

（续表）

高度 H/m	压力 $P/(N/m^2)$	相对 压力 δ	温度 T/K	相对 温度 θ	密度 $\rho/(kg/m^3)$	相对密度 σ	声速 a	
							/(m/s) (TAS)	/(m/s) (EAS)
27 200	1 792	0.017 68	223.85	0.776 85	0.027 88	0.022 76	299.93	45.25
27 400	1 738	0.017 15	224.05	0.777 55	0.027 02	0.022 06	300.07	44.57
27 600	1 686	0.016 64	224.25	0.778 24	0.026 19	0.021 38	300.20	43.89
27 800	1 635	0.016 14	224.45	0.778 93	0.025 38	0.020 72	300.33	43.23
28 000	1 586	0.015 65	224.65	0.779 63	0.024 60	0.020 08	300.47	42.58
28 200	1 539	0.015 19	224.85	0.780 32	0.023 84	0.019 46	300.60	41.93
28 400	1 493	0.014 73	225.05	0.781 02	0.023 11	0.018 86	300.74	41.30
28 600	1 448	0.014 29	225.25	0.781 71	0.022 39	0.018 28	300.87	40.68
28 800	1 405	0.013 86	225.45	0.782 40	0.021 71	0.017 72	301.00	40.07
29 000	1 363	0.013 45	225.65	0.783 10	0.021 04	0.017 18	301.14	39.47
29 200	1 322	0.013 05	225.85	0.783 79	0.020 39	0.016 65	301.27	38.87
29 400	1 283	0.012 66	226.05	0.784 49	0.019 77	0.016 14	301.40	38.29
29 600	1 245	0.012 28	226.25	0.785 18	0.019 16	0.015 64	301.54	37.72
29 800	1 208	0.011 92	226.45	0.785 88	0.018 58	0.015 17	301.67	37.15
30 000	1 172	0.011 56	226.65	0.786 57	0.018 01	0.014 70	301.80	36.59
30 200	1 137	0.011 22	226.85	0.787 26	0.017 46	0.014 25	301.94	36.05
30 400	1 103	0.010 89	227.05	0.787 96	0.016 93	0.013 82	302.07	35.51
30 600	1 071	0.010 57	227.25	0.788 65	0.016 41	0.013 40	302.20	34.98
30 800	1 039	0.010 25	227.45	0.789 35	0.015 91	0.012 99	302.33	34.46
31 000	1 008	0.009 95	227.65	0.790 04	0.015 43	0.012 59	302.47	33.94
31 200	978	0.009 66	227.85	0.790 73	0.014 96	0.012 21	302.60	33.44
31 400	949	0.009 37	228.05	0.791 43	0.014 50	0.011 84	302.73	32.94
31 600	921	0.009 09	228.25	0.792 12	0.014 06	0.011 48	302.87	32.45
31 800	894	0.008 83	228.45	0.792 82	0.013 64	0.011 13	303.00	31.97
32 000	**868**	**0.008 57**	**228.65**	**0.793 51**	**0.013 22**	**0.010 79**	**303.13**	**31.49**

附录 4　主要支线客机数据

项目	制造商(型号)								
	BAe (RJ70)	BAe (RJ85)	BAe (RJ100)	BAe (RJ115)	CADAIR (100)	CADAIR (100ER)	EMBRAER (EMB-145)	FOKKER (F70)	FOKKER (F100)
最初商业运营时间	1982年	1982年	1982年	1982年	1992年	1992年	1997年	1988年	1988年
发动机制造商	Textron	Textron	Textron	Textron	GE	GE	Allison	R-R	R-R
发动机型号	LF507	LF507	LF507	LF507	CF34-3A1	CF34-3A1	AE3007A	Tay 620	Tay 620
发动机数目	4	4	4	4	2	2	2	2	2
静态推力/kN	27.3	31.1	31.1	31.1	41.0	41.0	31.3	61.6	61.6
运营参数									
最大座位数(全经济舱)	94	112	112	128	52	52	50	79	119
两舱布局座位数	70	85	100	115	—	—	—	70	107
三舱布局座位数	—	—	—	—	—	—	—	—	—
单排座位数	6	6	6	6	4	4	3	—	—
货舱容积/m³	13.70	18.30	22.99	22.99	14.04	14.04	13.61	12.78	16.72
重量/kg									
最大滑行重量	41049	42410	44452	46266	21636	23246	19300	36965	43320
最大起飞重量	40823	42184	44225	46040	21523	23133	19200	36740	43090
最大着陆总量	37875	38555	40143	40143	20275	21319	18700	34020	38780
零油重量	32432	35834	37421	37421	19141	19958	17100	31975	35830
最大商载	9072	11749	12429	11265	5488	6295	5515	9302	11108

（续表）

项目	BAe (RJ70)	BAe (RJ85)	BAe (RJ100)	BAe (RJ115)	CADAIR (100)	CADAIR (100ER)	EMBRAER (EMB-145)	FOKKER (F70)	FOKKER (F100)
							制造商（型号）		
最大燃油重量	7213	7848	8982	10095	3630	3006	3498.2	6355	7805
设计商载	6650	8075	9500	10925	4940	4940	4750	6650	10165
设计燃油重量	10813	10023	9732	8955	2930	4530	2865	7417	8332
运营空重	23360	24086	24993	26160	13653	13663	11585	22673	24593
重量比									
运营空重/最大起飞重量	0.572	0.571	0.565	0.568	0.634	0.591	0.603	0.617	0.571
最大商载/最大起飞重量	0.222	0.279	0.281	0.245	0.255	0.272	0.287	0.253	0.258
最大燃油重量/最大起飞重量	0.227	0.220	0.209	0.221	0.195	0.276	0.212	0.207	0.245
最大着陆重量/最大起飞重量	0.928	0.914	0.908	0.872	0.942	0.922	0.974	0.926	0.900
燃油容积/L									
标准	11728	11728	11728	12901	5300	8080	5146	9640	13365
几何尺寸									
机身									
长度/m	24.00	26.50	28.90	28.90	24.38	24.38	27.93	27.88	32.50
高度/m	3.56	3.56	3.56	3.56	2.69	2.69	2.28	3.30	3.30
宽度/m	3.56	3.56	3.56	3.56	2.69	2.69	2.28	3.30	3.30
长细比	6.74	7.44	8.12	8.12	9.06	9.06	12.25	8.45	9.85
机翼									
面积/m²	77.30	77.30	77.30	77.30	54.54	54.54	51.18	93.50	93.50
展长/m	26.21	26.21	26.21	26.21	20.52	20.52	20.04	28.08	28.08
MAC/m	3.17	3.17	3.17	3.17	3.15	3.15	3.13	3.80	3.80
展弦比	8.89	8.89	8.89	8.89	7.72	7.72	7.85	8.43	8.43
梢根比	0.356	0.356	0.356	0.356	0.288	0.288	0.231	0.235	0.235
平均相对厚度(t/c)/%	12.98	12.98	12.98	12.98	10.83	10.83	11.00	10.28	10.28
1/4弦长后掠角/(°)	15.00	15.00	15.00	15.00	24.75	24.75	22.73	17.45	17.45

（续表）

项目	BAe (RJ70)	BAe (RJ85)	BAe (RJ100)	BAe (RJ115)	CADAIR (100)	CADAIR (100ER)	EMBRAER (EMB-145)	FOKKER (F70)	FOKKER (F100)
制造商（型号）									
增升装置									
后缘增升装置类型	F1	F1	F1	F1	S2	S2	S2	F2	F2
襟翼展长比	0.780	0.780	0.780	0.780	0.660	0.660	0.720	0.580	0.580
面积/m²	19.51	19.51	19.51	19.51	10.60	10.60	8.36	17.08	17.08
前缘增升装置类型	none	none	none	none	slats	slats	none	none	none
垂直尾翼									
面积/m²	15.51	15.51	15.51	15.51	9.18	9.18	7.20	12.30	12.30
高度/m	4.85	4.85	4.85	4.85	2.60	2.60	3.10	3.30	3.30
展弦比	1.52	1.52	1.52	1.52	0.74	0.74	1.33	0.89	0.89
梢根比	0.670	0.670	0.670	0.670	0.730	0.730	0.600	0.740	0.740
1/4弦长后掠角/(°)	36.00	36.00	36.00	36.00	41.00	41.00	32.00	41.00	41.00
尾力臂/m	12.85	14.35	15.30	15.30	10.70	10.70	11.50	11.40	13.60
S_V/S	0.201	0.201	0.201	0.201	0.168	0.168	0.141	0.132	0.132
$S_V L_V/S_b$	0.098	0.110	0.117	0.117	0.088	0.088	0.081	0.053	0.064
水平尾翼									
面积/m²	15.61	15.61	15.61	15.61	9.44	9.44	11.20	21.72	21.72
展长/m	11.09	11.09	11.09	11.09	6.35	6.35	7.60	10.04	10.04
展弦比	7.88	7.88	7.88	7.88	4.27	4.27	5.16	4.64	4.64
梢根比	0.410	0.410	0.410	0.410	0.550	0.550	0.560	0.390	0.390
1/4弦长后掠角/(°)	20.00	20.00	20.00	20.00	30.00	30.00	17.00	26.00	26.00
尾力臂/m	10.85	12.35	13.45	13.45	12.90	12.90	12.90	14.40	16.00
S_H/S	0.202	0.202	0.202	0.202	0.173	0.173	0.219	0.232	0.232
$S_H L_H/S_c$	0.691	0.787	0.857	0.857	0.709	0.709	0.902	0.880	0.978
起落架									
轮距/m	4.72	4.72	4.72	4.72			4.10	5.04	5.04

（续表）

制造商（型号）

项目	BAe (RJ70)	BAe (RJ85)	BAe (RJ100)	BAe (RJ115)	CADAIR (100)	CADAIR (100ER)	EMBRAER (EMB-145)	FOKKER (F70)	FOKKER (F100)
轴距/m	10.09	11.20	12.52	12.52	11.39	11.39	14.45	11.54	14.01
转弯半径/m	18.03	18.03	18.67	18.67	22.86	22.86		17.78	20.07
轮子数目（前；主）	2;4	2;4	2;4	2;4	2;4	2;4	2;4	2;4	2;4
主起落架轮子直径/m	0.190	0.190	0.190	0.190	0.950	0.950	0.980	1.016	1.016
主起落架轮子宽度/m					0.300	0.300	0.310	0.356	0.356
短舱									
长度/m	2.60	2.60	2.60	2.60	3.80	3.80	4.00	5.10	5.10
最大宽度/m	1.40	1.40	1.40	1.40	1.50	1.50	1.50	1.70	1.70
展向位置	0.315/0.50	0.315/0.50	0.315/0.50	0.315/0.50	—	—	—		
性能									
着陆									
最大功率载荷/(kg/kN)	374.25	338.66	355.05	369.62	262.48	282.11	306.51	298.21	349.76
最大翼载/(kg/m²)	528.11	545.72	572.12	595.60	394.63	424.15	375.15	392.94	460.86
推重比	0.2724	0.3010	0.2871	0.2758	0.3884	0.3613	0.3326	0.3418	0.2915
起飞距离/m									
ISA海平面	1440	1646	1829	1829	1605	1605	1500	1296	1856
ISA+20℃ SL	1791	1996	2118	2118				1434	2307
ISA 5000 ft	1840	2103	2316	2316				1639	2613
ISA+20℃ 5000 ft	2404	2652	3033	3033				1965	3033
着陆距离/m									
ISA海平面	1170	1192	1265	1265	1440	1440	1290	1210	1321
ISA+20℃ SL	1170	1192	1265	1265				1210	1321
ISA 5000 ft	1323	1335	1402	1402				1335	1467
ISA+20℃ 5000 ft	1323	1335	1402	1402				1335	1458

（续表）

项目	BAe (RJ70)	BAe (RJ85)	BAe (RJ100)	BAe (RJ115)	CADAIR (100)	CADAIR (100ER)	EMBRAER (EMB-145)	FOKKER (F70)	FOKKER (F100)
速度(kn/Ma)									
V_2	119	124	127	127				126	136
V_{app}	121	122	123	123	138	138	126	119	128
V_{mo}/Ma_{mo}	300/0.73	300/0.73	305/0.73	305/0.73	335/0.85	335/0.85	320/0.76	320/0.77	320/0.77
V_{me}/Ma_{me}								380/0.84	380/0.84
$C_{L\,max}$ (T/O)	3.25	3.09	3.09	3.22				2.16	2.17
$C_{L\,max}$ (L/D @ MLM)	3.42	3.43	3.51	3.51	2.00	2.10	2.35	2.63	2.59
最大巡航性能									
速度/kn	432	432	432	432	459	459	410	461	456
高度/ft	29 000	29 000	29 000	29 000	37 000	37 000	37 000	26 000	26 000
燃油消耗率/(kg/h)	2150	2237	2310	2380			1022	2391	2565
长程巡航性能									
速度/kn	356	356	371	371	424	424	367	401	414
高度/ft	29 000	29 000	29 000	29 000	37 000	37 000	32 000	35 000	35 000
燃油消耗率/(kg/h)	1635	1744	1944	2028			880	1475	1716
航程/n mile									
最大商载	1105	1148	1166	1470			850	1085	1290
设计航程	1952	1782	1671	1794	980	1620	1390	1080	1290
最大燃油(+商载)	1613	1454	1138	1328			1640		

制造商（型号）

附录 5　主要空客飞机参考数据

项目	制造商（型号）													
	AIRBUS A300-600R	AIRBUS A310-300	AIRBUS A319-100	AIRBUS A320-200	AIRBUS A321-200	AIRBUS A330-200	AIRBUS A330-300	AIRBUS A340-200	AIRBUS A340-300	AIRBUS A340-500	AIRBUS A340-600	AIRBUS A380-800	AIRBUS A350-900	AIRBUS A350-1000
最初商业运营时间	1974 年	1983 年	1995 年	1988 年	1993 年	1998 年	1994 年	1993 年	1994 年	2002 年	2002 年	2004 年	2014 年	2015 年
发动机制造商	P&W	P&W	CFMI	CFMI	CFMI	GE	GE	CFMI	CFMI	R-R	R-R	R-R/GE/PW	R-R	R-R
发动机机型号	4158	4152	CFM56-5A4	CFM56-5A3	CFM56-5B3	CF6-80E1A4	CF6-80E1A2	CFM-56-5C2	CFM-56-5C4	Trent 553	Trent 556	Options	Trent XWB	Trent XWB
发动机数目	2	2	2	2	2	2	2	4	4	4	4	4	2	2
静态推力/kN	257.0	231.0	99.7	111.2	142.0	310.0	300.0	139.0	151.0	235.8	249.1	294.0	387.0	422.0
运营参数														
最大座位数（全经济舱）	375	280	153	179	220	380	440	440	440	440	475	850		
两舱布局座位数	266	218	124	150	186	293	335	303	335	350	440	555	314	350
三舱布局座位数	228	187	124	150	186	253	295	262	295	313	380	555	314	350
单排座位数	9	9	6	6	6	9	9	9	9	9	9	10	9	9
货舱容积/m³	116.00	79.90	27.00	38.76	51.76	136.00	162.90	136.00	162.90	134.10	187.74		170.22	
重量/kg														
最大滑行重量	171 400	150 900	64 400	73 900	89 400	233 900	233 900	257 900	271 900	365 900	365 900	540 900	268 900	308 900
最大起飞重量	170 500	150 000	64 000	73 500	89 000	233 000	233 000	257 000	271 000	365 000	365 000	540 000	268 000	308 000

（续表）

项目	AIRBUS A300-600R	AIRBUS A310-300	AIRBUS A319-100	AIRBUS A320-200	AIRBUS A321-200	AIRBUS A330-200	AIRBUS A330-300	AIRBUS A340-200	AIRBUS A340-300	AIRBUS A340-500	AIRBUS A340-600	AIRBUS A380-800	AIRBUS A350-900	AIRBUS A350-1000
最大着陆总量	140 000	123 000	61 000	64 500	73 500	182 000	187 000	181 000	190 000	236 000	254 000	381 000	205 000	233 000
零油重量	130 000	113 000	57 000	60 500	71 500	170 000	175 000	172 000	178 000	222 000	240 000	356 000	192 000	220 000
最大商载	41 100	33 300	17 390	19 190	22 780	36 400	48 400	49 400	48 150	51 635	63 000	85 000	53 300	68 000
最大燃油重量	27 100	21 500	5 360	13 500	19 060	0	18 600	21 220	33 160	31 450	29 311	15 400		
设计商载	25 270	20 710	11 780	14 250	17 670	24 035	28 025	24 890	28 025	29 735	36 100	52 725		
设计燃油重量	56 330	49 624	13 020	17 940	23 330	85 765	70 786	111 882	113 125	164 875	151 890	216 275		
运营空重	88 900	79 666	39 200	41 310	48 000	119 600	124 500	120 228	129 850	170 390	177 010	271 000		
重量比														
运营空重/最大起飞重量	0.521	0.531	0.613	0.562	0.539	0.523	0.545	0.468	0.479	0.467	0.485	0.502		
最大商载/最大起飞重量	0.241	0.222	0.272	0.261	0.256	0.158	0.223	0.192	0.178	0.141	0.173	0.157		
最大燃油重量/最大起飞重量	0.316	0.322	0.295	0.256	0.210	0.478	0.358	0.430	0.412	0.423	0.423	0.464		
最大着陆重量/最大起飞重量	0.821	0.820	0.953	0.878	0.826	0.770	0.825	0.704	0.701	0.647	0.696	0.706		
燃油容积/L　标准	68 150	61 100	23 860	23 860	23 700	139 090	97 170	140 000	141 500	195 620	195 620	317 000	138 000	150 000
几何尺寸														
机身　长度/m	53.30	45.13	33.84	37.57	44.51	57.77	62.47	58.21	62.47	65.60	69.57	67.46	66.61	79.59
高度/m	5.64	5.64	4.14	4.14	4.14	5.64	5.64	5.64	5.64	5.64	5.64	8.50	6.09	6.09
宽度/m	5.64	5.64	3.95	3.95	3.95	5.64	5.64	5.64	5.64	5.64	5.64	7.02	5.96	5.96
长细比	9.45	8.00	8.57	9.51	11.27	10.24	11.08	10.32	11.08	11.63	12.34	9.61	11.18	13.35
机翼　面积/m²	260.00	219.00	122.40	122.40	122.40	363.10	363.10	363.10	363.10	437.30	437.30	817.00	442.00	464.30

制造商（型号）

（续表）

项目		AIRBUS A300-600R	AIRBUS A310-300	AIRBUS A319-100	AIRBUS A320-200	AIRBUS A321-200	AIRBUS A330-200	AIRBUS A330-300	AIRBUS A340-200	AIRBUS A340-300	AIRBUS A340-500	AIRBUS A340-600	AIRBUS A380-800	AIRBUS A350-900	AIRBUS A350-1000
							制造商（型号）								
展长/m		44.84	43.89	33.91	33.91	33.91	58.00	58.00	58.00	58.00	61.20	61.20	79.80	64.75	64.75
MAC/m		6.44	5.89	4.29	4.29	4.29	7.26	7.26	7.26	7.26	8.35	8.35	12.02		
展弦比		7.73	8.80	9.39	9.39	9.39	9.26	9.26	9.26	9.26	8.56	8.56	7.79	9.49	9.03
梢根比		0.300	0.283	0.240	0.240	0.240	0.251	0.251	0.251	0.251	0.220	0.220	0.213	0.385	0.391
平均相对厚度(t/c)/%		10.50	11.80	25.00	25.00	25.00	29.70	29.70	29.70	29.70	31.10	31.10	30.00	35.00	35.00
1/4弦长后掠角/(°)		28.00	28.00												
增升装置	后缘增升装置 类型	F2	F1	F1	F1	F2	S2	S2	S2	S2	S2	S2	S2		
	襟翼展长百分比	0.800	0.840	0.780	0.780	0.780	0.665	0.665	0.665	0.665	0.625	0.625	0.737		
	面积/m²	47.3	36.68	21.1	21.1	21.1									
	前缘增升装置 类型	slats	slats	slats	slats	slats	slats	slats	slats	slats	slats	slats	slats	slats	slats
	面积/m²	30.3	28.54	12.64	12.64	12.64									
垂直尾翼	面积/m²	45.20	45.20	21.50	21.50	21.50	47.65	45.20	45.20	45.20	47.65	47.65	134.20	51.01	51.01
	高度/m	8.60	8.10	6.26	6.26	6.26	9.44	8.45	8.45	8.45	9.44	9.44	13.66	9.42	9.42
	展弦比	1.64	1.45	1.82	1.82	1.82	1.87	1.58	1.58	1.58	1.87	1.87	1.39	1.74	1.74
	梢根比	0.365	0.395	0.303	0.303	0.303	0.350	0.350	0.350	0.350	0.350	0.350	0.424	0.390	0.390
	1/4弦长后掠角/(°)	40.00	40.00	34.00	34.00	34.00	45.00	45.00	45.00	45.00	45.00	45.00			
	尾力臂/m	24.90	20.20	10.67	12.53	15.20	25.20	27.50	25.50	27.50	27.50	27.50	28.99		
	S_v/S	0.174	0.206	0.176	0.176	0.176	0.131	0.124	0.124	0.124	0.109	0.109	0.164	0.115	0.110

（续表）

项目	AIRBUS A300-600R	AIRBUS A310-300	AIRBUS A319-100	AIRBUS A320-200	AIRBUS A321-200	AIRBUS A330-200	AIRBUS A330-300	AIRBUS A340-200	AIRBUS A340-300	AIRBUS A340-500	AIRBUS A340-600	AIRBUS A380-800	AIRBUS A350-900	AIRBUS A350-1000
												制造商（型号）		
S_VL_V/S_b	0.097	0.095	0.055	0.065	0.079	0.057	0.059	0.055	0.059	0.049	0.049	0.060		
水平尾翼														
面积/m²	69.45	64.00	31.00	31.00	31.00	31.00	72.90	72.90	72.90	93.00	93.00	222.57	81.45	84.45
展长/m	16.26	16.26	12.45	12.45	12.45	12.45	19.06	19.06	19.06	21.50	21.50	31.29	18.79	18.79
展弦比	3.81	4.13	5.00	5.00	5.00	5.00	4.98	4.98	4.98	4.97	4.97	4.40	4.33	4.33
梢根比	0.420	0.417	0.256	0.256	0.256	0.256	0.360	0.360	0.360	0.360	0.360	0.383	0.396	0.396
1/4 弦长后掠角/(°)	34.00	34.00	29.00	29.00	29.00	29.00	30.00	30.00	30.00	30.00	30.00			
尾力臂/m	25.60	22.50	11.67	13.53	16.20	16.20	28.60	26.50	28.60	28.60	28.60	31.29		
S_H/S	0.267	0.292	0.253	0.253	0.253	0.253	0.201	0.201	0.201	0.213	0.213	0.272	0.184	0.175
S_HL_H/S_c	1.062	1.116	0.689	0.799	0.957	0.957	0.791	0.733	0.791	0.729	0.729	0.709		
起落架														
轮距/m	9.60	9.60	7.60	7.60	7.60	7.60	10.70	10.70	10.70	10.70	10.70	13.47		
轴距/m	18.60	15.21	12.60	12.63	16.90	16.90	25.40	23.20	25.40	28.53	32.50	27.60	28.66	32.48
转弯半径/m	34.00	31.40	20.60	21.90	29.00	29.00	41.40		40.60					
轮子数目（前;主）	2;8	2;8	2;4	2;4	2;4	2;8	2;8	2;10	2;10	2;12	2;12	2;22	2;8	2;8
主起落架轮子直径/m	1.245	1.168	1.143	1.143	1.270									
主起落架轮子宽度/m	0.483	0.406	0.406	0.406	0.455									
短舱														
长度/m	6.70	6.30	4.44	4.44	4.44	7.00	7.00	4.95	4.95	6.10	6.10	7.30	6.40	7.40
最大宽度/m	2.70	2.70	2.37	2.37	2.37	3.10	3.10	2.37	2.37	3.05	3.05	3.20	3.94	4.94
展向位置	0.359	0.352	0.338	0.338	0.338	0.312	0.312	0.312/0.672	0.312/0.672	0.296/0.625	0.296/0.625	0.348/0.678		

（续表）

制造商（型号）

项目	AIRBUS A300-600R	AIRBUS A310-300	AIRBUS A319-100	AIRBUS A320-200	AIRBUS A321-200	AIRBUS A330-200	AIRBUS A330-300	AIRBUS A340-200	AIRBUS A340-300	AIRBUS A340-500	AIRBUS A340-600	AIRBUS A380-800	AIRBUS A350-900	AIRBUS A350-1000
性能														
最大功率载荷/(kg/kN)	331.71	324.68	320.96	330.49	313.38	370.97	361.67	462.23	448.68	386.98	366.32	459.18		
最大翼载/(kg·m²)	655.77	684.93	522.88	600.49	727.12	633.43	597.63	707.79	746.35	834.67	834.67	660.95		
推重比	0.3073	0.3140	0.3176	0.3084	0.3253	0.2748	0.2819	0.2205	0.2272	0.2634	0.2783	0.2220		
起飞距离/m														
ISA 海平面	2280	2290	1750	2180	2000	2470	2320	2790	3000	3100	3100	3350		
ISA+20℃ SL	3189	2450	2080	2590	2286	2590	2680	3260	3380	3550	3550			
ISA 5 000 ft		2950	2360	2950	3269	3900	3840	4320	4298	4250	4250			
ISA+20℃ 5 000 ft		3660	2870	4390										
着陆距离/m														
ISA 海平面	1489	1490	1350	1440	1580	1750	1600	1856	1964	2090	2240			
ISA+20℃ SL	1489	1490	1350	1440	1580	1750	1600	1856	1964	2090	2240			
ISA 5 000 ft	1701	1686	1530	1645	1795	1970	1920	2094	2227	2390	2240			
ISA+20℃ 5 000 ft	1701	1686	1530	1645	1795	1970	1920	2094	2227	2390				
速度(kn/Ma)														
V_2	153	156	133	143	143	158	144	154	158					
V_{app}	136	138	131	134	138	135	136	134	136	139	144	<150		
V_{mo}/Ma_{mo}	335/0.82	360/0.84	381/0.89	350/0.82	350/0.82	330/0.86	330/0.86	330/0.86	330/0.86	330/0.86	330/0.86			
V_{me}/Ma_{me}	395/0.88	420/0.90	350/0.82	381/0.89	TBD/0.89	365/0.93	365/0.93	365/0.93	365/0.93	365/0.93	365/0.93			
$C_{L,max}$(T/O)	2.44	2.45	2.58	2.56	3.10	2.21	2.51	2.60	2.61					

（续表）

项目	AIRBUS A300-600R	AIRBUS A310-300	AIRBUS A319-100	AIRBUS A320-200	AIRBUS A321-200	AIRBUS A330-200	AIRBUS A330-300	AIRBUS A340-200	AIRBUS A340-300	AIRBUS A340-500	AIRBUS A340-600	AIRBUS A380-800	AIRBUS A350-900	AIRBUS A350-1000
$C_{L\max}$ (L/D @ MLM)	2.98	3.02	2.97	3.00	3.23	2.74	2.73	2.84	2.89	2.86	2.87			
最大巡航性能														
速度/kn	480	484	487	487	487		500	500	500			507		
高度/ft	31 000	35 000	33 000	28 000	28 000		33 000	33 000	33 000			35 000		
燃油消耗率/(kg·h)	5 120	4 690	3 160	3 200	3 550		5 000	7 180	7 300					
长程巡航性能														
速度/kn	456	458	446	448	450	470	465	475	475					
高度/ft	35 000	37 000	37 000	37 000	37 000	39 000	39 000	39 000	39 000					
燃油消耗率/(kg/h)	4 300	3 730	1 980	2 100	2 100		4 700	5 400	5 700					
航程/n mile														
最大商载	3 283	3 645				4 210	3 888	6 393	6 371	7 050	5 700	6 200	15 000	14 800
设计航程	4 000	4 300	3 700	3 100	3 000	6 370	4 500	7 350	7 150	8 500	7 500	7 650		
最大燃油(+商载)	4 698	5 076	4 158	3 672	2 602		7 046	8 834	8 089	9 000	7 800	—		

附录6 主要波音飞机参考数据(一)

项目	制造商(型号)									
	BOEING B707-320C	BOEING B717-2	BOEING B727-2	BOEING B737-2	BOEING B737-300	BOEING B737-400	BOEING B737-500	BOEING B737-600	BOEING B737-700	BOEING B737-800
最初商业运营时间	1962年	1999年	1970年	1967年	1967年	1967年	1967年	1998年	1997年	1998年
发动机制造商	P&W	BMW R-R	P&W	P&W	CFMI	CFMI	CFMI	CFMI	CFMI	CFMI
发动机型号	JT3D-7	715	JT8D-15A	JT8D-15A	CFM56-3-B1	CFM56-3B-2	CFM56-3-B1R	CFM56-7B18	CFM56-7B20	CFM56-7B24
发动机数目	4	2	3	2	2	2	2	2	2	2
静态推力/kN	84.5	97.9	71.2	71.2	89.0	97.9	82.3	82.0	89.0	107.0
运营参数										
最大座位数(全经济舱)	219	110	189	130	149	170	130	132	149	189
两舱布局座位数	147	106	136	115	128	146	108	108	128	160
三舱布局座位数	147	106	136	115	128	146	108	108	128	160
单排座舱位数	6	5	6	6	6	6	6	6	6	6
货舱容积/m³	50.27	25.00	43.10	24.78	30.20	38.90	23.30	23.30	30.2	47.1
重量/kg										
最大滑行重量	152405	52110	95238	52615	56700	63050	52620	65310	69610	78460
最大起飞重量	151315	51710	95028	52390	56470	62820	52390	65090	69400	78220
最大着陆总量	112037	46266	72575	46720	51710	54880	49900	54650	58060	65310
零油重量	104330	43545	63318	43091	47630	51250	46490	51480	54650	61680
最大商载	38100	12220	18597	15445	16030	17740	15530	9800	11610	14690
最大燃油重量	12852	8921	24366	9118	8705	13366	5280	7831	10996	15921
设计商载	13965	10070	12920	10925	12160	13870	10260	10260	12160	15200
设计燃油重量	71126	9965	35944	13819	12441	15580	11170	18390	19655	21540
运营空重	66224	31675	46164	27646	31869	33370	30960	36440	37585	41480

（续表）

项目	BOEING B707-320C	BOEING B717-2	BOEING B727-2	BOEING B737-2	BOEING B737-300	BOEING B737-400	BOEING B737-500	BOEING B737-600	BOEING B737-700	BOEING B737-800
重量比										
运营空重/最大起飞重量	0.438	0.613	0.486	0.528	0.564	0.531	0.591	0.560	0.542	0.530
最大商载/最大起飞重量	0.252	0.236	0.196	0.295	0.284	0.282	0.296	0.151	0.167	0.188
最大燃油重量/最大起飞重量	0.471	0.212	0.255	0.341	0.281	0.253	0.303	0.316	0.296	0.263
最大着陆重量/最大起飞重量	0.740	0.895	0.764	0.892	0.916	0.874	0.952	0.840	0.837	0.835
燃油容积/L										
标准	90 299	13 892	30 622	19 532	20 105	20 105	20 105	26 024	26 024	26 024
几何尺寸										
机身										
长度/m	44.35	33.00	41.51	29.54	32.30	35.30	29.90	29.88	32.18	38.08
高度/m	3.76	3.61	3.76	3.73	3.73	3.73	3.73	3.73	3.73	3.73
宽度/m	3.76	3.61	3.76	3.73	3.73	3.73	3.73	3.73	3.73	3.73
长细比	7.30	4.30	7.00	7.40	7.40	7.40	7.40	7.40	7.40	7.40
机翼										
面积/m²	283.40	92.97	157.90	91.04	91.04	91.04	91.04	124.60	124.60	124.60
展长/m	44.42	28.40	32.92	28.35	28.90	28.90	28.90	34.30	34.30	34.30
MAC/m	7.36	3.88	5.46	3.80	3.73	3.73	3.73	4.17	4.17	4.17
展弦比	6.96	8.68	6.86	8.83	9.17	9.17	9.17	9.44	9.44	9.44
梢根比	0.259	0.196	0.309	0.266	0.240	0.240	0.240	0.278	0.278	0.278
平均相对厚度(t/c)/%	35.00	24.50	32.00	25.00	25.00	25.00	25.00	25.00	25.00	25.00
1/4弦长后掠角/(°)	10.00	11.60	11.00	12.89	12.89	12.89	12.89			
增升装置										
后缘增升装置类型	F1	S2	F3	F3	S3	S3	S3	S2	S2	S2
襟翼展长百分比	0.670	0.650	0.740	0.740	0.720	0.720	0.720	0.599	0.599	0.599
面积/m²	44.22		36.04							
前缘增升装置类型	flaps	slats	slats/flaps	slats/flaps	slats/flaps	slats/flaps	slats/flaps	slats/flaps	slats/flaps	slats/flaps
垂直尾翼										
面积/m²	30.47	19.50	33.07	19.70	23.13	23.13	23.13	23.13	23.13	23.13
高度/m	7.20	4.35	4.60	5.85	6.00	6.00	6.00	6.00	6.00	6.00

制造商（型号）

（续表）

项目	BOEING B707-320C	BOEING B717-2	BOEING B727-2	BOEING B737-2	BOEING B737-300	BOEING B737-400	BOEING B737-500	BOEING B737-600	BOEING B737-700	BOEING B737-800
展弦比	1.70	0.97	0.64	1.74	1.56	1.56	1.56	1.56	1.56	1.56
梢根比	0.410	0.780	0.780	0.288	0.310	0.310	0.310	0.310	0.310	0.310
1/4 弦长后掠角/(°)	30.00	45.00	53.00	35.00	35.00	35.00	35.00	35.00	35.0	35.0
尾力臂/m	21.00	12.80	14.20	12.10	13.68	14.90	12.90	13.55	14.7	17.7
S_V/S	0.108	0.210	0.209	0.216	0.254	0.254	0.254	0.186	0.186	0.186
$S_V L_V/S_b$	0.051	0.095	0.090	0.092	0.120	0.131	0.113	0.073	0.080	0.096
水平尾翼										
面积/m²	58.06	24.20	34.93	31.31	31.31	31.31	31.31	32.40	32.40	32.40
展长/m	13.95	10.80	10.90	12.70	12.70	12.70	12.70	13.40	13.40	13.40
展弦比	3.35	4.82	3.40	5.15	5.15	5.15	5.15	5.54	5.54	5.54
梢根比	0.400	0.380	0.380	0.260	0.260	0.260	0.260	0.186	0.186	0.186
1/4 弦长后掠角/(°)	36.00	30.00	36.00	30.00	30.00	30.00	30.00	30.00	30.00	30.00
尾力臂/m	20.50	14.30	20.10	14.78	14.78	16.00	14.00	13.58	14.73	17.68
S_H/S	0.205	0.260	0.221	0.344	0.344	0.344	0.344	0.260	0.260	0.260
$S_H L_H/S_c$	0.571	0.959	0.814	1.338	1.363	1.475	1.291	0.847	0.919	1.102
起落架										
轮距/m	6.73	4.88	5.72	5.23	5.25	5.25	5.25	5.70	5.7	5.7
轴距/m	17.98	17.60	19.28	11.38	12.40	14.30	11.00		12.4	
转弯半径/m			25.00		19.50				19.5	
轮子数目(前;主)	2;8	2;4	2;4	2;4	2;4	2;4	2;4	2;4	2;4	2;4
主起落架轮子直径/m	1.117		1.245		1.016	1.016	1.016	1.016	1.016	1.016
主起落架轮子宽度/m	0.406		0.432		0.368	0.368	0.368	0.368	0.368	0.368
短舱										
长度/m	6.00	6.10	7.00	7.00	4.70	4.70	4.70	4.70	4.70	4.70
最大宽度/m	1.60	1.75	1.50	1.50	2.00	2.00	2.00	2.06	2.06	2.06
展向位置	0.44/0.71	—	—	0.350	0.340	0.340	0.340	0.282	0.282	0.282
性能										
着陆										
最大功率载荷/(kg/kN)	447.47	264.10	444.89	367.91	317.25	320.84	318.29	396.89	389.89	365.51
最大翼载/(kg/m²)	533.93	556.20	601.82	575.46	620.28	690.03	575.46	522.39	556.98	627.77

（续表）

项目	BOEING B707-320C	BOEING B717-2	BOEING B727-2	BOEING B737-2	BOEING B737-300	BOEING B737-400	BOEING B737-500	BOEING B737-600	BOEING B737-700	BOEING B737-800
推重比	0.227 8	0.386 0	0.229 1	0.277 1	0.321 3	0.317 7	0.320 3	0.256 8	0.261 5	0.278 9
起飞距离/m										
ISA 海平面	3 054		3 033	1 829	1 939		1 832			
ISA＋20℃ SL			3 658	1 859	2 109	2 222	2 003	1 878	2 042	2 316
ISA 5 000 ft			3 962	2 886	2 432	2 475	2 316			
ISA＋20℃ 5 000 ft			4 176	3 292	2 637		2 649			
着陆距离/m										
ISA 海平面	1 905	1 445	1 494	1 350	1 396	1 582	1 362	1 268	1 356	1 600
ISA＋20℃ SL			1 494	1 350	1 396	1 582	1 362	1 268	1 356	1 600
ISA 5 000 ft			1 661	1 615	1 576	1 695	1 533			
ISA＋20℃ 5 000 ft			1 661	1 615	1 576	1 695	1 533			
速度（kn/Ma）										
V_2	135	150	166	147	148	159	142			
V_{app}		130	137	131	133	138	130			
V_{mo}/Ma_{mo}	383/0.90	438/0.76	390/0.90	350/0.84	340/0.82	340/0.82	340/0.82	392/0.84	392/0.84	392/0.84
V_{me}/Ma_{me}	425/0.95		0.95							
$C_{L\,max}$（T/O）	2.22	2.15	1.90	2.32	2.47	2.38	2.49			
$C_{L\,max}$（L/D @ MLM）		3.01	2.51	3.06	3.28	3.24	3.32			
最大巡航性能										
速度/kn	521		530	488	491	492	492			
高度/ft	25 000		25 000	25 000	26 000	26 000	26 000	41 000	41 000	41 000
燃油消耗率/(kg/h)			4 536	4 005	3 890	3 307	3 574			
长程巡航性能										
速度/kn	478	438	467	420	429	430	429	450	452	452
高度/ft		35 000	33 000	35 000	35 000	35 000	35 000	39 000	39 000	39 000
燃油消耗率/(kg/h)			4 309	2 827	2 250	2 377	2 100	1 932	2 070	2 186.84
航程 n mile	3 150		2 140	1 549	1 578	1 950	1 360			
最大商载										
设计航程	3 000	1 375	2 400	1 900	2 850	2 700	1 700	3 191	3 197	2 897
最大燃油重量（＋商载）	5 000			2 887	3 187	2 830	3 450	3 229	3 245	2 927

附录 7　主要波音飞机参考数据(二)

制造商(型号)

项目	BOEING B747-100	BOEING B747-200	BOEING B747-400	BOEING B757-200	BOEING B757-300	BOEING B767-200	BOEING B767-200ER	BOEING B767-300	BOEING B767-300ER	BOEING B777-100X1	BOEING B777-100X2	BOEING B777-200	BOEING B777-200IGW	BOEING B777-200X1	BOEING B777-200X2	BOEING B777-300	BOEING B787-3	BOEING B787-8	BOEING B787-9	BOEING B787-10
最初商业运营时间	1969年	1972年	1988年	1982年	1999年	1982年	1982年	1982年	1982年	2000年	2000年	1995年	1995年	2000年	2000年	1998年	2011年	2011年	2014年	2018年
发动机制造商	P&W	R-R	P&W	R-R	R-R	GE	GE	GE	GE	R-R/GE/PW	R-R/GE/PW	R-R/GE/PW	R-R/GE/PW	R-R/GE/PW	R-R/GE/PW	R-R	GE/R-R	GE/R-R	GE/R-R	GE/R-R
发动机型号	JT9D-7A	RB211-524D4	4056	RB211-535E4B	RB211-535E4B	CF6-80A	CF6-80C2B4F	CF6-80C2B2F	CF6-80C2B6F	Options	Options	Options	Options	Options	Options	Trent 885	GEnx-1B / Trent 998	GEnx-1B / Trent 999	GEnx-1B / Trent 1000	GEnx-1B / Trent 1000
发动机数目	4	4	4	2	2	2	2	2	2	2	2	2	2	2	2	2	2	2	2	2
静态推力/kN	208.8	236.0	252.4	191.3	192.0	213.5	257.6	223.5	273.6	400.0	400.0	342.5	373.7	413.8	436.0	423.0	330	280.00	320.00	340
适普座数																				
最大座位数（全经济舱）	516	516	660	239	289	255	255	290	290	330	330	440	440	440	440	550	330	381	420	440
两舱布局座位数	442	442	496	186	239	216	216	261	261	271	250	375	375	375	375	479	330	359	406	440
三舱布局座位数	386	386	412	186	239	174	174	216	216	271	250	310	310	298	298	394	290	242	290	330
单排座位数	10	10	10	6	6	8	8	8	8	9	9	10	10	10	10	10	8-9	8-9	8-9	8-9
货舱容积/m³	171.00	171.00	171.00	50.69	70.90	87.00	87.00	114.10	114.10			160.00	160.00	160.00	160.00	200.50				
重量/kg																				
最大滑行重量	341555	379200	397730	116360	122920	136985	175994	157396	181890	286621	299320	243577	287804	299320	312925	299600				
最大起飞重量	340195	377840	396830	115900	122470	136078	175540	156489	181437			242670	286897			299370	170000	227930	254011	254011
最大着陆重量	255830	255830	285760	95450	101600	122470	129293	136078	145149			201850	208652			237685	161000.00	172000	193000	202000
零油重量	238815	238815	242670	84550	95250	112491	117934	126099	130634			190510	195045			224530	161000.00	161000	181000	193000
最大载油	69625	62820	61186	25690	29470	34065	35652	39140	45541			54635	56925			68570				
最大商载	24170	43110	39140	22610	21600	18098	16530	19050	20520											
设计载油	36670	36670		17670	22705	33912		24795		25745	23750	35625	29450	25745			49796.06	43318	52587	57277
设计全重量	134335	165175	176206	40190	33785	21245	75222	44559	71015	71170		71170	119327	71170			101323	101323	101456	101456

（续表）

项目	BOEING B747-100	BOEING B747-200	BOEING B747-400	BOEING B757-200	BOEING B757-300	BOEING B767-200	BOEING B767-200ER	BOEING B767-300	BOEING B767-300ER	BOEING B777-100X1	BOEING B777-100X2	BOEING B777-200	BOEING B777-200MGW	BOEING B777-200X1	BOEING B777-200X2	BOEING B777-300	BOEING B787-3	BOEING B787-8	BOEING B787-9	BOEING B787-10
运营空重	169190	175995	181484	58040	65980	80921	83788	87135	89902			135875	138120	174735	174735	155960	101151.10	119950	128850	135500
重量比																				
运营空重/最大起飞重量	0.497	0.466	0.457	0.501	0.539	0.595	0.477	0.557	0.495			0.560	0.481			0.521				
最高着陆重量/最大起飞重量	0.205	0.166	0.154	0.222	0.241	0.250	0.203	0.250	0.251			0.225	0.198			0.229				
最大燃油重量/最大起飞重量	0.461	0.427	0.407	0.290	0.281	0.367	0.411	0.319	0.398			0.382	0.466			0.452				
最大装载重量/最大起飞重量	0.752	0.677	0.720	0.824	0.830	0.900	0.737	0.870	0.800			0.832	0.727			0.794				
燃油容积/L　标准	183380	198385	204350	42597	43490	63216	91380	63216	91380			117348	169208	174735	174735	171170				
几何尺寸																				
机身																				
长度/m	68.63	68.63	68.63	46.96	53.96	47.24	47.24	53.67	53.67	56.40	59.60	62.78	62.78	62.78	62.78	72.88	56.72	56.72	62.81	68.28
高度/m	8.10	8.10	8.10	4.10	4.10	5.03	5.03	5.03	5.03	6.20	6.20	6.20	6.20	6.20	6.20	6.20	5.94	5.94	5.94	5.94
宽度/m	6.50	6.50	6.50	4.00	4.00	5.03	5.03	5.03	5.03	6.20	6.20	6.20	6.20	6.20	6.20	6.20	5.74	5.77	5.77	5.77
长细比	10.56	10.56	10.56	11.74	13.49	9.39	9.39	10.67	10.67	9.10	9.61	10.13	10.13	10.13	10.13	11.75				
机翼																				
面积/m²	511.00	511.00	525.00	185.25	185.25	283.30	283.30	283.30	283.30	427.80	427.80	427.80	427.80	427.80	427.80	427.80	377.00	377.00	377.00	377.00
展长/m	59.64	59.64	62.30	38.05	38.05	47.57	47.57	47.57	47.57	60.90	60.90	60.90	60.90	60.90	60.90	60.90	52.00	60.12	60.12	60.12
MAC/m	9.80	9.80	9.68	5.64	5.64	6.98	6.98	6.98	6.98	8.75	8.75	8.75	8.75	8.75	8.75	8.75		6.27	6.27	6.27
展弦比	6.96	6.96	7.39	7.82	7.82	7.99	7.99	7.99	7.99	8.67	8.67	8.67	8.67	8.67	8.67	8.67		9.59	9.59	9.59
梢弦比	0.284	0.284	0.275	0.243	0.243	0.207	0.207	0.207	0.207	0.149	0.149	0.149	0.149	0.149	0.149	0.149		0.33		
平均相对厚度(t/c)/%	9.40					11.50	11.50	11.50	11.50											
1/4弦长后掠角/(°)	37.50	37.50	37.50	25.00	25.00	31.50	31.50	31.50	31.50	31.60	31.60	31.60	31.60	31.60	31.60	31.60				
增升装置																				
后缘增升装置类型	S3	S3	S3	S2	S2	S2/S1	S2/S1	S2/S1	S2/S1	S2/S1	S2/S1	S2/S1	S2/S1	S2/S1	S2/S1	S2/S1				
襟翼展长百分比	0.700	0.700	0.639	0.757	0.757	0.750	0.750	0.750	0.750	0.758	0.758	0.758	0.758	1.758	2.758	2.758				

（续表）

制造商(型号)

项目	BOEING 747-100	BOEING 747-200	BOEING 747-400	BOEING 757-200	BOEING 757-300	BOEING 767-200	BOEING 767-200ER	BOEING 767-300	BOEING 767-300ER	BOEING 777-100X1	BOEING 777-100X2	BOEING 777-200	BOEING 777-200XCW	BOEING 777-200X1	BOEING 777-200X2	BOEING 777-300	BOEING 787-3	BOEING 787-8	BOEING 787-9	BOEING 787-10
面积/m²	78.7	78.7	78.7	30.380	30.380	36.88	36.88	36.88	36.88	53.23	53.23	53.23	53.23	53.23	53.23	53.23				
前缘增升装置类型	kruger	kruger	kruger	slats	slats	slats	slats	slats	slats	slats	slats	slats	slats	slats	slats	slats				
垂直尾翼 面积/m²	77.10	77.10	77.10	34.37	34.37	46.14	46.14	46.14	46.14	53.23	53.23	53.23	53.23	53.23	53.23	53.23				
高度/m	10.16	10.16	10.16	7.33	7.33	9.01	9.01	9.01	9.01	9.24	9.24	9.24	9.24	9.24	9.24	9.24				
展弦比	1.34	1.34	1.34	1.56	1.56	1.76	1.76	1.76	1.76	1.60	1.60	1.60	1.60	1.60	1.60	1.60				
梢根比	0.330	0.330	0.330	0.35	0.35	0.306	0.306	0.306	0.306	0.290	0.290	0.290	0.290	0.290	0.290	0.290				
1/4弦长后掠角/(°)	45.00	45.00	45.00	39.000	39.000	39.00	39.00	39.00	39.00	46.00	46.00	46.00	46.00	46.00	46.00	46.00				
尾力臂/m	30.00	30.00	30.00	18.97	18.97	19.82	20.34	23.17	23.17	23.41	25.01	26.60	26.60	26.60	26.60	31.65				
S_V/S	0.151	0.151	0.147	0.19	0.19	0.163	0.163	0.163	0.163	0.124	0.124	0.124	0.124	0.124	0.124	0.124				
$S_V L_V/S_b$	0.076	0.076	0.071	0.092	0.092	0.068	0.068	0.079	0.079	0.048	0.051	0.054	0.054	0.054	0.054	0.065				
水平尾翼 面积/m²	136.60	136.60	136.60	50.35	50.35	77.69	77.69	77.69	77.69	101.26	101.26	101.26	101.26	101.26	101.26	101.26				
展长/m	22.08	22.08	22.08	15.21	15.21	18.62	18.62	18.62	18.62	21.35	21.35	21.35	21.35	21.35	21.35	21.35				
展弦比	3.57	3.57	3.57	4.59	4.59	4.46	4.46	4.46	4.46	4.50	4.50	4.50	4.50	4.50	4.50	4.50				
梢根比	0.265	0.265	0.265	0.33	0.33	0.200	0.200	0.200	0.200	0.300	0.300	0.300	0.300	0.300	0.300	0.300				
1/4弦长后掠角/(°)	32.00	32.00	32.00	27.500	27.500	32.00	32.00	32.00	32.00	35.00	35.00	35.00	35.00	35.00	35.00	35.00				
尾力臂/m	32.50	32.50	32.50	19.85	19.85	20.34	20.34	23.69	23.69	24.71	26.31	27.90	27.90	27.90	27.90	32.95				
S_H/S	0.267	0.267	0.260	0.27	0.27	0.274	0.274	0.274	0.274	0.237	0.237	0.237	0.237	0.237	0.237	0.237				
$S_H L_H/S_c$	0.887	0.887	0.874	0.957	0.957	0.799	0.799	0.931	0.931	0.668	0.712	0.755	0.755	0.755	0.755	0.891				
起落架 轮距/m	11.00	11.00	11.00	7.32	7.32	9.30	9.30	9.30	9.30	11.00	11.00	11.00	11.00	11.00	11.00	11.00				
轴距/m	25.60	25.60	25.60	18.29	18.29	19.69	19.69	22.76	22.76	25.80	25.80	25.80	25.80	25.80	25.80	25.80				
转弯半径/m				36.60	36.60	39.30	39.30	39.30	39.30	41.00	41.00	41.00	41.00	41.00	41.00	41.00				
轮子数目(前;主)	2:16	2:16	2:16	2:8	2:8	2:8	2:8	2:8	2:8	2:12	2:12	2:12	2:12	2:12	2:12	2:12				
主起落架轮子直径/m			1.250			1.143	1.143	1.143	1.143	1.118	1.118	1.118	1.118	1.118	1.118	1.118				

（续表）

制造商(型号)

项目	BOEING B747-100	BOEING B747-200	BOEING B747-400	BOEING B757-200	BOEING B757-300	BOEING B767-200	BOEING B767-200ER	BOEING B767-300	BOEING B767-300ER	BOEING B777-100X1	BOEING B777-100X2	BOEING B777-200	BOEING B777-200ICW	BOEING B777-200X1	BOEING B777-200X2	BOEING B777-300	BOEING B787-3	BOEING B787-8	BOEING B787-9	BOEING B787-10
主起落架轮子承压复度/m						0.432	0.432	0.432	0.432	0.457	0.457	0.457	0.457	0.457	0.457	0.457				
短舱																				
长度/m	5.61	5.61	5.64	5.2	5.2	6.22	6.22	6.22	6.22	7.30	7.30	7.30	7.30	7.30	7.30	7.30				
最大截面/m	2.80	2.80	2.90	2.60	2.60	2.68	2.68	2.68	2.68	3.20	3.20	3.20	3.20	3.20	3.20	3.20				
展向位置	0.403/0.695	0.403/0.695	0.376/0.667	0.34	0.34	0.324	0.324	0.324	0.324	0.326	0.326	0.326	0.326	0.326	0.326	0.326				
性能																				
着陆																				
最大功率载荷/(kN/kg)	407.32	400.25	393.06	302.93	318.33	318.68	340.72	350.09	331.57	358.28	374.15	354.24	383.90	361.67	358.86	353.87				
最大翼载/(kg/m²)	665.74	739.41	755.87	625.64	661.11	480.33	619.63	552.38	640.44	669.99	699.67	567.25	670.63	699.67	731.47	699.79				
推重比	0.2503	0.2547	0.2593	0.3365	0.3196	0.3199	0.2992	0.2912	0.3074	0.2645	0.2724	0.2878	0.2655	0.2818	0.2841	0.2881				
起飞距离/m																				
ISA海平面	3050	3190	3310	2226	2550	1770	2670	2545	2926			2135					1520.00	1520.00	2800.00	2800.00
ISA+20℃ SL	3250	3610	3600	2682		1920	3080	2850	3996			2440	3050			3540				
ISA 5000ft	3810		4390		2867	2300														
ISA+20℃ 5000ft						2605														
着陆距离/m																				
ISA海平面	1890	1890	2130	1564	1700	1463	1524	1646	1740			1585	1620			1860	912.00	912.00	1520.00	1520
ISA+20℃ SL	1890	1890	2130	1564	1800	1463	1524	1646	1740			1585	1620			1860				
ISA 5000ft	2130	2130	2410	1774	1930	1661	1725	1859	1966			1875	1940							
ISA+20℃ 5000ft	2130	2130	2410	1774	2040	1661	1725	1859	1966			1875	1940							
速度(km/Ma)																				
V_2	169	177	185	150	163	142	163	161	173			138								
V_{app}	141	141	153	137	142	136	140	141	145				140				140.00	140.00	140.00	140
V_{mo}/Ma_{mo}	375/0.92	375/0.92	365/0.92	350/0.86	350/0.86	360/0.86	360/0.86	360/0.86	360/0.86	330/0.87	330/0.87	330/0.87	330/0.87	330/0.87	330/0.87	330/0.87				
V_{mne}/Ma_{mne}	445/0.95	445/0.96	445/0.97																	
C_{Lmax}(T/O)	2.03	2.06	1.92	2.42	2.17	2.08	2.03	1.86	1.87											

（续表）

项目	BOEING B747-100	BOEING B747-200	BOEING B747-400	BOEING B757-200	BOEING B757-300	BOEING B767-200	BOEING B767-200ER	BOEING B767-300	BOEING B767-300ER	BOEING B777-100X1	BOEING B777-100X2	BOEING B777-200	BOEING B777-200IGW	BOEING B777-200X1	BOEING B777-200X2	BOEING B777-300	BOEING B787-3	BOEING B787-8	BOEING B787-9	BOEING B787-10
$C_{L\max}$ (L/D) @ MLM0	2.58	2.58	2.38	2.81	2.78	2.39	2.38	2.47	2.49			2.53	2.55							
最大速度性能 速度/km	507	507	507	513	505	488	488	489	486			499	499				510.00	510.00	516.00	515.00
高度/ft	35000	35000	35000	31000	31000	39000	39000	39000	39000			39000	39000				40000.00	40000.00	40000.00	40000.00
燃油消耗率/(kg/h)	12880	12990	11370	5039		5015	5015	5395	5171											
长程巡航性能 速度/km	484	484	490	459	461	459	459	460	459			476	476				487.00	487.00	487.00	487.00
高度/ft	35000	35000	35000	39000	39000	39000	39000	39000	39000			39000	39000				40000.00	40000.00	40000.00	40000.00
燃油消耗率/(kg/h)	10660	10700	9950	3470	3098	3770	3770	3855	3815											
航程/n mile	4427	5930	6857	3812	2925	3150	5050	3221	3500	7625	8420	4820	7380	7455	7970	5604	3050.00	7650~8200	8000~8500	7020
最大油量																				
设计商载	5000	6500	7100	4000	4000	3220	6805	4020	5760											
最大燃油重量(+商载)	7030	7392	8310	4265	3980	4800	6500	5354	6100											

附录 8 主要发动机参考数据

项目	RR RB 183 555 - 15P	RR RB - 211 - 524H	RR RB - 211 - 535E4/E4 - B	RR SPEY 511 - 8	RR TRENT 772	RR TRENT 892	RR TAY 611	RR TAY 651
起飞(国际标准大气,海平面)								
推力/lb	9 900	60 600	43 100	11 400	71 100	91 300	13 850	15 400
额定推力标准温度/℃	25.0	30.0	29.0	23.5	30.0	30.0	30.0	28.0
涵道比	0.71	4.30	4.30	0.64	4.89	5.74	3.04	3.07
总压比	15.50	33.00	25.80	18.40	36.84	42.70	15.80	16.60
质量流量/(lb·s)	208	1605	1151	197	1978	2720	410	426
SFC/[lb/(h·lb)]	0.560	0.563	0.607				0.430	0.450
爬升								
最大推力/lb		12726	9 110		15 386	18 020	3 400	3 895
额定推力标准温度/℃		ISA+10	ISA+10		ISA+10	ISA+10	ISA+5	ISA+10
巡航								
高度/ft	25 000	35 000	35 000	43 000	35 000	3 500	35 000	35 000
马赫数	0.74	0.85	0.80	0.75	0.82	0.83	0.80	0.80
推力/lb	3 730	11813	8495	2 100	11 500	13 000	2 550	2 950
推力递减率	0.377	0.195	0.197	0.184	0.162	0.142	0.184	0.192

制造商(型号)

（续表）

项目	RR RB 183 555-15P	RR RB-211-524H	RR RB-211-535E4/E4-B	RR SPEY 511-8	RR TRENT 772	RR TRENT 892	RR TAY 611	RR TAY 651
额定推力标准温度/℃		ISA+10	ISA+10		ISA+10	ISA+10		
油耗(SFC)/[lb/(h·lb)]	0.800	0.570	0.598	0.800	0.565	0.557	0.690	0.690
几何尺寸								
长度/m	52.456	3.175	2.995	2.784	3.912	4.369	2.590	2.590
涡扇直径/m	0.940	2.192	1.882	0.826	2.474	2.794	1.520	1.520
基本重量/lb	2287	9670	7264	2483	10550	13133	2951	3380
布局								
轴数	2	3	3	2	3	3	2	2
涡扇	4LP 12HP	1LP 7IP 6HP	1LP 6IP 6HP	5LP 12HP	1LP 8IP 6HP	1LP 8IP 6HP	1+3LP 12HP	1+3LP 12HP
涡轮	2HP 2LP	1HP 1IP 3LP	1HP 1IP 3LP	2HP 2LP	1HP 1IP 4LP	1HP 1IP 5LP	2HP 3LP	2HP 3LP
价格/百万美元		6.80	5.30		11.00	11.70	2.60	
安装飞机型号	F28 Mk4000	B747-400 B767-300	B757-200 Tu-204	Gulfst. II Gulfst. III	A330	B777	F100.70 Gulfst. V	F100 B727-100
服役时间	1969年	1989年	1984年	1968年	1995年		1988年	1992年

制造商(型号)

项目	CFMI CFM56 3C1	CFMI CFM56 5A1	CFMI CFM56 5C2	CFMI CFM56 7B20	IAE V2500 A1	IAE V2522 A5	IAE V2533 A5	IAE V2525 D5
起飞(国际标准大气,海平面)								
推力/lb	23 500	25 000	31 200	20 600+	25 000	22 000	33 000	25 000
定额温度/℃	30.0	30.0	30.0		30.0	30.0	30.0	30.0
涵道比	4.80	6.00	6.40		5.40	5.00	4.60	4.80
总压比	25.70	26.50	31.50		29.40	24.9	33.40	27.70
质量流量/(lb/s)	710	852	1 065		781	738	848	784
SFC/[lb/(h·lb)]	0.33	0.33	0.32	0.36	0.35	0.34	0.37	0.36
爬升								
最大推力/lb	5 540	5 670	7 580		5 620	5 550.0	6 225	6 061
额定推力标准温度/℃					ISA+10	ISA+10	ISA+10	ISA+10
巡航								
高度/ft	35 000	35 000	35 000		35 000	35 000	35 000	35 000
马赫数	0.80	0.80	0.80		0.80	0.80	0.80	0.80
推力/lb					5 070	5 185	5 725	5 773
推力递减率					0.202	0.2	0.174	0.231
额定推力标准温度/℃					ISA+10	ISA+10	ISA+10	ISA+10
油耗(SFC)/[lb/(h·lb)]	0.667	0.596	0.545		0.581	0.574	0.574	0.574
几何尺寸								
长度/m	2.362	2.510	2.616	2.499	3.200	3.204	3.204	3.204
涡扇直径/m	1.600	1.830	1.945	1.651	1.681	1.681	1.681	1.681
基本重量/lb	4 301	4 860	5 700	5 234	5 210	5 252.0	5 230.0	5 252.0

（续表）

项目	制造商（型号）							
	CFMI CFM 56 3C1	**CFMI** CFM 56 5A1	**CFMI** CFM 56 5C2	**CFM 56** CFM 56 7B20	**IAE** V2500 A1	**IAE** V2522 A5	**IAE** V2533 A5	**IAE** V2525 D5
布局								
轴数	2	2	2	2	2	2.0	2	2
涡扇	1+3LP 9HP	1+3LP 9HP	1+4LP 9HP	3LP 9HP	1+4LP 10HP	1+4LP 10HP	1+4LP 10HP	1+4LP 10HP
涡轮	1HP 4LP	1HP 4LP	1HP 5LP	1HP 4LP	2HP 5LP	2HP 5LP	2HP 5LP	2HP 5LP
价格/百万美元	3.20	3.50	4.55					
安装飞机型号	B737-400, B737-500	A320	A340	B737-600, 700	A320 A319	MD90-10/30 A319	A321-200	MD-90-30 MD-90-30ER
服役时间	1986 年	1987 年	1994 年	1997 年	1989 年	1993 年	1994 年	1994 年

制造商(型号)

项目	GEN ELEC CF34 3A, 3B	GEN ELEC CF6 80A2	GEN ELEC CF6 80C2-A5	GEN ELEC CF6 80C2-B1F	GEN ELEC CF6 80C2-B2	GEN ELEC CF6 80E1A2	GEN ELEC GE90 85B	GEN ELEC
起飞(国际标准大气,海平面)								
推力/lb	9 220	60 000	61 300	58 000	52 500	67 500	90 000	
定额推力标准温度/°C		33.3	30.0	32.0	32.0	30.0	30.0	
涵道比		4.66	5.05	5.15	5.31	5.30	8.40	
总压比	21.00	27.30	31.50	29.90	27.10	32.40	39.30	
质量流量/(lb/s)		1435	1769	1764	1650	1926	3037	
SFC/[lb/(h·lb)]	0.35	0.35	0.34	0.32	0.32	0.33		
爬升								
最大推力/lb			12 860	13 180	12 650		18 000	
额定推力标准温度/°C								
巡航								
高度/ft		35 000	35 000	35 000	35 000		35 000	
马赫数		0.80	0.80	0.80	0.80		0.83	
推力/lb		11045	11340	12820	12 000			
推力递减率		0.211	0.185	0.221	0.229			
额定推力标准温度/°C								
油耗(SFC)/[lb/(h·lb)]		0.623	0.578	0.564	0.576	0.562	0.545	
几何尺寸								
长度/m	2.616	3.980	4.267	4.267	4.267	4.343	5.181	
涵扇直径/m	1.245	2.490	2.694	2.694	2.694	2.794	3.404	
基本重量/lb	1670	8496	9135	9499	9399	10726	16644	

（续表）

项目	制造商（型号）							
	GEN ELEC CF34 **3A, 3B**	GEN ELEC CF6 **80A2**	GEN ELEC CF6 **80C2 - A5**	GEN ELEC CF6 **80C2 - B1F**	GEN ELEC CF6 **80C2 - B2**	GEN ELEC CF6 **80E1A2**	GEN ELEC GE90 **85B**	GEN ELEC
布局								
轴数	2	2	2	2	2	2	2	
涡喷	1F+14cHP	1+3LP 14HP	1+4LP 14HP	1+4LP 14HP	1+4LP 14HP	1+4LP 14HP	1+3LP 10HP	
涡轮	2HP 4LP	2HP 4LP	2HP 5LP	2HP 5LP	2HP 5LP	2HP 5LP	2HP 6LP	
价格/百万美元			6.20	6.10	5.90	7.00	11.00	
安装飞机型号	Canadair RJ	A310 - 200 B767 - 200	A300 - 600R	B747 - 400	B767 - 200ER	A330	B777 - 200/300	
服役时间	1996 年	1981 年	1987 年		1986 年		1995 年	

制造商（型号）

项目	P&W JT8D-219	P&W PW2037	P&W PW4052	P&W PW4056	P&W PW4152	P&W PW4168	P&W PW4084	P&W
起飞（国际标准大气，海平面）								
推力/lb	21 700	38 250	52 200	56 750	52 000	68 000	84 000	
额定推力标准温度/℃	28.9	30.5	33.3	33.3	42.2	30.0	30.0	
涵道比	1.77	6.00	4.85	4.85	4.85	5.10	6.41	
总压比	19.20	31.80	27.50	29.70	27.50	32.00	34.20	
质量流量/(lb/s)	488	1 210	1 705	1 705	1 705	1 934	2 550	
SFC/[lb/(h·lb)]	0.519	0.330	0.351	0.359	0.348	0.329	0.329	
爬升								
最大推力/lb		8 500						
额定推力标准温度/℃		ISA+10						
巡航								
高度/ft	35 000	35 000	35 000	35 000		35 000	35 000	
马赫数	0.76	0.85	0.80	0.80		0.80	0.83	
推力/lb	5 240	6 500						
推力递减率	0.241	0.170						
额定推力标准温度/℃		ISA+10						
油耗（SFC）/[lb/(h·lb)]	0.737	0.582						0.581
几何尺寸								
长度/m	13.917	3.729	3.879	3.879	3.879	4.143	4.869	
涡扇直径/m	1.430	2.154	2.477	2.477	2.477	2.535	2.845	
基本重量/lb	4 515	7 160	9 400	9 400	9 400	14 350	13 700	

（续表）

项目	制造商（型号）							
	P&W JT8D-219	P&W PW2037	P&W PW4052	P&W PW4056	P&W PW4152	P&W PW4168	P&W PW4084	P&W
布局								
轴数	2	2	2	2	2	2	2	
涡扇	1+6LP 7HP	1+4LP 11HP	1+4LP 11HP	1+4LP 11HP	1+4LP 11HP	1+5LP 11HP	1+6LP 11HP	
涡轮	1HP 3LP	2HP 5LP	2HP 4LP	2HP 4LP	2HP 4LP	2HP 5LP	2HP 7LP	
价格/百万美元	2.99	4.00		6.15		7.45	9.44	
安装飞机型号	MD-80 series	B757-200 C-17	B767-200 & 200ER	B747-400 767-300ER	A310	A330	B777	
服役时间	1986年	1983年	1986年	1987年	1986年	1993年	1994年	

制造商（型号）

项目	ALLIEDSIG LF507	ALLIEDSIG ALF502R-5	ALLISON AE3007	CFE CFE738	P&W Canada JT15D	P&W Canada PW305B	P&W Canada	P&W Canada
起飞（国际标准大气，海平面）								
推力/lb	7 000	6 970	7 150	5 918	3 045	5 266		
额定推力标准温度/℃	23.0	15.0		30.0	21.0	25.0		
涵道比	5.60	5.70		5.3	3.3	4.5		
总压比	13.80	12.20	24	23	13	23		
质量流量/(lb/s)	256			240	75	180		
SFC/[lb/(h·lb)]	0.406	0.408	0.39	0.369	0.56	0.391		
爬升								
最大推力/lb								
额定推力标准温度/℃								
巡航								
高度/ft		25 000		40 000	40 000	40 000		
马赫数		0.70		0.8	0.8	0.8		
推力/lb		2 250		1 310	2 414	1 113		
推力递减率		0.323						
额定推力标准温度/℃								
油耗(SFC)/[lb/(h·lb)]	0.414	0.720		0.645	0.541	0.675		
几何尺寸								
长度/m	1.620	1.620	2.705	2.514	1.55	2.083		
涡扇直径/m	1.272	1.272	1.105	1.219	0.69	1.11		
基本重量/lb	1 385	1 336	1 581	1 325	632	993		

（续表）

项目	制造商（型号）							
	ALLIEDSIG **LF507**	**ALLIEDSIG** **ALF502R-5**	**ALLISON** **AE3007**	**CFE** **CFE738**	**P&W Canada** **JT15D**	**P&W Canada** **PW305B**	**P&W Canada**	**P&W Canada**
布局								
轴数	2	2		2	2	2		
涡扇	various	1+2L 7+1HP		1+5LP+1CF	1+1LP+1CF	1+4LP+1HP		
涡轮	2HP 2LP	2HP 2LP		2HP 3LP	1HP 2LP	2HP 3LP		
价格/百万美元		1.66						
安装飞机型号	BA146-300 Avro RJ	BA146-100 BA146-200	EMB 145 Citation 10	Falcon 2000	Citation Beech	BAe 1000		
服役时间	1991 年	1982 年		1992 年	1983 年	1990 年		

制造商(型号)

项目	BMW:RR BR710	BMW:RR BB715-55	WILL: RR FJ44	JASC AVIA D-30KU II	JASC AVIA PS-90A	ZMKB D-18T	ZMKB D-436T1
起飞(国际标准大气,海平面)							
推力/lb	14 845+	19 883	1 900	23 850	35 275	51 660	16 865
额定推力标准温度/℃	35.0	30.0	22.2	15.0	30.0	13.0	30.0
涵道比	4.00	4.70	3.28	2.42	4.60	5.6	4.95
总压比	25.70	32.10	12.80		35.50	25.00	25.20
质量流量/(lb/s)	445	614	63.3	593		1 687	
SFC/[lb/(h·lb)]	0.39	0.37	0.456				
爬升							
最大推力/lb	3 564	4 716					
额定推力标准温度/℃	ISA+10	ISA+10					
巡航							
高度/ft	35 000	35 000	30 000	36 089	36 089	36 089	36 089
马赫数	0.80	0.80	0.70	0.80	0.80	0.75	0.75
推力/lb	3 480	4 380	600	6 063	7 716	10 716	3 307
推力速减率	0.220	0.220	0.316	0.254	0.219	0.207	0.196
额定推力标准温度/℃	ISA+10	ISA+10					
油耗(SFC)/[lb/(h·lb)]	0.640	0.620	0.750	0.700	0.595	0.570	0.610
几何尺寸							
长度/m	2.21	2.588	1.064	5.200	4.964	5.400	1.373
涵扇直径/m	1.344	1.53	0.531	1.455	1.900	2.330	
基本重量/lb	3 520	4 545	445	5 110	6 503	9 039	3 197

（续表）

项目	制造商（型号）						
	BMW:RR BR710	BMW:RR BB715 – 55	WILL:RR FJ44	JASC AVIA D – 30KU Ⅱ	JASC AVIA PS – 90A	ZMKB D – 18T	ZMKB D – 436T1
布局							
轴数	2	2	2	2	2	3	3
涡扇	1+1LP 10HP	1+2LP 10HP	1+1L 1C 1H	1+3LP 11HP	1+2LP 13HP	1LP 7IP 7HP	1+1L 6I 7HP
涡轮	2HP 2LP	2HP 3LP	1HP 2LP	2HP 4LP	2 HP 4LP	1HP 1IP 4LP	1HP 1IP 3LP
价格/百万美元							
安装飞机型号	Gulfst V Global Exp.	MD 95	CitationJet SJ30	Tu – 154M Il – 62,96	IL – 96,76 Tu – 204	AN – 124 AN – 225	Tu – 334 – 1 An 72,74
服役时间	1996 年		1992 年	1982 年	1992 年	1982 年	1996 年

参 考 文 献

［1］ 顾诵芬.飞机总体设计[M].北京:北京航空航天大学出版社,2001.

［2］ 李为吉.飞机总体设计[M].西安:西北工业大学出版社,2005.

［3］ 程不时.飞机设计手册——民用飞机总体设计:第五册[M].北京:航空工业出版社,2000.

［4］ 张锡金.飞机设计手册——气动设计:第六册[M].北京:航空工业出版社,2000.

［5］ 朱自强,陈炳永,李津.现代飞机设计中的空气动力学[M].北京:北京航空航天大学出版社,1995.

［6］ 陶梅贞.现代飞机结构综合设计[M].西安:西北工业大学出版社,2001.

［7］ 郦正能.飞行器结构学[M].北京:北京航空航天大学出版社,2005.

［8］ 廉小纯,吴虎.航空燃气轮机原理(下册)[M].长沙:国防工业大学出版社,2001.

［9］ 方宝瑞.飞机气动布局设计[M].北京:航空工业出版社,1997.

［10］ 黄太平.飞机性能工程[M].北京:科学出版社,2005.

［11］ 中国民用航空局.CCAR-25-R2 运输类飞机适航标准[S].北京:中国民用航空局,1995.

［12］ Myers R H, Montgomery D C, Anderson-Cook C M. Response surface methodology: Process and product optimization using designed experiments [M]. 4th ed. New York: Wiley, 2016.

［13］ Jin Y. A comprehensive survey of fitness approximation in evolutionary computation [J]. Soft Computing, 2005,9(1):3-12.

［14］ Cressie N. Statistics for spatial data, revised edition [M]. Hoboken: Wiley, 2015.

［15］ Martin J D, Simpson T W. Use of kriging models to approximate deterministic computer models [J]. AIAA Journal, 2005,43(4):853-863.

［16］ Anderson J D. Aircraft performance and design [M]. New York: McGraw-Hill Education, 1998.

［17］ Jameson A. Aerodynamic design via control theory [J]. Journal of Scientific Computing, 1988,3(3):233-260.

［18］ Filippone A. Advanced aircraft flight performance [M]. London: Cambridge University Press, 2012.

［19］ van Dam C P. The aerodynamic design of multi-element high-lift systems for transport airplanes [J]. Progress in Aerospace Sciences, 2002,38(2):101-144.

［20］ Nuic A, Poles D, Mouillet V. Bada: An advanced aircraft performance model for present and future atm systems [J]. International Journal of Adaptive Control and Signal Processing, 2010,24(10):850-866.

[21] Jenkinson L R, Simpkin P, Rhodes D. Civil jet aircraft design [M]. Reston: American Institute of Aeronautics & Astronautics, 1999.

[22] Rumsey C L, Ying S X. Prediction of high lift: review of present CFD capability [J]. Progress in Aerospace Sciences, 2002,38(2):145 – 180.

[23] Currey N S. Aircraft landing gear design: principles and practices [M]. Reston: American Institute of Aeronautics & Astronautics, 1988.

[24] Giunta A A. Aircraft multidisciplinary design optimization using design of experiments theory and response surface modeling methods [D]. Virginia Polytechnic Institute and State University, 1997.

[25] Howe D. Aircraft conceptual design synthesis [M]. London: Wiley, 2000.

[26] Mattingly J D, Heiser W H, Daley D H. Aircraft engine design [M]. 3rd ed. Reston: American Institute of Aeronautics & Astronautics, 2018.

[27] Rocca G L, van Tooren M J L. Knowledge-based engineering approach to support aircraft multidisciplinary design and optimization [J]. Journal of Aircraft, 2009,46(6):1875 – 1885.

[28] Gough K M, Phojanamongkolkij N. Employing model-based systems engineering (mbse) on a nasa aeronautic research project: A case study [C]//2018 Aviation Technology, Integration, and Operations Conference. 2018.

[29] McMasters J H, Cummings R M. Airplane design—Past, present, and future [J]. Journal of Aircraft, 2002,39(1):10 – 17.

[30] Ardema M D, Chambers M C, Patron A P, et al. Analytical fuselage and wing weight estimation of transport aircraft [R]. NASA Technical Memorandum, 1996.

[31] Hicks R M, Henne P A. Wing design by numerical optimization [J]. Journal of Aircraft, 1977,15(7):407 – 412.

[32] Robinson G M, Keane A J. Concise orthogonal representation of supercritical airfoils [J]. Journal of Aircraft, 2001,38(3):580 – 583.

[33] Rogers S E. Progress in high-lift aerodynamic calculations [J]. Journal of Aircraft, 1994, 31(6):1244 – 1251.

[34] Vera-Morales M, Hall C A. Modeling performance and emissions from aircraft for the aviation integrated modelling project [J]. Journal of Aircraft, 2010,47(3):812 – 819.

[35] Rumsey C L, Gatski T B, Ying S X, et al. Prediction of high-lift flows using turbulent closure models [J]. AIAA Journal, 1998,36(5):765 – 774.

[36] Abbott I H, von Doenhoff A E. Theory of wing sections: Including a summary of airfoil data [M]. New York: Dover Publications, 1959.

[37] Curran R, Price M, Raghunathan S, et al. Integrating aircraft cost modeling into conceptual design [J]. Concurrent Engineering, 2005,13(4):321 – 330.

[38] Harris C D. NASA supercritical airfoils: A matrix of family-related airfoils [R]. NASA Techinal Paper, 1990.

[39] Becker K, Vassberg J. Numerical aerodynamics in transport aircraft design [M]//Hirschel E H, Krause E. 100 volumes of 'notes on numerical fluid mechanics'. Berlin Heidelberg: Springer, 2009:209 – 220.

[40] Séraudie A, Perraud J, Moens F. Transition measurement and analysis on a swept wing in high lift configuration [J]. Aerospace Science and Technology, 2003,7(8):569 – 576.

[41] Tfaily A, Kokkolaras M. Integrating air systems in aircraft multidisciplinary design

optimization [C]//2018 Multidisciplinary Analysis and Optimization Conference. 2018.

[42] Mohaghegh M. Evolution of structures design philosophy and criteria [J]. Journal of Aircraft, 2005,42(4):814-831.

[43] Anderson J D. Airplane design methodology: Setting the gold standard [J]. AIAA Journal, 2006,44(12):2817-2819.

[44] Liebeck R H, Andrastek D A, Chau J, et al. Advanced subsonic airplane design and economic studies [R]. NASA, 1995.

[45] Morris C C. Flight dynamic constraints in conceptual aircraft multidisciplinary analysis and design optimization [Z]. 2014.

[46] Moens F, Perraud J, Séraudie A, et al. Transition measurement and prediction on a generic high-lift swept wing [J]. Proceedings of the Institution of Mechanical Engineers, Part G: Journal of Aerospace Engineering, 2006,220(6):589-603.

[47] Samoylovitch O, Strelets D. Determination of the oswald efficiency factor at the aeroplane design preliminary stage [J]. Aircraft Design, 2000,3(3):167-174.

[48] Park H U, Chung J, Lee J-W, et al. Reliability and possibility based multidisciplinary design optimization for aircraft conceptual design [C]//11th AIAA Aviation Technology, Integration, and Operations (ATIO) Conference. 2011.

[49] Decours J, Ortun B, Bailly J, et al. Racer aero-acoustic propeller design and analysis [Z]. 2019.

[50] Taylor P F, Hanson L C, Barnes T J. A brief history of aircraft loads analysis methods [C]//44th AIAA/ASCE/AHS Structures, Structural Dynamics, and Materials Conference. 2003.

[51] van Dam C P, Shaw S G, VanderKam J C, et al. Aero-mechanical design methodology for subsonic civil transport high-lift systems [R]. NASA, 2000.

[52] Hamel P G. Birth of sweepback: Related research at luftfahrt for schungsanstalt-Germany [J]. Journal of Aircraft, 2005,42(4):801-813.

[53] Rudnik R, Ronzheimer A, Raddatz J. Numerical flow simulation for a wing/fuselage transport aircraft configuration with deployed high-lift system [M]//Nitsche W, Heinemann H-J, Hilbig R. New results in numerical and experimental fluid mechanics Ⅱ. Berlin: Spinger, 1999:363-370.

[54] Ramamoorthy P, Padmavathi K. Airfoil design by optimization [J]. Journal of Aircraft, 1977,14(2):219-221.

[55] van Dam C P, Paris J K, Vander Kam J C. High-lift design methodology for subsonic civil transport aircraft [C]//2000 IEEE Aerospace Conference. 2000.

[56] Ashtiani M A S, Malaek S M B. Optimum selection of "number of seats/cargo volume" for transports in uncertain business environment [J]. Journal of Aircraft, 2008,45(1):98-105.

[57] Reckzeh D. Aerodynamic design of airbus high-lift wings [EB/OL]. [2017-06-17]. https://www.dlr.de/as/Portaldata/5/Resources/dokumente/veranstaltungen/ehemaligentreffen_2005/reckzeh_aero-design_of_high-lift-wings.pdf.

[58] Leavitt L D, Washburn A E, Wahls R A. Overview of fundamental high-lift research for transport aircraft at nasa [EB/OL]. [2007-09-10]. https://ntrs.nasa.gov/api/citations/20070034167/downloads/20070034167.pdf.

索　引